日本デジタルカメラ産業の生成と発展

グローバリゼーションの展開の中で

矢部洋三［編］

日本経済評論社

序　章　問題の所在　グローバリゼーションの展開と
　　　　デジタルカメラ産業　　　　　　　　　　　　矢部洋三　1

　1．研究の問題意識　1
　2．デジタルカメラ産業の特質　7
　3．デジタルカメラ産業の位置と問題の限定　9
　4．本書の課題　10

第1章　デジタルカメラ産業の概況　1995-2013年
　　　　　　　　　　　飯島正義・沼田　郷・矢部洋三・山下雄司　15

　はじめに　15
　第1節　フィルムカメラからデジタルカメラへの転換　17
　　1．デジタルカメラ普及の背景　17
　　2．フィルムカメラからデジタルカメラへの転換の推移　21
　　3．フィルム・感材産業の衰退　27
　第2節　デジタルカメラ産業　31
　　1．生産の推移　31
　　2．デジタルカメラ製造業の概要　39
　　3．世界市場の状況　42
　第3節　デジタルカメラメーカーの動向　45
　　1．ブランドメーカー　2000-2013年　45
　　2．生産メーカー　1997-2013年　48
　　3．OEMメーカー　1997-2013年　52
　第4節　カメラ付き携帯、スマートフォンの普及と
　　　　　デジタルカメラ産業　57

第2章　デジタルカメラメーカーの国際的生産体制　　　矢部洋三　65

　はじめに　65

　第1節　カメラメーカーの生産体制　66

　　1．普及品カメラの海外生産開始　66

　　2．国内投資に向かった生産体制　66

　　3．カメラ生産の本格的海外展開　67

　　4．カメラ生産の全面的海外展開　68

　第2節　デジタルカメラ産業の生成とその生産体制　69

　　　　　　――1990年代後半

　　1．デジタルカメラ生産への参入　69

　　2．初期の生産体制　71

　第3節　デジタルカメラ生産への転換と生産体制の整備　77

　　　　　　――2000年代前半

　　1．カメラ産業からの転換と生産体制の整備　77

　　2．新規参入メーカーの生産体制整備　89

　　3．日系メーカーの海外生産の実態　95

　第4節　リーマンショック後の生産体制の再編成　98

　　1．国内生産を重視するキヤノン、パナソニック、富士フイルム　99

　　2．国内マザー工場を維持しようとするニコン、ソニー　105

　　3．動揺する下位メーカー――オリンパス、リコー、カシオ　108

　　4．独立性を失ったメーカー――ペンタックス、三洋電機、コダック　112

　おわりに　115

第3章　主要部品メーカーの供給関係とその生産体制　　　矢部洋三　121

　はじめに　121

　第1節　完成品メーカーの部品戦略　121

　第2節　撮像素子、映像エンジン（画像処理LSI）など半導体メーカー　123

　　1．撮像素子メーカー　123

　　2．映像エンジンメーカー　133

3．手ぶれ補正センサー（ジャイロセンサー）メーカー　137
 第3節　レンズメーカー　138
   1．光学ガラスメーカー　139
   2．光学レンズメーカー　140
   3．レンズユニット、交換レンズメーカー　142
   4．ローパスフィルターメーカー　150
 第4節　シャッターメーカー　154
 第5節　その他電子部品メーカー　155
   1．小型モーターメーカー　155
   2．フレキシブル基板メーカー　157
   3．液晶ディスプレイ・電子ビューメーカー　162
 第6節　アクセサリーメーカー　165
 おわりに　168

第4章　海外生産の全面展開と地域産業
——長野県諏訪地域を中心として　　飯島正義　171

 はじめに　171
 第1節　諏訪地域の経済的概況と現状　172
   1．諏訪地域における産業の変遷　172
   2．諏訪・上伊那地域の経済的現況　174
   3．諏訪地域における光学機械工業の推移　178
 第2節　諏訪地域におけるカメラメーカーと生産体制　183
   1．フィルムカメラの生産体制　183
   2．諏訪地域におけるデジタルカメラ生産　188
   3．デジタルカメラの生産体制　191
 第3節　カメラメーカーの海外生産と国内工場の再編　193
   1．カメラメーカーの海外生産　193
   2．カメラメーカーの国内工場の再編　197
 第4節　カメラ生産と下請関連企業　199
   1．カメラメーカーの海外進出と下請関連企業　199

2．デジタルカメラ生産と下請関連企業　203

　おわりに　205

第5章　台湾企業による受託製造の増大とその要因　　沼田　郷　211

　はじめに　211

　第1節　デジタルカメラにおける受託製造　212

　　1．デジタルカメラ市場の拡大と受託製造　212

　　2．台湾企業による受託製造　215

　第2節　前史としてのフィルムカメラ生産と主要台湾企業の類型化　219

　　1．台湾におけるフィルムカメラ生産のあゆみ　219

　　2．主要台湾企業の系譜と類型化　222

　第3節　主要台湾企業4社の分析　223

　　1．普立爾科技（プレミア）・鴻海精密工業　226

　　2．亜洲光学・AOFイメージング　228

　　3．佳能企業（アビリティ・エンタープライズ）　230

　　4．華晶科技（アルテック・イメージ・テクノロジー）　231

　第4節　台湾デジタルカメラ産業と日本企業との連携　233

　　1．台湾デジタルカメラ産業の発展　233

　　2．「日・台」企業の連携　235

　第5節　転換期を迎えたデジタルカメラの受託製造　237

　　1．デジタルカメラ市場の縮小　237

　　2．台湾デジタルカメラ産業における市場縮小への対応　238

　おわりに　239

第6章　デジタル化移行期におけるフィルムメーカーの活動
　　　　　――イーストマン・コダックを中心として　　山下雄司　245

　はじめに　245

　第1節　感光材メーカーの前史――寡占構造の構築過程　246

　第2節　デジタル化の進展と感光材メーカーの対応　247

　　1．フィルム事業からの撤退・縮小　247

2．富士フイルムの決意表明　249

　　3．アグファブランドの再生　250

　第3節　イーストマン・コダックの分析　251

　　1．コダック破産申請までの経営状況　251

　　2．各CEOによる事業戦略の特徴　260

　　3．各種製品・技術開発の顛末　270

　第4節　コダックの町、ロチェスターの新たな挑戦　280

　おわりに　282

第7章　日本デジタルカメラの国際的品質評価　　　竹内淳一郎　291

　はじめに　291

　第1節　『コンシューマー・レポート』誌　292

　　1．アメリカ消費者同盟の活動　292

　　2．各国の商品テスト誌　298

　第2節　アメリカ市場におけるデジタルカメラの動向　299

　　1．アメリカ市場の状況　299

　　2．日本メーカーのアメリカ輸出　301

　　3．アメリカ市場の特徴　303

　第3節　デジタルカメラの国別評価（1998-2013年）　305

　　1．商品テストの評価方法　305

　　2．1998-2002年のテスト結果　306

　　3．2003-7年の評価結果　308

　　4．2008-13年の評価結果　312

　第4節　デジタルカメラ評価の品目別分析　317

　　1．デジタルコンパクト　317

　　2．デジタル一眼　320

　　3．交換レンズ　322

　第5節　高品質製品のメーカー別分析　324

　おわりに　327

終　章　2010年代におけるデジタルカメラ産業の諸問題
　　　　　　　　　　　　　　　　　　　　　　　矢部洋三　331

　1．成熟化するデジタルカメラ産業　331
　2．基本性能の上限到達　336
　3．最適生産追求とリスク管理　339
　4．年収200万円未満労働による国内生産維持　346
　5．その他　350

あとがき　353
初出一覧　357
索　引　359

序　章　問題の所在　グローバリゼーションの展開と
デジタルカメラ産業

矢部洋三

　序章では、まず、本書の著者たちが1990年代後半から2010年代初頭のデジタルカメラ産業について、どのような認識をもって研究に臨んでいるのかを述べ、ついで、デジタルカメラ産業がもっている特質を掌握し、さらに、本書でデジタルカメラ産業を分析するにあたって課題と限定を明示して読者が本書を読み進んでいく上で利便性を考え、各章の内容を概略する。

1．研究の問題意識

　デジタルカメラ産業は、第二次世界大戦後、世界を支配した冷戦体制が崩壊して新たなる資本主義の枠組みであるグローバリゼーションが成立した1990年代後半から生成、発展してきた産業である。そのため、カメラ産業の流れを継承しつつも従来の産業とは異なってグローバリゼーションに規定された新しい産業でもあった。デジタルカメラ産業そのものを規定する前に、まず、デジタルカメラ産業の形成母体であるカメラ産業の発展を戦後世界の中で規定した諸条件について考えてみよう。
　第二次世界大戦後、一方で東欧、中国、ベトナムなどに社会主義国家が拡大してソビエトを盟主とした社会主義体制がつくりだされた。他方日本、ドイツ、イタリアが敗北して、また、戦勝国であるイギリス、フランスも戦災で大きな被害を受けて第二次大戦前の列強諸国が国力を低下させ、アメリカへの一極集中した資本主義体制に再編され、両体制が対立する冷戦体制が形成された。資本主義体制は、「パックス・アメリカーナ」といわれるアメリカ中心に相対的に一元化された体制となる一方、社会主義体制との対立のためにアメリカがか

つての競争相手である資本主義諸国の経済復興に協力せざる得なくなった。こうした中で日本のカメラ産業は、形成、発展してくるのである。

第二次大戦前から日本にも小西六写真工業・千代田光学精工（現コニカミノルタ）、精機光学研究所（現キヤノン）、旭光学（現リコーイメージング）などのカメラメーカーは、存在していたが、カメラ産業と呼べるほどの規模を形成していなかった。日本においてカメラ産業が形成されたのは、アメリカ占領下である。アメリカからの食糧援助の見返りとしてドルを稼ぐ輸出産業の育成があり、これにカメラ産業が選ばれて資金、原材料の優遇を受けた。戦前からのカメラメーカーに加えて新規参入メーカーが相次いだ。これらのメーカーには、占領下で軍事生産を禁止された戦前の光学兵器メーカー日本光学（現ニコン、海軍省）と東京光学（現トプコン、陸軍省）、顕微鏡の高千穂光学（現オリンパス）、理研光学（現リコーイメージング）などがあった。その後これらのメーカーは日本カメラ産業を担ったメーカーとなった。世界市場で圧倒的優位に立っていたドイツカメラ産業が第二次大戦と冷戦体制の影響で衰退したことも日本カメラ産業に有利に働いた。光学産業は、光学兵器を生産することもあり、ツァイスにみられるようにアメリカとソビエトに引き裂かれ、戦前の本拠であるイエナ（東ドイツ領）とアメリカ軍が戦争末期イエナから多数の技術者を送致し、彼らによって設立されたオーバーコッヘン（西ドイツ領）に分かれた[1]。また、ツァイス・イコン（イエナ、ドレスデン）、イハゲー・カメラヴェルク（ドレスデン、ブランド名：エクザクタ）、フォクトレンダー（ブラウンシュヴァイク）、シュナイダー・クロイツナッハ（ゲッチンゲン）など多くのカメラメーカーが東ドイツに所在したため、国に接収されて国営企業となり、広汎に資本主義世界市場と切り離されたことも大きかった。さらに、日本に比べて地上戦を戦い抜いたため、熟練労働者の喪失が大きく、その上高度成長期にカメラ産業で労働力が不足して発展の好機を失った。世界の最大市場であったアメリカにおいて、ナチスによるユダヤ人迫害が卸・小売業者から嫌忌されて日本メーカーが参入するのに有利に作用した。

日本メーカーは1970年代半ばには世界市場における競争相手が存在しなくなり、1980-90年代には日本メーカーの独壇場となった。西ドイツの有力カメラメーカーのライツ、ツァイス、ローライ、フォクトレンダー（戦後西ドイツ

で再建されたメーカー)などは1970年前後に相次いでカメラ生産から撤退・後退していった。高級カメラに特化していたライツは一眼レフカメラと電子化に乗り遅れ、一眼レフを実質的にミノルタからのOEMでしのいで経営を好転させようとしたが、1973-74年に経営権をスイス資本のウィルドに売却した。そして、1975年に6,500名の労働者を整理し、本社工場のヴェッツラー工場も閉鎖し、その後は嗜好品カメラに特化して本社をソルムスに移して細々営業を続けていった。ツァイスは、1960年から一眼レフカメラのコンタレックスシリーズを発売していたが、1971年にカメラ事業から撤退してしまった。その後、日本メーカーのヤシカとブランド等のライセンス契約を締結し、以後カメラ事業はヤシカ等へのブランド貸与事業に転化していった。ローライは、1929年二眼レフカメラを世に送り出し、長らく二眼レフメーカーとして君臨したが、1960年代に二眼レフの衰退に遭遇したため、1967年コンパクトカメラを生み出した。しかし、高級カメラメーカーでなかったので、生産拠点をシンガポールに移して再生を図ったが、その過大な投資が祟って1981年に経営が破綻し、売却してしまった。

　アメリカメーカーも1970年代以降の世界のカメラ市場がコンパクトカメラと一眼レフカメラに特化したため、110カメラなどの簡易機種、トイカメラが中心であったことから、コンパクトカメラの小型化の中で存在感を失ってしまった。

　1970年代以後、世界市場を独占した日本メーカーは、国内市場では新しい技術を次々に付加して買換需要を促進し、海外市場を開拓して輸出比率を拡大する方向で発展していった。1980-90年代の貿易摩擦の中でもカメラ産業は、欧米諸国に競争メーカーがなかったことから摩擦が生じなかった。

　デジタルカメラ産業を特徴付ける言葉は、本書の副題にも使った「グローバリゼーション」である。この言葉の典型的な使われ方の1つとして産業を構成する技術、生産、流通、消費の諸関係が世界のさまざまな国と地域で展開する「産業の地球規模化」≦グローバリゼーションがあり、まさにデジタルカメラ産業は1990年代後半から生成した新しい産業である故に典型的な事例として特徴付けられる。冷戦体制の中で以上のように展開してきたカメラ産業に対して、日本のデジタルカメラ産業は、冷戦体制崩壊後のグローバリゼーションの

展開に規定されていく。そこで、この産業がグローバリゼーションの中で生成し、発展していくのかをみていこう。

グローバリゼーションという概念は、鶴田満彦氏[2]によれば、確立されたものではなく、1990年前後から使用された用語であるとされている。筆者としては、資本、労働力、商品が国民国家の枠を超えて地球規模で展開すると共にあらゆるものの市場が地球全体に単一化する現象であることで大方の認識が共通していると考え、本稿では、この共通認識のもとで述べていく。ただ、本質としては水野和夫氏が「資本の反革命（＝資本による利潤回復運動）」[3]と規定し、具体的には多国籍企業が国民国家の枠を超えて地球全体を一元化して本能的な最大利潤追求への回帰を展開する秩序と規定している概念が適切でないかと考えている。グローバリゼーションは、戦後資本主義体制が社会主義体制との厳しい対立の中で資本の露骨な利潤追求を抑制し、勤労者や国民に富の再配分を行うことで「福祉国家」に進む道（修正資本主義）を歩んできたが、1970年代から次第に修正資本主義的な手法では経済成長や利潤確保が難しくなっていた。1990年代前半に社会主義体制の崩壊という形で冷戦体制が終了し、アメリカはヨーロッパの統合、日本のバブル崩壊による停滞を尻目に圧倒的な軍事的優位性を背景にしてIT技術と金融支配を融合させ、弱肉強食の地球単一市場を創りあげて政治・経済的にアメリカへの一極集中を実現した。そのため、国境の垣根が低くなり、国民経済の集合体としての世界経済から単一の再生産としての世界経済へと転化していった。こうして成立したグローバリゼーションは、多国籍企業のグローバル・スタンダード（＝アメリカン・スタンダード）を基準にして推進される[4]。すなわち、アメリカ多国籍企業はコンピューターのウィンテル支配[5]、インターネットの検索エンジン独占（グーグル社）[6]、国際的金融決済の支配を通じて産業構造の変質、アメリカン・スタンダードの自由貿易体制（WTO体制）、労働も地球規模で流動化・分散化・個別化して、雇用形態も階層化するといったグローバル経済を創りあげた。

こうしたグローバリゼーションが進行する中でデジタルカメラ産業は、どのように展開していくのであろうか。日本のデジタルカメラメーカーは、多国籍企業であり、多国籍企業の論理である資本の国際的移動の自由化を推進して行き、WTO体制の下で保護された技術やノウハウ、ブランドなどの知的所有権

を武器にして東アジア諸国の輸出型工業化政策と結合する形で中国、台湾、フィリピン、ベトナム、タイに海外生産子会社を設立して企業内国際分業を促進した。また、膨大な初期投資を省略して東アジア諸国、とくに中国で台湾企業、現地企業と生産委託契約を結び、それら企業に現地政府との交渉、工場建設、労働者の確保・管理等を任せながら実質的には日本の多国籍企業が工場経営を行う生産委託も採用された。他方、生産委託された台湾企業、現地企業はグローバル市場、とくに先進国市場では企業ブランドがなく、先進国の多国籍企業のブランド、大手量販店のプライベートブランドで販売するほかなかった。

日本のデジタルカメラメーカーは、こうした企業内国際分業と国際的下請制を推進することで高利潤を確保しようとした。デジタルカメラ産業は、ブランドメーカー、OEMメーカー、主要部品メーカーが不可欠の担い手となった。ブランドメーカーは主に日本のキヤノン、ニコン、コニカミノルタ（2006年撤退）、ペンタックス（2007年HOYAに吸収合併、2011年リコーに売却）、オリンパス、京セラ（2005年撤退）、富士フイルム、リコー、ソニー、パナソニック、カシオなどのメーカーがほぼ独占し、海外メーカーでは韓国のサムスン、アメリカのコダック、HP（ヒューレット・パッカード）があるのみである。そして、ブランドメーカーは製品によって国内自社生産、海外自社生産、生産委託を地球規模で使い分けている。そのため、日本の三洋電機、チノン、船井電機、台湾メーカーの華晶科研（アルテック）、普立爾科研（プレミア、のちの鴻海精密）、佳能企業（アビリティ）、亜洲光学などといったOEMメーカーが生産台数で半分を超すような状況で不動の存在となっている。しかし、台湾OEMメーカーは撮像素子、シャッターなど主要部品や画像処理技術を日本、アメリカの企業からの供給を受けている。

流通面では、他のデジタル家電のように世界同一製品・同時発売、半年から1年で新しい商品が市場に並ぶという一商品の陳腐化が早く、各社の栄枯盛衰がめまぐるしく、産業の変化が激しい。

日本の多国籍企業が海外拠点で生産された逆輸入品を日本市場に持ち込むことにより国内生産拠点が空洞化し、政府や自治体は、国内における多国籍企業の投資を促進するために、法人税や設備投資減税を拡大し、海外生産子会社の労働条件に対応する労働法制の労働者保護条項を削減して企業優位にする改訂

など企業活動に対する規制の緩和が図られた。デジタルカメラ産業との関係でいえば、日本における生産拠点を維持するには地球規模での最低コスト生産地域（賃金、為替レート、部品納入価格など）に対応する新たな組立下請生産や派遣労働への依存が国内外で浸透してきている。組立下請生産では、キヤノンはデジタルカメラ生産子会社大分キヤノン、長崎キヤノン、宮崎ダイシンキヤノンがある九州地方を中心にデジタルコンパクトの組立をさせている下請企業が数社ある。また、あるデジタルカメラメーカーの海外生産子会社でも同一地域に進出した部品納入メーカーにデジタルカメラの組立を下請けさせている事例がある。日本メーカーにとって国内生産を維持する課題は、海外生産子会社、台湾メーカー、韓国メーカーの賃金水準に対応する低賃金労働者を再生することであった。政府は2004年に労働者派遣法を改定して派遣労働を製造業にも拡大し、従来のパート労働者より下層の流動性をもった低賃金労働を創り出した。これによって労働集約的なデジタルカメラ組立工程への派遣労働の導入が、山形、宮城、栃木、大分、宮崎などの各県のデジタルカメラ工場に広汎に浸透していった。各メーカーはキヤノンスタッフサービス、ニコンスタッフサービス、パナソニックエクセルスタッフなどの系列の人材派遣会社を持ち、日研総業、テクノサービスなど人材派遣会社から新しい低賃金労働を大量に導入した。

　他方、日本のデジタルカメラ産業は、1995年以後デジタルカメラが急速に増大する中で当初フィルムカメラ時代と同様に技術、生産、流通などあらゆる側面を独占して国境を越えて国際展開したが、2000年代入るとフィルムカメラとは異なったグローバル化が進行し、日本メーカーも呑込まれていくことになった。すなわち、日本メーカーがグローバリゼーションに対応せざるを得ない主客転倒の一面が起こってきたのである。ただ、デジタルカメラ産業は、「産業の地球規模化」としては日本メーカーが中核に位置している数少ない産業でもあった。技術面では、日本メーカーの一部では、アメリカの画像処理技術を購入したり、ニコンがアプティナ・イメージングの撮像素子を採用したり、シグマが撮像素子メーカー「フォビオン」を買収して傘下に収めたりしてアメリカから技術導入を図っている。反面アメリカメーカーのコダックがデジタルカメラの開発拠点をコダックの本拠であるロチェスター（ニューヨーク州）ではなく、日本の新横浜にコダック研究開発センターを置いた。日米双方のメー

カーとも最新技術を取り入れるため、最適地域を選択せざるを得なくなってきた。また、東アジアの新興デジタルカメラメーカーへの技術移転が行われた。台湾 OEM メーカーは発注先の日本メーカーが技術指導を行ったり、韓国メーカーは日本のデジタルカメラ開発企業に製品開発の一部を委託したり、台湾、韓国メーカーは日本メーカーからヘッドハンティングしたり、リストラされた技術者、製品開発担当者、生産ラインの技術者を採用したりして日本からの最新技術の導入に努めた[7]。

2．デジタルカメラ産業の特質

第1に、デジタルカメラはカメラの技術革新＝電子化が究極まで進展し、機械機構や化学的成果が電子的な半導体に置き換えられたカメラ部分とディスクから成り立っている。カメラは簡便に撮影できるように自動制御によって技術進歩を達成して市場を拡大してきた。歴史的にこの技術革新をみると、1960 年代に露出機構を、1970 年代にフィルム送付機構を、1980 年代に焦点機構を自動化して 1990 年代初めには手動で行うのはシャッターを押すという作業だけになった。この自動化は、当初機械制御で行われ、次第に電子制御に──機械機構が半導体に──置き換えられていったことで自動化＝電子化として技術革新が進んだ。さらに、1990 年代になると、カメラの記録媒体が化学的なフィルム・プリント（フィルムと現像）から電子的な撮像素子、映像エンジン、ディスクに転換してきた。したがって、デジタルカメラ産業は、カメラ産業の発展形態として捉えられる。

第2に、フィルムカメラからデジタルカメラへの転換が 1990 年代後半にカメラメーカーが想定していた以上の速度と規模で急展開した。カメラメーカーは 1981 年にアナログ式電子カメラ「マビカ」が試作された時には衝撃を受けて諸々の対策を講じたが、1990 年代にはキヤノン、ニコン、ミノルタ、富士フイルムは、コダックの提唱した APS システムに乗って強者連合を形成して停滞するカメラ市場からペンタックス、オリンパス、京セラ、コニカ、アグファなど下位メーカーを閉め出して自らの地位を確保しようとした。そのため、デジタルカメラの最初の市場的成功は、カメラメーカーから生まれず、電卓・

時計メーカーのカシオからであった。1990年代後半デジタルカメラに比較的早く対応したのは、強者連合から弾き出されたオリンパス、ビデオカメラを生産していた三洋電機、富士フイルムであった。そして、ビデオカメラを生産していたソニー、松下電器、報道・スポーツなど業務用カメラを生産していたキヤノン、ニコンは2000年代に次第に強みを生かしてデジタルカメラ産業の中核を占めるようになっていった。急速な転換に対応できなかったコダック、ミノルタ、コニカ、京セラはデジタルカメラ産業から離れていった。

　フィルムカメラから急速に転化して行ったデジタルカメラの優位性は、撮影面では、フィルムカメラ、レンズ付きフィルムの機能を継承し、会議、時刻表・案内板など多様なフィルムカメラでは行わなかった文字、画像を記録したり、複写機を代用したりする機能を付加し、出力面でも、パソコンとインターネットを使って地球上を瞬時に送信できる速報性、撮影画像をパソコン上で加工できる自主性、インターネット上で画像をやりとりできるビジネス上の利便性、家族や友人間での娯楽性などが加わったことによった。

　第3に、デジタルカメラ産業は、カメラ産業全盛の時のような独立した産業ではなくなった。デジタルカメラメーカー各社では、デジタルカメラが属する事業部門の売上げ比率を2014年3月期決算[8]でみると、キヤノンが39.3%、ニコンが69.9%、ソニーが9.5%、パナソニックが20.3%、オリンパスが13.5%、富士フイルムが15.3%である。これらの事業部門は、どのような事業が含まれるか、メーカーによって異なるが、上の数字よりデジタルカメラ単体の事業は、さらに比重が低くなる。

　また、技術面でも、レンズを除いて撮像素子、映像エンジンなど電子技術が中枢を占めて、デジタルカメラメーカーが技術の独立性を持たなくなり、ややもすれば、部品メーカーに開発の主導権を奪われることも起こりえた。

　さらに、流通面でも、デジタルカメラが製品的にデジタル家電の一部として取り扱われ、大型家電量販店での販売が大半を占めており、ヨドバシカメラ、ビックカメラというカメラの小売店であった大型家電量販店でさえ取引や取扱商品の一部でしかなくなってしまっている。

　第4に、生産体制は重層的下請制に基づく大手数社の独占体制から家電・パソコンのような各ユニット部品メーカーから下請関係を伴わない供給を受ける

生産体制となった。カメラ産業も他の組立産業同様に 1970-80 年代カメラの電子化により電子部品の比率が高くなり、1990 年代に海外への生産拠点の移転により重層的下請制が崩れつつあった。そこに 2000 年代以降のデジタルカメラ時代になると、大手電子部品メーカーをはじめとするデジタルカメラメーカーより大きな各ユニット部品メーカーから部品供給を受けざるをえなくなる。そのため、2000 年代初頭まで撮像素子メーカーから CCD の供給を充分受けられず、デジタルカメラの生産を拡大できない障害が相次いだ。そのため、資本力のあるキヤノンでは、1999 年大手鉄鋼メーカー NKK から神奈川県綾瀬市にある半導体事業を買収し、撮像素子の自社生産に取り組んだ。そして、自社開発の CMOS 生産を行うようになり、デジタル一眼や高級コンパクトに着装するようになった。2010 年代になると、ニコンも撮像素子のソニー離れを進め、フルサイズ（ソニー、ルネサス）、APS サイズ（東芝）、1 1/2″サイズ（アプティナ）という複数調達になった[9]。デジタルカメラメーカーは、大手電子部品メーカーとの力関係を変えようという動きであった。

3．デジタルカメラ産業の位置と問題の限定

　ここでは、最初にデジタルカメラ産業の位置について考えてみたい。デジタルカメラ産業は、私たちが研究対象とする 1995-2013 年の中でカメラ産業[10]のように明確な位置にない。デジタルカメラ産業が産業として認知されたのは、産業界では業界団体である日本写真機工業会がカメラ映像機器工業会に改組された 2002 年、経済産業省、総務省など政府では『日本標準産業分類』で「デジタルカメラ製造業」という項目を設けたのが 2008 年である。総務省は、2007 年 11 月に日本標準産業分類を改訂し、大分類の製造業の中に中分類「情報通信機械器具製造業」、小分類「映像・音響機械器具製造業」という分類の中に細分類として「デジタルカメラ製造業」が初めて設けられた。デジタルカメラ製造業は「主としてデジタルカメラを製造する事業所」という説明が加えられていた。

　また、デジタルカメラ周辺機器製造業において、撮像素子、レンズ、シャッターなどの部品は、デジタルカメラの比重が高いが、記憶媒体の SD カード、

中小液晶ディスプレイ、フレキシブル基板などはデジタルカメラ以外での用途の方が多く、全体としてデジタルカメラ周辺機器製造業とは言いにくい。

さらに、流通業界では、デジタルカメラはデジタル家電のひとつの商品として位置付けられている。販売も大型家電量販店が日本の店頭市場の約4割を占有しているといわれており、デジタルカメラの流通統計は、BCN[11]やGfk[12]などの民間調査会社がデータを出しているが、推計であって長期統計として確立されていない。政府統計のような実態掌握は難しい。

本書では、以上のような諸点を勘案してとりあえずデジタルカメラ製造業に限定して考察していきたい。

つぎに、デジタルカメラ産業の主体についてみてみたい。デジタルカメラ産業は、グローバリゼーションの中で生成、発展する産業だけあって、デジタルカメラを販売する日本・アメリカのブランドメーカー、生産する日本・台湾の生産メーカー、日本・台湾の生産メーカーが生産を行う中国・タイ・フィリピン・ベトナムの現地生産子会社と国際的下請制の下で多様なメーカーが展開をしている。これらのメーカーについて、本書ではそれぞれの視点から第2章、第3章、第4章、第5章で叙述している。

なお、デジタルカメラ統計の特質と問題点について検討を加えたいが、「第1章　デジタルカメラ産業の概況　1995-2013年」に譲って、ここでは省略することにする。

4．本書の課題

1990年代冷戦体制が崩壊した後、展開してくるグローバリゼーションの中でデジタルカメラ産業がどのように生成、発展してくるのかを実証的に検証することを課題としている。

第1章では、第2章以下の個別論文では扱わないデジタルカメラ産業の全体像を基本的統計を使って1990年代後半から2013年までの過程を概観することを課題としている。まず、1990年代後半のフィルムカメラからデジタルカメラへの転換をパソコンやインターネットの普及という社会的背景から説明し、転換の推移、衰退するフィルム・感材産業の実態を明らかにし、ついで、形成

されたデジタルカメラ産業を生産、事業所、従業者、世界市場の状況から概説する。そして、デジタルカメラ産業の担い手であるメーカーがグローバリゼーションの中でブランドメーカー、生産メーカー、OEM メーカーという重層的な担い手となっており、それぞれのメーカーがその役割を演じていることを明らかにしている。

第2章では、デジタルカメラ産業において最終組立メーカー(ブランドメーカー・生産メーカー)の生産体制がどのように展開していくのかを課題としている。この課題を明らかにするにあたって、まず、フィルムカメラ時代のカメラ産業が1990年代に一挙に国内生産を空洞化したという生産体制を概略する。ついで、フィルムカメラ産業からデジタルカメラ産業に転換する中で、デジタルカメラ生産は、当初の国内生産から順次海外生産拠点に移転していき、1990年代のカメラ産業と同様な生産体制となった過程を検証する。さらに、ひとつの産業として成立したデジタルカメラ産業は、グローバリゼーションが進行する中で2003年SARS、2005年反日運動による中国一極集中への懸念、2007年偽装請負問題、2008年リーマンショックによる景気低迷、2011年東日本大震災、タイ洪水というような国内外において問題が発生し、従来の生産体制の見直しが進行していく過程をみていく。

第3章では、デジタルカメラ産業における主要部品の供給関係とその生産体制について各主要部品ごとに検証していくことを課題としている。デジタルカメラ産業の部品供給関係は、家電・パソコンのような独立した各ユニット部品メーカーから供給を受ける水平的分業に基づくものであった。カメラ産業では、垂直的分業と重層的下請制に基づく大手数社の独占体制の下で成り立っていたのとは異なっていた。こうした変化は、カメラの電子化の進行の中で1970年代から徐々に進行してきた。とくに、デジタルカメラは電子部品が多数使われているため、部品メーカーの方が完成品メーカーより資本規模、販売力も大きいことが多く、取引の主導権が撮像素子のように部品メーカーの側にあることが多い。そのため、カメラ産業のように最終組立メーカーの生産体制に合わせて部品メーカーが生産体制を整備することは必ずしもない。こうしたことを前提に展開していく。

第4章では、国内でも有数のカメラ生産地域である諏訪地域を取り上げる。

諏訪地域では、高度経済成長期にカメラメーカー（親企業）を中心とするピラミッド型の下請生産体制が形成され、フィルムカメラの生産拡大が行われてきた。1980年代末からはフィルムカメラ生産の海外移転が本格化し、下請企業は大きな影響を受けるようになり、親企業を中心とするピラミッド型の下請生産体制の崩壊が始まっていく。そして、1990年代後半から始まるデジタルカメラ生産は、諏訪地域では短期間で終わり、カメラ関連の下請企業の存在意義が喪失されていくのである。そこで本章では、諏訪地域のカメラメーカーの海外生産が下請組立企業にどのような影響をもたらしたのか、そして、デジタルカメラ生産は従来のピラミッド型の下請生産体制に、特に下請組立企業にどのような影響を及ぼしていったのか、さらに地域への影響はどうであったかを明らかにしていく。

第5章では、デジタルカメラの受託製造についての考察を行う。とりわけ、台頭著しい台湾企業による受託製造の増大とその要因の解明を課題としている。この課題を明らかにするために、以下の4点に着目した。第1に、台湾企業によるデジタルカメラ生産の前史と位置づけ得るフィルムカメラ生産に焦点を当て、事業の継続性という観点から考察を加える。第2に、主要台湾企業4社の類型化を行い、デジタルカメラ市場への参入プロセスならびに技術基盤を明らかにする。また、デジタルカメラの関連部品まで対象を拡大し、これを台湾デジタルカメラ産業として、その全体像を明らかにする。第3に、「日・台」企業における企業間ネットワークに着目し、技術補完的連携の実態を明らかにする。最後に、デジタルカメラ市場の縮小という近年の動向に着目し、各社の対応について言及する。

第6章では、フィルム事業から撤退、破綻したメーカーがデジタル化にどのような対応をしたのか検証する。フィルム分野では、1980年代までにイーストマン・コダック、富士フイルム、コニカ、アグファの4社によって寡占市場が構築された。その後、1990年代には、市場の飽和と価格競争の激化と同時に、デジタルカメラが普及し始め、フィルム生産量および販売額は、2000年代以降急速に減少していった。フィルムからの収益が年々減少する過程で、アグファ・ゲバルトから分離したアグファ・フォトが2005年に破綻したことを皮切りに、2006年にはコニカミノルタがフィルム・カメラ事業から撤退し、そ

して2012年にイーストマン・コダックが破綻した。その一方で、富士フイルム、コニカミノルタといったメーカーはそれぞれ医薬・化粧品やデジタル複写機をはじめとする事業の多角化を進め、脱フィルムに成功した。だが、デジタル化への取組みや新たな事業開拓に取組みながらも、業界最大手であったイーストマン・コダックが破綻したのはなぜか。本章では同社の選択と集中がどのような条件の下で進められ、フィルムに代わる事業基盤を構築できなかった要因を探る。

　第7章では、日本カメラメーカーがグローバリゼーションの競争において、日本電気メーカーをはじめ各国メーカーに対して高品質なブランドとしての競争優位性を持っていることを、アメリカの『コンシューマー・レポート』誌の商品テストを基に、1998-2013年の16年間を時系列、定量的に検証した。日本カメラメーカーが高品質なブランドをもってデジタルカメラの競争優位を再構築したことを確認した。その主な要因は、①フィルムカメラにおいて、すでに世界市場で品質・機能の向上などブランド価値が確立していたこと、②長年の光学設計技術者の多さ、光学技術の蓄積、電子技術の導入など広範囲な技術的優位性があったこと、③デジタル一眼においてはフィルムカメラからの長年にわたる交換レンズや付属品の豊富さがあったことが挙げられる。

　デジタルカメラ産業の主要分野を一応明らかにすることをめざしたが、研究会メンバーと本書執筆メンバーの構成から以上の6テーマに限定せざるを得なかった。残された主要分野としては、生産過程でのセル生産・非正規労働、国内外の流通過程、資本調達などがあり、デジタルカメラ産業研究をめざす研究者たちに託したい。

注
1）アーミン・ヘルマン『ツァイス　激動の100年』新潮社、1995年参照。
2）鶴田満彦「グローバル資本主義の行方」『グローバル資本主義の構造分析』中央大学出版部、2010年、『グローバル資本主義と日本経済』桜井書店、2009年参照。
3）水野和夫『人々はなぜグローバル経済の本質を見誤るのか』日本経済新聞出版社、2007年、2頁。
4）2008年のリーマンショックを引き金にしたグローバル金融恐慌は、アメリカン・スタンダードのグローバリゼーションが崩れていく契機になってきたと指摘できる。

5）パソコンの中央演算装置（CPU）のインテルと基本ソフト（OS）のマイクロソフトの製品を搭載したパソコンが事実上の「世界標準」として君臨した。
6）アウンコンサルティングの 2012 年調査によると、グーグルが首位となっていないロシア、中国、韓国、台湾を除くと大半の諸国が 60％以上のシェアを占め、日本をはじめ、オーストラリア、イギリス、フランス、インド、タイ、インドネシアなどの国々で 90％以上のシェアを占めている。
7）『週刊ダイヤモンド』2013 年 11 月 16 日号には「サムソンに貢献した日本人技術者ランキング」という記事が載っており、ベスト 30 にキヤノン 2 名（第 2 位、第 10 位）、コニカミノルタ 3 名（第 12 位、第 25 位、第 27 位）、三洋電機 1 名（第 17 位）が入っている。これはデジタルカメラ産業の技術流出の氷山の一角に過ぎない。
8）各メーカー 2014 年 3 月期決算説明会資料、ただし、キヤノンは 2013 年 12 月期決算である。メーカーによってデジタルカメラが含まれている事業部門が異なり、本文では挙げなかったカシオはデジタルカメラが含まれているコンシューマー部門が 82.2％を占めているが、ここには稼ぎ頭の時計の存在が大きく、デジタルカメラの存在は薄い。
9）第 3 章参照。
10）私たちが 2006 年に上梓した矢部洋三・木暮雅夫編『日本カメラ産業の変貌とダイナミズム』（日本経済評論社）の中で①精密機械工業の「写真機類製造業」（写真機・同付属品製造、映画機会・同付属品製造、レンズ・プリズム製造）、②化学工業の「写真感光材料製造業」、③商業の「写真機卸売業、写真・写真材料小売業」から構成されていると規定した。
11）BCN は、1984 年に設立され、コンピューター関係の業界紙から出発し、1998 年 POS データベース配信サービスを行い、BNS ランキングを開始して発展した。現在は、日本国内の家電量販店、パソコン専門店の POS データと IT 出版に基づく実売調査会社となっている。
12）Gfk は、ドイツに本社を置く 1934 年設立の市場調査会社で、世界 100 ヵ国以上で市場調査を行い、デジタルカメラもその対象となっており、日本にも 1979 年に子会社 Gfk Marketing Services Japan を設立している。

第1章　デジタルカメラ産業の概況　1995-2013年

飯島正義、沼田　郷
矢部洋三、山下雄司

はじめに

　本章は、第2章以下の個別論文では扱わないデジタルカメラ産業の全体像を基本的統計を使って1990年代後半から2013年までの過程を概観することを課題としている。

　本書で扱う諸々のデジタルカメラに関する統計に関して簡単に説明しておこう。デジタルカメラ統計は、政府統計、業界統計、民間統計があり、それぞれ統計としての性格が異なる。

　まず、この産業を掌握する政府統計をみると、『工業統計表』と『機械統計年報』が代表的である。『工業統計表』は農商務省（現経済産業省）が1909（明治42）年より刊行をはじめ、1943-44年の2年間を除き今日に至るまで毎年刊行されている。内容的には、全国の工場から申告させて事業所数、従業者数、製造品出荷額、付加価値額、在庫額、現金給与額などが統計項目となっている。デジタルカメラ産業については、2008年版になって初めて「デジタルカメラ製造業」という独立産業となったが、2007年版までは「ビデオ機器製造業」に含まれ、ビデオカメラ、ビデオデッキ等と一緒に集計されていた。デジタルカメラ製造業も統計の性格上、国内工場が対象となっている。

　『機械統計年報』は通産省（現経済産業省）が1952（昭和27）年から毎年刊行しており、機械工業に対する生産動態調査で、2013年版から『生産動態統計年報　機械統計編』に名称が変更された。この統計書は国内の対象事業所が国内で実際に行われた生産量・金額、受入量、出荷量・金額、在庫量が掲げられている。デジタルカメラ産業が掲載されたのは『工業統計表』より8年早い

2000年版からであった。

次に、カメラ業界の統計としては1954年に設立された「日本写真機工業会」が1976年から毎年カメラに関する統計書『日本の写真産業（JCIAレポート）』を刊行していた。デジタルカメラに関する統計は1999年分から掲載された。フィルムカメラからデジタルカメラへの転換に対応して日本写真機工業会は2001年工業会内にデジタルカメラ委員会を設置し、この委員会の会員23社を以て2002年にカメラ映像機器工業会（2002年有限責任中間法人として設立され、2009年に法人法改正に伴って一般社団法人となった。Camera & Imaging Products Association：CIPA、以下CIPAと略す）に改組した。改組後の2002年版から『日本のカメラ産業』に改称して刊行していたが、内容は次第にデジタルカメラ中心になり、2009年に書籍版から電子版『日本のカメラ産業（CIPA REPORT）』に替わった。統計の特徴としては、統計対象が政府統計と異なってCIPA統計参加会社における海外分の生産、出荷が含まれている点である。会員間でOEM供給している場合、重複しないよう調整している。内容としては、デジタルカメラの出荷量・金額・平均単価、購入者特性などの統計が作成されている。デジタルカメラの大半が日本国外で生産され、世界市場が日本ブランドで占められていることを考えると、いちばん信憑性があると考えられる。以下では『CIPA REPORT』（年報）および月例統計をCIPA統計と略し、基本統計として利用していく。

デジタルカメラに関する第3の統計として、民間統計がある。民間の調査会社富士キメラ総研・富士経済（富士経済グループ）、矢野経済研究所などがデジタルカメラ業界、政府系調査機関、マスコミ各社にデータを販売するために調査した統計、報告書である。デジタルカメラ産業に関する報告書はほとんどが単発的な調査が多く、累年はほとんど見あたらない。そうした中で富士キメラ総研の『ワールドワイドエレクトロニクス市場総調査』は累年刊行で、1998年版からデジタルカメラが掲載されている。この調査書の特徴はメーカー単位で生産量、生産地域、生産委託量などの統計が掲載されている点である。ただ、統計としては推計値であると思われる。この調査書と類似のものとして『日経マーケット・アクセス別冊　デジタル家電市場総覧』（日経BPコンサルティング発行）があり、デジタルカメラに関しては2004年版から廃刊になる2010年

版が利用できる。

第1節　フィルムカメラからデジタルカメラへの転換

1．デジタルカメラ普及の背景

(1) 1990年代前半までの電子カメラ

　1981年ソニーがアナログ式電子カメラ「マビカ」を試作し、これを公開したことでカメラ（フィルムメーカーも含む）業界は近い将来フィルムカメラが電子カメラに転換してしまうのではないかという大きな衝撃を受け、直ちに電子カメラへ対応する新事業に取り組む「マビカ・ショック」となった。カメラ業界も一眼レフカメラメーカーを中心に業務用電子カメラの開発に取り組み、キヤノンが1984年のロサンゼルス・オリンピックにおいて電子カメラと画像伝送のシステムを投入し、はじめて報道写真に利用された。そして、1986年に世界初の電子カメラ「キヤノン RC-701」が39万円（装置一式500万円）で発売され、この時、カメラ業界の統一規格「スチルビデオカメラ（SV）」規格が決められた。その後、1987年にはミノルタが一眼レフカメラ α-7000、α-9000 に装着して使用するスチルビデオバック「SB-70」、「SB-90」、カシオが「VS-101」、富士フイルムがレンズ交換できない一眼レフ「ES-1」を発売し、1988年には、ソニーが「マビカ MVC-C1」、ニコンが「QV-1000C」で続いた。しかし、1995年のカシオ「QV-10」が発売されるまで15年間、とくに1990年代前半はカメラ業界は「マビカ・ショック」が遠のいて電子カメラ開発が後退し、APSカメラ開発にシフトしてしまった。

　カメラ業界は、カメラの世帯普及率が1960年代に60%、1970年代前半に70%を超えて成熟した市場に対してカメラの自動化を技術革新によって推進し、新たな購買を促進してきたが、1980年代後半にAF技術でカメラの自動化が完成の域に達して1990年代初頭において新たな技術革新が望めなくなり、また、自らが開発してきたアナログ式電子カメラも展望がつかめない状況に陥っていた。カメラとフィルム市場が競争激化による利益率低下に対するテコ入れ策としてカメラ業界は、コダック、富士フイルムのフィルムメーカー大手2社、

キヤノン、ニコン、ミノルタのカメラメーカー大手3社が中下位メーカーの市場を奪っていく「強者連合」を組んだ。それが「APSシステム（Advanced Photo System＝新写真システム）」の共同開発であった。1991年コダックが「世界標準規格の新しい写真システム」としてAPSシステムを提唱し、1996年フィルムとカメラメーカー5社が共同開発した。規格推進会社5社は、4月にコダックと富士フイルムがAPSフィルムを発売し、カメラも富士フイルムがエピオン・シリーズ4機種、ミノルタがヴェクティス・シリーズ2機種、ニコンがニュービス125i、5月にはキヤノンがイクシのコンパクトカメラを発売した。それに続いて一眼レフをミノルタが1996年6月にS-1、10月キヤノンがイオスIX E、12月ニコンがプロネア600iを発売した。このようなAPSシステムとは、①フィルム装填を簡便にするベロなしのカートリッジフィルムにして、②フィルムに磁性材を塗って画像とデータの両方を記録できるようにしたデジタル化への過渡的なカメラシステムであり、③35㍉フィルム（36×24㍉）より25％小さくしたAPSフィルム（30.2×16.7㍉）を使用するものであった。共同開発、規格推進から外れたオリンパス、京セラ、旭光学、コニカ、ライカは1％の規格使用料をキヤノンに支払ってAPSカメラを発売した。APSシステムはのちに見るように35㍉サイズのカメラとフィルムを凌駕することができず、主流になる前にデジタルカメラに圧倒されてしまった。

　1981年のアナログ式電子カメラ「マビカ」発表以後15年間フィルムカメラから電子カメラへの転換が進まなかったのはなぜだろうか。電子カメラが普及しなかった理由は①撮像素子が静止画像用としては画質が悪く、未完成であったこと、②カメラと再生ビューの2つの構成部分が必要で、さらに両者を動かす電池もあり、大きさ・重量で問題があったこと、③再生には、テレビに接続して見る必要があったこと、④コンピューターへの取り込みには、アナログであるため、新たにビデオキャプチャボードを付けなければならなかったことなどいろいろ理由はあるが、ひと言でいえば電子カメラが普及する環境（IT革命）が整わなかったことに尽きる。

　1980年代にME技術革新が進行して半導体の微細化・大容量化が実現して価格が安く、半導体を組み込んだ製品が小さくなり、しかも機能が高まっていき、コンピューターがマッキントッシュの登場によって大型コンピューターを

小型化するのではなく、個人用という新しい発想のコンピューター＝パソコンが生まれた。マッキントッシュのパソコンは、自社生産にこだわり、基本ソフト（OS）を公開しなかったため、世界標準のパソコンにはなり得なかった。1990年代になると、マイクロソフトの基本ソフト（ウィンドウズ）とインテルの中央演算装置（CPU）を公開してパソコンメーカーが世界標準のパソコンを世界中に提供したことでコンピーターのダウンサイジングが進んだ。これにはインターネットの普及がパソコンをネットワーク化させて大型コンピューターの機能を代替させる役割を果たした。

(2) パソコンの世帯普及率

　パソコンの国内普及率をみると、1987年11.7％から93年11.9％まで11％前後で伸び悩んでいたが、図1-1のように94年の13.9％から減少することなく、97年に20％を、2000年に30％を、1年に50％を、3年に60％を超えていった。世界的には1990年から95年にかけて、ウィンドウズ3.0と3.1は1億台が出荷された。インテルのCPUに載せたウィンドウズは事実上の世界標準の地位を確立したといわれていたが、日本では、多少事情が異なっていた。日本では、ウィンドウズ3.0が普及した当時、DOS/Vが流行していたため、海外ほど普及せず、パソコン普及率が11％前後で停滞していた。1993年にウィンドウズ3.1が発売され、95年秋にウィンドウズ95が爆発的に売れるようになって一挙にパソコンが日本の家庭に入り込んでいき、日本でも世界標準が現実化した。それと共にパソコンの機能向上・低価格化が進行した。とくに機能向上において画像処理機能が高まるにつれ、デジタルカメラへの関心が高まり、パソコンへの手軽な画像入力装置として利用されるようになった。報道機関では1980年代から業務用電子カメラが利用され、90年代初めから業務用デジタルカメラに代わった。しかし、高額であるため一般的業務用としては利用されず、1990年代後半のカシオQV-10発売以後に建設業における建設現場写真、損害保険業における交通事故現場写真など一般業務用として利用されるようになった。また、家庭でもパソコンで手軽にカラー画像を編集・加工できるようになったため、デジタルカメラで撮影された画像が年賀状に使われることが多くなってきた。

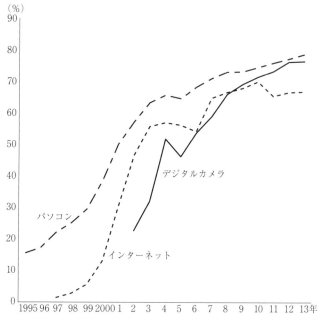

図1-1 パソコン・インターネットとデジタルカメラの普及率（一般世帯）

出所：『消費動向調査』1988-2014年版。総務省「通信利用動向調査」。

　パソコンとデジタルカメラとの関係を示す統計は、デジタルカメラが2002年から始まるので、明確な連動は示せないが、図1-1のグラフのように数値が異なるものの普及の動向は連動していることがわかる。

(3) インターネット契約数の普及率

　インターネットの契約数はパソコンの普及と共に増加していった。デジタルカメラが普及する前提としてインターネットの普及があり、インターネットがどの程度日本の家庭に広まった時点であったのかを考える。インターネット契約数の世帯普及率[1]をみると、1997年には1.4%であったのが98年2.8%、99年5.6%、2000年13.1%と倍増を繰り返して3年には50%を超えて2000年代後半以後65-70%の普及率で推移していった。

　インターネットとデジタルカメラとの関係をみると、まず、デジタルカメラ

で撮影した画像データを圧縮する形式には、1990年代後半に使用料を払う必要がなく、容量が少ないJPEG[2]、国際的に報道機関に採用され、高画質のままのデータを保存するTIFF[3]などの形式が標準化された。

そして、デジタルカメラで撮影された画像の輸送手段としては、インターネットや携帯電話が利用されるようになった。新聞社やテレビ局のカメラマンが撮影した場所から即座にその画像を地球上の遠隔地にインターネットを使って送信することができるようになった。また、インターネット上に企業や個人がホームページを作り、ほどんどのホームページには写真が入っており、その取り込みにはデジタルカメラが使われるようになった。

2．フィルムカメラからデジタルカメラへの転換の推移

(1) フィルムカメラとデジタルカメラの出荷額　1995-2000年

　フィルムカメラからデジタルカメラへの転換を考えるとき、金額ベースと台数ベースをみると、デジタルカメラの単価の方が高額なので、金額ベースの方が早く転換が起こる。そのため、ここでは金額ベースから入ることにする。カシオQV-10の発売を契機にデジタルカメラが普及する1995年を基点にすると、デジタルカメラが200億円であるのに対してフィルムカメラは2,954億円と約15倍の出荷高を上げており、その後も1996年に3,000億円を、97年に3,500億円を超え、98年に3,842億円でピークを迎え、2000年まで3,000億円台を保っていた。他方、デジタルカメラは、1997年288億円、98年516億円と倍増を続け、99年には一挙に4.5倍増の2,279億円となり、2000年には4,379億円にもなった。

　デジタルカメラは、2000年に図1-2のようにフィルムカメラの3,020億円に対して4,379億円と逆転した。この年をきっかけにフィルムカメラの出荷高は2001年3,000億円、3年2,000億円、4年1,000億円、6年にはついに100億円を割るという凋落ぶりであった。他方、デジタルカメラは、2001年5,000億円（フィルムカメラの2.3倍）を超えて2年約8,000億円（同3.9倍）に達し、3年には1兆円（同10.4倍）を上回り、4年に1.5兆円（同28.5倍）にもなる飛躍的伸びを示した。

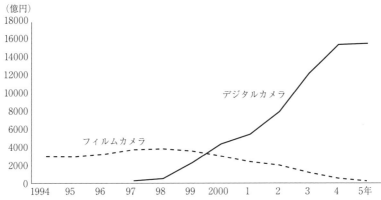

図 1-2　フィルムカメラとデジタルカメラの出荷高（金額ベース）

出所：CIPA 統計。ただし、デジタルカメラの 1994-98 年までは 1997-98 年は日本電子工業振興協会調べ、1994-96 年は日本経済新聞記事から採った。

(2)　フィルムカメラとデジタルカメラの生産台数　1995-2005 年

　台数ベースでは、フィルムカメラは、1995 年には 2,957 万台であり、96 年に 3,000 万台を超え、97 年に 3,667 万台でピークに達したが、その後も 2000 年まで 3,000 万台を確保しており、1 年も 2,759 万台を出荷していた。これに対してデジタルカメラは、1995 年の 20 万台から 96 年 75 万台、98 年 100 万台、99 年 500 万台となる急速な普及を示した。金額ベースでフィルムカメラを上回った 2000 年 1,000 万台を超えたが、フィルムカメラの約 3 分の 1 でしかなく、1 年も 1,475 万台で約 2 分の 1 に留まっていた。フィルムカメラとデジタルカメラの台数ベースでの逆転は、図 1-3 にみるように 2002 年に 89 万台という僅少差で起こり、2003 年になると、フィルムカメラ（1,629 万台）とデジタルカメラ（4,340 万台）の差は明確となってデジタルカメラは、2004 年にはフィルムカメラの約 6 倍の出荷台数になった。

(3)　APS カメラとデジタルカメラの出荷額・出荷台数

　さきに、指摘したように世界のカメラ業界が 1990 年代以降における戦略の中心に位置づけたのは APS システムであり、これがデジタルカメラにどの程度対抗できたのか検討していこう。まず、APS カメラとデジタルカメラの金

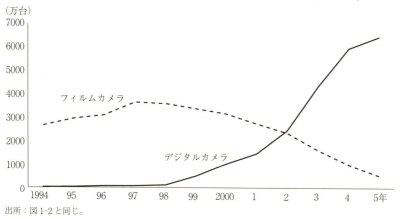

図1-3 フィルムカメラとデジタルカメラの出荷高（台数ベース）

出所：図1-2と同じ。

　額ベース（図1-4参照）での比較を行うと、APSカメラは、1997年474億円、98年547億円、99年632億円と順調に出荷高を伸ばしていったが、2000年から急激に減少して3年には59億円と統計が始まった1997年の10%程度にまで減少してしまった。また、APSカメラで使用するAPSロールフィルム、APSレンズ付きフィルムの動向を見ても、1997年を1とする指数でみると、ロールフィルムが98年1.6、99年1.7、ピークが2.0の2000年であり、レンズ付きフィルムが1998-99年と1.1が続き、ピークが2000年の1.2とAPSカメラより1年遅くピークを迎え、傾向としては同様であった。これに対してデジタルカメラはAPSカメラのピークの1999年にその3.6倍に相当する2,279億円で逆転してしまった。その後、2000年8倍、1年13倍、2年28倍、3年110倍と圧倒的差となっていった。

　次に、図1-5を出荷台数ベースでみていくと、APSカメラは、1999年まで増加して403万台でピークを迎え、2001年に200万台を割り、3年には30万台にまで減少してしまった。ピークの1999年に出荷金額ベースと同様にデジタルカメラに抜き去られてしまった。APSロールフィルム、APSレンズ付きフィルムも金額ベースと同様に2000年にピークを迎えた。ただ、台数ベースでは、レンズ付きフィルムが単価が安いこともあって健闘してデジタルカメラに逆転されるのが2002年まで延びて今までみてきたフィルムカメラ、APSカ

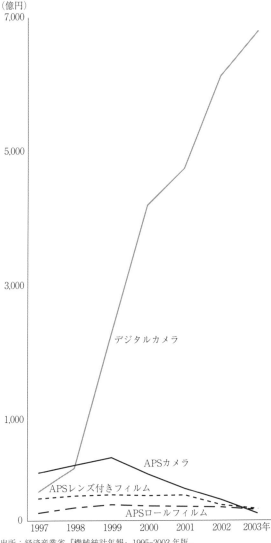

図1-4 APSカメラとデジタルカメラの出荷高（金額ベース）

出所：経済産業省『機械統計年報』1995-2003年版。
注：2004年版より24ミリカメラの項目がなくなった。
　　デジタルカメラの1997-8年　日本電子工業振興協会調べ、1999年CIPA統計。

メラの落ち込みほど差がつかなかった。

　APSカメラの趨勢をみるには、新製品の発売数がどのように推移したかを検討すると、はっきりする。APSカメラの新製品は発売が始まった1996年から発売が終わる2004年までにコンパクトカメラ113機種、一眼レフカメラ9機種、計122機種である。このカメラを生産したのは、APSシステムを共同開発したAPS規格推進会社コダック、富士フイルム、キヤノン、ニコン、ミノルタの5社と共同開発に参加できなかった非APS規格推進会社オリンパス、コニカ、ペンタックス、京セラ、ライカ、GOKOの6社との合計11社である。122機種の新製品のうち、規格推進会社5社が73%に相当する89機種、非規格推進会社6社が27%に当たる33機種と

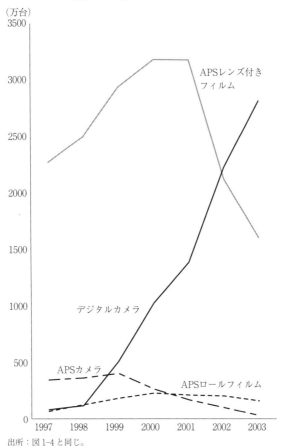

図1-5　APSカメラとデジタルカメラの出荷高
　　　（台数ベース）

出所：図1-4と同じ。

いう構成であった。APSカメラ新製品の推移は、図1-6のように発売が始まった1996年から2年間で51％を占め、一方で一眼レフは1998年を最後にその後発売されず、他方、デジタルカメラとの勝負がついた1999年以後コンパクトもじり貧状態が続き、2001年に規格推進会社ニコン、ミノルタが、2年には非規格推進会社が新製品を発売することを止め、規格推進会社でもAPSフィルムを販売する必要性から富士フイルムとコダックが、イクシが

図1-6 年別APSカメラの新製品数

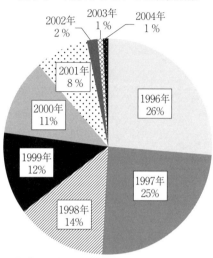

出所:『カメラ年鑑』1997-2006年版、日本カメラ社より作成。

図1-7 メーカー別APSカメラ発売機種数

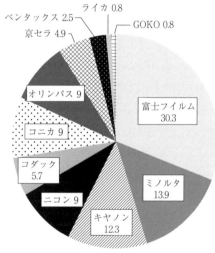

出所:図1-6と同じ。
注:単位は％である。

ヒットしたキヤノンが新製品の発売を続けたが、2001年8％、2年2％、3年1％と4年の1機種を最後に新製品は発売されることはなかった。

日本市場におけるAPSカメラのメーカー別新製品発売数をみると、図1-7のように規格推進会社のフィルム生産メーカーであり、カメラメーカーでもある富士フイルムが30.3％と圧倒的な比率を示した。また、日本市場のフィルム占有率が10％程度であるコダックは、日本市場におけるAPSカメラの発売数が5.7％と共同開発に加わらなかったコニカの9.0％より少なかった。輸出比率が高く、とくにアメリカ市場のウエイトが大きいミノルタは13.9％と富士フイルムに次いで積極的であった。規格推進会社であるキヤノンも12.3％を占めたが、ニコンはAPSカメラをOEMに出して自社生産をしてこなかったため、撤退も早く、占有率も非規格推進会社のオリンパス、コニカと同じ9.0％であった。非規格推進会社では、コンパクトの比率が高い京セラが4.9％で、一眼レフ中心のペンタックスが2.5％となっていた。

3. フィルム・感材産業の衰退

(1) 全体の傾向

フィルムのみの生産量、販売額を世界レベルで把握することは、残念ながら資料の制約により難しいため、主要国別の写真用・映画用材料の輸出入統計からおおよその傾向をみてみよう（図 1-8、1-9）。

まず、主要国別輸入額は、リーマンショックの影響と思われる一時期を除き一貫して増加傾向にあった。その構成を詳細に見ると、2000 年代半ばより主要国の輸入額は減少傾向にある一方で、その他に含まれる新興国をはじめとする世界市場の増大が読み取れる。なお、主として中国向けと考えられる 1990 年代の香港の輸入額は 2000 年前後より減少を見せた一方、中国が急速にシェアを増加させた。

また、主要国別輸出額を見てみると、1990 年代半ばにアメリカと日本の地位交代があったこと、日本が一貫して高いシェアを維持してきたことがわかる。

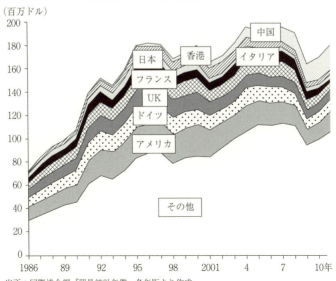

図 1-8 写真・映画用材料の主要国別輸入額推移（1986-2011 年）

出所：国際連合編『貿易統計年鑑』各年版より作成。

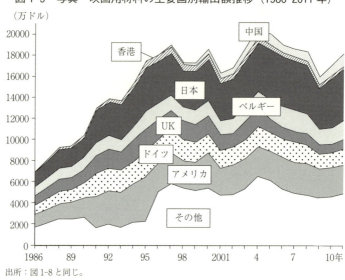

図1-9 写真・映画用材料の主要国別輸出額推移（1986-2011年）

出所：図1-8と同じ。

(2) 各種フィルムの生産・販売動向

まず、国内におけるフィルム生産量、販売額の推移を確認しておこう（図1-10）。第二次世界大戦後から一貫してフィルムの生産量、販売額は増加したが、1970年代以降の上昇率が高く、写真文化の普及の影響が読み取れる。ただし、メーカー数社によるフィルム市場の寡占化が進展したことで、1980年代末より価格競争が繰り広げられた結果、販売額では1991年、生産量では2000年がピークとなり、以後、デジタルカメラの普及にともない、急速に生産量、販売額は減少した。

続いて、国内におけるレンズ付きフィルムとAPSフィルムの生産・販売動向をみてみよう。

レンズ付きフィルムは手軽さや豊富な販売網によって1986年の登場以来、幅広い層に支持され成長した。ただしフィルムメーカー各社が参入し、価格競争が進んだ結果、1998年以降、販売額は低下していった。そして、デジタルコンパクトやカメラ付き携帯電話の登場によって、2003年を前後して、生産量、販売額は急速に減少した（図1-11）。

図1-10 国内におけるフィルム生産量・販売額の推移（1950-2012年）

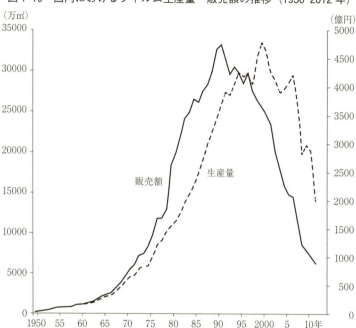

出所：経済産業省大臣官房調査統計グループ（経済産業省経済産業政策局調査統計部、通商産業大臣官房調査統計部）『化学工業統計年報』1950-2012年版より作成。数値はネガ（モノクロ・カラー）・リバーサル・映画用フィルム等の総計。左軸は生産量、右軸は販売額。2013年以降の統計データは公表されていない。

　同様に、コダックが1996年に満を持して投入したAPSフィルムは、ユーザーによるミスの軽減、撮影情報の記録、フィルム交換の自由度の高さを既存の35㍉フィルムに対する利点として売り出されたが、初期は生産量、販売額ともに増加したものの、既存の35㍉フィルムに取って代わるだけの力はなく、2000年以降、生産量、販売額ともに減少し、終了した（図1-12）。現在ではデジタルカメラ用撮像素子の大きさを示す用語として、その名称を残すのみである。

(3) 事業所数、従業員数の動向

　最後に、事業所と従業員数の推移をみてみよう。

　統計上、DPE店舗やミニラボ数のみを取り上げることは難しいため、写真

図 1-11　国内におけるレンズ付きフィルム生産量・販売額の推移（1992-2006 年）

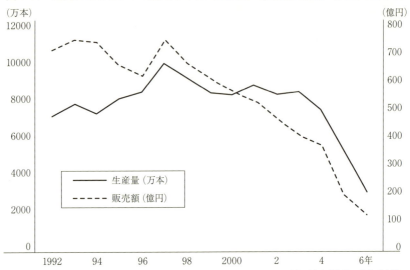

出所：経済産業省大臣官房調査統計グループ（経済産業省経済産業政策局調査統計部）『化学工業統計年鑑』
　　　各年版より作成。
注：左軸は生産量、右軸は販売額、35㍉サイズと APS（24㍉）サイズの合計値。

図 1-12　国内における APS サイズフィルム生産量・販売額の推移（1997-2006 年）

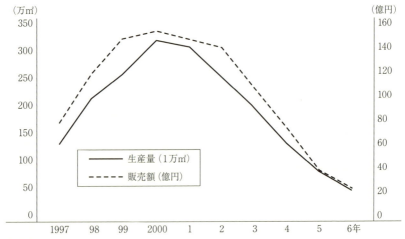

出所：図 1-11 と同じ。
注：左軸は生産量、右軸は販売額。レンズ付きフィルムは含まない。

業として分類されている数値を利用する。なお、写真業とは主として肖像写真、広告、出版その他の業務用写真の撮影、フィルム現像、焼付け、引伸ばしおよびフィルムの複写を行う事業所を指す[4]。以下、1989年、94年、99年のサービス業基本調査報告[5]と、2013年のサービス産業動向調査[6]を元に、事業所数と従業者数の推移をみてみよう。

事業所数は1989年1万9,265店、94年2万1,164店、99年2万6,635店、2013年1万1,004店と推移した。先述した国内のフィルム販売量の増加とともに2000年頃までは事業所数は増加したものの、事業所規模の縮小、事業収入額の減少を伴うものであった。その後、一転して、事業所数は減少した。

また、写真業の従業者数は、1989年9万6,548人、94年10万1,318人、99年12万8,107人、2013年5万3,100人と、先述した事業所数と同様の推移を示している。なお、収入金額は、1989年1兆306億円、94年1兆765億円、99年1兆3,346億円、2013年3,117億円と推移した。

第2節　デジタルカメラ産業

1．生産の推移

(1) 生産台数の推移

カシオ計算機が1995年に「QV-10」を発売してからデジタルカメラはコンピューター周辺機器の1つとして位置づけられ、デジタルカメラ市場は急速に拡大してきた。表1-1の「CIPA統計」で世界の生産台数、総出荷台数の推移をみると、1999年500万台、2000年1,000万台、2年2,000万台、3年4,000万台、4年5,000万台と急激に増大し、7年には1億台を突破するに至っている。2009年はリーマンショックの影響を受けて約1,000万台減じたが、2010年をピークにその後減少が続いている。

日本向けの出荷台数の動向も世界総出荷台数と同様の動きを示している。1999年150万台であったのが増加を続け2007年には1,000万台を超え、8年をピークに減少に転じている。また、世界総出荷台数に占める日本向け出荷台数の割合は年々低下してきているが、これは、図1-13に示すように世界総出

表1-1　デジタルカメラの世界生産台数・出荷台数

(単位：万台、％)

	世界生産台数	世界総出荷台数A	日本向け出荷台数	構成比(%)	デジタルコンパクト				デジタル一眼			
					世界出荷台数B	日本向け台数C	B/A	C/B	世界出荷台数D	日本向け台数E	D/A	E/D
1999年	506	509	150	29.5								
2000年	1,082	1,034	295	28.5								
2001年	1,596	1,475	483	32.7								
2002年	2,337	2,455	655	26.7								
2003年	4,339	4,340	844	19.4	4,256	827	98.1	19.5	85	17	1.9	19.8
2004年	5,940	5,976	855	14.3	5,729	817	95.9	14.3	248	37	4.1	15.0
2005年	6,358	6,476	844	13.0	6,097	789	94.1	12.9	379	55	5.9	14.5
2006年	7,763	7,898	942	11.9	7,371	871	93.3	11.8	526	72	6.7	13.6
2007年	10,098	10,036	1,099	10.9	9,289	992	92.6	10.7	747	107	7.4	14.3
2008年	11,617	11,975	1,111	9.3	11,007	986	91.9	8.9	969	125	8.1	12.9
2009年	10,304	10,586	975	9.2	9,595	868	90.6	9.0	991	107	9.4	10.8
2010年	12,177	12,146	1,057	8.7	10,857	907	89.4	8.3	1,289	150	10.6	11.6
2011年	11,462	11,552	951	8.2	9,983	804	86.4	8.0	1,569	147	13.6	9.4
2012年	10,037	9,813	915	9.3	7,798	732	79.5	9.4	2,016	183	20.5	9.1
2013年	6,101	6,283	793	12.6	4,570	559	72.7	12.2	1,713	233	27.3	13.6

出所：CIPA統計より作成。
注：1）1999-2002年までは機種別の区分はされていない。
　　2）デジタル一眼にはミラーレス一眼などノンフレックスも含む。

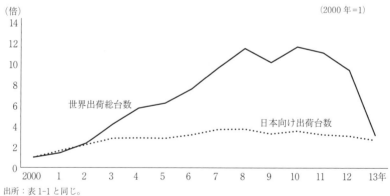

図1-13　デジタルカメラの出荷台数の伸び率

出所：表1-1と同じ。

荷台数の増加率が日本向け出荷台数の増加率を大きく上回ってきたことを示すものである。

　世界生産台数と総出荷台数、後述する世界生産額と総出荷額を比較すると、

出荷台数、総出荷額が生産台数、生産額を上回る状況が多くみられる。CIPA統計では、生産、出荷にはOEM（相手先ブランドでの生産）調達分も含まれるとされていることから2002年以降OEM調達がかなり含まれているものと推察される。

次に、機種別の状況が明らかとなる2003年をみてみると、デジタルコンパクトが世界総出荷台数の98％を占めていた。デジタルコンパクトの世界総出荷台数は2008年に1億台を超えるが、2011年以降はスマートフォンとの競合等によって総出荷台数は大きく減少している。一方、デジタル一眼の総出荷台数は年々伸びており、2010年に1,000万台に達し、2012年には2,000万台と急激な増加を示している。その結果、デジタル一眼の世界総出荷台数に占める割合も2013年には27.3％まで上昇してきている。

日本向けのデジタルコンパクトの2003年の出荷台数は、800万台で世界総出荷台数の19.5％を占めていたが、7年をピークとして1,000万台に達することはなく推移してきている。一方、デジタル一眼の出荷台数は2003年17万台であったのが、7年100万台、13年に200万台を突破し、着実に増加してきている。デジタル一眼の世界総出荷台数に占める日本向け出荷台数の割合も緩やかに低下しており、デジタルコンパクト同様、世界市場向けの出荷台数の増加率が日本向け出荷台数の増加率を上回る状況となっている。

(2) 生産額の推移

続いて、デジタルカメラの世界生産額、総出荷額を表1-2でみると、1999年に2,000億円規模であったのが、2003年には1兆円を超え、短期間に急伸している。世界生産額、総出荷額は、2008年がピークで、その後リーマンショックの影響の落ち込みもあるが減少傾向となっている。

日本向けの出荷額も2000年に1,000億円、2年2,000億円と短期間に急増したが、7年をピークに減少に転じている。

次に、機種別の世界出荷額をみると、デジタルコンパクトは2003年に1兆円を超え、2008年をピークに減少している。3年デジタルコンパクトの出荷額の割合は、総出荷額に対して93％を占め、その後低下し続けて2012年には50％を割り込み、13年には42％まで減少してきている。

表 1-2 デジタルカメラの世界生産額・出荷額

(単位：億円、％)

	世界生産額	世界総出荷額A	日本向け出荷額	構成比(%)	デジタルコンパクト				デジタル一眼			
					世界出荷額B	日本向け出荷額C	B/A	C/B	世界出荷額D	日本向け出荷額E	D/A	E/D
1999年	2,136	2,279	693	30.4								
2000年	4,257	4,380	1,311	29.9								
2001年	5,514	5,454	1,785	32.7								
2002年	6,742	7,977	2,102	26.4								
2003年	10,720	12,250	2,449	20.0	11,395	2,279	93.0	20.0	855	170	7.0	19.9
2004年	13,814	15,460	2,432	15.7	13,599	2,139	88.0	15.7	1,861	293	12.0	15.7
2005年	12,762	15,586	2,325	14.9	12,974	1,941	83.2	15.0	2,612	384	16.8	14.7
2006年	14,033	17,744	2,443	13.8	14,364	1,990	81.0	13.9	3,379	453	19.0	13.4
2007年	16,579	20,605	2,730	13.2	16,154	2,094	78.4	13.0	4,451	636	21.6	14.3
2008年	17,653	21,640	2,631	12.2	16,387	1,904	75.7	11.6	5,254	726	24.3	13.8
2009年	13,476	16,208	2,077	12.8	11,619	1,531	71.7	13.2	4,589	546	28.3	11.9
2010年	13,724	16,433	1,981	12.1	11,399	1,337	69.4	11.7	5,034	644	30.6	12.8
2011年	11,655	14,522	1,621	11.2	9,177	1,052	63.2	11.5	5,346	569	36.8	10.6
2012年	11,893	14,681	1,641	11.2	7,150	871	48.7	12.2	7,531	770	51.3	10.2
2013年	8,850	11,685	1,642	14.1	4,902	701	42.0	14.3	6,783	941	58.0	13.9

出所：表 1-1 と同じ。
注：1999-2002 年までは機種別の区分はされていない。

　これに対して、デジタル一眼はリーマンショックの影響の落ち込みはあったものの総出荷額は増加しており、その割合も一貫して上昇している。2013 年に出荷額が減少しているが、その理由は世界的な不況とスマートフォンの普及によってデジタルコンパクトだけでなくデジタルカメラ市場全体が落ち込んだことによるといわれている。

　世界総出荷額の推移で注目されるのは、2012 年からデジタル一眼の出荷額がデジタルコンパクトの出荷額を上回る状況となっていることである。つまり、デジタルカメラメーカーは、デジタルコンパクトがスマートフォンと競合するようになる 2010 年以降デジタル一眼に事業のウエイトを移してきているのである。

　日本向けのデジタルコンパクトの出荷額は 2003 年がピークで、それ以降はほぼ横ばいで推移し、リーマンショック後大きく減少している。一方、デジタル一眼の出荷額はリーマンショックや東日本大震災で減少したが、2012 年以降増加に転じている。日本向けの出荷額も 2013 年にデジタル一眼の出荷額が

デジタルコンパクトの出荷額を上回る状況となっている。

(3) 生産台数、生産額の伸び率の推移

上記でみてきたように、デジタルカメラは数量的にも金額的にも短期間に急激に伸長してきたが、2008年から2010年がピークでデジタルコンパクトからデジタル一眼にウエイトが大きくシフトしてきている。

総出荷台数、総出荷額の対前年比を表1-3でみると、2008年のリーマンショックまで100％を超えていたが、2009年以降100％を下回る年が多くなり、全体として対前年比（伸び率）は低下している。

これを機種別にみていくと、デジタルコンパクトはリーマンショック以後数量的にも金額的にも前年水準を下回る状況が続いており、2012年からスマートフォンとの競合によって激減している。また、デジタル一眼も2013年には世界不況の影響を受けて前年水準を下回る状況となっている（図1-14）。

表1-3 デジタルカメラの出荷台数・出荷額の対前年比の推移

(単位：％)

	出荷台数			出荷額		
	総数	コンパクト	一眼	総額	コンパクト	一眼
2000年	203.3			192.2		
2001年	142.7			124.5		
2002年	166.4			146.2		
2003年	176.8			153.6		
2004年	137.7	134.6	292.2	126.2	119.3	217.7
2005年	108.4	106.4	153.1	110.8	95.4	140.3
2006年	121.9	120.9	138.8	113.8	110.7	129.4
2007年	127.1	126.0	112.5	116.1	141.9	131.7
2008年	119.3	118.5	129.7	105.0	101.4	118.0
2009年	88.4	87.2	102.3	74.9	70.9	87.3
2010年	114.7	113.2	130.0	101.4	98.1	109.7
2011年	95.1	91.9	121.3	88.4	80.5	106.2
2012年	85.0	78.1	128.4	101.1	77.9	140.9
2013年	64.0	58.6	85.0	79.6	68.6	90.1

出所：表1-1と同じ。

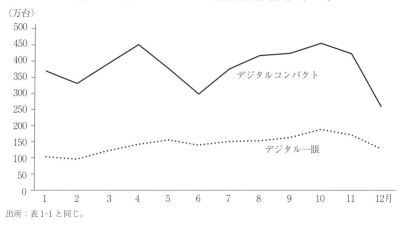

図1-14 デジタルカメラの出荷数量月間推移（2013）

出所：表1-1と同じ。

(4) 製品単価の推移

　デジタルカメラの平均単価は、表1-4に示すようにデジタルコンパクト、デジタル一眼を含めて全体的に低下傾向にある。デジタルコンパクトの平均単価は、1999年4万5,000円前後であったのが、年々低下して2013年には1万円と4分の1の価格まで低下してきている。また、デジタル一眼の平均単価も1999年約10万円であったのが、2013年には4万円まで低下している。このような平均単価の低下は、当然出荷額にも影響を及ぼすこととなるが、注目されるのは平均単価の低下とカメラ機能の高機能化が同時進行してきたことである。デジタルコンパクトの光学ズーム機能の推移をみると（図1-15）、明確に高機能機にシフトしていることが看取されるのである。

(5) 生産地の推移

　1996年のデジタルカメラの生産地域を表1-5でみると、日本とアジアに集中しており、特に日本に集中していた（生産の95％が日本）。しかし、アジアにおける生産台数（2004年まで中国含む）が次第に増加して、2001年には50％を超え、さらに2012年には84％（中国68％）まで上昇している。現在、デジタルカメラ生産の中心地はアジアとなっているのである。

　次に、機種別が明らかになる2007年以降をみると、デジタルコンパクトの

表 1-4　デジタルカメラの平均単価の推移

（単位：万円）

	世界			日本向け		
	総出荷	コンパクト	一眼	出荷	コンパクト	一眼
1999 年	4.48	4.48		4.62	4.62	
2000 年	4.23	4.23		4.45	4.45	
2001 年	3.70	3.70		3.69	3.69	
2002 年	3.25	3.25		3.21	3.21	
2003 年	2.82	2.68	10.12	2.90	2.75	10.32
2004 年	2.59	2.37	7.52	2.85	2.62	7.85
2005 年	2.41	2.13	6.89	2.75	2.46	6.97
2006 年	2.25	1.95	6.42	2.59	2.29	6.31
2007 年	2.05	1.74	5.96	2.48	2.11	5.97
2008 年	1.81	1.49	5.42	2.37	1.93	5.81
2009 年	1.53	1.21	4.63	2.13	1.76	5.10
2010 年	1.35	1.05	3.91	1.87	1.47	4.29
2011 年	1.28	0.92	3.41	1.71	1.31	3.88
2012 年	1.50	0.92	3.74	1.79	1.19	4.20
2013 年	1.86	1.07	3.95	2.07	1.25	4.03

出所：表 1-1 と同じ。

図 1-15　デジタルカメラ（コンパクト）のズーム機能別出荷台数

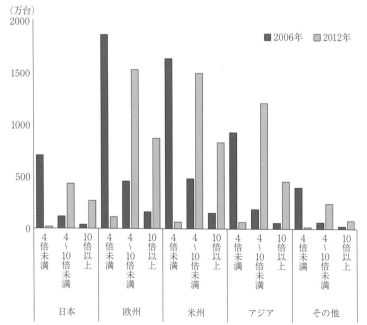

出所：表 1-1 と同じ。

表1-5 デジタルカメラの生産地域別実績

(単位:万台)

	日本		アジア		中国		合計
	生産台数	%	生産台数	%	生産台数	%	生産台数
1996年	88	94.6	5	5.4			93
1997年	219	87.7	31	12.3			250
1998年	272	87.1	40	12.9			312
1999年	550	70.5	230	29.5			780
2000年	940	70.1	400	29.9			1,340
2001年	994	49.7	1,006	50.3			2,000
2002年	1,240	44.5	1,545	55.5			2,785
2003年	2,360	44.0	3,005	56.0			5,365
2004年	2,489	33.5	4,945	66.5			7,434
2005年	2,692	31.1	4,938	57.0	1,034	11.9	8,664
2006年	3,760	38.0	4,870	49.2	1,275	12.9	9,905

コンパクト

	日本		アジア		中国		中南米		合計
	生産台数	%	生産台数	%	生産台数	%	生産台数	%	生産台数
2007年	2,160	17.4	2,110	17.0	8,154	65.6			12,424
2008年	2,280	17.4	2,180	16.6	8,170	62.3	490	3.7	13,120
2009年	1,893	15.5	1,387	11.3	8,798	71.9	152	1.2	12,230
2010年	1,570	11.5	1,460	10.6	10,518	76.7	162	1.2	13,710
2011年	1,330	10.7	1,060	8.5	9,849	79.4	161	1.3	12,400
2012年	1,140	11.4	670	6.7	7,930	79.6	220	2.2	9,960
2013年	630	11.7	977	18.1	3,565	66.0	226	4.2	5,398

一眼

	日本		アジア		中国		合計
	生産台数	%	生産台数	%	生産台数	%	生産台数
2007年	400	53.3	275	36.7	75	10.0	750
2008年	492	54.7	360	40.0	48	5.3	900
2009年	402	43.7	465	50.5	53	5.8	920
2010年	660	48.4	610	45.7	80	5.9	1,350
2011年	872	57.1	559	36.6	95	6.2	1,520
2012年	620	30.0	1,235	59.7	212	10.3	2,067
2013年	484	27.9	990	57.1	260	15.0	1,734

出所:『ワールドワイドエレクトロニクス市場総調査』各年版、富士キメラ総研より作成。
注:%は合計生産台数に対する割合を示す。

生産は中国が 65-79％を占め、中国に集中している。デジタル一眼の生産は、日本で 43-57％、アジア 36-50％で日本での生産が多くなっている。しかし、2012 年のデジタル一眼の日本とアジアの生産比率をみると、日本（30％）とアジア（59.7％）が逆転している。そして、中国におけるデジタル一眼の生産比率が急速に高まっている。この状況は、2013 年も継続されており、今後注視していかなければならないところである。

なお、2008 年に日本、アジア以外の生産地域として中南米が出てきているが、これは台湾メーカーによるものであった。2010 年以降の中南米での生産は、台湾メーカーだけでなく日系メーカー（ソニー、パナソニックなど）やアメリカ系メーカー（ジェイビル）もデジタルコンパクトの生産を行うようになっており[7]、この点も留意しておく必要がある。

2．デジタルカメラ製造業の概要

(1) 事業所数

本項では、『工業統計表（産業編）』（細分類）を利用して 2008 年以降のデジタルカメラ製造業の事業所数、従業者数、製造品出荷高などについてみていくこととする（表1-6）。

デジタルカメラ製造業の事業所数は、すでに海外生産が本格化されていることもあって全体として減少傾向を示している。規模別にみていくと、従業員 30 人以下の事業所数が全体の 60-70％を、300 人以上の事業所数は 5－6％で小規模事業所が多い状況にある（1000 人以上の事業所数の割合は 1.5-2.9％）[8]。しかし、30 人以下の事業所数は割合的には低下傾向にある（300 人以上の事業所数はほぼ横ばい）。

(2) 従業者数

従業者数は、ほぼ横ばいに推移してきている。規模別にみると、従業員 30 人以下の事業所の割合が 8-12％であるのに対して、300 人以上の事業所が約 60％を占め、特に従業員 1000 人以上の事業所で 30-40％が占められている。

表 1-6　デジタルカメラ製造業の従業者規模別統計
　　　　（従業者 4 人以上の事業所）

事業所数　　　　　　　　　　　　　　　　　　　　（単位：事業所）

	2008 年	2009 年	2010 年	2011 年	2012 年
4 ～ 9 人	86	76	59	69	51
10 ～ 19 人	66	45	36	47	39
20 ～ 29 人	43	34	27	19	30
30 ～ 49 人	15	18	12	13	16
50 ～ 99 人	25	16	15	19	24
100 ～ 199 人	11	15	18	19	17
200 ～ 299 人	9	5	2	5	5
300 ～ 499 人	5	5	3	6	4
500 ～ 999 人	5	4	5	2	3
1000 人以上	4	5	4	6	5
計	269	223	181	205	194

従業者数　　　　　　　　　　　　　　　　　　　　（単位：人）

	2008 年	2009 年	2010 年	2011 年	2012 年
4 ～ 9 人	516	470	362	438	323
10 ～ 19 人	909	594	482	641	520
20 ～ 29 人	1,087	827	667	457	732
30 ～ 49 人	576	701	444	498	634
50 ～ 99 人	1,777	1,139	1,049	1,355	1,742
100 ～ 199 人	1,282	1,932	2,429	2,652	2,358
200 ～ 299 人	2,078	1,196	468	1,126	1,167
300 ～ 499 人	1,893	2,076	1,375	2,419	1,617
500 ～ 999 人	3,710	2,805	3,747	1,300	2,150
1000 人以上	6,459	7,226	6,136	8,374	7,253
計	20,287	18,966	17,159	19,260	18,496

製造品出荷額等　　　　　　　　　　　　　　　　　（単位：億円）

	2008 年	2009 年	2010 年	2011 年	2012 年
4 ～ 9 人	47	37	44	44	37
10 ～ 19 人	144	55	49	71	43
20 ～ 29 人	111	74	78	53	88
30 ～ 49 人	67	66	55	44	64
50 ～ 99 人	358	140	165	143	229
100 ～ 199 人	169	171	x	282	284
200 ～ 299 人	524	x	x	x	93
300 ～ 499 人	2,285	2,186	x	1,048	x
500 ～ 999 人	1,042	x	1,718	x	x
1000 人以上	13,810	10,112	8,530	7,871	5,570
計	18,557	13,690	12,462	10,441	8,029

出所：経済産業省『工業統計表 産業編』（細分類）による。
注：x は未公表を示す。

(3) 製造品出荷額

　製造品出荷額も従業者数と同様の傾向がみられる。従業員30人以下の事業所が出荷額の1－2％を占めるにすぎないが、従業員1,000人以上の事業所が60-70％を占める状況にある。したがって、従業者数と製品出荷額等は比較的規模の大きな事業所の動向を示すものとなっている。

(4) 1事業所当たりおよび従業者1人当たりの状況

　そこで、次に表1-7で従業者数30人以上の事業所の1事業所当たりおよび従業者1人当たりの状況をみていくこととする。

　1事業所当たりの状況をみると、2010年以降、従業者数、製造品出荷額等、生産額、付加価値額、いずれの項目も減少を示しており、特に製造品出荷額等と生産額は半減、付加価値額は激減という状況になっている。また、従業者1人当たりの状況においても製造品出荷額等は半減近く減少しており、付加価値額も急減している。そうした中で、従業者1人当たりの現金給与額は横ばいないし若干の上昇となっている。つまり、国内の事業所では従業者数が大きく減少せず、従業者1人当たりの現金給与総額もほぼ横ばいの中で、製造品出荷額

表1-7　1事業所当たりおよび従業者1人当たりの製造品出荷額等
　　　　（従業者30人以上の事業所）

	1事業所当たり						従業者1人当たり		
	従業者数	製造品出荷額等	生産額	付加価値額	製造品、半製品、仕掛品、原材料、年末在庫額	有形固定資産投資総額	製造品出荷額等	付加価値額	現金給与額
	人	億円	億円	億円	億円	億円	万円	万円	万円
2008年	240	246	242	29	10	6	10,085	1,174	376
2009年	251	198	193	24	8	3	7,722	951	385
2010年	265	207	206	25	6	3	7,810	929	365
2011年	253	146	147	11	8	3	5,965	468	374
2012年	229	106	104	2	4	6	4,013	74	376

出所：表1-6と同じ。
注：1）製造品出荷額等、生産額は、消費税を除く内国消費税額及び推計消費税額を控除したもの。
　　2）現金給与額は、常用労働者のうち雇用者1人当たりの現金給与額を示す。
　　3）億円未満、万円未満は四捨五入。

表 1-8 デジタルカメラ製造業の事業所数、従業者数および現金給与総額の推移
（従業者 30 人以上の事業所）

(単位：事業所、人、億円)

	事業所数	従業者					常用労働者月平均数	現金給与総額		
		合計	常用労働者			臨時雇用者		合計	常用労働者(雇用者)	その他の給与額等
			雇用者		出向・派遣受入者数					
			正社員・正職員	パート・アルバイト						
2008 年	74	17,775	12,026	1,857	3,892	1,940	18,014	759	521	238
2009 年	68	17,075	13,161	1,761	2,153	1,463	17,398	713	575	139
2010 年	59	15,648	12,322	1,737	1,589	497	15,658	624	514	110
2011 年	70	17,724	12,564	3,143	2,948	1,080	17,192	687	634	53
2012 年	74	16,921	12,674	1,949	2,298	92	19,595	635	550	85

出所：経済産業省『工業統計表（産業編）』による。

等や付加価値額が激減している状況にある。

(5) デジタルカメラ製造業の雇用状況

続いて、デジタルカメラ製造業の雇用状況を表1-8でみてみると、正社員・正職員数の割合は約70％である。正社員・正職員数は減少せずにパート・アルバイト、出向・派遣、臨時雇用者など非正規従業者が年によって大きく増減している。これは、リーマンショックの影響による2009年の出向・派遣と臨時雇用者の大幅削減をみればわかるように、明らかに非正規従業者が景気のクッションの役割を果たしていることを示すものである。

3．世界市場の状況

(1) デジタルカメラの地域別動向

世界総出荷台数を地域別にみていくと、1999年北米（42.0％）、日本（29.5％）、欧州（22.6％）の3地域で95％が占められていた。その後、北米向けと日本向けの割合は低下していくが、北米向けと欧州向けで6割を占め続けており、市場としては欧米市場が主要市場となっている。そうした中で、アジア向けの出荷台数が年々増大して、2005年には日本向けを上回り、欧米市場に次ぐ市場に成長してきている（図1-16）。

図 1-16 デジタルカメラの地域別出荷台数の割合

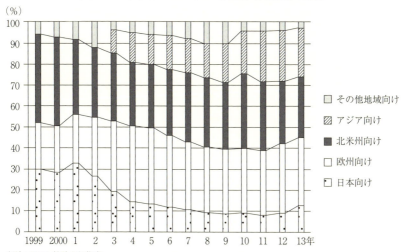

出所:CIPA統計より作成。

このような全体状況は、機種別にみてもほぼ同様の傾向が読み取れる（図1-17-1、2）。デジタルコンパクトは2003年欧州（33.5%）、北米（32.1%）、日本（19.5%）の3地域で85%、特に欧米で3分の2が占められていた。日本向

図 1-17-1 デジタルカメラの地域別出荷台数の割合（コンパクト）

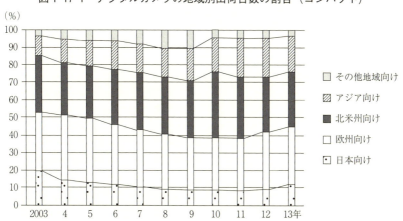

出所:図1-16と同じ。

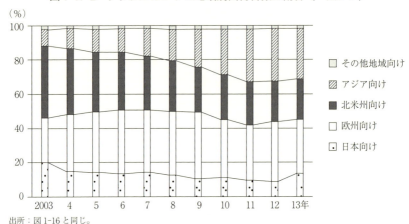

図 1-17-2 デジタルカメラの地域別出荷台数の割合（一眼レフ）

出所：図 1-16 と同じ。

けが低下していく中でアジア向けが増大し、2005 年には日本向けを上回って欧米に次ぐ市場となっている。

デジタル一眼は、2003 年北米（41.9%）、欧州（26.7%）、日本（19.8%）で 88% を占めていたが、2006 年日本向けとアジア向けが拮抗するようになり、2007 年以降アジア向けが日本向けを上回る状況となっている。さらに、2010 年からはアジア向けが米州（北米）向けを上回り、欧州向けと拮抗する状況となっている。

以上をまとめると、デジタルカメラ市場は欧米を中心としながらも現在では全世界に市場が拡大してきている。

(2) 地域市場の特徴

世界市場における各地域のデジタルコンパクトとデジタル一眼の割合の推移をみると、各地域ともデジタルコンパクトからデジタル一眼にそのウエイトがシフトしている。どの地域においても 2003 年の時点ではデジタルコンパクトが 98% 前後であったのが、その後リーマンショックやスマートフォンとの競合などによってデジタルコンパクトの割合は急激に低下し、代わってデジタル一眼の割合が上昇しているのである。

デジタル一眼は、アジア向けの出荷割合が急激に上昇して 2009 年には日本

向けを上回り、2010年からは中国向けが日本向け出荷台数を上回る状況となっている。こうしたアジアでの急激な増大の背景には、中国の市場状況（動向）・変化が強く反映されている。2013年の中国向けをみると、デジタルコンパクトとデジタル一眼の割合は59.2％と40.8％でデジタル一眼の割合が急上昇してきているのである。

第3節　デジタルカメラメーカーの動向

1．ブランドメーカー　2000-2013年

　ここでは、メーカー単位の統計を整理するが、政府統計『工業統計表』、『機械統計年報』（生産動態統計）、CIPA統計などはメーカーごとの数値が特定されないような統計であることから利用できない。富士キメラ総研発行の『ワールドワイドエレクトロニクス市場総調査』はメーカー単位の統計が掲載されているため、メーカーの動向、推移を把握するのに利用しやすい。また、『日経マーケット・アクセス』誌別冊の『デジタル家電市場総覧』もブランドメーカー、生産メーカーの累年統計がある。

　ブランドメーカーとは、生産拠点の有無を問わず、デジタルカメラを自社の商標を付けて販売しているメーカーのことで、世界のブランドメーカーは、キヤノン、ニコン、ソニー、オリンパス、パナソニック、富士フイルム、リコー、カシオ、ペンタックス（HOYA）などの日本メーカーが中心である。日本メーカーに対抗する外国メーカーとしてはアメリカのコダック、韓国のサムスンの2社があり、この他、アメリカのHP、GE（ゼネラル・エレクトリック）の2社も含まれる。ここでは、出荷数量の少ないペンタックス、リコー、GEについては「その他」に組み入れて独自の数値は表示しなかった。

　ブランドメーカーの統計は、OEMメーカーを使うブランドメーカーが多いことから生産台数でなく、出荷台数[9]を使うことにする。ブランドメーカー別出荷動向（図1-18）をみていくと、2002-3年までの形成期では、自社生産を整えたソニー（第1位）、富士フイルム（第2-4位）、キヤノン（第2-5位）やいち早くOEMを利用したオリンパス（第2-3位）、ニコン（第4-6位）、コ

図1-18 ブランドメーカー別世界出荷台数（占有率）

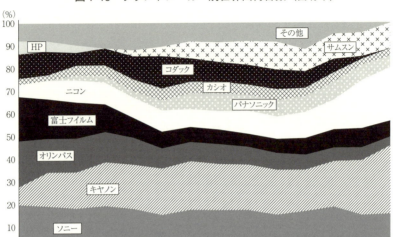

出所：2000-9年は日経マーケット・アクセス『デジタル家電市場総覧』2001-10年度版より作成した。2012-3年は「日経各紙」に掲載された総出荷台数と占有率を利用して作成した。

ダック（第4-6位）の日本メーカー5社とアメリカメーカーが世界市場の10％前後を占めてブランドメーカーの地位を獲得していた。ついで、2007-8年までの発展期になると、2004年にキヤノンが初めて1,000万台を超えて首位に立ち、今日までその地位を一貫して保っている。上位を占めたのがソニー（第2位）、オリンパス（第3-5位）、コダック（第3-5位）、ニコン（第4-6位）であった。キヤノン（2004年1,335万台、19.0％→2008年2,859万台、19.7％）、ソニー（2004年1,257万台、18.4％→2008年2,543万台、17.7％）の出荷台数拡大についていけず、オリンパスは712-1,135万台（8％前後）、富士フイルムが584-815万台（5.7-8.7％）で伸び悩んだ。また、韓国のサムスンが新興国市場を中心に2004年に本格的に市場参入して2007年1,081万台（8.6％、第4位）、2008年1,250万台（8.7％、第3位）を獲得してブランドメーカーの地位を獲得した。さらに、2008-9年以後の成熟期には、キヤノン（2,065-2,860万台、18.1-29.0％）、ソニー（1,100-2,570万台、15.2-19.0％）、ニコン（1,289-2,510万台、9.8-22.8％）、サムスン（775-1,591万台、9.6-12.1％）という上位4社の占有率が過去5年間（2004-8年）の58.2％から2009年から

第1章　デジタルカメラ産業の概況　1995-2013年

5年間の65.3％と集中化が進み、単年でみても、2009年57.2％、10年58.3％、11年63.0％、12年70.1％、2013年78.1％と年々独占化が進行していくのがわかる。とくに、キヤノン、ニコンへの集中が2012年40％を、2013年には50％を超えるほどにもなった。上位4社はブランドを維持する自社能力が高いことで共通しており、開発、生産、部品製造などをすべての点ではないが、自社においてできる能力を備えている。OEMに依存している中下位メーカーは、リーマンショック以後デジタルコンパクトの需要が落ちる中でデジタルカメラ部門の収益が赤字に陥り、出荷台数を絞ることで占有率を落としていった。とくに、オリンパスは2004-8年の平均が921万台、9.2％から2009-13年767万台、5.9％と大幅な減少となり、コダックはさらに影響が大きく2004-8年

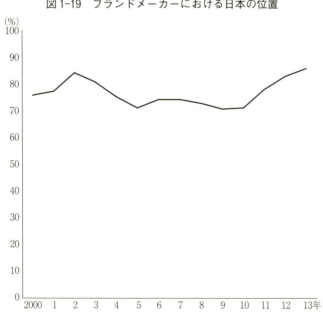

図1-19　ブランドメーカーにおける日本の位置

出所：2000-9年は日経マーケット・アクセス『デジタル家電市場総覧』2001-10年版より作成した。2012-13年は『ワールドワイドエレクトロニクス市場総調査』2011-14年版、富士キメラ総研より作成した。

注：1）『デジタル家電市場総覧』はメーカー別出荷台数がないため、世界出荷台数にメーカー別シェアを掛けて算出した。

2）『デジタル家電市場総覧』には2009年の世界出荷台数がないため、『ワールドワイドエレクトロニクス市場総調査』の数値を使った。

1,035万台、10.7%から2009-13年646万台、4.6%となり、2012年には事実上倒産してしまった。両社に共通するのは、過度に占有率を高めることに終始する戦略の下でOEM依存を強めたため、自社生産体制を整備できなかったことにある。

　ブランドメーカー別世界出荷台数（図1-19）における日本メーカーの位置をみると、一貫して70-86%と圧倒的な占有率を確保しており、この数値にはペンタックス（HOYA）とリコーがその他に含まれていることを考慮すると、数％加算された数値となっていた。2000年代前半における競争相手はコダックとHPというアメリカメーカーであった。アメリカメーカーは日本と台湾のOEMメーカーへの生産委託によって支えられていた。コダックは2004年OEMメーカーチノンを完全子会社にして自社生産体制を整備して10-14%の占有率を獲得していたが、2006年自社生産部門を売却して全面的な生産委託に戻ってしまった。リーマンショック後は日本メーカーに対抗できる力をもったのが韓国のサムスンであった。サムスンは、①日本メーカーから大量引抜による人材確保、②撮像素子をはじめとする電子部品の自社生産、③世界市場でのデジタル家電の浸透を背景にアメリカや新興国市場を中心に10%前後の占有率を保有し続けている。

2．生産メーカー　1997-2013年

　生産メーカーは、図1-20のように2013年までの累年統計でみると、日本、台湾、韓国の3ヵ国で大半を、その他の国のメーカーが2-3％を占める構成となっている。ただ、2004年から2009年までの5年間はチノンを併合したアメリカのコダック、コダックの生産部門を買収したシンガポールのフレクストロニクスが加わって5-7％を占めていた。日本メーカーは台湾メーカーが本格的に参入する2000年までは85%以上を占めており、デジタル一眼やデジタルコンパクトの高機能化が進んだ2003-05年を除いて2001年68.2%から2011年の46.9%まで一貫して占有率を下げていった。その後、スマートフォンの普及により低価格のデジタルコンパクト激減によってデジタル一眼、ミラーレス一眼、高級デジタルコンパクトに力を入れた結果、2012、13年と上昇傾向に転じた。

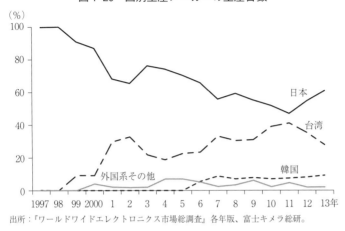

図 1-20　国別生産メーカーの生産台数

出所：『ワールドワイドエレクトロニクス市場総調査』各年版、富士キメラ総研。

　台湾メーカーは、日米のブランドメーカー向けに OEM 生産に特化して 2001 年 29.7％を占めて本格的に参入してから日本のブランドメーカーの製品戦略に左右されながらも日本メーカーに拮抗する 2011 年 41.1％まで上昇していった。その後、台湾メーカーは亜洲光学を除くと単なるデジタルカメラの OEM メーカーではなく、多品種の電子製品を受託する EMS メーカーであり、デジタルコンパクトの低価格帯にシフトしていたので、デジタルカメラのウエイトを下げることで、生産量を減少させていった。

　韓国メーカーは 2006 年に本格的参入してソニー、パナソニックをモデルにして電気メーカーの強みを生かして生産委託と自社生産を織り交ぜながらデジタルカメラ生産を行って、7-9％を占めていた。

　次に、図 1-21 によって生産メーカー別に世界生産台数をみていくことにしよう。日本の生産メーカーは、①ブランドメーカーであり、生産メーカーであるキヤノン、ソニー、パナソニックの3社、②自社生産を行いつつ、大半を生産委託するニコン、オリンパス、富士フイルムの3社、③ OEM メーカーの三洋電機、チノン、④その他のカシオ、リコー、ペンタックスという4つの形態がある。第1の形態のキヤノンとソニーは一貫して十数％の占有率を保ち、世界一、二を争うメーカーである。パナソニックは第1の形態であるが、2009 年の 7.9％が最高で、数％に低迷して 10％の壁を越えていない。

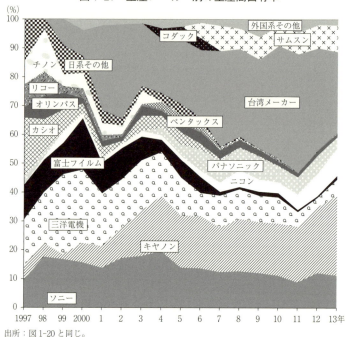

図1-21 生産メーカー別の生産高占有率

出所:図1-20と同じ。

　第2の形態は、3社とも推移が異なっており、富士フイルムは2002年まで10%以上の占有率を誇っていたが、デジタル一眼、高級コンパクトの分野が弱かったため、2004年以後は生産メーカーとしては数%の生産台数しか占有できず、大半を生産委託で調達するようになった。オリンパスは、一貫して自社生産台数が数%で推移し、大半を生産委託で賄っている。ニコンはデジタル一眼、ミラーレス一眼を自社生産し、デジタルコンパクトを生産委託に出している。そのため、生産台数としては占有率が低くなっていたが、2010年代に入ってキヤノン、ソニーの第1形態に接近してきたことは注目される。第3の形態は、3で説明するので、ここでは省略する。第4の形態のカシオは、1990年代において10%以上の占有率をもっていたが、カメラメーカーが参入してくると、独自性を発揮できず、カメラメーカーのようなカメラ技術を持っていなかったため、価格競争に対応して生産委託を順次増加させ、2010年代に入って生産メーカーであることを放棄してしまった。ペンタックスの場合は、

電子技術が弱く、デジタルカメラに本格的参入したときにはOEMメーカーの地位が確立しており、一眼レフ技術を保有していたため、デジタル一眼に特化して自社生産を行い、デジタルコンパクトは生産委託に全面的に依存した。リコーはデジタルカメラへの参入が早く、1990年代には10%近くの占有率をもっていたが、一眼レフ技術を持っていなかったこと、デジタルコンパクトも高級機種に特化したために生産台数が少ないことで大半を生産委託に傾倒していった。2010年代に入ってペンタックスを買収することでデジタル一眼の自社生産が確実なものとなった。

さらに、生産メーカーの海外生産比率を図にしたのが図1-22である。日本、台湾の生産メーカーはデジタルカメラ生産に参入した当初は国内生産から始まったが、次第に価格競争の結果、生産拠点を海外に移していったことでは共通している。韓国の場合は、本格的参入が海外生産が主流となっていた2006年なので、当初から海外生産が大半を占めていた。ミラーレス一眼のみを国内で生産している。台湾メーカーはデジタルコンパクトの低価格製品が主流であり、中国の開放政策に乗って、2000年には49.2%が中国生産になり、2005年に100%海外生産となって今日に至っている。日本メーカーは、2004年に海外生産が50%を超えてその後60-70%台で推移している。業界トップのキヤノンが国内生産にこだわっていることや、各社が高級機種を国内生産していること

図1-22 生産メーカーの海外生産比率

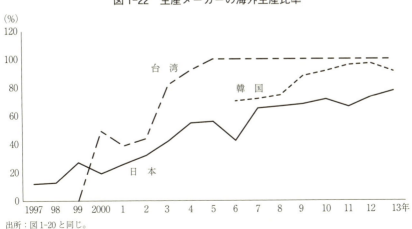

出所：図1-20と同じ。

から、すべて海外生産とはなっていない。また、パナソニックも規模は小さいが同様の傾向を示している。生産メーカー別にみると、キヤノンが国内外の生産比率を戦略的に半々としており、現実的にも近い数値となっている。その他のメーカーは、リーマンショック後の需要の低迷、スマートフォンの普及により海外生産比率を急激に上げており、ニコン、オリンパス、ソニー、富士フイルムも80-100％が海外生産になっていった。しかし、富士フイルムは2010年代に入って高級コンパクト、ミラーレス一眼を国内生産することで2012年42.9％、2013年48.4％と海外生産比率が50％を割った。

3．OEMメーカー　1997-2013年

OEM生産はデジタルカメラ産業が生成した1990年代から存在感を示し、1997年には世界生産台数の24.9％、98年32.1％、99年37.0％を占めていた。2001年には台数で1,000万台、占有率で50％を超える勢いであった。そして、図1-23のようにOEMの生産台数は、世界生産台数の動向に連動して2003年に2,000万台、5年に3,000万台、7年に6,000万台を突破して10年には7,230万台で頂点に達した。その後、11年11％減の6,436万台、12年27％減

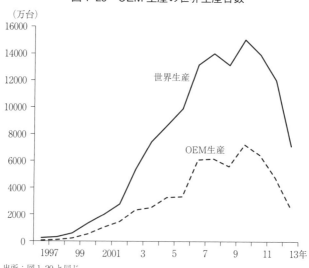

図1-23　OEM生産の世界生産台数

出所：図1-20と同じ。

の4,730万台、13年47%減の2,493万台と下げ幅を増幅してきている。占有率では、キヤノン、ソニーの生産体制が整い、デジタル一眼の自社生産が本格化する中で2002年の52.4%から3年43.6%、6年33.7%と減少させていった。しかし、リーマンショックによる需要低迷の中でブランドメーカーの戦略がデジタルコンパクトの低価格帯の製品を中心に生産委託する傾向が強まり、再び40%台に増加して2010年に48%まで高まった。その後、スマートフォンが普及して低価格帯製品の売れ行き不振による委託生産の縮小、デジタルコンパクトの高級機種による自社生産の拡大で2011年46.2%、12年39.3%、13年35.0%と占有率が減少していった。

　OEM生産メーカーは、国別にみると（図1-24）、大半が日本と台湾に集中し、わずかにシンガポール、アメリカに存在する。1990年代後半はほぼ日本メーカーが独占する形で始まり、2001年に急速に台頭した台湾メーカーはOEMにおける占有率57.1%（593万台）となった。その後も日本メーカーを追い抜き、2003年に50%で並んだ以外、日本メーカーのチノン、三洋電機のコダック、パナソニックへの併合もあって台湾メーカーの独壇場となって2006年70%、10年80%を超え、12年に89.9%で頂点に達した。

　OEMメーカー（表1-9）は、三洋電機、チノン、船井電機などの日本メーカーとアビリティ（佳能企業、Abico）、アルテック（華晶科技）、鴻海精密、亜洲光学の4大メーカーをはじめとした台湾メーカー、シンガポールのフレクス

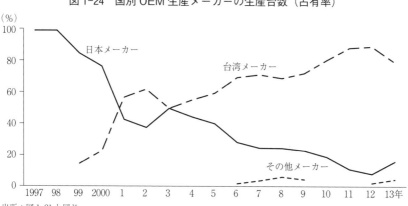

図1-24　国別OEM生産メーカーの生産台数（占有率）

出所：図1-21と同じ。

表1-9 OEMメーカー別の

年	1997	98	99	2000	1	2	3	4
受託生産総計	62	100	220	532	1,039	1,460	2,340	2,527
日本	62	100	188	410	446	550	1,170	1,127
三洋電機（ザクティ）	40	55	165	340	366	470	940	1,127
チノン	20	45	23	70	80	80	230	
船井電機								
その他	2							
台湾			55	122	593	910	1,170	1,400
アルテック（華晶）			8	8	75	130	245	280
鴻海精密（プレミア、普立爾）					80	150	239	360
ミントン（明騰）					70	60	251	210
亜洲光学（AOF）							75	330
アビリティ（佳能企業、Abico）								
台湾系その他			47	114	368	570	360	220
シンガポール								
フレクストロニクス								
アメリカ								
ジェイビル								

出所：図1-20と同じ。

トロニクス（2006-9年）、アメリカのジェイビルがある。まず、日本メーカーをみると、三洋電機が2000年まではOEMの55-75％を占めて圧倒的多数を生産しており、2005年まで32-44％の占有率を保ってOEM首位の地位を維持し、2009年にパナソニックの子会社になるまで21-23％で鴻海精密と首位を争っていた。デジタルカメラ部門をもつパナソニックにおいてグループ内における三洋デジタルカメラ部門の位置付けや顧客からの不信感によって2010年18.8％、11年11.0％、12年8.0％と占有率を激減させていった。三洋がニコン、オリンパス、富士フイルム、コダック、サムスンなど多くのブランドメーカーと取引があったのに対してチノンと船井電機はコダックのみの取引であり、コダックの販売動向に直接的に左右されていた。チノンは1997年にコダック傘下に入って2000年まではOEMの10-45％を占めてエプソン、アップルなどの製品も生産していた。そのため、コダックは2004年チノンを完全子会社にして、コダックの生産部門に再編成してしまった。船井電機は、コダックの

生産高

(単位：万台)

5	6	7	8	9	10	11	12	13
3,280	3,340	6,089	6,160	5,600	7,230	6,436	4,730	2,493
1,320	945	1,500	1,510	1,280	1,360	710	380	397
1,140	785	1,450	1,430	1,200	1,360	710	380	397
180	160	50	80	80				
1,960	2,330	4,369	4,280	4,070	5,870	5,726	4,250	1,986
500	660	1,000	1,150	1,110	1,750	1,850	1,320	417
600	1,100	1,530	1,490	1,100	1,215	910	815	218
120	30	100	60	60	36	36	40	
280	50	420	420	390	480	440	140	50
	430	1,100	920	1,200	2,210	2,350	1,845	1,301
460	60	219	240	210	179	140	90	0
		65	220	370	250			
		65	220	370	250			
							100	110
							100	110

要請を受けてデジタルカメラ生産に参入し、2005-9年に50-180万台の最終組立を行った。シンガポールのフレクストロニクスは2006年にコダックのデジタルカメラ生産部門（旧チノン）を買収してデジタルカメラの受託生産に参入し、2007-9年まで220-370万台（OEM占有率3.6-6.0％）を生産していたが、2009年に台湾の亜洲光学と合弁会社AOFイメージングを設立してフレクストロニクスは実質的にデジタルカメラ部門から撤退した。

　次に、台湾メーカーに移っていくと、カメラメーカーから参入した亜洲光学、アルテック、アビリティを除くと、EMSメーカーが多く、受託電子機器の一分野にすぎない。離合集散が激しく、1990年代後半から2013年までの動きはめまぐるしい。台湾メーカーが統計に表れてくる1999年以後をみると、2002-3年を境にデジタルカメラ産業の担い手が異なる。2002年まではOEMに多くのメーカーが参入してプリマックス（致伸科技）、Nucam（万能光学）、Mustek（鴻友科技）、インベンテック（英保達）、U-Max（力捷）、Sampo（聲

宝）、Aiptek（天瀚科技）、ライト・オン（光寶科技）、Skanhex（新虹科技）などメーカーがOEM生産の占有率を数％あげ、致伸、万能光学、英保達、天瀚が有力であった。そして、2005年まではアルテック、プレミア、ミントン（明騰）、亜洲光学の4社が10％前後で拮抗して台湾メーカーの中核を担った。2006年に鴻海精密がプレミアを買収し、アビリティがデジタルカメラ産業に参入し、台湾のOEMはアルテック、鴻海精密、アビリティの三強時代に入る。それに日本の三洋電機を加えた世界デジタルカメラOEMの四強体制になった。アルテックは16.4-28.7％の間を比較的安定して推移していった。鴻海精密は、プレミアを買収した2006年32.9％から鴻海精密におけるデジタルカメラ分野の地位が下がることにより順次占有率を落とし、2013年には8.7％まで下落していった。アビリティは2006年には12.9％であったものが9年21.4％、10年30.6％、12年39.0％と次第に占有率を高め、2013年には52.2％と世界のOEM半分を超えてしまった。これに反して光学部門に特化している亜洲光学は、EMSメーカーとは異なって2006年以後には7％前後で推移していった。ミントンは2003年の10.7％を頂点に減少し、2006年以後1％前後の占有率が続いた。また、2002年までの主要な担い手は2006年以後上記の9社を合わせても1.8-3.9％程度で、台湾メーカーの中でも存在感がなくなってしまった。

　OEMメーカーの海外生産についてみると、日本メーカー、台湾メーカー共に国内生産から始まり、ブランドメーカーの生産に比べて製品が低価格品であったり、小ロットであったりしてコスト削減が最大の課題であったので、いち早く全面的な海外生産に切り替えていった。海外生産比率が50％を超えたのは日本メーカーが2002年、台湾メーカーが2003年[10]であり、100％に到達したのは日本、台湾メーカーとも2005年であった。メーカー単位でみてもほぼ全体傾向と軌を一にしており、チノンだけが2004年コダック併合まで海外生産ゼロを続けていた。

　台湾メーカーによる仕向地別輸出比率をみたものが表1-10である。2000年には、輸出の70％がアメリカに対してなされており、輸出の中心であった。日本は三洋電機から供給を受けているブランドメーカーが多かった関係で3.5％でしかない。その後、2005年にはコダックが日本のチノンを吸収したことにより台湾メーカーへの発注が減少してアメリカ向け輸出が29.0％に激減

表1-10　台湾メーカーの輸出仕向地

(単位：％)

	アメリカ	ヨーロッパ	アジア・太平洋	日本	台湾	その他
2000年	70.5	15.6	8.2	3.5	0.9	1.3
2005年	29.0	24.0	6.0	28.0	—	12.0
2011年	31.5	16.8	18.8	23.3	—	9.7

出所：『台湾工業年鑑』より作成。
注：1）2000年のアジア太平洋には、中国が含まれている。
　　2）—は元の統計に記載が無いことを示す。
　　3）2011年のアメリカには、カナダが含まれている。
　　4）表中のヨーロッパは、原統計では2002年以前はEUと表記されていた。

したことの一因となり、日本、ヨーロッパ、アジア・太平洋が顕著にシェアを伸ばした。とくに、日本向けが28.0％に増加したのが目につく。さらに、2011年になると、アメリカ31.5％、ヨーロッパ16.8％、アジア・太平洋18.8％、日本23.3％とかなり分散的になってきている。ただ、アジア全体とすると、42.1％とアジア地区への集中が大きいともいえる。全体的にみれば、台湾メーカーがアメリカ中心の輸出体制から、グローバルな供給メーカーへと変貌したといえよう。第5章で詳細に検討するが、この点は台湾メーカーによるOEMへの本格的参入と密接に関わっている。

第4節　カメラ付き携帯、スマートフォンの普及と デジタルカメラ産業

　デジタルカメラ産業は2009年頃より陰りがみえ、2010年をピークに出荷台数も下降してきたが、当初、その要因がリーマンショックによる需要減退、製品開発の行き詰まり、東日本大震災、タイ洪水による部品・製品の供給不足などにあるとし、スマートフォンがデジタルカメラの市場を侵食しているという指摘はなかった。カメラ付き携帯電話（スマートフォンも含む）がデジタルカメラ産業に影響を与えたという指摘が出てきたのは、2011年12月アメリカのNPD Group調査『Imaging Confluence Study』からである。この調査報告を12月26日に『WIRED』、12月27日に『livedoor' NEWS』と『JB PRESS』、12月29日に『msn 産経ニュース』がインターネット上で報道して2012年以

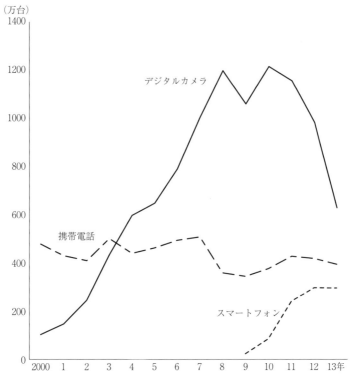

図 1-25　デジタルカメラとカメラ付き携帯、スマートフォンの相関

出所：デジタルカメラの出荷台数は CIPA 統計から作成した。
マルチメディア総合研究所（MM 総研）「国内携帯電話出荷台数調査」。

後一般的な論調になった。

　カメラ付き携帯電話がデジタルカメラ産業にいつから影響を与えたのかを統計的に検証したのが図 1-25 である。この図から 2 つのことがいえる。1 つはカメラ付き携帯はデジタルカメラ産業の発展にまったく影響を与えなかったこと、第 2 にカメラ付き携帯の中でも 2007 年に登場したアップルの iPhone 以後のスマートフォン（日本市場は 2008 年）がデジタルコンパクトの低価格帯を中心にした市場を侵食した。したがって、スマートフォンがデジタルカメラ市場を一部浸食したのは 2009 年以後のことで、それ以前はほとんど影響しなかったといえる。

　第 1 のカメラ付き携帯とデジタルカメラ産業との問題についてみると、携帯

電話にカメラ機能が付いたのは、1999年にDIIポケット（現ウィルコム）が発売した京セラ製PHS（11万画素CMOS撮像素子、2㌅の反射型TFTカラー液晶）から始まり、携帯への着装率は、2002年3月には11.3%であったものが、9月に33.7%と3倍に跳ね上がり、さらに、2003年3月に半分を超えて70.8%となり、9月には88.2%、2004年3月に89.3%となってほとんど全部の携帯にカメラ機能が付いた[11]。デジタルカメラの出荷高は2004年以後もカメラ付き携帯を上回る勢いで拡大していった。カメラ付き携帯がカメラ産業に対してどのような影響を及ぼしたのかをみると、撮影機会や楽しみ方（利用の仕方）が類似しているレンズ付きフィルムの市場を奪ったとみる。図1-26のようにレンズ付きフィルムが激減しはじめたのは、2003年からで、この時期はカメラ付き携帯の普及率が70%を超えたのと一致し、カメラ付き携帯の撮像素子

図1-26　レンズ付きフィルムとカメラ付き携帯との相関

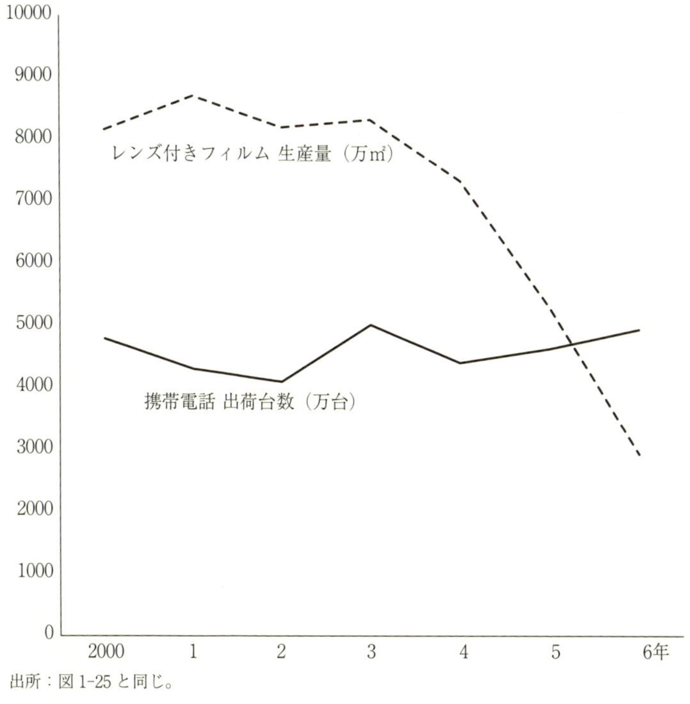

出所：図1-25と同じ。

が従来の31万画素CMOSから2003年5月に100万画素CCD（J-フォン「J-SH53」、シャープ製）、11月に200万画素（ボーダフォン「V601SH」、シャープ製）、2004年6月に300万画素（「A5406CA」）、2006年11月に500万画素（「910SH」）と高画素化が進んで画像の向上が図られた。他方、レンズ付きフィルムは2003年まで8,000万㎡の生産量があったが、4年11.9％減、5年27.0％減、6年は44.7％減となってコニカミノルタが撤退し、2007年からは統計も出せなくなった。

　第2のデジタルカメラとスマートフォンの相関について、まず、世界市場をみると、図1-27のようになる。デジタルカメラとスマートフォンの出荷台数は2007-8年にはほぼ1億台前後で拮抗していたが、デジタルカメラの出荷高が下降しはじめる2009年から5年間のスマートフォンが平均162.2％（矢野経済研究所）と125.5％（IDC）[12]という勢いで増加していった。スマートフォンのカメラ機能も2011年頃から飛躍的に向上していったこともある。代表的なスマートフォンの「iPhone」を例にとると、2009年5月以前のiPhone、

図1-27　デジタルカメラとスマートフォンの世界出荷高

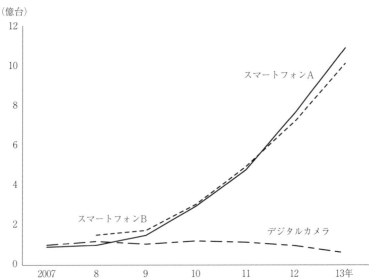

出所：デジタルカメラはCIPA統計、スマートフォンAが矢野経済研究所、BがIDCのデータから摘出した。

iPhone3Gでは撮像素子が200万画素で、AF、LEDライト、動画撮影機能といったデジタルコンパクトの基本機能が搭載されていなかった。2009年6月発売のiPhone3GSでAFと動画機能が搭載され、2010年6月発売のiPhone4で撮像素子が500万画素のオムニヴィジョンの裏面照射型CMOSが採用され、LEDフラッシュも加わった。さらに、画期的なのは2011年11月発売のiPhone4Sからソニー製の撮像素子（800万画素の裏面照射型CMOS、2012年iPhone5から1,200万画素）が採用され、顔検出、手ぶれ補正などデジタルコンパクトの低価格品と同等の性能となった。そのため、デジタルカメラは2010年に1億2,146万台であった出荷高が 2013年には6,264万台とほぼ半減してしまった。

次に、国内市場での動向も確認しておこう。図1-28のように日本では2007年のiPhoneが日本では発売されなかったことや写真画像について日本人が厳しい目を持っていたことから出荷台数の逆転が起こるのは世界市場から2年遅

図1-28　国内市場におけるデジタルカメラとスマートフォンの出荷高
（百万台）

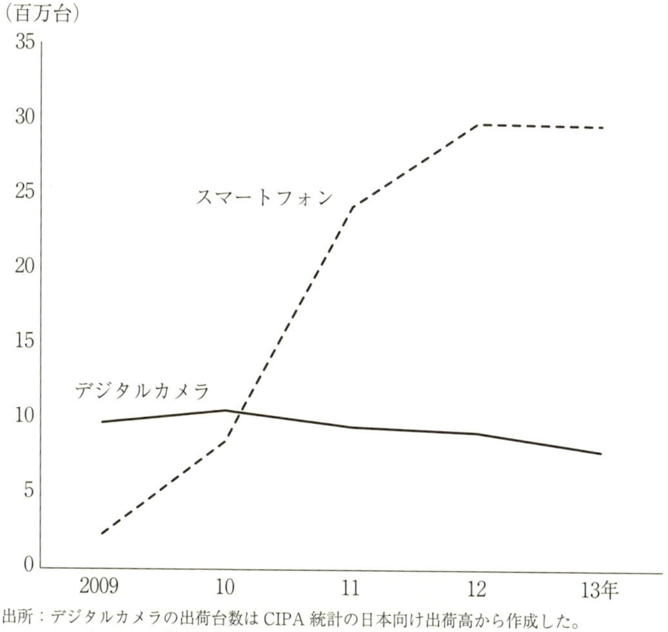

出所：デジタルカメラの出荷台数はCIPA統計の日本向け出荷高から作成した。
マルチメディア総合研究所（MM総研）「国内携帯電話出荷台数調査」。

れの2011年であったが、歴史の流れとしてはスマートフォンのカメラ機能にデジタルカメラが食われていくことには変わりなかった。

さらに、デジタルカメラのどのような機種が食われていったのかをみると、図1-29のようにデジタルコンパクトとデジタル一眼では影響が異なることがわかる。デジタル一眼は、2009年マイナス16.8％、2011年マイナス2.0％と2回前年を下回ったが、2009-13年の5年間では平均14.6％の増加をみている。2009年リーマンショック、2011年東日本大震災、タイ洪水を考慮すれば、2010年40.2％、2012-13年24.5％、27.3％と減少を取り返しており、スマートフォンのカメラ機能と基本的に異なることから影響はないといえる。デジタルコンパクトについては、2010年に前年を4.6％上回った以外はすべて減少し

図1-29　機種別スマートフォンの影響（国内市場）

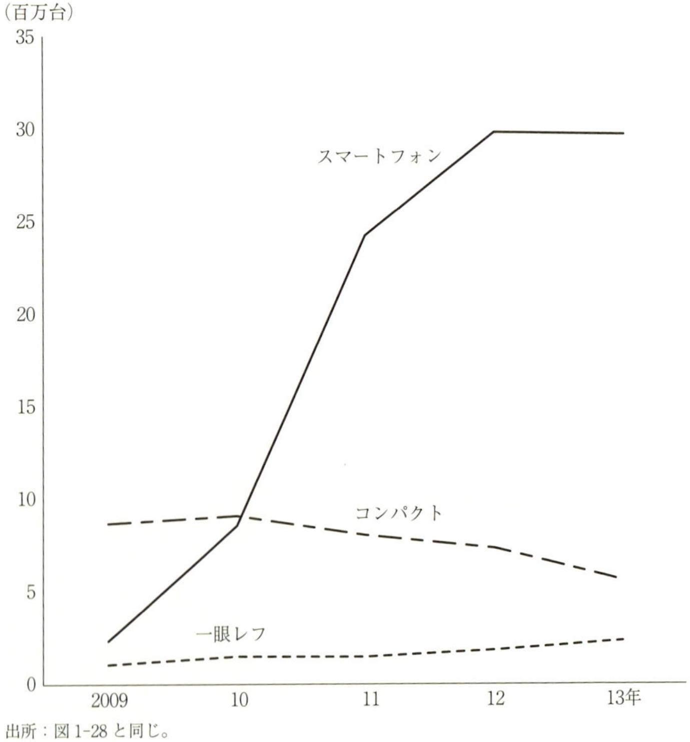

（百万台）

出所：図1-28と同じ。

5年間の平均減少率はマイナス12.9％、2013年には33.0％の減少率であった。したがって、スマートフォンのカメラ機能向上と共に記念写真、スナップといった撮影する数量的によく売れるデジタルコンパクトの低価格製品に大きい影響が出て、デジタルコンパクト市場が狭まっていったといえる。

2012年になると、スマートフォンがデジタルカメラ、とくに低価格のデジタルコンパクトの市場を奪っているという調査報告、メーカーの認識、マスコミ論調が顕在化してきた。この点は終章で述べるとしてここでは、デジタルカメラ産業の停滞の一要因ということにとどめておこう。

注
1）インターネットの普及率の統計としては総務省『通信利用動向調査』があるが、この世帯普及率のデータはパソコン所有世帯におけるインターネット普及率であるため、本章では日本全体の世帯に調整した数値に直した。
2）国際標準化機構（ISO）、国際電気標準会議（IEC）、国際電気通信連合（ITU）が規格化した画像圧縮形式で、日本でも、それにならって日本工業規格（JIS）でも規格化された。
3）1986年にマイクロソフトとアルダス（現アドビシステムズ）が作成した画像圧縮形式で、1997年に日本新聞協会がTIFFを採用した。
4）日本統計協会編『統計で見る日本のサービス業』1997年、222頁。
5）総務省統計局「第1表：産業（小分類）別事業所数・従業者数・常用雇用者数及び収入金額・経費総額・給与支給総額・設備投資額」『サービス業基本調査報告　第1巻　全国編』1999年。
6）総務省統計局「サービス産業動向調査結果：2013年調査結果」http://www.e-stat.go.jp/SG1/estat/NewList.do?tid = 000001033747（2014年9月20日閲覧）。
7）『ワールドワイドエレクトロニクス市場総調査』2013年版、富士キメラ総研（137頁）によれば、キヤノンもデジタルコンパクトの生産を2012年から南米向けでEMSメーカーのジェイビルに生産委託したが、2013年からは自社生産を始めるとされている。
8）経済産業省『工業統計表』の品目編では、デジタルカメラ製造業は「デジタルカメラ」と「デジタルカメラ部分品・取付具・付属品」に分かれている。2012年の「デジタルカメラ」事業所数（従業者4人以上の事業所）は14事業所、「デジタルカメラ部分品・取付具・付属品」事業所数は156事業所となっている。なお、品目編では「電子部品・デバイス・電子回路」の中に「デジタルカメラモジュール」（細分類）の事業所数が掲載されており、2012年は21事業所となっている。
9）『ワールドワイドエレクトロニクス市場総調査』には、ブランドメーカー別の出荷台数統計がないため、ここでは日経マーケット・アクセス『デジタル家電市場総覧』から

推計値を算出した。日経マーケット・アクセスでは、①占有率しか掲載されていないこと、②2010年版で刊行が終了したことが累計統計として欠点である。①については総出荷台数が掲げられているので、各メーカーの占有率を掛けたものを推計値とした。②については、日経新聞系各紙に掲載された総出荷台数と占有率を利用した。

10)『台湾工業年鑑』2005年版では、台湾メーカーの海外生産比率が50%を超えたのは2002年である。2002年が88.1%、2003年が95.7%となっており、『ワールドワイドエレクトロニクス市場総調査』富士キメラ総研、から算出した数値と異なっている。

11) マルチメディア総合研究所（現 MM 総研）「国内携帯電話出荷台数調査」2002-2004年版より摘出。

12) スマートフォンのデータは推計値であるため、矢野経済研究所とアメリカの調査会社 IDC のデータを使った。

第2章　デジタルカメラメーカーの国際的生産体制

矢部洋三

はじめに

　日本企業は、1950年代のアメリカの海外生産による本国の産業空洞化に鑑みて、二の舞を演じないよう国内生産を中核として国際的生産体制を1970-80年代に構築していった。しかし、1985年のプラザ合意により対ドルレートが1年余で40％も円が高騰する第3次円高が起こり、その後円高傾向が続き、1994-95年には第4次円高となって、国内生産を中核とした国際的生産体制は1990年代の10年間で一挙に崩れていった。カメラ産業は他産業に比べて1980年代まで海外生産比率が1985年2.0％と低かった故に、1990年10.2％、1995年37.7％、2000年78.2％（生産額ベース）というように一挙に国内生産の空洞化が進行した[1]。

　そこで、第2章では1995年から急速に発展してくるデジタルカメラ産業において最終組立メーカー（ブランドメーカー）の生産体制がどのように展開していくのかを課題とする。この課題を明らかにするにあたり、まず、フィルムカメラ時代のカメラ産業の生産体制を概略し、ついで、国内生産から始まったデジタルカメラ生産も順次海外生産拠点に移転していく過程を検証し、さらに、2003年SARS、2005年反日運動による中国一極集中への懸念、2007年偽装請負問題、2008年リーマンショックによる景気低迷、2011年東日本大震災とタイ洪水というような国内外においてさまざまな問題が発生したため、従来の生産体制を見直していく過程をみていく。

第1節　カメラメーカーの生産体制

第1節では、デジタルカメラ産業の生産体制を明らかにするにあたってその前提となるフィルムカメラ時代の生産体制について、きわめて簡単に述べることにしよう[2]。

1．普及品カメラの海外生産開始

1960年代後半のカメラ産業は、1965年に不況カルテルを結ぶほどの売れ行き不振に陥っていたが、ベトナム特需をきっかけに景気が再び急浮上していった。しかし、労働集約的な生産工程を持つが故に国内の人手不足と賃金上昇に悩まされる課題を抱えていた。1970年代に入って円高による製品値上げや石油ショックによるインフレを回避するために東京、大阪に立地する都市型産業であったカメラ産業は、低廉かつ良質な労働力を求めて長野県や北関東、東北地方へ生産拠点を移動し始めると同時に、生産子会社を設立して海外生産を開始した。進出先としては、①低賃金、②アメリカへの8％関税の非課税輸出、③政府の輸出加工区などの誘致政策といった条件が整っていたことにより台湾（とくに台中市）が選ばれ、リコーが1965年に生産子会社を設立したのに始まり、キヤノン（1970年）、チノン（1973年）、旭光学（1975年）が、香港にはヤシカ（1967年）、旭光学（1973年）、マレーシアにはミノルタ（1973年進出、78年カメラ生産開始）というように東南アジア地域に進出していった。

海外生産子会社では、アメリカと発展途上国向け専用機種に特化した生産を行い、日本から大半の部品を持ち込んでカメラ生産の中でもいちばん労働集約的な組立工程のみを行うノックダウン方式が採られた。この海外生産は日本への逆輸入やヨーロッパ市場に出荷することはなく、輸出品生産においても国内生産を補完する地位でしかなかった。

2．国内投資に向かった生産体制

1970年代後半から80年代前半にかけて生産体制は、2度の石油ショックによる世界経済の長期不況化と国内の雇用不安、失業の増加に及んで、新規の海

外生産が一時停止状態となった。その一方で、1980年代前半に円安が進行し、生産工程を自動化させて大幅に省力化を進め、労働力不足が解消した。そのため、新規の海外生産拠点の構築には向かわず、北関東、東北、九州地方を中心に新たなる工場を建設して国内生産拠点を増強する方向に進んだ。ただ、この時期も海外生産が縮小したのではなく、生産子会社内部で当初想定していた以上に労働力移動が激しく、そのため日系メーカー間の労働者の奪い合いが起こり、人件費も高騰して低賃金メリットが次第に薄れた。そして、経営管理が順調に進まず、製品の品質にも問題が生じたりして生産子会社の操業も苦労が多かった。しかし、生産能力を拡大しながら、ノックダウン組立から部品調達の内製化や現地部品外注を高め、コンパクトや一眼レフの普及品の現地一貫生産が行われるようになり、途上国やアメリカへの輸出市場に供給される体制が整った。

3．カメラ生産の本格的海外展開

　カメラ産業は、1985年プラザ合意以後、2度の急激な円高（1985-87年第3次円高、1994-95年第4次円高）によって1985-2000年の15年間で海外生産比率が一挙に高まり、国内ではほとんど生産していない状況になった。

　第3次円高を契機にしてカメラ生産の大半を海外で行うようになると、生産体制は、第1に従来の国内主力工場をマザー工場とした。これらの工場の役割は、①各社カメラの顔となる最高級機種を量産し、②カメラの制御用半導体部品をはじめとした主要部品を生産し、③APS、デジタルカメラ、ズームコンパクトなどの量産立上げを行い、海外生産子会社や国内下請会社に移管し、④生産移管の立上げ、現地技能の研修や人材派遣など海外生産子会社への支援を行うことであった。1990年代前半には、キヤノンの大分キヤノン、ミノルタの堺工場、旭光学の益子事業所、オリンパス光学の辰野事業場、京セラ（旧ヤシカ）の岡谷工場がマザー工場の役割を果たした。

　第2に、国内の主力工場のうちマザー工場とならなかった工場や量産工場は、カメラ以外の製品生産や部品生産に転換したり、閉鎖されたりして国内では極力カメラの最終組立を抑える方向が追求された。

　第3に、カメラメーカーは人件費を中心としたコスト削減を目的とした戦略

に基づいてカメラ生産の大半を海外生産拠点に移管した。そのため、海外生産子会社は、従来①輸出市場向けコンパクトカメラ・一眼レフカメラの普及品生産を担い、②国内工場を補填する役割であったが、第3次円高以降、日本を含めた世界市場への量産拠点としての機能を果たすようになっていった。

海外の生産子会社が増加していくと、海外生産子会社間の機能分担が生まれ、中核をなす生産子会社においては、設計から生産まで一貫して行うほど設計部門の移転も進み、研究開発の役割を担う生産子会社が出てきた。

4．カメラ生産の全面的海外展開

第4次円高を背景に、カメラメーカーは、1990年代後半さらなる海外生産を含めた生産体制の編成替えを行わざるをえなくなった。人件費を中心としたコスト削減を実現するための海外生産から1990年代後半には、コスト競争、為替リスクの回避、中国市場の攻略といった多様な目的をもって中国に主力量産拠点を設けていく生産体制に変化していった。日本のカメラメーカーが中国へ生産子会社を相次いで進出させたことで、中国におけるカメラ生産は、1993年には1,930万台で、台湾の696万台、日本の1,254万台をも追い越し、世界最大のカメラ生産国となった。

中国での生産は、中国政府の方針や日本企業の戦略によって①現地光学メーカーへの生産を委託する方式（生産委託）、②進出先の制約（中国市場への出荷は中国企業の出資が必要とされる等）により現地資本と合弁企業を設立する方式、③現地に100％出資の生産子会社を設立する方式の3つの方式が採られた。

カメラメーカーの海外生産が中国への一極集中が進む中、一眼レフが主力のニコンと旭光学はタイ、フィリピン・ベトナムに大規模な量産工場を設立したり、増強したりしていった。ニコンの場合は、海外生産が1990年に設立された生産子会社ニコン・タイランドが1990年代後半生産が増強されるのに伴って大井製作所が研究・開発拠点に転換し、量産工場であった仙台ニコンがマザー工場化した。

中国に主力量産拠点を設けていくと、国内の生産拠点を全廃するメーカーが大半を占め、ミノルタのように主力量産拠点としてせっかく育成した海外拠点からも撤退してしまう企業も出てくる結果を生み出した。

第2節　デジタルカメラ産業の生成とその生産体制
　　　── 1990 年代後半

1．デジタルカメラ生産への参入

　1990 年代コンピューターのダウンサイジングとインターネットの普及により IT 革命が進み、写真の世界では、一方で激動する社会・スポーツイベントの写真を瞬時に報道する必要から業務用デジタル一眼レフカメラの実用化が求められ、他方、コンピューターがパソコンとして家庭の中に入り込み、写真画像の加工・知人への送付などが楽しめる簡便で廉価な普及機が望まれていた。後者のような需要に応えたのが 1995 年 3 月に発売された「カシオ QV-10」であった。このデジタルカメラが 1995 年度に 25 万台を売り、デジタルコンパクトにつながる普及機市場の 80％強[3]を占めるほどの爆発的ヒットを飛ばしたのを契機に表 2-1 のように 2000 年代初頭までに 30 社以上が参入してデジタルカメラ産業が形成された。

　1995 年に自社生産の体制をいち早く整えて参入したのがカシオ、リコー、富士フイルムであり、OEM 調達で市場に対応して参入したのがコダック（1995 年）とオリンパス（1996 年）であり、この 5 社が 1990 年代後半の市場を先導した。この他、アップル（1995 年）、エプソン、キヤノン、ポラロイド、コニカ、セガ（1996 年）、ニコン、ミノルタ、東芝（1997 年）、日本ビクター、ライカ（1998 年）、アドテック（2000 年）、無印良品（2001 年）、日立リビングサプライ（2002 年）など、ブランドや独自の販売網を持つ企業が OEM 調達の形態で参入した。こうした OEM 調達で市場参入ができたのは、三洋電機、松下電器、チノン、シャープといった OEM 供給をするメーカーの存在があった。

　この時期の特徴を挙げると、第 1 に、デジタルコンパクトカメラに繋がる普及機市場が急速に拡大したため、キヤノン、ニコン、ミノルタなど大手カメラメーカーの自社生産の体制が整わなかったことである。第 2 に、カメラの電子化に伴って電子部品を供給していた電気メーカーがカメラの開発能力、カメラとしてのブランド力では弱く、三洋電機、松下電器、シャープなどのように

表 2-1　デジタルカメラ産業生成期の新規参入（1995-2002 年）

種類	自社生産	OEM 調達	OEM 供給
普及機（デジタルコンパクト）	1995 年-カシオ、リコー、富士フイルム、チノン 1996 年-ソニー、シャープ 1997 年-松下電器、三洋電機、京セラ、旭光学	1995 年-コダック、アップル 1996 年-エプソン、オリンパス、キヤノン、ポラロイド、コニカ 1997 年-ニコン、ミノルタ、東芝 1998 年-日本ビクター、ライカ 2002 年-日立リビングサプライ	1995 年-三洋電機 1997 年-石夕峰光電化技（Nu-Cam）、鴻友科研（Mustek Systems）、東友科研（Teco Image System） 1998 年-富士フイルム、普立爾科技（PREMIER） 1999 年-新虹、新寶科研（Sampo） 2000 年-シャープ 2001 年-松下電器・明騰（Minto）、致伸（Premax）
デジタル一眼	1995 年-キヤノン、ニコン 2001 年-京セラ 2002 年-シグマ	1991 年-コダック 1995 年-富士フイルム 1996 年-NEC	1991 年-ニコン 1995 年-キヤノン
トイカメラ	1999 年-トミー	1996 年-セガ、高木産業 1999 年-日立マクセル 2000 年-バンダイ、タカラ、ニチメン、アドテック 2001 年-無印良品	ワールド・ライセンス（香港）

出所：各社ホームページ、新聞各紙、『台湾電子機器新分野の産業展望』富士経済、1999 年、『台湾電子機器産業の展望』富士経済、2001 年から作成。
注：1）各社子会社は自社生産に含めた。
　　2）レンズ交換式デジタルカメラはデジタル一眼に含めた。

OEM 生産からデジタルカメラ市場に参入した。そのため、デジタルカメラ産業は、出発当初の 1990 年代後半から OEM 生産の存在が大きく、この産業の 1 つの生産形態として貫かれた。ブランドメーカーからの OEM の必要性は、ほとんど自社の生産拠点を持たないコダックやアップル、HP、GE などアメリカメーカー、市場の急速な伸びに自社生産体制が整わないカメラメーカー（オリンパスとニコン、ミノルタなど）、カメラ生産の経験を持たない日本の新規参入メーカー（東芝、エプソン、NEC など）が存在したことによる。第 3 に、普及機デジタルカメラでこの時期に成功を収めたのがカシオ、富士フイルム、オリンパスで、それぞれ生産体制が異なっていた。自社生産体制を整えた富士フイルムとカシオ、三洋電機との共同開発による OEM 生産で製品供給能力を発揮したオリンパスに分かれた。

2．初期の生産体制

まず、1990年代後半いち早く自社生産体制を整えたカシオ、富士フイルム、ブランドメーカーとして高い市場占有率を占めたオリンパス、コダックについてみていく。

カシオは、カメラ生産を行ったこともなく、デジタルカメラの中枢部品を生産しているわけでもないのにパソコン、インターネットの発展と普及というIT革命が進んだ1990年代中頃に商品コンセプトの巧みさ、部品調達の巧妙さによって1995年3月に発売したデジタルカメラQV-10をもってフィルムカメラからデジタルカメラへの転換の画期を創った。カシオは、当初愛知カシオで液晶テレビなどの混入ラインで月産3,000台製造していたが、好調な需給に合わせて専用ラインに転換して月産1.5万台に引上げ、さらに、もう1ライン増設して2万台にして国内生産拠点を整えた。また、1996年4月海外生産拠点のカシオ・マレーシアにも拡げて自社生産体制を確立した。2つの生産拠点での生産台数は1997年52万台、98年35万台、99年45万台、2000年45万台、01年75万台、02年30万台[4]というように数十万台規模で推移していった。

富士フイルムは、フィルムカメラ時代には本体ではカメラ生産を行わず、子会社の富士写真光機（後フジノン）とそのグループでカメラ、レンズ、精機部品を製造させていたが、デジタルカメラについては撮像素子の開発を含めて富士フイルム本体で推進していった。デジタルカメラへの富士フイルムの対応はデジタルコンパクトが1991年DS-100で、95年デジタル一眼がニコンとの共同開発のDs-505で、いち早く市場参入した。カシオQV-10の成功をみると1995年1機種、96年2機種、97年4機種、98年5機種、99年8機種のデジタルコンパクトを発売して、97年30万台（第3位）、98年35万台（第4位）、99年65万台（第3位）、2000年239万台（第2位）、1年213万台（第3位）、2年300万台（第3位）[5]と三洋電機と共に先行してデジタルカメラ市場の上位メーカーとなった。この時期の生産体制は、自社生産体制を拡大し、余剰生産能力でOEM供給をする戦略を採っていた。自社生産も1990年12月富士フイルムフォトニックスを設立し、91年からデジタルコンパクトの生産を始め、

95年以後急速な市場拡大にも対応して増産できた。フォトニックスの生産能力は年間に2001年240万台、2年360万台という規模であった。また、海外生産も1995年にフィルムカメラで進出していた中国江蘇省蘇州市蘇州高新区に1997年にデジタルカメラ専用の生産子会社蘇州富士膠片映像機器部品を設立して年産120万台規模の生産に乗り出した。また、フィルムメーカーである富士フイルムはフィルムに代わる撮像素子を独自開発のCCDハニカムとして実用化して富士マイクロデバイス（1990年設立）で生産した。CCDの生産能力は年間に2001年120万個、2年240万個という規模であった[6]。1990年代コダックのCCDを採用していたキヤノンやオリンパスがCCDの供給不足によりデジタルカメラの生産拡大が思うに任せない状況は富士フイルムには起こらなかった。

オリンパスは、APSプロジェクトから排除されていたため、市場への参入が早く、1993年10月業務用デジタルカメラ「VCシリーズ」を発売した。当初、主管工場は八王子事業場で月産70台程度の少量生産であったが、1995年4月辰野事業場に管轄を移してカシオQV-10から1年半ほど遅れた1996年10月に画質を重視して普及機分野へ本格的に市場参入した。1990年代後半においては首位や第2位を占め、製品の品揃えを充実させ、製品サイクルを早くする戦略を推進して三洋電機との共同開発に基づくOEM調達と辰野事業場での自社生産によって対応させて2000年には世界市場で20%程度の占有率を確保していた。こうした急速な生産拡大は、第1に、三洋への生産委託を中心にデジタルカメラの生産を増強することで実現した。オリンパスは10万円を切るデジタルコンパクトが家電品並みの数ヵ月という製品サイクルが短くなっているため、自社生産に固執せず、中枢部品を供給して三洋に生産委託する戦略を採ってきた。三洋は2000年には国内2工場で100万台以上の生産規模をもっており、委託機種、委託数量でも供給可能であった。第2に、オリンパスは高画質、高機能の機種への需要が高まるとみて自社生産に踏み切った。1997年に主管工場である辰野事業場に月産2、3万台規模のデジタルカメラの生産ラインを新設し、生産が軌道に乗り次第、海外生産拠点に移管するマザー工場化した。ただ、辰野事業場の人員だけでは足りないので、フィルムカメラであれば、OEMメーカーや組立下請会社に発注して生産を増強するのであるが、

第 2 章　デジタルカメラメーカーの国際的生産体制　　73

デジタルカメラの組立はホコリ、チリ、ゴミを嫌うため、組立下請数社を辰野事業場内のクリーンルームに集めて組立作業を行い、生産拡大にあたった。また、辰野事業場では、レンズやレンズの駆動部品、ファインダー、ストロボといった光学系部品などデジタルカメラ部品を合わせて生産し、オリンパスの海外生産拠点や OEM メーカーに供給したり、外販も行った。第 3 に、辰野事業場のカメラ生産をデジタルカメラに特化するために、1999 年 4 月にフイルムカメラの主管を辰野事業場からオリンパス香港に移し、その生産機能を停止して奥林巴斯番禺工廠（オリンパス番禺）に生産を集中させる再編を行った。

コダックは、富士フイルムと同様にいずれはフィルムの時代が終わり、デジタルの時代が来ることを想定して CCD の開発をはじめ、デジタルカメラ時代に備えていた。コダックの 1990 年代における戦略は、デジタルカメラの自社生産を模索しようとした。その手始めに 1995 年 4 月にデジタルコンパクト DC-40 で日本市場に進出し、そして、1997 年 9 月には、OEM 生産をしていたチノンを自社生産の核にしようとしてコダック傘下に収め、生産能力も月産 5 万台から 10 万台へ引き上げた。さらに、1999 年に日本市場に的を絞った新製品開発に取り組むために 1 月からデジタルカメラのデザイン設計機能を日本に移管し、神奈川県横浜市にコダック研究開発センターを設置した。そして、2001 年 9 月に中国上海市に「コダック・エレクトロニクス・プロダクツ・上海」（コダック上海）を設立してデジタルカメラの年産 50 万台規模の自社生産を開始した。この工場の稼働率を高めるため、チノンの生産割当の半分程度を移管した。また、2000 年 9 月シャープとの間で OEM 生産の新たな契約を結び、2003 年 7 月船井電機との間でも、契約が行われ、2001 年には台湾メーカーアルテック（華晶科技）、亜洲光学から供給されて OEM の拡大も図った。しかし、日本市場ではコダックのブランド力はほとんどなく、販売不振が続き、コダックは 2001 年 12 月に日本市場から撤退した。

リコーは、戦前の新興財閥理研工業の一企業「理研光学」として出発し、事業的には高度成長期に複写機で成功して大手 OA 機器メーカーとなっており、デジタルカメラはいくつかある事業部にも数えられない小さな部門で、「その他事業」の中の一つでしかない。リコーは 1997 年 7 月にカメラ全品の海外生産を決定し、11 月にはカメラの国内生産拠点リコー光学でのカメラ組立から

の撤退を決定し、カメラ部門の人員整理を開始した。1990年代後半カメラ生産は台湾リコーでの自社生産と泰聯光学への委託生産[7]によって行われていた。デジタルカメラへの参入は1995年である。最初のデジタルカメラDC-1の生産は立上げから台湾リコーで行い[8]、1997年には20万台規模に増強され、1998年25万台となり、自主生産でデジタルカメラ市場において一定の地位を築いた。

カシオのQV-10の成功によって急速にデジタルカメラ市場が拡大したのに対してキヤノン、ニコン、ミノルタなどのカメラメーカーは1990年代には自社生産の体制を整えられずにいた。大手3社は、1990年代後半にはデジタルカメラよりAPSカメラに力を注いでいた。キヤノンにおけるデジタルカメラの生産体制は、1990年代前半に形成されたカメラの生産体制を基にしていたが、この時期には、十分に編成替えを行えなかった。キヤノンは、1996-97年頃から自社生産の体制整備を急いだが、生産体制が整うのは2000年5月のイクシ・デジタル（デジタルコンパクト）、9月のイオスD30（デジタル一眼）でキヤノンがデジタルカメラ市場で成功を収めてからであり、1990年代はその準備期間であったといえる。生産体制は一方で1996年7月にデジタルカメラの主管工場であった取手工場から業務用デジタルカメラを大分キヤノンに移管し、1997年1月大分キヤノンをデジタルカメラ生産の主管工場とし、1998年3月にはデジタルコンパクトに入って生産体制を整備していった。他方、拡大するデジタルコンパクト市場に対応し、ブランド名を確保するため、松下電器や台湾OEMメーカー明騰（ミントン）[9]などからOEMで凌いだ。

ニコンは、1996年11月仙台ニコンをマザー工場とするカメラの生産体制を再編成し、1999年10月に事業改革を行い、カンパニー制を導入し、デジタルカメラ部門は映像カンパニーとなった。デジタルカメラへの参入は、1995年富士フイルムと共同開発のデジタル一眼から始まり、デジタルコンパクト市場へは1997年三洋電機のOEMによってクールピクスシリーズで行われた。デジタル一眼について、共同開発した富士フイルムのデジタル一眼も生産を請け負った[10]。単独開発のデジタル一眼D1を1999年に発売して以来、仙台ニコンでデジタル一眼を生産し、本格的なデジタルカメラ生産に入った。また、デジタルコンパクトについては、フィルムカメラ時代から日東光学に生産委託し

第2章 デジタルカメラメーカーの国際的生産体制　　75

て自社生産を行っておらず、それを踏襲して三洋電機からの OEM で出発した。

　ミノルタは 1995 年 9 月にデジタルコンパクト RD-175 で、デジタルカメラ市場に他社同様の参入を果たしたが、実際は三洋電機及び台湾メーカーなどからの OEM 供給で開発・生産体制の遅れを凌ごうという戦略であった。ミノルタがキヤノン、ニコン同様に APS システムに戦力を集中した上に AF 一眼の成功とハネウェルへの賠償がデジタルカメラの開発に重くのしかかっていた。ミノルタは 2000 年代には台湾 OEM メーカー致伸科技（プリマックス）、新虹科技（Skanhex Technology）、普立爾科研（プレミア）を使いながら、2001 年春にミノルタ・マレーシアでデジタルカメラの自社生産をやっと開始した。また、2003 年にミノルタと経営統合するコニカは、1996 年 10 月デジタルコンパクト Q-EZ で市場参入を果たし、自社ブランドと HP への OEM 供給という販売形態であった。生産は三洋電機及び台湾メーカーの英保達（インベンテック・マルチメディア＆テレコム、IMT）、プレミアなどに生産委託し、2003 年の経営統合まで自社生産を行わなかった。とくに、インベンテックと関係が深く、インベンテックのマレーシア生産子会社で生産が行われることが多かった。

　京セラのデジタルカメラへの市場参入は、1997 年にデジタルコンパクト、2001 年にデジタル一眼で行われた。基本的にはカメラと同じ生産拠点で生産されたとみられた。京セラのデジタルカメラの出荷台数は、4-22 万台で、「京セラ・ブランド」を 1999-2000 年にユニバーサル・オプティカル・インダストリーズ（UNIVERSAL OPTICAL INDUSTRIES LTD：UOI）で生産し、東莞石龍京瓷光学のデジカメ生産ラインをつくって本格的に移管しようとした。そして、「コンタックス・ブランド」を岡谷工場で生産する体制を採った。しかし、デジタルカメラはカメラと異なってスケールメリットが要求されることから京セラのような小規模なデジタルカメラメーカーでは存立が難しく、2004 年 10 月に「京セラ」ブランドのデジタルカメラ事業から撤退を発表し、2005 年 12 月にデジタルカメラを含めて全カメラ事業からの撤退を完了した。

　ペンタックスは、デジタルカメラへの参入も他のカメラメーカーが 1995、96 年に参入しているのに 1997 年 8 月になってやっと初めてのデジタルカメラ EI-C90 を発表したが、1998-99 年は新製品を発売できず、1 機種のまま中断してしまった。

ソニー、松下電器、三洋電機、シャープなど電気メーカーは、ビデオカメラの開発・生産の経験と撮像素子を始めとした電子部品メーカーとしての強みを持つ反面、カメラメーカーとしてのブランドに弱点を持っていた。そのため、この時期ソニーは自社ブランド確立の方向に動き、三洋、松下、シャープは自社ブランドを模索しながらOEM生産を主力に置いて量産体制を整える方向をめざした。ソニーは家電メーカーでカメラとは関わってこなかったメーカーであるが、デジタルカメラという観点からすると、1970年代にビデオカメラで成功を収め、撮像素子CCDなどデジタルカメラに関係する電子部品を内製できる強みを生かして、1981年アナログ式電子カメラ「マビカ」を発表してカメラ業界に衝撃を与えた。しかし、製品化は遅れて1988年9月「マビカMVC-C1」になってしまった。さらに、普及型のデジタルカメラへの市場参入が1996年のサイバーショットDSC-F1となってしまった。ソニーのデジタルカメラ戦略は、1990年代後半ではビデオカメラの延長線上にある「静止画像のビデオカメラ」という考えが強く、生産もソニーのビデオ生産子会社で行うこととし、ソニー幸田が選ばれた。ソニーはOEMメーカーを使わず、自社生産にこだわって1997年24万台、98年55万台、99年100万台、2000年100万台、2001年2,100万台[11]と倍増ペースで生産を急拡大していった。こうした自社生産によって急激な生産増強が可能であったのはビデオカメラで養った製品開発、部品調達、組立など生産管理などがあった。とくに、部品調達の面で、中枢部品の撮像素子CCDを内製し、レンズユニットもタムロンをはじめレンズメーカーとビデオカメラでの恒常的な取引関係があって、内製部品と安定した取引関係に支えられており、しかもCCD最大メーカーであるため、オリンパス、カシオなどのようにCCD不足で生産増強ができないということがなかった。この時期には、まだデジタルカメラの海外生産は行っていなかった。

　松下電器は、幾度となくカメラ産業に参入を試み、時にはトランジスターラジオとカメラを組み合わせた「ラジカメ」といった珍奇な製品を売り出したが、いずれも成功しなかった。1990年代にはストロボ生産子会社ウエスト電気を使ってライカのフィルムコンパクトをOEM生産していた。松下電器のデジタルカメラ市場への参入は1997年にデジタルコンパクトKXL-600Aの発売であった。松下電器の生産体制は、生産子会社松下寿電子工業西条事業部と九州

松下電器で、松下本体では生産していなかった。生産能力は6万台規模で自社ブランドもあったが、キヤノン、コニカなどへのOEM供給が多かった。そして、自社ブランドを1997年3機種、98年1機種ほど発売したが、松下本体において生産するほど売れず、撤退してしまった。

三洋電機は、電気メーカーで、ビデオカメラ生産も行っていることで撮像素子・映像エンジンなど半導体、小型モーター、電池など主要部品を内製できる条件をもっているので、1994年カシオQV-10の発売が発表されて市場が動くと、1995年にデジタルカメラ市場に参入した。三洋はつねに全生産量の90％以上をOEM生産しながら、自社ブランドの構築を願望して推移した。三洋はオリンパス、ニコン、富士フイルムなど5社に対してOEM供給に特化したことにより、1997年40万台、98年55万台、99年165万台、2000年340万台、2001年366万台と生産を拡大し、1998-2000年に生産台数世界一となった。生産体制は1998年までは国内の2工場、住道工場（大阪府大東市）、岐阜工場（岐阜県安八町）のみで生産していた。

1999年から急成長を遂げる市場に対応するため、海外生産拠点の拡大に努めた。三洋は電気メーカーであったため、デジタルカメラ以外の製品を組み立てていた工場を転換するので設備投資額も少なく、時間もかからずデジタルカメラ工場に転換ができた。まず、1999年に韓国資本と合弁の韓国TT社で海外生産を始め、1999年に55万台、2000年には70万台を出荷した。

第3節　デジタルカメラ生産への転換と生産体制の整備
　　　── 2000年代前半

1．カメラ産業からの転換と生産体制の整備

2000年代前半のデジタルカメラ産業は、キヤノン、ソニーが自社生産を固め、中核的位置を占めた。その一方で自らの生産体制を築くことができずに撤退していく京セラ、コニカミノルタの存在もあった。そして、自社生産とOEM調達との狭間で葛藤するニコン、オリンパス、富士フイルムがあった。さらに、自社生産を諦めてOEM調達に舵を切ったリコー、コダックがあり、

規模の大きさに苦悩しながら自社生産を模索する松下電器、ペンタックスがあった。また、ニコン、オリンパス、富士フイルムの海外での自社生産が整う一方で、台頭する台湾OEMメーカーにOEM市場を侵食される三洋電機があった。こうした多様なデジタルカメラメーカーが絡み合って2000年代前半にひとつの産業として確立期を迎えた。

(1) 国内回帰と自社生産体制の確立——キヤノン

　キヤノンのデジタルカメラ生産の体制が整うのは、「国内生産回帰戦略」が提唱された2004-5年であった（表2-2）。まず第1に、「国内回帰」の生産戦略を掲げ、国内生産拠点をいっそう強化していった。国内回帰の一環として、大分キヤノンをデジタルカメラの一大生産拠点とするため、2004年11月本社・安岐事業所とは別に大分市内に大分キヤノン第二の拠点大分事業所を建設し、約130億円を投じて、敷地38万5,000㎡、建屋1万4,000㎡のカメラ専用棟を稼働させた。そして、2005年3月には約147億円を投じた第二期工事を完成させ、4月から本格的稼働してデジタルカメラの需要拡大に対応する最新鋭工場となった。こうしてキヤノンの国内生産拠点は大分キヤノン安岐事業所（本社工場）を中心に同大分事業所、宮崎ダイシンキヤノンという3拠点を九州に集約させて国内生産体制を整えた。キヤノンが国内生産拠点にこだわるのは、①中国リスク回避にある。慢性的な電力不足による突然の停電、経済発展による労働力不足と賃金上昇、部品の持出と模造品、人民元切上げリスク、そして2005年4月には反日運動がキヤノン珠海、広東聯合光学が立地する広東省で突然起こり、中国一極集中はリスクが大きいとの見解に達した。国内生産は海外生産に対して②「新製品の生産ラインを立ち上げるのは、やはり自社が持つ国内の生産拠点が効率面で最も良い」という優位性をもち、③セル生産方式と製造工程の一部を機械に置き換える「自動化」で海外生産の製造コストに対応できることにあった[12]。

　第2に、2004年3月に労働者派遣法が改定され、製造業にも派遣労働が認められ、国内の低賃金構造が拡大したことが「国内回帰」の1つの根拠となった。キヤノンの低賃金労働の確保は、大分キヤノンなど自社工場に請負会社、派遣労働者を入れたり、協力会社に組立を下請けさせる形で行われた。人材派

表 2-2　キヤノンの生産体制

	部門〈企業〉名	出資形態	デジタルカメラ生産開始	備考
開発	イメージコミュニケーション事業部 カメラ事業部	—	—	東京都目黒区下丸子
国内生産拠点	大分キヤノン安岐事業所	キヤノン100%	1996.07.	1982年2月設立、12月操業、97年1月デジタルカメラの主管工場となる。
	大分キヤノン大分事業所		2005.01.	
	宮崎ダイシンキヤノン	合弁（キヤノン50%、大新産業50%）	2001.01.	1980年1月設立、7月操業
	長崎キヤノン	キヤノン100%	2010.03.	2008年7月設立、10年3月操業
海外生産拠点	台湾キヤノン	キヤノン79.3%、キヤノンS.A/A.G20.7%	2002	1970年6月操業
	キヤノン珠海	キヤノン85.5%、佳能（中国）14.5%	2003.04.	1990年1月操業
	広東聯合光学	合弁［佳能（中国）54.3%、江西光学儀器45.7%］	2003	
	キヤノン・オプト・マレーシア	キヤノン100%	2001.夏	1989年操業
委託生産	2011-13年ジェイビル			

出所：『海外進出企業総覧』各年度版、東洋経済新報社、『有価証券報告書』各社各年度。

遣子会社のキヤノンスタッフサービスや人材派遣業大手の日研総業、テクノスマイルなどを使って大分キヤノン、宮崎ダイシンキヤノンでの低賃金労働を確保した。また、協力企業のコーリツ、豊洋精工、モリタ[13]などでデジタルコンパクトの最終組立を行った。これら下請企業でも当然請負労働・派遣労働の利用が行われていた。

　第3に、生産拠点の中心を国内に置きながら、中国をはじめとする新興市場の拡大に対応し、多様な製品を供給するためには海外生産が不可欠であった。海外生産拠点は台湾キヤノンが交換レンズと普及機種のデジタル一眼、キヤノン・オプト・マレーシアが中級デジタルコンパクト、キヤノン珠海が下級デジ

タルコンパクト、広東聯合光学が中国・新興国市場向けデジタルコンパクトと位置づけられていた。

第4に、デジタルカメラが急激に拡大した2001-2年にはOEMメーカーを利用した過去をもつが、自社生産の体制が整ってからは台湾メーカーを含めたOEM生産を使わなかった。内田恒二キヤノン社長も2006年に「現在も、台湾や中国のEMS企業から生産委託の売り込みが頻繁にきている。実際、EMS企業にも我々と同じようなものを作れる技術力はあるだろう。だが、開発効率やサポート体制など全体のコストを考えると、EMSを活用する気にはならない」[14]と明言している。

第5に、デジタルカメラの内製化による「ブラックボックス化」を推進した。ここでは、論点を指摘するにとどめ、第3章で展開する。

こうした「国内回帰」戦略の下でキヤノンの生産体制は国内生産と海外生産との関係が基本的には変わらないが、2000年代半ばの段階で「海外生産比率は4割を上限とし、国内生産とのバランスを取っていく」[15]方針であった。

(2) 国内マザー工場と海外生産の全面化——ニコン

ニコンのデジタルカメラ生産体制は、表2-3のように開発が大井事業所内にある映像カンパニー開発本部、マザー工場の仙台ニコンがフルサイズのデジタル一眼、ニコン・タイランドがAPSサイズの普及機から高級機種までのデジタル一眼、デジタルコンパクトが中国江蘇省無錫市のニコン中国で一部自社生産されている。デジタルコンパクトの大半の製品はOEM調達であり、その中心は三洋電機と亜洲光学に委託しており、高級機種を三洋に、量産機種を亜洲に発注している。他にアビリティ、プレミア（鴻海精密）、アルテックにも委託している。

デジタルカメラへの本格的参入は、単独開発のデジタル一眼D1を1999年に発売して以来、仙台ニコンでデジタル一眼を生産し、2004年にD70をニコン・タイランドに移管してニコンのデジタル一眼中級・普及機種はすべてタイで生産し、ニコン・タイランドは、大分キヤノンに匹敵するデジタル一眼の量産工場となった。デジタル一眼の自社生産を支えているのは、国内での請負・派遣労働と海外における協力会社への組立委託である。これによって需給調整

表 2-3　ニコンの生産体制

	部門〈企業〉名	出資形態	デジタルカメラ生産開始	備考
開発	映像カンパニー開発本部	―	―	東京都品川区大井
国内生産拠点	仙台ニコン	ニコン100%	1994	1971年6月設立
海外生産拠点	ニコン・タイランド	ニコン100%	2004	1990年10月設立、92年操業
	広東ニコン	合弁（ニコン42.5%、龍芸電子42.5%、杭州照相機械研究所15%）	2002.04.	1997年6月設立
	杭州ニコン	合弁（ニコン35%、亜洲光学35%、杭州照相機械研究所30%）		1999年設立
	ニコン中国	ニコン100%	2003	2003年操業開始
委託生産	三洋電機、亜洲光学を中心として、アビリティ、鴻海精密工業（プレミア）にも発注			

出所：表2-2と同じ。

と低賃金労働確保によるコスト削減を図っている。ニコンの場合、派遣子会社「ニコンスタッフサービス」[16]を中心にテクノサービス、ジャパンクリエイト、パナソニックエクセルプロダクツ、フォーラムエンジニアリング、日研総業などの派遣会社を使っている。

　デジタルコンパクトについては、当初三洋電機のOEM生産に依存していたが、2002年頃から台湾OEMメーカー亜洲光学と生産管理合弁会社広東ニコン、杭州ニコンを設立して両社を通じて亜洲光学傘下の信泰光学に委託してニコンは30万台規模のデジタルコンパクトを供給した。ついに、2002年8月にデジタルコンパクトの自社生産に乗り出し、ニコン中国を設立して2003年にデジタルコンパクト生産の操業が開始された。ここにおいて、ニコンのデジタルコンパクト生産は合弁の広東ニコン、杭州ニコンが部品ユニットの生産管理会社となり、自社のニコン中国で組立を行い、残りを機種と市場状況に応じてOEMメーカー（三洋、台湾OEMメーカー）に依存するようになった。ニコン中国では、2000年代後半に年産で200万台規模の生産能力になった。

　2003年のニコン中国操業開始をもってニコンのデジタルカメラの生産体制が確立したといえる。

(3) 全面的な海外生産の展開——オリンパス、ペンタックス、リコー

まず、オリンパスであるが、2000年代に入り、ソニー、キヤノンの生産体制が整ってくると、自社生産体制を構築できず、OEM依存の体質が市場占有率を下落させて映像システムカンパニーは2000年度から赤字化しており、2001年度通期見通し業績も78億円の赤字となっている[17]。こうした事態に対応するため、2002年4月にデジタルカメラ事業の再編成を行った[18]（表2-4）。第1に、デジタルカメラの国内生産拠点の整備を図った。辰野事業場の一部機能、オリンパス光電子東京事業場、大町オリンパス、坂城オリンパスの国内4生産拠点を1つの組織にし、さらに光学技術開発機能と生産技術開発機能を統合して「オリンパスオプトテクノロジー」を設立した[19]。辰野事業場の組立ラインには、協力企業数社が請負として入っていた。第2に、国内と中国の生産拠点を明確に棲分けし、コスト削減を図ると共に、国内生産拠点の技術力、生

表2-4 オリンパスの生産体制

	部門〈企業〉名	出資形態	デジタルカメラ生産開始	備　考
開発	オリンパスイメージング開発本部	—	—	
国内生産拠点	辰野事業場	—	1997	2002年デジタルカメラ生産を中国に全面移管
海外生産拠点	オリンパス深圳工業	オリンパス中国100%	2002.03.	1991年12月設立
	北京北照オリンパス光学	合弁（オリンパス中国60%）		1997年1月設立
	オリンパス北京科技	合弁（オリンパス中国75%）		2001年7月設立
	Olmpus Asset Management	オリンパス・アジアン・パシフィック100%	2003.03.	1988年9月設立、旧オリンパス香港
	オリンパス広州工業	オリンパス中国100%	2003.01.	1990年旧耀佳光学電子廠を生産委託会社とし、96年合弁会社オリンパス番禺とし、2004年1月に100%子会社とした。
委託生産	三洋電機、亜洲光学、鴻海精密（プレミア）を中心として、アルテック、アビリティと幅広く発注			

出所：表2-2と同じ。

産力の空洞化を回避しようとした。国内生産拠点では生産ラインの立上げなどを担当し、国内で立ち上げられた生産ラインを中国生産拠点で量産するという分担を決めた。これにより、2002年3月から奥林巴斯（深圳）工業（オリンパス深圳）でデジタルカメラ生産を開始し、10月にはデジタルカメラ用ユニットやレンズを生産する施設を増設し、オリンパス番禺には、主に組立施設を新設した。そして、2003年3月にオリンパス番禺でデジタルカメラの組立も開始し、深圳で鏡枠を含めたレンズ部やモールドなど、高い技術や技能を要する付加価値の高い部品の生産を行い、番禺で中国の低賃金労働力を生かした組立作業を行う生産体制が構築されていった。デジタルコンパクトの中国での生産体制が整ったことで、国内生産拠点に余裕が出たことによりオリンパスは2003年6月にE-1でデジタル一眼レフ市場に参入した。

第3に、デジタルカメラの生産と販売を一体化するために、販売を担当しているオリンパス・プロマーケティングの映像情報部門を本体から切り離し、オリンパスの映像システムカンパニーに営業譲渡することで実現することにした。この一体化によってデジタルカメラの生産と販売の意思決定が速まり、市場への対応を上げることができるとした。

第4に2004年10月社内カンパニーを分社化して映像システムカンパニーは他のカンパニー同様に「オリンパス・イメージング」となった。

第5に、国内外の自社の生産拠点を整備すると共にオリンパスは三洋電機や台湾OEMメーカー（プレミア、亜洲光学、アビリティ）への生産委託を通じて市場への供給量を増やし、製品の品揃えも豊富にすることで国内外の市場において高い占有率を持続しえた。反面、市場変動に弱く、慢性的な在庫過重を抱え、赤字体質に陥る要因となる傾向をもった。

次に、ペンタックスは、2000年代に入ると自社の特性である一眼レフにてデジタルカメラ市場への再参入を試みようとした。2000年末にはオランダ総合電機大手フィリップスが開発する撮像素子CCDと映像エンジンをもってレンズ交換式デジタル一眼を発売することとなっていたが、2001年10月発売中止を発表した。理由は①フィリップスのCCDと映像エンジンの開発が遅れたこと、②販売価格が100万円前後になり、キヤノン、ニコンとの価格競争に太刀打ちできないことが挙げられる[20]。2003年8月に撮像素子をソニー製CCD

に変更してデジタル一眼「イスト D」の発売にこぎつけてペンタックスのデジタルカメラ生産が本格化しはじめた。ペンタックスにおけるデジタルカメラの生産体制が整ったは 2005 年頃であった（表 2-5）。第 1 に、国内では開発、試作、大型機種の生産に絞り、デジタル一眼、デジタルコンパクトの量産は行わず、部品や他部門の生産に転換する。2005 年 4 月益子事業所をはじめ、デジカメ事業で 300 人の従業員を削減し、益子事業所はデジタルカメラ用ガラス、非球面レンズ、DVD/CD 互換ハイブリッドレンズ、セラミック人工骨が主要生産物になっており、7 月にはこの部門をペンタックス本体から切り離して、ペンタックスオプテックとして子会社化した。また、3 つの生産子会社は大型カメラ生産のために、ペンタックス福島だけカメラ部門に残し、ペンタックス宮城とペンタックス山形を合併させてペンタックス東北とし、医療機器部門に転換させた。第 2 に、デジタルカメラの生産はすべて海外生産とし、フィリピンでデジタル一眼を、中国（上海）でデジタルコンパクトを分担することで

表 2-5　ペンタックスの生産体制

	部門〈企業〉名	出資形態	デジタルカメラ生産開始	備　考
開発	HOYA ペンタックスイメージング・システム事業部開発統括部	—	—	2008 年 3 月 HOYA に吸収合併、11 年 10 月ペンタックス事業の一部事業をリコーに売却してペンタックス・リコーイメージング設立
国内生産拠点	HOYA ペンタックスイメージング・システム事業部益子事業所	—	—	
海外生産拠点	ペンタックス香港	ペンタックス 50%、ペンタックス販売 50%	—	1973 年 6 月設立、旧アサヒ・オプティカル・インターナショナル
	アサヒ・オプティカル・フィリピン	HOYA100%	2003	1990 年 9 月設立
	台湾旭光学	ペンタックス 100%	—	1975 年 7 月操業、2004 年 1 月売却
	ペンタックス上海	ペンタックス 100%	2003.12.	2003 年 5 月設立、09 年 3 月解散
委託生産	プレミア（鴻海精密）、アルテック			

出所：表 2-2 と同じ。

自社生産体制を確立した。デジタル一眼は2003年8月にアサヒ・オプティカル・フィリピンで生産を始めた。デジタルコンパクトに関しては、同年5月に上海にデジカメの生産子会社「賓得精密機器（上海）」（ペンタックス上海）を設立し、デジタルコンパクトの生産拠点を確保した。さらに、2005年3月には、台湾光学メーカー「保勝光学（バタックス プレシジョン オプティクス）」[21]と合弁で広東省東莞市にレンズユニット会社「ペンタックス・バタックス・オプトメカニックス・広州」を設立した[22]。ここでは、ペンタックス上海に供給し、カシオなど非カメラ系のデジタルカメラメーカーや台湾OEMメーカーに外販するレンズユニットも生産した。第3に、デジタルコンパクトの自社生産能力が年産25-30万台規模なので、三洋やプレミアなど台湾OEMメーカーに生産委託した。ペンタックスの2005年度のデジタルカメラの販売台数が204万台で、その内自社生産のデジタル一眼が9万台であり、ペンタックス上海のデジタルコンパクトが30万台とすると、生産委託台数はおおよそ150万台ということになる。ペンタックスは、デジタルカメラの生産体制を整備していったが、営業的には2001年10月デジタル一眼の発売中止で5億円前後の損害を出し、2005年12月において「デジタルカメラなどを扱うイメージング・システム部門の低迷が続」き、その「営業損失9億3800万円」が全体の営業利益を圧迫していた[23]。ペンタックスは、2000年代後半には独立性を保てなくなって2008年HOYAとの合併、2011年リコーへの売却と繋がっていく。

　さらに、3つ目のメーカーとしてリコーについてみていくと、1990年代後半リコーは、デジタルカメラ市場で一定の位置を占めたが、1999-2000年15万台、1年5万台[24]と台湾リコーの生産能力が落ち、設備の老朽化、賃金水準の上昇などによりデジタルカメラの市場拡大に対応できない事態に直面した。2000年代前半に新しい生産体制の構築が求められていた。そこで、2003年12月台湾リコーを亜洲光学に売却して台湾から撤退して海外拠点を中国に移す方向で動いた（表2-6）。リコーは中国での生産体制が整うまで、すなわち2000-3年に20-30万台を日本国内でのOEM調達で凌いだ。リコーは国内にはデジタルカメラの生産拠点をもたないので、三洋からのOEMであるとみられる。そして、2004年から中国での生産体制は整い始めた。すなわち、OEMメーカーの生産を管理する生産管理子会社を設立し、OEMメーカーと長期の委託

表 2-6 リコーの生産体制

	部門〈企業〉名	出資形態	デジタルカメラ生産開始	備 考
開発	パーソナルマルチメディアカンパニー ICS設計室	—	—	
国内生産拠点	リコー光学	リコー100%	—	1995年11月カメラの国内生産から撤退
海外生産拠点	台湾リコー	合弁（リコー97.09%、現地資本2.91%）	1995	1966年6月設立、デジタルカメラ生産開始97年以前、2003年亜洲光学に売却
委託生産	泰聯光学	Master Linnes Trading（リコー子会社）100%	2004	1993年3月設立、亜洲光学傘下の東莞信泰光学への委託

出所：表 2-2 と同じ。

契約を結ぶ方式を採った。生産管理子会社は、広東省東莞市にある泰聯光学であり、資本関係は何回か変わっているが、リコー系100%子会社となった。生産委託先は台湾OEMメーカー亜洲光学で、中国での生産子会社東莞信泰光学や深圳信泰光学で実際の生産が行われていた。これらの工場内に泰聯光学の専用の事務所と組立作業場がある。リコーと同様な形態はニコン、コダック、HPなどが該当する[25]。リコーは2005年GRデジタルの成功によりキヤノンをはじめ、松下電器、ソニーとの競争を避けるべく、写真愛好家などプロユーザーを意識した高級デジタルコンパクト路線に傾倒しているため、自社生産の海外拠点を維持するほどの数量が確保できず、国内技術者が開発・設計したものに基づいて工場（建物、設備、労働者など）を借り受けるような生産委託であった[26]。

(4) 自社生産と生産委託の狭間で——富士フイルム・コダック

1990年代後半デジタルカメラの生産体制をいち早く固めた富士フイルムは、2002-3年頃になると、自社生産で生産体制を整備してきたキヤノンやソニーに次第に押されて、2000年239万台（第2位）、1年213万台（第3位）、2年300万台（第3位）であったものが3年440万台（第4位）、4年310万台（第

表2-7　富士フイルムの生産体制

	部門〈企業〉名	出資形態	デジタルカメラ生産開始	備　考
開発	電子映像事業部R&D統括本部	―	―	埼玉県さいたま市
国内生産拠点	富士フイルムフォトニクス	富士フイルム100%	1991	1990年12月設立、08年8月デジカメ生産を中国に全面移転により解散
海外生産拠点	蘇州富士膠片映像機器第1工場	富士フイルム100%	1997	1997年7月操業、旧蘇州富士膠片映像機器部品
	蘇州富士膠片映像機器第2工場			1995年10月設立、インスタントカメラ製造から出発
	蘇州富士和碼図像設備製造	蘇州機械控股（集団）との合弁	2001.06	2001年4月設立
委託生産	三洋、亜洲光学、プレミア（鴻海精密）を中心として、アビリティにも発注（2000年代）			

出所：表2-2と同じ。

4位）、5年540万台（第3位）、6年540万台（第3位）、7年170万台（第4位）といったように数量的には、伸び悩み、オリンパスと第3-4位グループを形成する状態に陥った（表2-7）。基本的には、1990年代に形成された国内外の生産拠点で自社生産し、不足する数量や機種をOEMで調達する体制を堅持しながら、中国生産拠点でのデジタルカメラ生産の規模を年産180万台から500万台に増強することで自社生産の比率を高めようとした[27]。他方で、三洋、亜洲光学、プレミア（鴻海精密）を中心として、アビリティにも生産委託を行っていた。

　コダックは、この時期、自社生産能力を高めながら、生産委託を増大させていった。コダックは、エプソン、アップルなど他資本のOEMを拡大していたチノンを2004年6月100%の完全子会社化し、チノン茅野事業所をコダック・デジタル・プロダクト・センターに編成替えし、直営生産拠点とした。これによって日本にコダック・デジタル・プロダクト・センター、中国にコダック・エレクトロニクス・プロダクツ・上海という生産子会社を世界の自社生産拠点として確保した。そして、10月にはデジタルコンパクトで激戦市場である日本市場に再び参入した（表2-8参照）。他方、自社生産では賄いきれない生産量

表 2-8　コダックの生産体制（2005 年）

	部門〈企業〉名	出資形態	デジタルカメラ生産開始	備　考
開発	コダック研究開発センター	—		神奈川県横浜市
日本生産拠点	コダック・デジタル・プロダクト・センター	コダック 100%	2004	旧チノン
海外生産拠点	コダック・エレクトロニクス・プロダクツ・上海		2001	2003 年生産能力 500 万台
委託生産	アルテック、亜洲光学			

を台湾 OEM メーカーのアルテック、亜洲光学からの継続的な OEM 調達に依存していた。しかし、コダックは安いだけでは消費者の目が厳しい日本市場になかなか食い込めず、コダック・ブランドで拡大してきた北米市場でも販売台数が伸び悩み、キヤノン、ソニーにシェアを奪われて苦境に陥った。

(5)　デジタルカメラ生産からの撤退——コニカミノルタ

　コニカミノルタは、ミノルタとコニカが経営統合して、まず 2003 年 4 月に持株会社コニカミノルタ・ホールディングスが発足して 10 月にデジタルカメラ関係の事業会社コニカミノルタカメラ（ミノルタ社）、コニカミノルタイメージング（コニカ社）が設立され、両社が 2004 年 4 月に合併してコニカミノルタフォトイメージングが発足した（表 2-9）。

　ミノルタは 2000 年代には台湾 OEM メーカー新虹、プリマックス、プレミアを使いながら、2001 年春にミノルタ・マレーシアでデジタルカメラの自社生産をやっと開始した。経営統合後、マレーシアで 3 年 24 万台、4 年 32 万台から 5 年には 150 万台[28]とやっと生産が軌道に乗り、キヤノン、ニコンに後れを取っていたデジタル一眼レフ市場へも 2004 年 11 月に α-7 で参入した。そして、2005 年 3 月に「2005-8 年度中期経営計画」でデジタルカメラの海外生産拠点の統廃合を決定したが、実施する間もなく 6 年 1 月にはカメラとフィルム事業から撤退することを発表し、7 年 9 月に一眼レフ事業のソニーへの譲渡などを終え、撤退が完了した。コニカミノルタがデジタルカメラへの参入に失敗したのは、①元々電子技術の蓄積が少なく、APS 連合へ参加したため、デ

表 2-9　コニカミノルタの生産体制（2005年）

	部門〈企業〉名	出資形態	デジタルカメラ生産開始	備考
開発		—		2003年10月コニカミノルタカメラ、2004年4月コニカミノルタフォトイメージング発足
国内生産拠点	コニカミノルタフォトイメージング堺工場	コニカミノルタ HD 100%	2001以前	
	コニカミノルタフォトイメージング豊川工場			
海外生産拠点	コニカミノルタ・マレーシア	コニカミノルタフォトイメージング100%	2001春	旧ミノルタ・マレーシア、2006年ソニーへ売却
	コニカミノルタ上海	コニカミノルタオプト77.5%、上海カメラ総工場22.5%		1994年10月設立
委託生産	ミノルターブリマックス、新虹、プレミア		コニカミノルタープレミア	
	コニカーインベンテック（英保達）、プレミア			

出所：表2-2と同じ。

ジタルカメラへの対応が遅れたこと、②デジタルカメラの市場拡大期に経営統合にエネルギーを費やされ、リストラによる人材流出が進んだことが挙げられる。

2．新規参入メーカーの生産体制整備

カメラメーカー以外のデジタルカメラ産業への新規参入メーカーとしては、ソニー、松下電器（パナソニック）、三洋電機があった。2000年代には、各メーカーは撮像素子をはじめとした電子部品を自前で調達できる強みを生かしてデジタルカメラの自社生産体制を整備していった。

(1)　自社生産確立——ソニー

ソニーは、2000年代に入ると、国内の生産拠点を再編成して、他方海外でもデジタルカメラの生産を立ち上げ始めた。2001年4月にAV機器製品の商品設計、部品調達、実装・組立生産、修理・アフターサービスなどの生産子会社を統合した「ソニーEMCS」を設立した（表2-10）。デジタルカメラとその周辺機器を製造するソニー幸田はソニーEMCS幸田テックに組織替えとなっ

表 2-10 ソニーの生産体制

	部門〈企業〉名	出資形態	デジタルカメラ生産開始	備考
開発	デジタルイメージング事業本部 AMC 事業部	—	—	デジタル一眼事業は 2006 年より新大阪ビジネスセンターを拠点としてきたが、10 年 3 月に品川テクノロジーセンターに集約した。
国内生産拠点	ソニー EMCS 東海テック幸田サイト	ソニー 100%	1996	1972 年ソニー幸田設立、2001 年ソニー EMCS 幸田テックへ改組
	ソニー EMCS 東海テック美濃加茂サイト	ソニー 100%	2006	1980 年ソニー美濃加茂設立、2001 年ソニー EMCS 美濃加茂へ改組、13 年閉鎖
海外生産拠点	ソニー EMCS マレーシア	ソニー 100%	2006	1988 年 4 月設立、2006 年にコニカミノルタ・マレーシアを吸収、2009 年閉鎖
	上海索広電子（中国）Shanghai Suoguang Electronics	合弁（ソニー 70%、上海広電信息産業—%）	2001.12.	1993 年 9 月設立、11 月操業、中国向けデジタルカメラ
	ソニー・デジタルプロダクツ無錫	Sony China 100%	2001.04.	2000 年 8 月設立、01 年 4 月操業、デジタルカメラ・レンズ用部品
	ソニー・ベトナム	合弁（ソニー 70%、ビエトロニクス・タンビン 30%）	2001.12.	1994 年 10 月設立
	ソニー・テクノロジー・タイランドアユタヤ工場	ソニーホールディング・アジア 100%	2010.03.	1988 年 11 月設立、2010 年デジタルカメラ工場に転換、11 年洪水より操業停止、2014 年工場売却
	ソニー・テクノロジー・タイランドチョンブリ工場	ソニーホールディング・アジア 100%	2012	2012 年アユタヤ工場からデジタルカメラ部門を移設
委託生産	2005 年初めて OEM 調達、鴻海精密（プレミア）、アビリティを中心にアルテックにも発注			

出所：『海外進出企業総覧』各年度版、東洋経済新報社、『有価証券報告書』各社各年度、『ソニーグループの実態』アイアールシー。

た。幸田テックでは、ビデオカメラ、デジタルカメラ、メモリースティック、ビデオカメラ周辺機器などの設計・試作・製造（カメラモジュール、バッテリー、ストロボ、バック、メモリースティック等）、海外事業所支援を行う事業所と位置

づけられた。幸田テックでも、日研総業、アルテック幸田、アムライト、HIROSE、ディーピーティー、スリーエム関東などの派遣会社から請負労働、派遣労働によるセル生産が行われていた。2001年には海外市場、とくに中国とデジタルコンパクトの低価格機種への対応として、海外生産拠点の構築も開始した。2000年8月中国江蘇省無錫市にデジタルカメラ、レンズ用部品を製造する「索尼電子（無錫）」（ソニー・エレクトロニクス無錫）を100％出資で設立し、2001年4月には海外では初めてのデジタルカメラ生産の操業が始まった。12月には中国市場向けデジタルカメラを生産するために中国資本との合弁会社上海索広電子（中国）でデジタルカメラの生産を開始し、オーディオ機器製造のソニー・ベトナムでも始まった。この時期の海外生産は、2002年20万台、3年240万台、4年245万台、5年300万台[29]とソニーのデジタルカメラ生産の16-25％程度で、国内生産を補完する役割であった。こうして2000年代前半にソニーは、自社生産体制を確立して1990年代後半デジタルカメラ産業をリードした富士フイルム、オリンパス、カシオ、コダックを押しのけ、キヤノンと覇権を争う位置に付けた。

(2) ブランド・メーカーへ——松下電器（パナソニック）

　松下電器がデジタルカメラに再参入したのは、2001年のことであった。2000年11月に再参入のために、デジタルカメラプロジェクトを発足させ、独ライカカメラとライカレンズのライセンス生産、ライカへのデジタルコンパクトのOEM供給で提携し、2001年11月デジタルコンパクト「LC5」でデジタルカメラ市場に再参入を果たした。松下電器の生産体制は、国内生産拠点が門真工場と福島工場、生産子会社の松下寿電子工業西条事業部（2005年パナソニック四国エレクトロニクス西条地区に改称）で、海外生産拠点については厦門松下電子信息（パナソニックAVCネットワークス厦門）でも2004年から始まり、2004-7年では11-18％程度の割合であった[30]（表2-11）。国内生産においては、派遣子会社「パナソニックエクセルプロダクツ」を傘下に持ち、福島工場には日研総業など、レンズ生産の天童工場にはフルキャストなどの派遣会社が低賃金労働を提供していた。松下電器がデジタルカメラメーカーとしての地位を確立したのは、2005年デジタルコンパクト「ルミックス」の発売で、客観的に

表 2-11　パナソニック（松下電器）の生産体制

	部門〈企業〉名	出資形態	デジタルカメラ生産開始	備考
開発	AVC ネットワーク社ネットワーク事業部 DSC ビジネスユニット	―	―	大阪府門真市
国内生産拠点	AVC ネットワーク社ネットワーク事業部門真工場	―	2001	2001 年 11 月デジタルカメラに再参入
	AVC ネットワーク社ネットワーク事業部福島工場	―	2001	
	パナソニック四国エレクトロニクス西条地区	パナソニック 100%	1997	2005 年松下寿電子工業から改称、2010 年パナソニック・ヘルスケアに改称
海外生産拠点	厦門松下電子信息（パナソニック AVC ネットワークス厦門）	パナソニック 100%	2004	1993 年設立、94 年操業のオーディオ機器製造
	パナソニック四国エレクトロニクス・インドネシア	パナソニック四国エレクトロニクス 64%、パナソニック 31%		1991 年 5 月操業
	パナソニック AVC ネットワークス・ベトナム	パナソニック 60%、ヴェトロニクス・トゥドウック地区 40%		1996 年 11 月操業
	パナソニック・ブラジル	パナソニック 100%	2009	1981 年 7 月操業
委託生産	アビリティに一時発注（2004-8 年）、2010 年から鴻海精密、2011 年から三洋に継続的発注			

出所：『海外進出企業総覧』各年度版、東洋経済新報社、『有価証券報告書』各社各年度、『松下電器グループの実態』アイアールシー。

は電気メーカーとして VTR カメラを生産しており、デジタルカメラの主要部品である撮像素子 CCD・CMOS、映像エンジン（画像処理 LSI）、レンズ、バッテリーなどをすべて内製できる技術的基盤があり、手振れする薄型軽量のデジタルコンパクトを他社に先行して「手ぶれ補正機構」を搭載していることを強調した宣伝の巧さによるものであった。

　この時期、松下電器は、国内の 3 拠点で大半を生産し、海外生産拠点で若干

(3) OEMメーカー——三洋電機

デジタルカメラ生産は、出発当初の1990年代後半からOEM生産の存在が大きく、2000年代に入っても世界生産量の半分以上を占める存在になっていた。1990年代後半にはさきに見たように三洋電機の存在が圧倒的に大きかったが、2000年代に入ると、台湾メーカーが広東省、江蘇省、天津市など中国本土に相次いで大規模な生産子会社を設立して飛躍的な生産能力を背景にブランドメーカーに攻勢をかけ、反面三洋はデジタルコンパクトの軽量・薄型化と液晶の大画面化への転換、高画素製品の開発が遅れたことによりデジタルカメラのOEM事業が失速して生産体制の見直しが求められた（表2-12）。2000年代の生産体制の編成替えは、OEMメーカーであるが故に一方で強力なライバルである台湾OEMメーカーとの競争に勝つために、一層の海外移転を進め、他方国内での生産を縮小する自社生産体制を採る以外なかった。海外生産拠点

表2-12 三洋電機の生産体制

	部門〈企業〉名	出資形態	デジタルカメラ生産開始	備考
開発	マルチメディアカンパニー	—	—	大阪府大東市
国内生産拠点	住道工場	—	1995	2005年海外移転
	岐阜工場	—	1995	
海外生産拠点	韓国TT	合弁（三洋電機61.99%、三洋電機貿易30%、エスティシー5%、大幸化成3.01%）	1999	2006年デジタルカメラから撤退
	三洋ジャヤ電子部品	合弁（サンヨー・アジア65.9%、現地資本34.1%）	2001.春	テレビ
	東莞華強三洋馬達	合弁（三洋精密40%、三洋電機35%、広東華強三洋集団10%、深圳華強三洋集団15%）	2002.04.	1995年設立、小型精密モーター
	三洋DIソリューション・ベトナム	三洋電機100%	2006	
生産委託	鴻海精密、アルテック			

出所：『海外進出企業総覧』各年度版、東洋経済新報社、『有価証券報告書』各社各年度。

の整備は、まず2001年にインドネシアの三洋ジャヤ電子部品のVTR生産ラインをデジタルカメラの生産ラインに転換し、韓国TT社でも生産能力を140万台規模から200万台規模に引き上げた。次いで、2002年4月には中国広東省東莞市の東莞華強三洋馬達でも小型精密モーター製造ラインを改良してデジタルカメラの組立ラインとし、年産で100万台規模から出発した。さらに、2006年にはベトナムの三洋DIソリューション・ベトナムが稼働した。こうした海外生産拠点の構築によって三洋の生産能力は2002年200万台から3年940万台、4年1,127万台、5年1,140万台、7年1,450万台、8年1,430万台と飛躍的に増大した。

国内生産拠点の住道工場、岐阜工場が2005年にデジタルカメラの生産を停止したため、すべて海外生産となった。また、国内工場が止まった影響で生産量も2006年785万台と一時激減した。

(4) カシオ

カシオは、デジタルカメラ産業にカメラ、フィルム、電気メーカーが本格的に参入してくると、圧倒されて下位メーカーに甘んじるようになった。2000年代の生産体制は、下位メーカーとして再編成を余儀なくされた(表2-13)。

表2-13　カシオの生産体制

	部門〈企業〉名	出資形態	デジタルカメラ生産開始	備　考
開発	QV統括部開発部門（羽村技術センター）	―	―	東京都羽村市
国内生産拠点	愛知カシオ	カシオ100%	1995	2002年フレクストロニクスに売却
	山形カシオ	カシオ100%	2003	2011年デジタルカメラ生産から撤退
海外生産拠点	カシオ・エレクトロニクス・タイランド	カシオ100%		1987年8月設立、88年5月操業、2011年デジタルカメラ生産から撤退
	カシオ・マレーシア	カシオ100%	2000	1990年10月設立、92年5月操業、2002年フレクストロニクスに売却
委託生産	「エクシリム」シリーズ以外の機種、アビリティへ持続的発注、フレクストロニクス、アルテックにも発注			

出所：表2-12と同じ。

2002年国内外の生産拠点であった愛知カシオとカシオ・マレーシアをシンガポールのEMS大手フレクストロニクスに売却して今後3年間生産委託を受ける契約を行った[31]。国内の生産拠点として2003年新たに山形カシオを定め、カシオの製品としては高価格帯の「エクシリム」シリーズの機種のみ生産することとし、30-40万台を自社生産した。また、海外生産拠点カシオ・マレーシアの生産分を当初フレクストロニクスに委託したが、次第に台湾OEMメーカーへの生産委託に切り替えた。機種的には、「エクシリム」シリーズ以外のデジタルコンパクト機種をアビリティへ持続的に取り引きし、アルテックにも発注が行われた。生産委託は、2003年280万台から始まり、4年298万台、5年360万台[32]と市場供給量が増加していくのに合わせて推移していった。

3．日系メーカーの海外生産の実態

デジタルカメラはほとんどのメーカーが海外生産を行っているが、2003年から2010年にかけて数社の海外生産拠点を見学した見聞や雑誌などに掲載された見学記などを総合してみると、進出先国の法律や社会状況、時期によって多少の違いはあるものの、ほぼ共通した海外生産を行っていた。そこで、どのような生産が行われているのかを見ていこう。

(1) 海外生産の必要性

カメラやレンズのような複雑で精密な機構を持った製品を作るには、多くの人の手がかかる。自動組立機械などを作って部分的に自動ライン化できなくもないが、膨大な設備投資が必要で、しかも稼働率の変動に機械が対応できない。デジタルカメラのように短期間にモデルチェンジを繰り返す製品の生産には、たびたび自動ラインを作り直すより人手の方がずっとフレキシビリティに富んでいるし、モデルチェンジにも臨機応変に対応でき、効率的である。また、短期間に大量生産するときも、いわば人手を大量に投入して集中的に生産を行うこともできる。労働者の募集も、日本よりもずっと集めやすく、低賃金で確保できる。

(2) 海外生産拠点の役割

　デジタルカメラメーカーが海外生産拠点を構築する地域は、各国政府や地方政府が設定した輸出加工区、経済特区など、輸出を前提にした工業団地である。そこには、工業団地内や工場内に税関の出先機関があり、原材料・部品の輸入、製品の輸出を円滑に行う機能が付いている。

　さきにみたように、研究・開発、マザー工場、海外生産拠点の展開は各メーカーによって異なるが、ほぼ共通の海外生産拠点の役割をみておこう。日本の開発部門で企画と開発設計を、マザー工場でライン設計、量産試作から量産までの工程計画を行う。生産のコストを最小限に抑えるために海外生産拠点が存在するが、順次現地化を各メーカーとも進めている。海外生産拠点では、日本から送られてきた設計図により部品をつくり、試作までの重要な部分を行い、日本から出張してきた開発スタッフと現地の技術スタッフが調整して完成品に仕上げる。そして、マザー工場スタッフと組立のライン設計、量産試作から量産まで工程を実際につくり上げていく。

(3) 従業員と労働形態

　海外生産拠点の労働者は1990年代以降に進出した工場では数千人規模で、日本人は間接部門と現場管理を中心に20-30名程度である。部品の生産やデジタルカメラの組立は、平均年齢が20歳前半の女性労働者がその多くを占めており、中国の場合、広東省深圳・広州・東莞、上海とその周辺の蘇州・無錫・杭州を問わず、ほとんどが中国全土からの出稼労働者である。タイの場合、デジタルカメラとその部品生産メーカーが集中しているアユタヤで、バンコクを含めた周辺から通勤する女性労働者である。1990年代に進出したメーカーでは、現地化を推進して生産ラインの工程設計や管理、生産部品の設計、生産などの職務を進出先国の大学、大学院を卒業した現地技術者を数十人擁している。労働時間は年間労働時間が例えば2,000時間というように決まっていて運用は自由となっていることが多いので、1日8時間＋残業4時間（4勤2休シフト）で、昼夜2直体制を敷き、工場としては24時間フル稼働を行っている。女性労働者の賃金は、進出先国、中国では地方政府の決める経済特区最低賃金が初任給となり、勤務年限が増えると昇給していく。その水準は地方公務員の基本

第2章　デジタルカメラメーカーの国際的生産体制

給より30％程度高く、残業込みでは2倍程度になる。2002年以降、内陸部にも工場が進出してきたので、広東省、上海市及びその周辺、大連など沿海部の労働局での求人が難しくなって派遣会社からの派遣を受けている状況で、たとえば、同じ工業団地の他社が工場の前で求人担当職員を張り付かせていることもある。女性労働者の平均勤務期間は3-5年であり、毎年2,000-3,000人雇って1,000-2,000人辞めていくというように労働力の流動性が高く、労働力不足が進行して最低賃金が上昇していく傾向がある。それでも、為替レートもあり、日本の平均賃金と比べるとかなりの低賃金である。中国の戸籍制度によって農村戸籍の女子労働者は、都市戸籍の沿海部である程度働くと、戸籍地に戻らなければならないことや一人っ子政策のため、子供は必ず両親の許に戻るので、20代なかばで辞めて大半故郷に帰って、結婚する。

　デジタルカメラの組立では、最終組立ラインの作業をはじめ、電子部品を組み込む工程はすべてクリーンルーム内で行われる。労働者は、防塵服で身を包み、エアシャワーでゴミ、チリ、ホコリを徹底的に除去した上で、クリーン度1000以下に保たれた作業場に入り、セル生産方式を取りいれた作業が行われている。部品の調達は日本から持ってくる撮像素子や一部の電子部品を除いて中国の香港・広東省、上海とその周辺、タイのアユタヤ、マレーシアなど進出先では日系電子産業が集積しており、ほとんど現地で調達できる。

　進出先国の女性労働者は、視力3.0という人もいるくらいとにかく目がよく、手先が器用で、検査工程の多いデジタルカメラ産業では、貴重である。とくにファインダーの目視検査では、日本人にはとても見えないようなゴミまですぐに見つけるといわれている。

(4)　海外拠点の生産実態

　数千人の労働者を抱える海外生産拠点では、国内工場とは異なった厚生事業を行っている。街から離れた工業団地にあり、24時間操業のため、昼夜数千人が食事する社員食堂は東アジア諸国にほぼ共通して工場内に備わっている。朝、昼、晩と三食を社員食堂で食事する労働者も多い。とくに、女子労働者の定着率向上が課題となっている中国の生産拠点では、総経理自らが中国各地を回っておいしい食材を調査して決めることも大事な仕事の一つとなっている。

中国では社員寮、タイでは送迎バスが労働者確保の重要な条件となっている。中国の生産拠点はほとんどが地方からの出稼労働者であるため、戦前日本の繊維産業のような工場内に社員寮が併設されている。外から社員寮を眺めると、色とりどりで賑やかな洗濯物で埋め尽くされており、どの社員寮も一部屋2-3人で、全室に液晶テレビ、トイレ、シャワーなどが完備されていて結構ゆったりとしている。一部の社員寮に住んでいない人は21-25歳の女子労働者が大半なので、自転車で通勤している。

タイの場合は、電気・精密機械産業の日系メーカーが集中するのがバンコク近郊のアユタヤの工業団地であり、労働者はバンコクを含めた周辺地域からの通勤者が多く、地方出身の労働者も工場周辺に住居を借りて居住している。そのため、各日系メーカーがバスをチャーターして送迎を行っており、一工場当たり平均20-30台、中には150台チャーターしている工場もある。通・退勤時間にはサイケ調に塗装されたバスが工業団地から数百台発進して渋滞を引き起こすのが社会現象となっている。

この他、厚生事業として工場内に売店はもちろん、保健室、ATM（現金自動預払機）、女性向けファッション雑誌を中心にした図書室など、さまざまな施設が整っている。

第4節　リーマンショック後の生産体制の再編成

2000年代後半になると、デジタルカメラ産業が抱えていた諸問題が噴出してくる。諸問題の詳細は終章で述べることとし、ここでは生産体制への影響を指摘するに止める。第1の問題は、デジタルコンパクト市場が成熟期に入り、量的拡大が止まったことである。技術的には、完成度が高まったことによって消費者を喚起する新しい技術を付加するのが難しくなったこと、カメラ付携帯、スマートフォン、タブレットなどデジタルコンパクトを代替する電子機器が急激に普及したことが挙げられる。また、社会的には、リーマンショック以来の世界的な景気低迷、とくにデジタルコンパクトの需要が見込まれる新興国市場、先進国における低所得層の購買力の低下がある。こうしたデジタルコンパクトの低迷に対してデジタルカメラメーカーは、影響の大きい低価格機種を中心に

生産委託をいっそう進める一方、高級機種にシフトする方向で進んだ。そのため、デジタルカメラ産業では、この時期ニコンが台頭してキヤノン、ニコン、ソニーの三大メーカーと4位以下のメーカーとの格差が拡がり、富士フイルム、オリンパス、パナソニック、カシオなどのデジタルカメラ事業が赤字に陥った。

　第2の問題は、デジタルカメラ産業の構造的な問題として、生産の大半を海外で生産するということから生じるカントリーリスクが表面化したことである。海外生産拠点の中国一極集中と反日運動（2005、12年）、SARS（2003年）による生産停止、2011年タイ洪水による生産拠点の操業停止と撤退、中枢部品メーカーの浸水によって国内外のデジタルカメラメーカーへの供給が滞ったことが海外生産拠点の再編成を促進した。

　第3に、2006年に偽装請負問題が表面化したことにより、新たなる低賃金構造である派遣労働・請負労働の利用が今まで通りには行かなくなった。国内生産を重視するキヤノン、パナソニック、国内マザー工場を維持しようとするニコン、ソニー、ミラーレス一眼・高級デジタルコンパクトを国内生産する富士フイルムにとって派遣労働、請負労働の利用はグローバルな低賃金に対応するためには不可欠な要素であると考えており、どのように派遣労働、請負労働の利用を織り込んで国内生産を編成替えするかが課題となっていた。

1. 国内生産を重視するキヤノン、パナソニック、富士フイルム

(1) キヤノン

　リーマンショック後の生産体制は、2000年代前半に構築された路線を踏襲しながら、微調整が行われた。微調整が行われたのは、2006年に偽装請負が露見したこと、2005年の中国反日運動、SARS等のカントリーリスクの表面化、市場変化への急速な対応、製品不良[33]などによった。第1に、国内生産体制の増強策として、組立工程の自動化と新工場の建設が推進された。キヤノンは、1998年以後労働集約的生産であるセル生産を推し進めてきた結果、大分キヤノン安岐・大分両事業所には約8,500人が勤務。正規労働者が約29.4%、非正規労働者が70.6%、うち直接雇用の期間工が約24.7%、残りが請負労働・派遣労働であった[34]というように7割以上の低賃金労働者によって支えられていた。これを改善するために、2007年に宇都宮光学機器事業所が偽装請

負問題で是正指導も受けたこともあり、一方で2012年頃に派遣子会社キヤノンスタッフサービスを解散し、生産現場で派遣契約を削減して直接雇用などで正規雇用に切り替える方向を模索しながらセル台とセル台の間の作業工程に自動機械を入れる「マシンセル」と呼ばれる次世代のセル生産方式[35]に切り替えていこうとした。そして、2012年に3年後を目処にデジタルカメラの大分キヤノンと交換レンズの宇都宮事業所にある組立工程の一部を完全自動化し、2工場の新ラインが軌道に乗れば、長崎キヤノンと台湾キヤノンなど海外3工場にも順次、導入していく計画を明らかにした[36]。

また、2008年7月にマザー工場の大分キヤノンと物流コスト、部品調達において西九州自動車道で直結する波佐見工業団地(長崎県造成)にデジタルカメラを年400万台生産する能力をもつ長崎キヤノンを新たに設立し、2010年3月にデジタルコンパクト「パワーショットG11」で操業を開始した[37]。これによって開発機能を備えるマザー工場の大分キヤノンをデジタル一眼の基幹工場、キヤノンとして初めて正社員中心の工場運営を模索する長崎キヤノンをデジタルコンパクトの基幹工場、宮崎ダイシンキヤノンを量産工場と位置付け、この3工場でデジタル一眼の中高級機種、デジタルコンパクトの高級機種を生産し、協力企業のコーリツ、豊洋精工、モリタなどにデジタルコンパクトの低価格・中級機種の組立を下請させる国内生産体制が採られるようになった。しかし、2011年には長崎キヤノンの生産がデジタルコンパクトからデジタル一眼に代わり、デジタルコンパクトの基幹工場という位置付けも替わった。ここにおいて、国内生産と海外生産との関係は、基本的には変わらないが、2005年段階では海外生産比率は4割を上限とし、国内生産とのバランスをとっていく方針であったのが2011年段階になると「国内で4割、海外で6割の生産比率を維持する」[38]と市場動向によって微調整が行われていた。

第2に、台湾キヤノンの位置付けが微妙に変化していた。キヤノンは2007年12月にフィルムカメラを生産していた台湾を一眼レフカメラ用交換レンズの専用工場に衣替えする方針を明らかにし、2008年9月に「長年の歴史に基づいたレンズの製造における高度な技術を保有していることや、安定した労働力の確保が可能なことなどから」[39]デジタル一眼用レンズの新工場棟を増築することを決定し、2009年7月から生産を開始して国内の宇都宮事業所、大分

キヤノンと並ぶ交換レンズの三大生産拠点となった。しかし、デジタルコンパクトが2007年1億3,000万台に達してから需要が頭打ちになり、アジア市場を中心にデジタル一眼の強い需要に対応するため、台湾キヤノンを交換レンズの専用工場からデジタル一眼と交換レンズの双方を生産する工場へと方針転換した。台湾キヤノンでは、2009年からデジタル一眼の生産を再開し、2010年10万台程度の生産能力であったため、2011年6月台中市の本社工場内にデジタル一眼の新工場棟建築を着工し、8月には嘉義県大埔美精密機械園区で台湾第2の生産拠点となる嘉義工場を着工した[40]。2012年6-7月に相次いでデジタル一眼の操業を開始し、9月から全面的に稼動して2011年40万台、2012年400万台、2013年375万台[41]と飛躍的に生産能力をあげて将来的にデジタル一眼レフの50%を台湾で生産することをめざしていた[42]。こうしてキヤノンのデジタル一眼は、中高級機種を国内3拠点で、低価格機種を台湾キヤノンの2工場で生産することとなった。

　第3に、デジタルコンパクトは、海外市場向けには高級機種を除いて中級機種をキヤノン・オプト・マレーシア、低価格機種をキヤノン珠海、中国市場向けを広東聯合光学で生産してきた。この時期も、2000年代前半を踏襲しながら市場動向に対応して微調整した。2008年新興国向けの低価格機種の需要拡大に合わせてキヤノン珠海の生産能力を1,000万台に倍増する投資を行った。

　第4に、OEMについてはデジタルカメラが急激に拡大したキヤノンの自社生産体制が整っていなかった1990年代後半に松下電器、2001-2年に台湾OEMメーカーを利用した過去をもつが、自社生産の体制が整ってからは台湾メーカーを含めたOEM生産を使わないことが基本方針であった。しかしながら、急速に市場が広がり、ソニー、パナソニックが生産拠点をもっている中南米への供給に対応するため、2010年になると、内田キヤノン社長の発言も「EMS（電子機器の受託製造サービス）の活用がデジカメでも広がっているが、大量に売るためだけのEMS活用はやりたくない」[43]と微妙に発言が変化して一時的に2011-13年アメリカ系EMSのジェイビルに対する生産委託があった。一層の市場の拡がりが進めば、中南米への生産拠点の構築を行っていくであろう。

(2) パナソニック（松下電器）

　この時期の松下電器の動向としては、デジタルコンパクト市場の頭打ちに対処するため、市場の拡大と高付加価値が期待されるデジタル一眼市場に参入しようとした。まず、一眼レフ技術を持たなかったため、オリンパスとコダックが提唱する「フォーサーズシステム」に参加してオリンパスと一眼レフカメラでの共同開発を進め、2006年にルミックス DMC-L1 でデジタル一眼レフ市場にも参入したが、同時期に参入したソニーの出荷台数32万6,240台（占有率6.2%）に対して3万6,324台（占有率0.7%）[44]と惨憺たる結果に終わってしまった。そのため、フォーサーズシステムを一歩進めてオリンパスと「マイクロフォーサーズシステム」をつくり、2008年ミラーレス一眼を発売してデジタル一眼での一定の位置を得た。また、2008年には社名を松下電器からパナソニックに改称し、グループ全体の組織的編成替えを行った。デジタルカメラ関係では、本体のデジタルカメラ部門は社内カンパニーのAVネットワーク社ネットワーク事業部、撮像素子の砺波・新井両工場がパナソニックセミコンダクター社となり、生産子会社は組立のパナソニック四国エレクトロニクスがパナソニック・ヘルスケアに、ストロボのウエスト電気がパナソニック・フォト・ライティングに、改称された。

　この時期、デジタル一眼の比率がデジタルコンパクトの10分の1程度であるパナソニックにとっては、海外生産を増やして自社生産を維持するのも難しくなってきた。国内生産拠点としては、2000年代前半には門真、福島両工場とパナソニック四国エレクトロニクスと3拠点であったのが福島工場に集約化され、ミラーレス一眼とデジタルコンパクトの上位機種（3-4万円）を生産していた。ここでの生産は、日研総業などの請負労働、派遣労働を入れ、日研総業の募集では職種が「デジタルカメラの組立・検査（派遣）」であって通勤手当なしの時給850円となっており、年収200万円未満の低賃金労働者によって支えられていた。また、海外生産拠点のパナソニックAVネットワークス廈門では、自社生産のうち2004-7年11-18%程度から2008年26%に増加して9年には57%と半分を超え、10年54.1%、11年54.5%、12年58.3%と半分以上が中国生産の割合となっていた[45]。2009年から12-20万台規模で中南米市場向けにパナソニック・ブラジルで生産を始めた。この他、数量は確認できな

いが、パナソニック四国エレクトロニクス・インドネシア、パナソニックAVCネットワークス・ベトナムでも生産していた。

2010年から台湾OEMメーカー鴻海精密に海外向けデジタルコンパクトの生産委託を始め、2011年より子会社化した三洋からもOEM供給を受けていた。2013年10月30％を占める国内向け低価格デジタルコンパクト（2万円以下）の自社生産を止めてOEM調達することを決めた[46]。

(3) 富士フイルム——国内生産の再開

この時期、富士フイルムは、グループ全体で大改革を行い、デジタルカメラ部門もその一環として行われた。2000年代前半には、4位、5位にまで下落してしまい、採算性が悪化してこれを立て直す必要性に迫られていた。デジタルカメラ事業の再編過程は、2008年に大改革が行われ、この改革の成否をめぐって2010年に再度の改革で微調整が行われた。2008年の事業再編は、「デジタルカメラの事業基盤を強化」[47]することが4月から実施された。第1に、デジタルカメラの国内生産を止めて、自社生産をすべて中国の生産拠点富士フイルム・イメージング・システム・蘇州（富士フイルム蘇州）に移した。国内生産拠点の富士フイルムフォトニックスは2008年8月に会社を整理して解散した。ここにおいて富士フイルム蘇州が富士フイルムの唯一の最終組立工場となった。

第2に、撮像素子CCD前工程から撤退し、東芝への生産委託に切り替え、泉事業所（仙台市泉区）は、村田製作所に売却した。第3に、フォトニックスが在った宮城県黒川郡大和町の工場に「富士フイルムデジタルテクノ」を新設して「デジタルカメラの製品開発、調達、品質保証機能を統合し、拠点集約」を行い、デジタルカメラ開発の「機能強化と効率化、開発のスピードアップを図」ろうとした。第4に、新興国専用機という名目で北米や日本も含めた世界市場に販売する低価格機種の開発、生産、販売戦略を再構築しようとした。開発と生産は、台湾OEMメーカーのアルテックが設計した基本モデルに画像とレンズユニットの一部に手を加えた以外、アルテックに開発を丸投げするODM方式に切り替えた。そして、販売も新興国市場のみならずアメリカ巨大流通チェーンや日本の一部流通業者を対象に先進国の低価格機種需要層に供給

することで販売量の拡大を狙う戦略を推進した。この戦略は、日本メーカーの中で、いち早く100ドル低価格機種を投入したことで2009年の年初計画830万台を900万台に押し上げて2012年くらいまで効果をもたらした。また、OEMメーカーは従来のアルテック、亜洲光学、鴻海精密工業、アビリティ、プリマックス、三洋などを使っていたが、アルテック、アビリティ、三洋（非低価格機種）に絞り、委託費用を削減し、品質を向上させながら最下限でも利益を出せる体制を構築する[48]。

　こうした再編でも十分な効果が出ず、2010年に再度、デジタルカメラの事業体制を編成替えした。第1に、従来デジタルカメラ部門は富士フイルム本体に取り込んだが、レンズ、レンズユニットなどの光学デバイスはフジノン（旧富士写真光機）に残してあったものを合併して本体に取り込んだ。2010年3月に「光学デバイス事業の子会社フジノンを統合」[49]を発表して8月にフジノンを富士フイルムに吸収合併し、デジタルカメラ本体、撮像素子や記録ディスクなど電子デバイス、レンズやレンズユニットなど光学デバイスが一体化することになった。そして、6月には「デジタルカメラの事業体制を強化」[50]を発表して①富士フイルムデジタルテクノ（宮城県）にあったデジタルカメラの開発・調達・品質保証の部門を、レンズ開発・生産拠点のある旧フジノン本社（埼玉県さいたま市）に移転した。②富士フイルムデジタルテクノに残っていたCCDハニカムの後工程からも撤退して生産は協力会社へ委託し、開発だけは引き続き行うことにした。

　第2に、デジタルコンパクト市場が成熟して飽和状態になったことにより、高級コンパクト、ミラーレス一眼に製品構成をシフトするのに伴い富士フイルムデジタルテクノを国内生産拠点として再度強化しようとした。富士フイルムデジタルテクノでは、2011年3月富士フイルム最初の高級コンパクト「X100」の生産を担当したのにはじまり、2012年2月最初のミラーレス一眼「X-Pro1」も生産した。2013年10月には富士フイルムが推進した低価格コンパクトデジタルカメラ市場も縮小し、一層の高級化路線を推進しようとした[51]。高級化路線の柱は、独自開発した撮像素子の採用と富士フイルムデジタルテクノでの国内生産であった。高級化路線の最初機種「X100」の撮像素子はソニー製APS-CサイズのCMOSであったが、ここにきて自社開発の撮像素子

を①1/2.3型、1/1.7型からAPS-C型に拡大し、②スーパーCCDハニカムからX-Trans CMOSに改善してフィルム会社が開発したということを特色として出そうとした。

2．国内マザー工場を維持しようとするニコン、ソニー

(1) ニコン——「二強」への飛躍

　ニコンは、この時期リーマンショック以後の需要低迷にもかかわらず、出荷台数を2005年の661万台から7年に1,000万台を、11年には2,000万台を超え、12年には2,412万台と急激な拡大を続け[52]、キヤノンに次いで数量の点でも世界第2位の地位を確保していた。2000年代前半には、マザー工場の仙台ニコン、デジタル一眼の量産子会社ニコン・タイランド、デジタルコンパクトの量産子会社ニコン中国（無錫）の自社生産とデジタルコンパクトの66-88％を三洋と台湾OEMメーカーに生産委託することで出荷台数を急激に伸ばしてきた。この時期、この基本路線を踏襲しながら、2011年の東日本大震災、タイ洪水を踏まえていくつかの点で調整が行われた。第1に、デジタル一眼の生産をフルサイズの高級機種を仙台ニコン、APSの中級・低価格機種をニコン・タイランドと明確に区分した。ニコンは、日本メーカーとして生き残りの道が「ブランド維持」にあるとし、価格競争に巻き込まれない品質重視のモノ作りをめざして仙台ニコンを①一眼レフカメラ工場の「エンジニアリングセンター」と位置付け、②国内でモノを作っていないと技術が育たないので、製造の難易度の高い上位機種3機種を生産し、③海外生産の技術指導を通じて品質を維持する役割を担わせる[53]としている。第2に、デジタル一眼の90％以上を生産するニコン・タイランドの生産体制を補強する必要があった。タイ洪水もあって2013年3月メコン川を挟んで隣接するラオスのサワンセノ経済特区にデジタル一眼レフ用ユニット部品の組立を行う「ニコン・ラオス」[54]を設立して10月から操業を開始した。ニコン・ラオスは、ニコン・タイランドが99.99％出資する生産孫会社で、ニコン・タイランドの「分工場」という位置付けであった。また、デジタル一眼の市場変動を調整するために、バンコク周辺に生産子会社を持つ部品納入の日系協力会社に組立を下請けさせた。ニコン・タイランドでは、2012年にタイ中部シンブリ県インドラ工業団地にある

電子部品会社シングル・ポイント・パーツの工場を5年間借り受け、交換レンズの部品加工を始めた[55]。第3に、デジタルコンパクトのニコン中国（無錫）では、ミラーレス一眼「Nikon 1」の発売に合わせて生産能力が450万台以上あったものを200-300万台に下げて、その分をミラーレス一眼に振り向け、ミラーレス一眼とデジタルコンパクトの生産子会社へと替わっていった。第4に、従来はせいぜい700万台程度であった生産委託が2010-12年には1,000万台を超え、その比率もデジタルコンパクトで2010年91.6％、2012年89.6％となるほどOEMへの依存率を高めた。また、2012年頃からはミラーレス一眼を台湾OEMメーカーのアビリティに生産委託するようになった。

(2) ソニー

2000年代後半になると、ソニーのデジタルカメラ生産体制に大きな変化が生まれた。第1に、すべての製品を海外生産拠点を含めた自社生産で賄う戦略を放棄して台湾OEMメーカーへの生産委託を含めた生産体制に編成替えを行った。2004-5年に市場規模が数十％伸びているにもかかわらず、ソニーはデジタルカメラの出荷台数が2003年を下回る低迷ぶりであった。その原因は他社が台湾OEMメーカーを使って増加させた出荷数量をソニーが海外生産拠点から供給できなかったことにあった。そのため、2005年12月に初めてプレミアからOEM調達を受けたのに始まり、2007年からはプレミア（鴻海精密）、アビリティを中心にアルテックにも発注して自社生産を補った。OEMへの依存は、ニコン、オリンパスと異なってデジタルコンパクトに限られ、2011年24.4％、12年23.9％、13年33.0％とキヤノン、パナソニックに次いで低いが、年々高くなる傾向にある。第2に、2006年コニカミノルタがカメラ事業から撤退し、2005年7月からデジタル一眼レフの共同開発を行っていたこともあり、ソニーはコニカミノルタの一眼レフ事業を買収して7月α-100でデジタル一眼市場に参入した。デジタル一眼の生産拠点の構築が急務となり、VTR事業を行っていた生産子会社ソニーEMCS美濃加茂テックを主管工場とした。美濃加茂テックでは、デジタル一眼と交換レンズ、モジュールデバイス（実装基板・レンズなど）を生産した。ここにも丸徳産業などの派遣会社が入っていた。これによってキヤノンと対抗できるデジタルカメラをフルラインアップす

るメーカーになった。2013年からデジタル一眼の主管を幸田テックに移し、交換レンズと携帯端末の工場となった。その後、幸田テックがデジタルカメラ全体の主管工場となった。

第3に、海外生産拠点の増強に努め、国内生産拠点を補完する役割から量産拠点の任務を負うようにして自社生産体制の変化させた。2001年から開始された海外生産拠点での生産はソニー・エレクトロニクス無錫、上海索広電子、ソニー・ベトナムの3拠点に加えて2006年にコニカミノルタ・マレーシアを買収してソニーEMCSマレーシアとし、そのため、海外生産高が2006年360万台から7年1,130万台[56]と213.8％の驚異的に増加した。また、ここでデジタル一眼も生産され、ソニーの海外生産拠点として初めてデジタル一眼の生産が行われたことになる。2009年ソニーEMCSマレーシアでのデジタルカメラの生産を止め、2010年テレビを生産していたソニー・テクノロジー・タイランドのアユタヤ工場にデジタル一眼の生産を移した。この生産子会社では、テレビ生産からデジタルカメラに工場改造のために8,000万ドルの設備投資を行い、年産デジタル一眼210万台、レンズ273万枚の生産能力を持つことになった[57]。しかし、ミラーレス一眼がヒット商品となり、生産が軌道に乗った2011年10月タイ洪水に見舞われ、操業停止になってしまい、そのため、投資額1億7,840ドルをもってタイ東部チョンブリ県アマタナコン工業団地にあるソニー・テクノロジー・タイランドの車載AV機器工場を2012年に一部デジタル一眼工場に改造し、2013年には新たに工場棟を増築した。その結果、チョンブリ工場の年産能力は1,570万台規模になった[58]。ソニーは、2011年10月から洪水のため操業停止中で、遊休状態となっていたアユタヤ工場（デジタル一眼工場）を2014年1月に物流拠点の用地を探していた精密機器メーカーのミネベアに売却した[59]。

他方、国内の生産拠点ソニーEMCSの諸工場では、年収200万円以下の低賃金労働である派遣労働者を使っても工場を維持できなくなり、閉鎖が相次いだ。2009年12月デジタルカメラ向けレンズユニットなどを生産する小見川テックでの生産を止め、事業所の閉鎖も行った。そして、2013年3月交換レンズの主力工場である美濃加茂サイトも閉鎖した。美濃加茂サイトは1980年に創立したソニーにとって特別の工場で、1994年に生産効率化のため、当時

主流のベルトコンベヤーによる流れ作業を廃して、1人が複数の工程を担当する屋台で製品を組み立て次の屋台に受け渡していく生産方式を考案したセル生産発祥の工場であった。この工場閉鎖により①交換レンズ生産を幸田サイトに移し、②工場従業員は約2,700人で、840人の正社員は他工場に異動したり、早期退職制度で退職を促したりした。また、③残り1,800人ほどは派遣・請負労働者で、その多くはブラジル人、フィリピン人などの外国人であり、派遣会社との契約を解除した。そして、12月には工場を物流センター用地を探していた大手通販「千趣会」に売却することを決めた[60]。美濃加茂サイトの閉鎖によってソニーの国内生産拠点は、デジタルカメラ工場の幸田サイトを含め5工場となった。

3. 動揺する下位メーカー——オリンパス、リコー、カシオ

(1) オリンパス

オリンパスのデジタルカメラ事業をめぐる環境は、2005年4月に生産拠点が2ヵ所ある広東省を中心とした反日デモが起こり、2008年リーマンショックによる世界的な需要停滞、2011年の長年にわたる粉飾決算の露見等によりオリンパス自体が経営危機に陥る状況になった。デジタルカメラ事業は、2007年3月期決算で272億円、8年330億円もあった営業利益がミラーレス市場に参入した10年3月期決算の33億円を除いて9年3月期決算51億円、11年150億円、12年108億円、13年231億円、14年350億円[61]の赤字となり、慢性的な赤字体質に陥った。

2013年ソニーと外科用内視鏡事業を共同で行うことを条件に500億円の資本注入を受け巨大損失を解消すると共に、2000年代後半から2010年代にかけてデジタルカメラ事業の再建を行わなければならなかった。2006年頃から従来の生産体制に変更を加えていった。国内の生産拠点は、2006年3月にデジタルカメラを全面的に中国の生産拠点に移管したことでオリンパスオプトテクノロジー大町事業所と坂城事業所を閉鎖した。そして、2010年4月、グローバルな視点での生産構造改革などを担う「ものづくり革新センター」を生産技術本部、伊那工場、メディカルシステムズの製造サービス本部を統合して設立、2011年10月デジタルカメラ用レンズと工業用内視鏡を生産する辰野事業場と

伊那事業場（長野県伊那市）の顕微鏡生産ラインの移管・統合によって新しい生産子会社「長野オリンパス」を辰野事業場内に設立した[62]。

海外生産拠点については、カントリーリスクとの関わりで中国一極集中を改め、2008年8月ベトナム南部ドンナン省にデジタルカメラ部品も製造するオリンパス・ベトナムを操業させた。

しかし、オリンパスをめぐる事態は、2007年960万台あった出荷台数が12年850万台、13年510万台、14年270万台と急速に減少して経営を圧迫することとなった。さらに、13年3月期決算でキヤノン、ニコンが1ヵ月であり、適正水準とされる1.5ヵ月をはるかに超える3ヵ月前後の在庫を抱えるという経営判断の誤りが追い打ちをかけた[63]。2013年5月赤字体質の収益改善や生産効率化を図るため、国内の辰野事業場、海外のオリンパス深圳、オリンパス広州、オリンパス北京、オリンパス・ベトナムの5つの生産拠点のうち、オリンパス深圳とオリンパス・ベトナムに集約して海外生産拠点すら縮小せざるを得ない状況に追い込まれた。こうしてオリンパスの生産体制は、デジタルコンパクトを三洋（2012年7月三洋DIソリューションズ、2003年4月ザクティ）、鴻海精密、AOFに全量生産委託し、ミラーレス一眼をオリンパス深圳においてできるだけ自社生産して、2011年からミラーレス一眼の一部（2011年24.2％、12年20.8％、13年28.8％）を鴻海精密に生産委託する体制になった[64]。

(2) リコー

この時期、リコーの大きな変化は、第1に2011年10月にHOYAからペンタックス・イメージングを買収し、リコー本体からデジタルカメラ部門を切り離し、両者を統合してリコーの完全子会社「ペンタックスリコーイメージング」を設立したことである[65]。2010年の両社は世界市場でHOYAが第10位（台数ベースで1.8％）、リコーが13位以下、国内市場ではHOYAが第8位（同3.9％）、リコーが9位（同2.7％）で合算すると、6.6％となり、7位のオリンパス（同9.0％）に近づく位置になる。製品的にも、デジタルコンパクトから中型デジタル一眼までそろったデジタルカメラメーカーとなった（表2-14）。

この買収に伴ってデジタル一眼のペンタックスリコーイメージング・プロダクツ（フィリピン）、交換レンズのペンタックスリコーイメージング・プロダク

表 2-14 リコーイメージングの生産体制

	部門〈企業〉名	出資形態	デジタルカメラ生産開始	備考
開発	開発統括部	—	—	
国内生産拠点	—	—	—	
海外生産拠点	ペンタックスリコーイメージング・プロダクツ・フィリピン	リコー 100％	2003	1990 年 9 月設立、20013 年リコーイメージング・プロダクツ・フィリピン
	リコー・コンポーネンツ・プロダクツ深圳	リコー 100％	2011.11	2011 年 7 月リコーエレメックスとリコーコンポーネンツ・アジアの生産子会社 2 社を統合して設立
委託生産	ザクティ（旧三洋）、アビリティ			

出所：『海外進出企業総覧』各年度版、東洋経済新報社、『有価証券報告書』各社各年度。

ツ（ベトナム）というペンタックス・ブランドの製品を自社生産する拠点を持つことになった。

　第 2 に、ペンタックス事業の買収を発表した同じ 2011 年 7 月に中国広東省深圳市にリコー・ブランドのデジタルカメラの自社生産を再開する「理光高科技（深圳）」（リコー・コンポーネンツ・プロダクツ深圳）を設立したことである。台湾リコーを売却後、製品的にはデジタルコンパクトに限定し、中高級機種に特化して亜洲光学に生産委託して確実に利益を確保する戦略を進めてきたが、2011 年 7 月深圳の同じ敷地内にあるリコーエレメックスとリコーコンポーネンツ・アジアの生産子会社 2 社を統合して理光高科技（深圳）を設立してデジタルカメラの自社生産を始めた。この生産子会社はリコーの完全子会社で、従業員 3,663 人規模の事務機器部品製造を主な事業内容とし、新規事業として 2009 年デジタルカメラの自社生産を再開するプロジェクトを開始して、2011 年 11 月「CX6」の量産から生産を始め、2013 年 4 月リコーブランドの高級デジタルコンパクト「GR」の量産も始まった[66]。自社生産が始まっても、デジタルコンパクトの大半は、リコーブランドが従来からの生産委託先である亜洲光学、ペンタックスブランドが三洋、アビリティから供給を受けていた。

　ペンタックスリコーイメージングは、2013 年 8 月リコーグループのコン

シューマーカメラ事業を担う会社として位置付け、社名を「リコーイメージング」に改称した。また、営業成績は合併後も 2012 年 3 月期出荷台数（デジタルコンパクト 130 万台、デジタル一眼 35 万台）、営業損益（47 億円の赤字）、2013 年 3 月期出荷台数（デジタルコンパクト 75 万台、デジタル一眼 38 万台）、営業損益（52 億円の赤字）、2014 年 3 月期出荷台数（デジタルコンパクト 65 万台、デジタル一眼 41 万台）、営業損益（49 億円の赤字）と改善できないでいる。

(3) カシオ——自社生産からの撤退

カシオは、2000 年代前半には、高価格帯の「エクシリム」シリーズの機種のみ山形カシオで生産していたが、この時期、海外を含めて自社生産から撤退していった。2000 年代後半ソニー、パナソニック、富士フイルムがデジタル一眼市場に参入し、オリンパス、ペンタックスもデジタル一眼部門を強化していったが、カシオは画像処理による速写性を高めるなどした製品を市場に送り込んでデジタルコンパクトにこだわってデジタル一眼市場には進出しなかった。そのため、カシオのデジタルカメラ事業は、出荷台数 590 万台、110 億円の営業赤字（2009 年度）に陥り、米格付会社ムーディーズからデジタルカメラ部門の不振により 2009 年 3 月格付を一段階下げられ[67]、2010 年 2 月には「デジタルカメラの収益回復の遅れ」を理由にさらに一段階下げられた[68]。それは決算の面でも 2010 年 4-9 月期連結決算では 15 億円の営業赤字を出し、2011 年 4-9 月期には東日本大震災による部材不足などが加わって 60 億円程度に拡大する[69]状況が続いていた。こうした状況を解決するため、カシオは、第 1 に「レンズ交換式のデジタル一眼はやらない。コンパクトデジカメ一本でいく」[70]方向を定めた。第 2 に、採算ラインとなる販売台数は 1,000 万台以上と言われるデジタルコンパクトの出荷台数を、200 万台程度でも収支均衡を維持できる戦略として自社生産を止めて工場を持つ負担を軽減し、全量を台湾 OEM メーカーのアビリティ、アルテックの 2 社に生産委託することとした。第 3 に、販売管理費や広告宣伝費等の経費を縮小し、とくに北米や欧州市場を大幅に削減し、日本や中国、東南アジア市場に集中した[71]。

4．独立性を失ったメーカー──ペンタックス、三洋電機、コダック

　2000年代半ばになると、デジタルコンパクト市場が成熟し、生産量、販売量が増加する一方、価格下落が急速に進み、中下位メーカーは苦境に立たされ、とくにペンタックスと三洋においては一部の優良事業を巨大資本に狙われて呑み込まれ、その事業を剥ぎ取られてデジタルカメラ事業は売り払われた。また、デジタルカメラ事業に対する有利な条件を持ちながら短期的利益を追求する経営戦略によって有利な条件を年々失っていったコダックについても考察する。

(1) ペンタックス（HOYAペンタックス事業部）

　ここでは、2007年からリコーに売却された2011年9月までのことに限定し、それ以降は述べないこととする。

　ペンタックスは、デジタルコンパクトには立ち後れ、デジタル一眼もキヤノン、ニコンの厚い壁に阻まれて2003年3月期25億円、4年3月期24億円あったイメージング・システム部門の営業利益が2005年3月期16億円、6年3月期12億円の赤字に陥り、2005年には①デジタルカメラ部門を中心に約300人の従業員を削減し、国内営業拠点を4ヵ所から3ヵ所に縮小するリストラ、②2006年にペンタックス・バタックス広州に専用ラインを新設し、携帯電話向けレンズユニット事業に本格的参入、③ペンタックス・ベトナムに交換レンズ生産能力を月産100万個から160万個へ拡大するための新棟増設、④撮像素子の調達に問題があったデジタル一眼部門の強化のため、サムスンテックウィンとデジタル一眼レフを共同開発することを決めて乗り切ろうとした。しかし、社内に単独でのデジタルカメラ部門の展開は難しいと判断して2006年12月HOYAとの合併が模索されたが、過半数の取締役が反対して白紙撤回された。その結果、ペンタックスのメディカル事業（医療用内視鏡、人工骨）がほしいHOYAは、株式公開買付（TOB）によるペンタックスの買収・子会社化を発表し、2007年7月TOBを実施し、発行株式の90.59％を944億8,200万円で取得してペンタックスを8月に連結子会社とし、東証一部上場も11月で廃止された。2008年3月、ついにHOYAにペンタックスが吸収合併されてしまった。HOYAへの吸収合併後、デジタルカメラ部門は、ペンタックスイ

メージング・システム事業部となり、利益率の高いデジタル一眼に集中し、デジタルコンパクトを全面的に生産委託に切り替える戦略を打ち出すデジタルカメラ生産体制の見直しが行われた。第1に、デジタルカメラの国内生産から撤退する。マザー工場である益子事業所は、一眼レフカメラ用の交換レンズと中・大判カメラと医療機器を生産してきたが、2009年4月から医療機器に特化し、国内生産子会社ペンタックス福島を解散した。第2に、益子事業所とペンタックス福島で生産していた中・大判カメラをデジタル一眼の生産拠点であるアサヒ・オプティカル・フィリピンに、交換レンズをレンズの生産拠点であるペンタックス・ベトナム（ハノイ）に移して自社生産の拠点とした。第3に、採算性の悪い海外生産拠点や事業を整理した。デジタルコンパクト系のペンタックス上海とレンズユニットのペンタックス・バタックス広州を2009年3月に解散して、清算した[72]。第4に、100万台程度の出荷台数から伸びないデジタルコンパクトについては、全面的に生産委託して三洋電機とアビリティに機種の性格に合わせて数量を4対6の割合で委託した。

　また、HOYAの2009年3月期決算では、赤字が深刻なペンタックス部門がグループ収益の足を引っ張っており、合併当初からあったデジタルカメラ事業は単独での生き残りは難しいとして、この時期売却話が現実化し始めた[73]。2009年に日本ビクター、韓国のサムスン、2010年に台湾の亜洲光学などへの売却話があったが、まとまらず、売却価格[74]も2009年には500億円であったものが2011年7月にリコーに100億円くらいで売却されて、10月ペンタックス・リコーイメージングが発足した。

(2) 三洋電機（三洋DIソリューションズ、ザクティ）
　三洋電機は、デジタルカメラ産業にあってチノンと共にOEM専業メーカーであり、2000年代前半には世界市場の13.2-25.5％の生産量を占めていた。三洋全体の経営が悪化して米ゴールドマン・サックスや大和証券SMBCグループなど大株主や主力取引銀行の三井住友銀行からより踏み込んだ構造改革を求められた。その一環としてデジタルカメラ事業も台湾OEMメーカーとの競争が激化していたため、住道工場や岐阜工場での国内生産を止め、韓国、インドネシア、中国の海外生産子会社に生産拠点を移して凌ごうとした。さらに、

2000年代後半になると、世界市場の10%前後の生産量を維持したが、①海外での生産も韓国TTからより生産コストの安い三洋DIソリューション・ベトナムに移し、三洋ジャヤ電子部品、東莞華強三洋馬達の3拠点とし、②2007年から低価格デジタルコンパクトのOEM受託品をさらに鴻海精密やアルテックに再委託する構造改善を行った。しかし、三洋は自主的経営再建が成果を挙げられず、数少ない優良事業である電池部門がほしいパナソニックにTOBを仕かけられて2009年12月にパナソニックの連結子会社（2011年完全子会社）になった。「マネシタ電器」[75]といわれたパナソニックへの併合は、三洋のデジタルカメラ事業にとってブランドメーカーの警戒感を煽り、OEMメーカー三洋を選択しにくくしてしまった。そのため、2010年1,360万台（9.0%）あった生産台数が11年710万台（5.1%）、12年380万台（3.2%）と下落の一途をたどった。また、デジタルカメラ事業をもっているパナソニックにとっても重複していたことから、12年7月パナソニックの完全子会社三洋電機からデジタルカメラ部門（生産工場として三洋ジャヤ電子部品も付属した）を切り離し、「三洋DIソリューションズ」を設立した。そして、パナソニックは、2013年3月投資ファンド「アドバンテッジパートナーズ」に売却し、4月からパナソニックから独立したメーカー「ザクティ」としてOEM専業メーカーに復帰して、2013年はやや持ち直して397万台（5.5%）まで回復した。

(3) コダック

2006年8月コダックは、デジタルカメラ事業をシンガポールのEMSメーカーフレクストロニクスに売却することを発表し、今後はOEM調達によるコダック・ブランドのデジタルカメラを販売するだけに後退した[76]。この合意内容は、①コダックの組立、生産、検査を含む、デジタルカメラの生産に関する全工程（コダック・デジタル・プロダクト・センター茅野・横浜両事業所のかなりの部分、コダック・エレクトロニクス・プロダクツ上海）をフレクストロニクスに売却する。②コダックは引き続き、設計および意匠・工業デザイン、ユーザーインターフェースなどデジタルカメラの研究開発を行う。③コダックの資産である知的財産権を引き続き保有する。④フレクストロニクスはコダックにデジタルカメラのOEM供給を行うというものであった。フレクストロニクスとは

シンガポールに本社を置く世界トップクラスの EMS メーカーである。これによって、コダックは、自社生産部門旧チノンとコダック上海がフレクトロニクス所有となって出荷全量をフレクトロニクスを含めた OEM メーカーから調達することで 2007 年第 3 四半期には、デジタルカメラの販売が 12％増の 15 億 9,000 万ドルと好調な数値を挙げ、黒字に転換した[77]。しかし、事業の切り売りや人員削減による経費削減では、コダックの経営を立て直すことができず、2011 年第 4 四半期には、デジタル（25％減）及びライセンス事業（40％減）の売上高がコダック全体の経営の足を引っ張った[78]。2011 年 9 月コダックが 1 億 6,000 万ドルを与信枠から引き出したことから、運転資金枯渇の懸念がでて 1997 年 90 ドルであったニューヨーク株式市場での株価が 27％安（前日比）の 1.74 ドルとなり、38 年ぶりの安値をもたらした[79]。そして、2012 年までに破産し債権保全を申請するかもしれないとの見方が出はじめ、NY 株式市場も 12 月以降 1 ドルを割り込む状況が続き、「上場基準に抵触する恐れがある」として、上場廃止を警告した。ついに、2012 年 1 月 19 日コダックは、ニューヨーク連邦破産裁判所に対して米連邦破産法第 11 章に基づき事業再建手続の申立てを行い経営破綻した[80]。NY 株式市場も即日上場廃止にすると発表した。

　この法律による事業再建の一環として、2012 年 2 月 9 日デジタルカメラ事業を 2012 年上半期をめどに撤退すると発表した。コダックは 1975 年にデジタルカメラを世界初の開発をしたメーカーであり、撮像素子 CCD も自社生産できるなどデジタルカメラに関する経営資産を多数所有して 2006 年にはデジタルカメラメーカーとしてキヤノン、ソニーと並ぶ世界上位 3 社のひとつだった。それにもかかわらず、フィルムカメラからデジタルカメラへの歴史的転換に長期的展望を持たず、つねに目先の利益を追求しすぎて M&A と OEM でその場を乗り切ろうとしたため、リーマンショック後、競争の厳しいデジタルカメラ産業では、階段を転げ落ちて行くように衰退していった。

おわりに

　デジタルカメラ産業は、一方において精密機械としてのカメラ産業の発展形態としてあり、他方でかつての産業のように 30 年周期ではなく、グローバリ

ゼーションの下で急速な発展をもたらして生成後10年余で成熟期に入ってしまった。そのため、生産体制もこの二面性の影響を受けて形成された。デジタルカメラ産業の生産体制は、①国内において自社生産体制を整えていったキヤノン、ソニー、パナソニック、②主要製品を国内外で自社生産を行い、他をOEM調達で賄うニコン、ペンタックス、③OEM調達を行い、国内で自社生産をめざしながら海外での自社生産となったオリンパス、富士フイルム、④一部の機種を国内で自社生産して大半をOEM調達するカシオ、⑤生産体制を整える間もなく、撤退してしまったコニカミノルタ、京セラ、⑥国内での自社生産から出発しながらOEMメーカーゆえ海外自社生産体制を採った三洋電機というようにそれぞれの事情によって多様な形態を採った。

　デジタルカメラの市場はブランドメーカーが生産体制を整える間もなく、時間的にも急速に、地域的にもグローバルに拡大したため、家電の組立工程を容易に転換できたことから三洋電機や台湾OEMメーカーが参入でき、急成長した。そのため、ブランドメーカーは低価格製品の新たな海外生産拠点を建設して生産拡大に向かわなかった。OEMメーカーの存在が新たなる海外生産拠点構築に代替する役割を果たした。

　以上のような生産体制は2000年代半ばに形成され、リーマンショック後の2000年代後半から2010年代に多少変化していった。第1の型は、キヤノン、ニコン、ソニー、パナソニックというデジタルカメラ製品をフルラインアップして研究・開発拠点がしっかりしていてマザー工場を中核にした自社生産中心の体制を強めた。例外を除いて全製品を国内外で自社生産するキヤノンと、マザー工場で若干国内生産しながら主要製品を海外生産子会社で生産し、デジタルコンパクトの低価格機種・少量機種を生産委託するニコン、ソニー、デジタル一眼製品をもたず、フルラインアップとはいかぬパナソニックとは、生産委託に関して違いはあるが、基本的には同じと考える。

　第2に、富士フイルム、オリンパス、ペンタックスのように国内生産から全面的に撤退し、主要製品を海外生産子会社で生産し、デジタルコンパクトにおいて製品ラインアップを多様にし、生産設備を持たずに生産量を確保するために生産委託を使う体制がある。2010年代に入って富士フイルムが高級デジタルコンパクト、ミラーレス一眼を国内で生産する路線が成功し、製品ライン

アップが拡大できれば、第1の型に入れるかもしれない。

　第3に、リコー、カシオのようにデジタルコンパクトという製品で自社生産を行わず全て生産委託する体制である。このようなやり方が成り立つのは、中上位メーカーが生産しない「隙間製品」において1台あたりの付加価値を大きくすることで成り立つ。リコーの高級デジタルコンパクトへの特化、カシオの高速撮影できるデジタルコンパクトという個性を持たないと難しく、2006年以後のコダックのように無個性的なデジタルコンパクトを大量に生産委託するのでは成り立たない。

　第4に、OEMメーカー三洋はブランドメーカーから平均単価が恒常的に下がり続けることで委託単価引下げ要求が厳しくなり、需給調整に利用されるため、海外の自社生産拠点を再点検し、より生産コストの安い拠点に移っていく「渡り鳥」生産体制となった。さらに、デジタルコンパクトの低価格機種をブランドメーカーから受託した製品を台湾メーカーに下請けさせて納入コストを削減せざるを得なくなっていった。

注
1）海外生産比率は加盟企業の海外生産を含めた世界生産（カメラ映像機器工業会統計、CIPA統計）の数値から国内生産（経産省の機械統計）の数値を引き、その数値を工業会統計で割って、100を掛けた数値である。
2）詳しくは拙稿「日本写真機工業の海外展開過程――1950～2002年を対象として」『日本大学工学部紀要』日本大学工学部工学研究所、2004年3月（Vol.45-No.2）参照。
3）『日経産業新聞』1996年5月22日。
4）『ワールドワイドエレクトロニクス市場総調査』1998-2003年版、富士キメラ総研。
5）同上。
6）デジタルカメラにすべて自社製CCDを使用することはなく、価格によりソニーをはじめ外販CCDを採用していた。
7）泰聯光学については前掲拙稿「日本写真機工業の海外展開過程」参照。
8）台湾理光での聞取。
9）『前掲書』2002-03年版、富士キメラ総研。
10）『日経エレクトロニクス』2006年5月29日。
11）『前掲書』1998-2002年版、富士キメラ総研。
12）内田恒二キヤノン社長へのインタビュー『日経エレクトロニクス』2006年5月29日。
13）コーリツは大分市に本社工場を置き、大分キヤノンのカメラ組立下請として会社設立

が行われた。デジタルカメラ生産に関しては1997年にイオス55、イクシ310S、パワー・ショット600で組立が始まった。豊洋精工は、本社を大分キヤノンが立地する大分県安岐町（現国東市）に置き、金型から成形、塗装、印刷、組立まで一貫生産を行う下請メーカーである。キヤノンのビデオカメラの組立から始まって狭間工場と福岡工場でデジタルコンパクトの組立を行っている。モリタは、本社を宮崎市に置き、宮崎ダイシンキヤノン関連のデジタルカメラの組立を行っている。

14) 前掲『日経エレクトロニクス』2006年5月29日号。
15) 御手洗富士夫社長の発言『日経ビジネス』2005年8月1日号。
16) ニコンホームページ、ニコンスタッフサービスはニコングループ以外にも人材派遣を行っている。
17) オリンパス「ニュースリリース」。
18) 同上、2002年1月7日。
19) 同上、2002年2月6日。
20) 『日経産業新聞』2001年10月25日。
21) 2004年1月に台湾ペンタックスをパタックスに売却している。
22) 2006年合弁相手がパタックスからアビリティに変更された。
23) 『Tech-On!』2006年2月1日。
24) 『前掲書』1998-2002年版、富士キメラ総研。
25) 関満博一橋大学教授講演要旨『上海神戸館だより』（2002年6月4日）によると、信泰光学の状況を「看板もない一つのビルがあり、1階には亜洲光学というレンズ生産では世界最大の台湾企業が入居しており、3,000人が働いている。2階にはリコー、3階はニコン、4階コダック、5階オリンパス。日本のカメラメーカーが全部入居している。」
26) 田中長徳「リコー工場を広東省に訪ねる」『アサヒカメラ』2008年10月号、福田和也「闘う時評・中国にカメラ工場を訪ねる」『週刊新潮』2008年8月14・21日合併号。
27) 富士フイルム「2004-6年度グループ経営計画」2004年2月。
28) 『前掲書』2004-6年度版、富士キメラ総研。
29) 同上、2003-06年版。
30) 数字は『前掲書』2004-8年版、富士キメラ総研を、生産拠点は、『パナソニック・グループの実態』2009年版、アイアールシー、を利用した。
31) 『IT mediaニュース』2002年5月14日。
32) 『前掲書』2004-6年版、富士キメラ総研。
33) 「キヤノンの一眼レフで不良事故が多発する理由、製造請負依存の死角（上）」『週刊東洋経済』2009年5月14日号。
34) 『日本経済新聞』九州版、2008年12月5日、地方経済面。
35) マシンセルとは人が組み付けにくい細かな部品や機械化したほうが生産性の高い工程に現場のアイデアを基に次々と自動化機械を開発してセル生産に導入していく方式。『日経産業新聞』2010年5月19日参照。

36）『日本経済新聞』2012 年 5 月 14 日。
37）長崎キヤノンの建築着工は 2009 年 1 月予定であったが、リーマンショックによってデジタルカメラの需要が急激に減速し、この低迷が継続するものと考えてキヤノンは 2008 年 12 月に着工を一時延期した。しかし、2009 年 7 月には建築を着工して 2010 年 3 月には操業を開始した。
38）真栄田常務発言『ロイター』2011 年 7 月 5 日。
39）キヤノン「ニュースリリース」2008 年 9 月 5 日。
40）『ロイター』2011 年 7 月 5 日、『Y's』2011 年 9 月 27 日、『Focus Taiwan』2012 年 8 月 11 日、『台湾通信 NEWS』2012 年 8 月 12 日参照。
41）台湾キヤノンの数値は、『前掲書』2011-14 年度版、富士キメラ総研より摘出した。
42）『ロイター』2011 年 7 月 5 日、『Y's』2011 年 9 月 27 日、『Focus Taiwan』2012 年 8 月 11 日、『台湾通信 NEWS』2012 年 8 月 12 日参照。
43）『日経産業新聞』2010 年 1 月 7 日。
44）『ロイター』2007 年 4 月 3 日。数値は米調査会社 IDC のもの。
45）『前掲書』2004-13 年版、富士キメラ総研。
46）『福島民報』2013 年 10 月 2 日。また、2015 年 5 月には福島工場でのデジタルカメラの生産を止め、山形工場に移管することになった（『福島民報』2015 年 1 月 10 日）。
47）富士フイルム「ニュースリリース」2007 年 9 月 19 日。
48）樋口常務執行役員へのインタビュー『日経産業新聞』2009 年 4 月 1 日、『ロイター』2009 年 8 月 14 日を参照。
49）富士フイルム「ニュースリリース」2010 年 3 月 26 日。
50）同上 2010 年 6 月 7 日。
51）『東洋経済オンライン』2013 年 10 月 22 日参照。
52）ニコン『決算説明会資料』各年度より摘出。
53）木村真琴社長インタビュー『ロイター』2011 年 10 月 7 日。
54）ニコン「ニュースリリース」2013 年 3 月 21 日。
55）『BANGER QUOTE』2012 年 7 月 18 日。
56）『前掲書』2007-8 年版、富士キメラ総研。
57）『ロイター』2010 年 6 月 10 日。
58）『newsclip.be　日本語総合情報サイト@タイランド』2012 年 10 月 22 日。
59）『Logistics Today』2014 年 2 月 19 日、『newsclip.be』2014 年 2 月 20 日。
60）『日本経済新聞』2012 年 12 月 7 日、名古屋朝刊、社会面、『労弁通信』2013 年 5 月 20 日、No.163 号、『日本経済新聞』2012 年 10 月 20 日、千趣会「プレスリリース」2013 年 12 月 25 日参照。
61）オリンパス『決算短信』2008-14 年。
62）オリンパス「ニュースリリース」。
63）『ダイヤモンド・オンライン』2013 年 5 月 29 日。
64）『前掲書』2011-14 年版、富士キメラ総研。

65）HOYA がデジタルカメラ部門を分社してペンタックス・イメージングが設立し、これをリコーが買収した。リコーもデジタルカメラ部門を本体から切り離し、ペンタックス・リコー・イメージングを設立した。これによってペンタックスが海外生産拠点アサヒ・オプティカル・フィリピン、ペンタックス・ベトナムを持つようになった。

66）リコー『有価証券報告書』2012 年 3 月期、「理光高科技（深圳）有限公司」HP、『日本カメラ』2013 年 12 月号参照。

67）『ロイター』2009 年 3 月 24 日。

68）同上、2010 年 2 月 23 日。

69）『日本経済新聞』2011 年 11 月 2 日。

70）金田公一カシオ計算機 QV・DI 戦略部長へのインタビュー『NIKKEI Trendy NET』2012 年 12 月 12 日。

71）『東洋経済オンライン』2013 年 11 月 16 日を参照。

72）ペンタックス・バタックス広州は 2006 年 3 月 9 日合弁先がバタックスからアビリティに替わった。

73）鈴木洋最高経営責任者（CEO）とのインタビュー『ロイター』2009 年 8 月 18 日。

74）『東洋経済オンライン』2011 年 7 月 21 日と推測されている。

75）「戦略フォーカス　市場開拓　松下電器産業（デジタルカメラ事業）最後発でも勝てる」『日経ビジネス』2007 年 12 月 24・31 号。

76）「米コダック社、フレクストロニクス社へのデジタルカメラの生産委託を発表」イーストマン・コダックとフレクストロニクス・インターナショナル両社の「ニュースリリース」。

77）『ロイター』2007 年 11 月 1 日。

78）同上、2011 年 1 月 27 日。

79）同上、2011 年 9 月 27 日。

80）コダック「プレスリリース No.12-004GE」2012 年 1 月 19 日。

第3章　主要部品メーカーの供給関係とその生産体制

矢部洋三

はじめに

　デジタルカメラ産業の部品供給関係は、垂直的分業と重層的下請制に基づく大手数社の独占体制の下で成り立っていたカメラ産業と異なって家電・パソコンのような独立した各ユニット部品メーカーから供給を受ける水平的分業に基づくものであった。こうした変化はカメラの電子化の進行の中で1970年代から徐々に進行してきた。とくに、デジタルカメラは電子部品が多数使われているため、部品メーカーの方が完成品メーカーより資本規模、販売力も大きいことが多く、取引の主導権が撮像素子のように部品メーカーの側にある場合もある。そのため、カメラ産業のように完成品メーカーの生産体制に合わせて部品メーカーが生産体制を整備することは必ずしもないのではないか。中小液晶ディスプレイのようにある時期から主要供給先がスマートフォンに取って代わられ、完成品メーカーの都合が通りにくくなっている。また、完成品メーカーの中には、キヤノンのように電子部品を含めて主要部品の内製化を進めたり、ソニーやパナソニックのように電子部品を製造するメーカーが参入してきたりした。

　本章では、主要部品の供給関係と部品メーカーの生産体制について各部品ごとに検証していくことを課題とする。

第1節　完成品メーカーの部品戦略

　デジタルカメラの主要部品は、交換レンズ（レンズユニット）、撮像素子

表3-1 完成品メーカーの主な内製部品

主要部品	内製部品	
	製品	メーカー名
レンズ	交換レンズ、レンズユニット、非球面レンズ	キヤノン、ニコン、ソニー、富士フイルム、オリンパス、パナソニック、リコー（ペンタックス）
撮像素子	CCD、CMOS	ソニー、キヤノン、パナソニック、富士フイルム、三洋
映像エンジン	画像処理LSI	ソニー、パナソニック、三洋
シャッター	電子シャッター	キヤノン
小型モーター	DCモーター、ステッピングモーター	キヤノン、パナソニック、三洋
電池	リチウム電池	ソニー、パナソニック、三洋
液晶ディスプレイ	中小液晶パネル	ソニー、カシオ、三洋

出所：『有価証券報告書』各社各年度、各社ホームページ、新聞各紙より作成。

（CCD・CMOSなどのイメージセンサー）、映像エンジンの3つで、これをいかに開発し、調達するのかが完成品メーカーにとって競争力を左右する。ここでは、まず完成品メーカーの部品調達戦略をみていく。

第1の型は主要部品を内製するメーカーである（表3-1参照）。この型に属するのがキヤノン、富士フイルム、ソニー、パナソニック、三洋電機であり、かつてビデオカメラを生産していたことで共通している。キヤノンは、主要部品の内製化を進めてユニット化による「ブラックボックス化」を推進した。カメラ産業では、カメラの電子化に伴い部品に占める電子部品の割合が高くなり、電子部品メーカーに供給の主導権を握られ、利益も持っていかれる状況が1970-80年代に進行した。キヤノンはフィルムカメラ時代からいち早く対応してキヤノン電子、キヤノンプレシジョンをはじめグループ会社で内製化する方針を推進してきた。デジタルカメラに移行後も、いっそう内製化路線を強化していった。デジタルコンパクトを含めた中・高級機種では、レンズ、撮像素子CMOS、映像エンジン、シャッター、小型モーターなど主要部品を内製化して自社生産を行うことでデジタルカメラの競争力を発揮して他社との差別化を図った。富士フイルムもフィルムカメラからデジタルカメラへの転換過程の中でグループの再編をしながら撮像素子、レンズなどの内製化の道を模索したが、キヤノンほど成功していない。また、電気メーカー系のソニー、パナソニック、

三洋は、ビデオカメラ生産を発展させる形で撮像素子、映像エンジン、モーター、電池、液晶ディスプレイと幅広い電子部品を自社調達できた。ただ、レンズ生産はパナソニック、ソニーも生産拠点をもっているが、キヤノン、ニコンに比べると弱い。

　第2の型は主要部品を含めた部品を外注に依存するメーカーである。この型は、巨大な設備等と多数の人員を抱える必要がなく、最適部品の選択ができ、市場の変化に対応しやすい利点がある反面、とくに撮像素子のように供給が逼迫すると調達が困難になったり、2005年ソニーのCCD不良品問題が起こると自社では対応できない事態になったりすることもある。ニコン、オリンパス、リコー（ペンタックス）など旧カメラメーカーがこの型に属する。ただ、ニコンと他メーカーとでは、販売規模、撮像素子・映像エンジンに対する開発力に歴然たる違いがあり、同一には語れない側面もある。また、ニコンはデジタルカメラメーカーであると共に半導体・液晶露光装置メーカーでもあって、ソニー、ルネサス、東芝、三洋なども「お客さん」でもあることから積極的に撮像素子の内製化に向かわなかったのかもしれない。

第2節　撮像素子、映像エンジン（画像処理LSI）など半導体メーカー

1．撮像素子メーカー

　カメラは、デジタルカメラが普及する以前の1970-90年代前半までに内部機構の電子化が進み、撮像素子、映像エンジン、手ブレ補正センサーを除いたかなりの電子部品が組み込まれていた。デジタルカメラは、さらにフィルムとその現像をカメラ内で行う電子部品が付け加わり、カメラの電子化の最終局面に位置付けられる。

　そこでまず、撮像素子であるが、ビデオカメラのCCDを援用するところから始まり、1997年にオリンパスが100万画素を超える製品[1]を発売したことから高画素化という流れでデジタルカメラ独自の撮像素子として発展していき、2008年頃から次第にCCDからCMOSに移行して2013年にはCMOSがデジ

タルコンパクトの75.8％、デジタル一眼の100％を占めるようになっていた（表3-2、3-3参照）。世界の撮像素子メーカーは、一般的に研究・開発、生産、販売という3つの経済過程を行う企業のことをいうが、一方で研究・開発がコンピューター上で行われるようになり、他方において生産設備への投資が巨額化する傾向に対応するため、研究・開発と販売の2つの過程に集中して生産という過程を行わない企業が増加してきた。もう一方で、垂直的な下請企業と異なった生産に特化した受託生産メーカーがグローバル経済の下で最適地展開を前提として登場した。こうしたグローバルな土壌の上に表3-4のように撮像素子メーカーは①研究・開発、生産、自社ブランドでの販売を行う従来型メーカー、②「ファブレス」と呼ばれる研究・開発と自社ブランド販売を行うメーカー、③生産に特化した受託生産メーカー（EMS：electronics manufacturing service、電子機器受託生産サービス）の3つの形態が存在した。

デジタルカメラのブランドメーカーはコンパクトと一眼レフでは撮像素子に

表3-2　デジタルコンパクト新製品の撮像素子

	CCD		CMOS		合　計		平均画素数
	機種	％	機種	％	機種	万画素	万画素
1996年	17	100.0	0	0	17	662	39
1997年	28	100.0	0	0	28	1,270	45
1998年	24	100.0	0	0	24	2,751	115
1999年	27	100.0	0	0	27	4,768	177
2000年	28	100.0	0	0	28	6,939	248
2001年	51	94.4	3	5.6	54	14,134	262
2002年	71	97.3	2	2.7	73	21,040	288
2003年	69	97.2	2	2.8	71	26,956	380
2004年	93	100.0	0	0	93	46,491	500
2005年	86	98.9	1	1.1	87	51,330	590
2006年	85	100.0	0	0	85	59,570	700
2007年	99	100.0	0	0	99	81,014	818
2008年	93	97.9	2	2.1	95	92,351	972
2009年	69	89.6	8	10.4	77	86,650	1,125
2010年	80	82.5	17	17.5	97	123,280	1,271
2011年	47	52.8	42	47.2	89	126,900	1,426
2012年	34	36.2	60	63.8	94	144,046	1,532
2013年	22	24.2	69	75.8	91	144,171	1,584

出所：キヤノン、ソニー、ニコン、富士フイルム、パナソニック、コニカミノルタ、ペンタックス、カシオ、リコー、京セラ、オリンパスの各社ホームページより製品・生産完了品の一覧を基に新聞各紙、ネット情報で補正して作成した。

表 3-3 デジタル一眼新製品の撮像素子

	種類				大きさ								平均画素数
	CCD		CMOS		フルサイズ		APS		フォーサーズ		その他		
	機種	%	機種	%	機種	%	機種	%	機種	%	機種	%	万画素
1995年	7	100.0	0	0.0							7	100.0	184
1996年	4	100.0	0	0.0							4	100.0	130
1997年	0	0.0	0	0.0									―
1998年	6	100.0	0	0.0							6	100.0	220
1999年	2	100.0	0	0.0			1	50.0			1	50.0	268
2000年	1	50.0	1	50.0			2	100.0					469
2001年	2	66.7	1	33.3			3	100.0					405
2002年	3	60.0	2	40.0	2	40.0	3	60.0					713
2003年	2	40.0	3	60.0			4	80.0	1	20.0			558
2004年	4	57.1	3	42.9	1	14.3	5	71.4	1	143.0			938
2005年	8	61.5	5	38.5	1	7.7	11	84.6	1	7.7			774
2006年	7	70.0	3	30.0	0	0.0	9	90.0	1	10.0			912
2007年	2	18.2	9	81.8	2	18.2	6	54.5	3	27.3			1,187
2008年	6	33.3	12	66.7	2	11.1	12	66.7	3	16.7			1,360
2009年	4	28.6	10	81.4	1	7.1	12	85.7	1	7.1			1,316
2010年	1	10.0	9	90.0	1	10.0	8	80.0	1	10.0	1	10.0	1,778
2011年	0	0.0	4	100.0	0	0.0	4	100.0					1,768
2012年	0	0.0	17	100.0	8	47.1	9	52.9					2,174
2013年	0	0.0	9	100.0	2	22.2	7	77.8					2,061

出所:表3-2と同じ。
注:1)ミラーレス一眼を除く。
 2)1990年代の「その他」は3分の1㌅などの小型のものであり、2010年はフルサイズを超える中型カメラの撮像素子である。

表 3-4 撮像素子メーカー

	開発・生産	ファブレス	受託生産メーカー
国内メーカー	ソニー、キヤノン、パナソニック、シャープ	ニコン、富士フイルム、フォビオン(シグマ)	東芝、ルネサス
海外メーカー	テレダイン・ダルサ、トルーセンス(旧コダック)、サムスン、サイプラス、	アプティナ、オムニビジョン	マイクロン、ドンブ・ハイテック

出所:筆者作成。

対する戦略が異なっていた。つまり、デジタルコンパクトは一部を除いて汎用の撮像素子を採用しているが、デジタル一眼では独自色を出すため、自社で開発・生産をともに行うか、生産を委託するが、自社開発する方式が一般的である。ソニー、キヤノン、パナソニックが開発、生産を自社で行い、自社開発の

最適化された撮像素子でデジタル一眼の性能を最大限引き出すことができる利点がある。他方、自社開発した撮像素子を半導体メーカーに生産を委託するニコン、富士フイルム、フォーサーズ・システムで提携関係にあるパナソニックから供給を受けるオリンパス、ペンタックス（HOYA、リコーイメージング）があるが、概して特注品と見てよい。この方式は、①生産設備を持たないため、巨額な設備投資から解放され、②技術的に最先端の撮像素子を採用することができ、③コストの面でも最適な撮像素子を選択できる利点があった。そして、デジタル一眼の場合、撮像素子の大きさがAPSサイズ[2]からフルサイズに移っていき、小型一眼であるミラーレス一眼にAPSサイズ、マイクロフォーサーズ、1$\frac{1}{7}$サイズの撮像素子が採用される傾向がある。

　撮像素子の取引関係をみると、当初はソニー、松下電器、シャープ、三洋電機、コダック、富士フイルムなどの撮像素子メーカーがあったが、デジタルカメラメーカーの品質、供給量の要求に応えられず、2000年代の半ばにはソニー（市場占有率40～50％程度）、松下電器（同20～40％程度）の二強に集中し、シャープ（同15％前後）は台湾OEMメーカー中心にシフトし、富士フイルムマイクロデバイス（同8％前後）は自社製品の一部製品に着装するのに留まっていた。また、コダックは本社がある米ニューヨーク州ロチェスターでCCDを生産して、1995年からキヤノンとデジタル一眼の共同開発に取り組んでCCDをキヤノンに1990年代末まで供給し、そして、2003年からオリンパスのデジタル一眼E-1向けに出荷しはじめ、2004年CCDに加えて米半導体メーカーのナショナル・セミコンダクターから画像センサー事業と同事業に関連する知的財産や機器などの資産を買収し、CMOS部門にも撮像素子事業を拡大した。そして、米IBMにCMOS技術をライセンス供与し、CMOSを生産委託する提携を行った。しかし、携帯・スマートフォン、デジタルカメラのCMOSメーカーとして成功しなかった。ライカ[3]やマミヤ、ペンタックスの規格外特注品に特化せざるを得なくなった。2012年1月コダックが経営破綻し、経営再建の中でコダックのイメージセンサー事業部門が米投資会社プラチナ・エクティ（Platinum Equity）に売却され、その傘下のトゥルーセンス・イメージング[4]となった。さらに、2014年にトゥルーセンスはオン・セミコンダクターに約9,200万㌦で買収された。

コンパクトと一眼では汎用品と特注品との違いがあり、デジタルコンパクトでは、表3-5-1のように撮像素子メーカーでもあるソニー、パナソニックはすべて自社製で、他のメーカーはソニー、パナソニック両社のどちらかを主取引先としながら、製品のランクに応じてシャープやアプティナ、自社製（キヤノン、サムスン、富士フイルム）を使っていた。ソニーを主取引とするのはキヤノン、ニコン、富士フイルム、カシオ、リコー、三洋電機、サムスンであり、パナソニックを主取引とするのはコダック、オリンパスのフォーサーズ・グループであった。また、デジタル一眼は、表3-5-2のようにキヤノン、ソニー、パナソニック、富士フイルムが内製していた。サムスンは性能面でソニーを主取

表3-5-1　撮像素子の取引状況（コンパクト）

	2007年 主取引	2007年 副取引	2008年 主取引	2008年 副取引	2009年 主取引	2009年 副取引	2010年 主取引	2010年 副取引
キヤノン	ソニー	パナソニック	ソニー	パナソニック、自社	富士フイルム	ソニー	ソニー	
ソニー	自社	―	自社	―	自社	―	自社	―
コダック	パナソニック	ソニー、シャープ	パナソニック	ソニー、シャープ	パナソニック	ソニー、シャープ	パナソニック	ソニー、シャープ
サムスン	ソニー	パナソニック、シャープ	ソニー	パナソニック、シャープ、自社	ソニー	パナソニック、シャープ	ソニー	パナソニック、シャープ
パナソニック	自社	―	自社	―	自社	―	自社	―
ニコン	ソニー	パナソニック	ソニー	パナソニック	ソニー	パナソニック	ソニー	
オリンパス	パナソニック		パナソニック		パナソニック		パナソニック	ソニー
富士フイルム				パナソニック、シャープ、自社	ソニー	パナソニック、シャープ、自社	ソニー	パナソニック、シャープ、自社
カシオ					ソニー		ソニー	
ペンタックス					ソニー、パナソニック、シャープ		ソニー、パナソニック、シャープ	
リコー					ソニー		ソニー	
三洋電機					ソニー	パナソニック、シャープ、アプティナ	ソニー	パナソニック、シャープ、アプティナ

出所：『イメージングデバイス関連市場総調査』2008-11年版、富士キメラ総研。
注：2007年キヤノンはシャープと内製品を、サムスンも内製品を一部使用している。
　　2008年キヤノンがシャープを一部使用している。

表 3-5-2　撮像素子の取引状況（一眼レフ、

	2007 年		2008 年		2009 年		2010 年	
	主取引	副取引	主取引	副取引	主取引	副取引	主取引	副取引
キヤノン	自社		自社		自社		自社	
ニコン	ソニー	ルネサス	ソニー	ルネサス	ソニー	ルネサス	ソニー	ルネサス、アプティナ
ソニー	自社		自社		自社		自社	
パナソニック	自社		自社		自社		自社	
オリンパス	パナソニック		パナソニック		パナソニック		パナソニック	
サムスン	ソニー	サムスン			ソニー、自社			ソニー、自社
ペンタックス	ソニー	サムスン		ソニー、サムスン	ソニー	サムスン	ソニー	
富士フイルム			自社		自社		自社	

出所：『イメージングデバイス関連市場総調査』2008-11 年版、富士キメラ総研及び『chipworks』で作成した。

表 3-6　ニコンデジタル一眼の撮像素子メーカー

製造元	フォーマット	機種数	カメラ名
富士フイルム	2/3″	6	E2、E2s、E2N、E2Ns、E3、E3s
ソニー	APS-C	22	D1、D1X、D1H、D100、D2H、D70、D2X、D2Hs、D70s、D50、D200、D80、D2Xs、D40、D40x、D300、D60、D90、D5000、D300s、D7000、D5100
	フルサイズ	5	D3x、D800、D800E、D600、D610
ルネサス	APS-C	2	D3100、D3200
	フルサイズ	5	D3、D700、D3s、D4、Df
東芝	APS-C	3	D5200、D7100、D5300
アプティナ	1″	10	ニコン 1V1、J1、J2、J3、V2、S1、AW1、J4、V3

出所：『chipworks』（カナダの半導体チップ解析会社チップワークス）を基本に『徒然なるままに　那和秀峻の日記のブログ』、『Imager マニア』などで補正しながら作成。

引にせざるを得ないが、ミラーレス一眼の製品ラインアップの多様化によりソニーと内製品を併用している。撮像素子を生産していないニコン、オリンパス、ペンタックスは製品ラインアップ、生産台数の違いにより三者三様である。ニコンは 1990 年代富士フイルムと共同開発したデジタル一眼では富士フイルムの撮像素子を使っていたが、1999 年独自開発の D-1 から APS-C サイズのソニー製を使うようになった。2007 年 D-3 発売以後、ソニー一辺倒の戦略から開発を自社開発、半導体メーカーとの共同開発を織り交ぜながらフルサイズは

ミラーレス一眼）

2011年		2012年		2013年	
主取引	副取引	主取引	副取引	主取引	副取引
自社		自社		自社	
ソニー	ルネサス	ソニー	ルネサス	ソニー	東芝、アプティナ
自社		自社		自社	
自社		自社		自社	
パナソニック		パナソニック	ソニー	パナソニック	
			ソニー、自社		ソニー、自社
ソニー		ソニー	コダック	ソニー	
自社		自社		自社	

ソニー、ルネサス、APSサイズはソニー、東芝、ルネサス、ミラーレス一眼「ニコン1」用1インチサイズはアプティナ[5]とを使い分ける戦略に転換した（表3-6参照）。ペンタックスは第2章で述べたようにフィリップスとの撮像素子、映像エンジンの共同開発に失敗して以来、2003年イストDからソニー製のAPS-CサイズのCCDを採用していたが、サムスンとの一眼レフ開発で提携し、2008年K20DからサムスンのAPS-CサイズのCMOSを着装するようになった。しかし、2009年6月に発売したK-7のサムスン製CMOSが①画像読み出し速度が遅く（ソニー製の2分の1から3分の1の速度）、②オートフォーカス（AF）の精度と速度に問題があり、連写速度も遅い、③色ノイズ・輝度ノイズが出やすく、とくに高感度撮影で発生しやすい画質の問題など、他社同等製品に比べ問題があると開発者たちが間接的に語っており[6]、同年10月から発売された製品からソニー製に戻った。また、オリンパスは、2003年最初のデジタル一眼E-1から2006年までコダック製CCDを採用していたが、供給が十分でなく、2006年E-330から松下電器製Live Mos[7]に切り替え、2011年までパナソニック（松下電器）製を一貫して使ってきた。しかし、2012年発売のOM-D E-M5にはソニー製Live Mosを採用してフォーカス速度が遅いパナソニックに揺さぶりをかけた[8]。

　撮像素子の生産は国内生産拠点を中心に生産している。撮像素子の生産体制

は各メーカーとも国内生産で、一部後工程を海外生産拠点で組み立てるメーカーがある程度ある（表3-7）。最大手のソニーは生産子会社ソニーセミコンダクタ九州（2011年社名をソニーセミコンダクタに変更）が生産拠点で、国内では鹿児島テクノロジーセンターでCCD前工程から後工程までの一貫生産、熊本テクノロジーセンターでCCD、CMOSの前工程から後工程までの一貫生産、長崎テクノロジーセンターでCMOS前工程を行っている。海外生産はソニーデバイステクノロジー・タイランドでCCDとCMOSの後工程を2000年代後半から始めている。2005年からCMOSの開発に力を注ぎ、2,000億円を超える設備投資を熊本テック、長崎テックに行い、それでも需用には応じきれず2010年からこの分野に進出していない富士通に一部生産を委託し、2011年3月決算期には、世界市場の占有率が金額ベースでCCDが59％で、CMOSが32％を占めるに至っている[9]。さらに、2014年3月にはルネサスエレクトロニクスから鶴岡工場（ルネサス山形セミコンダクタ）を75億円[10]で買収し、ソニーセミコンダクタ山形テクノロジーセンターとしてCMOS生産工場となった。こうして、CMOSへのシフトが撮像素子メーカー第2位のパナソニックとの差を決定的なものとした。供給先は、自社のデジタルカメラに使用するのはもちろんのこと、パナソニック、富士フイルムを除く国内外デジタルカメラメーカーに供給する最大の外販メーカーであった。CMOSについては自社とニコン、ペンタックスのデジタル一眼用に供給している。

　パナソニックは社名変更後、半導体事業も社内分社化してパナソニックセミコンダクター社が生産拠点となっており、CCD、LiveMOSの前工程を砺波工場、後工程を新井工場で分担している。2004年から砺波工場で製造されたCCD、LiveMOSの後工程をシンガポールのパナソニックセミコンダクター・アジアに100億円の設備投資を行って月産200万個の生産規模を移し、日本の撮像素子メーカー初の海外生産となった。供給先は自社が多く、ソニー、富士フイルムを除く国内外デジタルカメラメーカーに販売した。とくにLiveMOSはデジタル一眼を共同開発したオリンパスにも供給している。CMOSへのシフトが2008年砺波工場へのLiveMOS生産ラインに940億円の設備投資を行った程度でソニーの投資額の半分以下と消極的であったため、決定的な差がついてしまい、イスラエルの半導体受託生産会社タワージャズセミコンダク

表 3-7 撮像素子の生産体制

企業名	工場・子会社	設立年	備考
ソニー	ソニーセミコンダクタ鹿児島テクノロジーセンター	1973.03.	旧ソニー国分、2001-11 年ソニーセミコンダクタ九州
	ソニーセミコンダクタ熊本テクノロジーセンター	2001.10.	旧ソニー熊本
	ソニーセミコンダクタ長崎テクノロジーセンター	1987.12.	旧ソニー長崎、米フェアチャイルドより買収
	ソニーデバイステクノロジー・タイランド	1988	ハンガディ工業団地のイメージセンサー・LSI 関連の半導体工場
	ソニーセミコンダクタ山形テクノロジーセンター	2014.03.	2014 年 3 月ルネサスエレクトロニクスより買収。2015 年 4 月稼働予定
	富士通セミコンダクター三重工場		2011 年 CMOS の生産委託
パナソニック	パナソニックセミコンダクター社新井工場	1976	2014 年 4 月合弁会社パナソニック・タワージャズセミコンダクターに編成替え
	パナソニックセミコンダクター社砺波工場	1994	
	パナソニックセミコンダクター・アジア	2004.04.	パナソニック系 100%、2014 年シンガポール大手半導体メーカー UTAC へ売却予定
シャープ	IC 事業本部福山事業所	1985.02.	海外メーカー
富士フイルム	富士フイルムマイクロデバイス	1990	2006 年 3 月富士フイルムに吸収合併
	富士フイルムマイクロデバイス泉事業所	2003.06.	
	岩手東芝エレクトロニクス	1973.01.	生産委託
三洋電機	セミコンダクターカンパニー岐阜工場		
キヤノン	綾瀬事業所	1999.04.	NKK より買収
	川崎事業所	2008.07.	
ルネサスエレクトロニクス	ルネサス山形セミコンダクタ	2010.04	旧 NEC セミコンダクターズ山形、ソニーに売却
	高崎事業所		旧ルネサステクノロジ
東芝	東芝マイクロエレクトロニクス大分事業所		2010 年デジタルカメラ用 CMOS 生産開始
	岩手東芝エレクトロニクス	1973.01.	

出所：『海外進出企業総覧』各年度版、東洋経済新報社、『有価証券報告書』各社各年度、『松下電器グループの実態』アイアールシー、『ソニーグループの実態』アイアールシー、各社ホームページ、新聞各紙より作成。

ターに国内主力拠点の「北陸3工場」を売却する交渉を進めたが、まとまらず、2014年4月にタワージャズと合弁会社「パナソニック・タワージャズセミコンダクター」(出資比率：タワージャズ51％、パナソニック49％)を設立し、国内の半導体3工場(新井工場、砺波工場、魚津工場)のウエハー生産設備を移管し、工場の敷地・建物はパナソニックが賃貸する形式をとった[11]。

　シャープはIC事業本部がある福山事業所で開発を含めたCCDの一貫生産を行い、海外生産拠点は持っていない。シャープは小さなCCDが多く、デジタルカメラ用には台湾メーカーを中心に海外メーカーへの販売が大半を占めている。3社に続く、準大手に富士フイルムマイクロデバイスと三洋電機がある。富士フイルムマイクロデバイスは1990年に設立されて以来自社開発のCCDの後工程を行っており、前工程を他社に委託していた。2003年6月に米モトローラ子会社東北セミコンダクタから製造ラインを買収し、泉事業所としてスーパーCCDハニカムの前工程を行うことになり、研究・開発、生産といった撮像素子の一貫生産を内製できるようになった。しかし、外販を行わない富士フイルムはスケールメリットを要求される技術集約的な前工程を維持できず、3年を待たず、富士フイルムマイクロデバイスを2006年3月富士フイルム本体に吸収し、さらに2008年に泉事業所も操業を停止し、東芝(生産は画像関係の半導体を生産する岩手東芝エレクトロニクスで行う)に前工程を委託することとして泉事業所を村田製作所に売却した。2011年高級デジタルコンパクトX-100発売以来CMOSの開発に積極的に展開して富士フイルムの撮像素子事業は生産部門を持たないファブレスに転化した。三洋電機は群馬県邑楽郡大泉町のセミコンダクターカンパニーが生産拠点で、自社のデジタルを中心に外販も行っていたが、三洋解体の過程で消滅した。

　キヤノンはデジタル一眼に自社のCMOSを着装している。キヤノンは当初デジタル一眼にはコダック製CCDを使用していたが、キヤノンのデジタル一眼需要に対するコダックの供給が応じきれなく、価格も思うようにならず、技術的にも不具合などの障害があることから他社からのCCD供給を放棄してCMOSを内製することに決めた。1999年に鉄鋼大手NKKから半導体事業を買収して綾瀬事業所でCMOSの研究・開発と一貫生産を開始し、その生産能力は年間300万個程度あったが、デジタル一眼の普及に伴って2008年7月に

川崎事業所内に開発機能を備えた新工場を建設して増強した。従来、デジタルコンパクトには他社のCCD、CMOSを採用してきたが、デジタルコンパクトも高級機種が2000年代後半に加わってきたことから自社製CMOSも使い始めた。

また、交換レンズメーカーのシグマが2000年にCMOSを製造する米撮像素子メーカー「フォビオン」と業務提携し、2002年10月には初のデジタル一眼レフシグマSD9を発売した。そして、2008年11月にフォビオンを完全子会社化した。フォビオンは、1997年カリフォルニア州サンノゼに設立され、3層構造の独特な撮像素子を採用している撮像素子メーカーである。ただ、撮像素子の開発を行っているが、生産設備は持っておらず、生産は韓国の半導体受託生産専門会社ドンブ・ハイテック（Dongbu HiTec）[12]に委託していた。

ニコンのAPS-CのCMOSセンサーの供給や富士フイルムのCCD、CMOSの生産委託を行っている東芝が携帯・スマートフォン用CMOSでの実績を踏まえてのデジタルカメラ用CMOSメーカーとしても今後台頭してくることが注目される。

2．映像エンジンメーカー

次に、映像エンジン（画像処理LSI）[13]をみてみよう（表3-8参照）。映像エンジンは2000年代前半まではデジタルカメラメーカーに開発能力が充分備わっていなかったため、半導体メーカーに開発、生産を依存していた。そのため、NECエレクトロニクス[14]がキヤノンを中心に富士フイルムにも、ルネサステクノロジがニコン、カシオ、富士フイルムに、川崎マイクロエレクトロニクス[15]が三洋電機に、東芝が富士フイルムに、日本テキサス・インスツルメンツがコダックに、富士通セミコンダクターがソニーに供給している。その他、シャープが台湾メーカーに、アメリカのゾランがペンタックス、コダック、サムスン、台湾メーカーに供給していた。半導体部門を持っていたソニー、パナソニックは当然自社で開発、生産をしていた。三洋電機は映像エンジンを2003年には1,700万個生産し、国内シェア13.6%を占めていたが、すべてカメラ付携帯用のものであって、デジタルカメラ用は生産していなかった。

2000年代後半になると、デジタル一眼の需要が高まるに従ってデジタルカ

表 3-8 映像エンジンの占有率

(単位：％、万台)

	2005年	2010年 コンパクト	2010年 一眼レフ
ソニー		16.8	11.4
キヤノン		15.2	37.9
パナソニック	8.6	7.0	5.2
サムスン		2.1	3.0
ゾラン	10.2	29.3	0.0
富士通	19.3	8.1	0.0
ルネサス	25.0	6.6	0.0
ニコン		3.1	31.8
シャープ	0.9		
東芝	9.7		
テキサス・インスツルメンツ	8.5		
川崎マイクロエレクトロニクス	5.7		
その他	12.0	11.8	10.8
合計	8,800	13,650	1,320

出所：『光産業予測便覧』2007年版、光産業技術振興協会、『イメージングデバイス関連市場総調査』2011年版、富士キメラ総研より作成。
注：2010年のパナソニック一眼レフの数値には疑念がある。

メラメーカーの自社開発が多くなっていった。映像エンジンも撮像素子と同様にコンパクトと一眼レフでは異なった供給関係となった。デジタル一眼の映像エンジンはボディの販売占有率に比例していることから自社開発になっていることがわかる。ただ、生産となると、半導体製造設備の関係もあり、半導体メーカーが行っていることが多かった。自社開発も共同開発から始まり、次第にデジタルカメラメーカーが行うことが多くなった。自社開発が多くなると、デジタルカメラメーカーは独自性を強調するために、デジック（キヤノン）、エクスピード（ニコン）、ビオンズ（ソニー）、トゥルーピック（オリンパス）、プライム（ペンタックス）というようにそれぞれ自社の映像エンジンに名前を付けて他社との差別化を図っている。また、開発技術者を多く抱えられない下位メーカーは映像エンジンメーカーに依存する度合いが大きかった。また、デジタルコンパクトは、機種のランクによって映像エンジンの供給が異なる。高級コンパクトの場合はデジタル一眼同様の自社開発の映像エンジンを使うことが多いが、中級機は映像エンジンメーカーから供給を受けるか、OEMしてい

る台湾メーカーに富士通やパナソニック、自社製映像エンジンを支給するかしている。低価格機の場合は、台湾メーカーのODMが多く、ゾラン製映像エンジンが使われる。ゾランがデジタルコンパクトの映像エンジンで30%近く占有率をもつのはそのためである。

次に、映像エンジンの取引関係を表3-9でみると、自社開発しているのは、

表3-9 映像エンジンの取引状況

	名称	2005年	2009年 主取引	2009年 副取引	2010年 主取引	2010年 副取引	備考
キヤノン	デジック	NECエレクトロニクス	自社	富士通	自社		1999年自社開発開始、2002年デジックと名付ける。
ニコン	エクスピード	ルネサス	自社、富士通		自社、富士通		2004年自社開発開始
ソニー	ビオンズ	自社、富士通	自社	富士通			
コダック		ゾラン、テキサス・インスツルメンツ	自社	ゾラン、富士通	自社	ゾラン、富士通	
サムスン		ゾラン	自社	ゾラン、富士通	ゾラン	自社	
オリンパス	トゥルーピック		自社、パナソニック		自社、パナソニック		
パナソニック	ヴィーナスエンジン	自社	自社		自社		
富士フイルム	リアルフォトエンジン	NECエレクトロニクス、東芝、ルネサス	自社	富士通	自社	富士通	
カシオ	エクシリムエンジン	ルネサス					
三洋電機	プラチナエンジン	川崎マイクロエレクトロニクス					
ペンタックス	プライム	ゾラン					
台湾メーカー		ゾラン、シャープ					

出所：『カメラ総市場の現状と将来展望』富士経済、2006年。
『イメージングデバイス関連市場総調査』2010-11年版、富士キメラ総研。

パナソニックをはじめ、6社（コダック、サムスンを含めて8社）あるが、すべて自社開発しているのはパナソニック（ソニーもかなり近い）のみで、主取引を自社というのがキヤノン、コダック、富士フイルム3社であった。開発と生産をすべて行っているのは、パナソニックとソニーのみであって、カメラメーカー系のキヤノン、ニコン、オリンパスの自社製というのは開発のみで生産は半導体メーカーに委託する形態をとっていた。富士フイルムは、ゾランと提携して生産子会社富士フイルムマイクロデバイスで開発、生産を行っていたが、2006年リストラに際して富士フイルム本体に吸収合併し、開発に特化して、生産は東芝に委託し、東芝マイクロエレクトロニクス大分事業所で生産されている。

映像エンジンメーカーとしては富士通の存在が大きい。キヤノン、富士フイルムが副取引で使い、ニコンは2009年7月にデジタルカメラのソフト開発を強化するため、富士通と合弁で「ニコンイメージングシステムズ」[16]を設立し、共同開発に近い形で取引していた。オリンパスもパナソニックとニコンにおける富士通と同じような関係にある。

映像エンジンの取引は競争相手以外にはすべて供給する体制を採っている撮像素子と異なって、特定メーカーへの集中が少なく、シェアも数％から十数％に分散している。各社の生産体制は表3-10のように一部を除いて国内生産拠点で生産しており、アメリカ半導体メーカー「テキサス・インスツルメンツ」が茨城県美浦工場で生産していた。富士通は本体で生産していたが、2008年3月LSI事業を分社化して「富士通マイクロエレクトロニクス」を設立し、三重工場は生産子会社に移り、2010年に社名も「富士通セミコンダクター」に改称した。三重工場は2012年に売却を決定して半導体受託生産専門会社「台湾積体電路製造（TSMC）」と交渉したが、不調に終わっている。そして、2014年7月になって台湾半導体受託生産会社「聯華電子（UMC：ユナイテッド・マイクロエレクトロニクス・コーポレーション）」に段階的過程を経て完了する方式で売却することで合意した。川崎製鉄LSI事業部から出発した川崎マイクロエレクトロニクスは2010年3月宇都宮工場を閉鎖して台湾・聯華電子グループのファイブユーエムシーに生産委託している。ファイブユーエムシーは千葉県館山市にベアリングメーカーのミネベアが設立した半導体メーカーで、

表3-10 映像エンジンの生産体制

企業名	工場・子会社	設立年	備考
ルネサスエレクトロニクス	ルネサス山形セミコンダクタ	2010.04.	旧NECエレクトロニクス（2002月11月設立）、2014年3月ソニーに売却
	高崎事業所	2010.04.	旧ルネサステクノロジ（2003年4月設立）
川崎マイクロエレクトロニクス	宇都宮工場	2001.07.	2010年3月閉鎖、2013年4月メガチップスに経営統合
	台湾聯華電子グループのファブユーエムシー	1980	1998年新日鉄セミコンダクターから買収、2001年社名改称
シャープ	IC事業本部福山事業所	1985.02.	
ソニー	ソニーセミコンダクタ大分テクノロジーセンター	1984.05.	旧ソニー大分
東芝	東芝マイクロエレクトロニクス大分事業所	1984.04.	
	岩手東芝エレクトロニクス	1973.01.	
テキサス・インスツルメンツ	日本テキサス・インスツルメンツ美浦工場	1980	
パナソニック	パナソニックセミコンダクター社新井工場		2014年4月合弁会社パナソニック・タワージャズセミコンダクターに編成替え
富士通セミコンダクター	三重工場	1986	2008年3月富士通LSI事業を分社し、富士通マイクロエレクトロニクスを設立。2010年4月改称
富士フイルム	富士フイルムマイクロデバイス	1990	2006年富士フイルムに吸収合併
メガチップス	メガチップスLSIソリューションズ	1990.04	2007年4月メガチップスLSIソリューションズを吸収統合

出所：表3-7と同じ。

新日鉄が買収して新日鉄セミコンダクターになり、さらに聯華電子グループに売却したものである。東芝は、生産子会社東芝マイクロエレクトロニクス大分事業所で生産している。

3．手ぶれ補正センサー（ジャイロセンサー）メーカー

さらに、手ぶれ補正センサー（ジャイロセンサー）についてみると、市場は村田製作所が9割以上を占める独占状態であった。自社用に僅かに製造するソ

表3-11 手ぶれ補正センサーの生産体制

企業名	工場・子会社	設立年	備考
村田製作所	金沢村田製作所本社 金沢事業所	1984.08.	
	金沢村田製作所仙台工場	2008.07.	2006年富士フイルムより購入
ソニー			フォトニックデバイス&モジュール事業本部
パナソニック	パナソニックエレクトロニックデバイス	1976.02.	旧松下電子部品、2012年4月パナソニックに吸収合併
エプソントヨコム		1949.11.	旧東洋通信機、2005年開発、参入。2013年4月宮崎エプソンに改称。
NECトーキン	本社工場	1938.04.	1988年東北金属工業より改称
富士通メディアデバイス	須坂事業所	1998.10.	2010年9月会社解散

出所：表3-7と同じ。

ニーとパナソニック、エプソントヨコムとNECトーキンが残りを分けあっていた。村田製作所は、富士フイルムとカシオを除くすべてのデジタルカメラメーカーに供給していた。エプソントヨコムとNECトーキンはニコンに提供していた。パナソニックは子会社で生産して自社以外にリコーに販売していた（表3-11）。

第3節　レンズメーカー

カメラがフィルムカメラからデジタルカメラに移行することによってレンズ業界もいろいろ変化を求められていった。その中でも製品の質の問題が大きかった。デジタルカメラのレンズには、従来の球面レンズに比べていろいろな収差を補正することができる利点から非球面レンズが多用されるようになった。とくに、大口径レンズにおける球面収差や超広角レンズやズームレンズにおける歪曲収差を小さくする効果がある。また、撮像素子が高画素化することで研磨によってできる超微細な傷を撮し込んでしまうため、コーティングで補正するなど技術に高度化していった。

第3章 主要部品メーカーの供給関係とその生産体制

1. 光学ガラスメーカー

　レンズは、ガラスレンズの場合、光学ガラス、光学レンズ、交換レンズ・レンズユニットの3つの生産工程に分かれる。光学ガラスは、いろいろな硝材を炉での熔融を繰返して、高均質度にしたガラスで、HOYA、オハラ、住田光学、光ガラスの4社が生産している。主要供給先は、ニコン完全子会社の光ガラスを除く3社が光学レンズメーカーをはじめ、デジタルカメラメーカーのキヤノン、ニコン、ソニー、オリンパス、パナソニック、ペンタックス、レンズ

表3-12　光学ガラスの生産体制

企業名	工場・子会社	設立年	出資形態	主要取引先
HOYA	昭島工場（オプティクス事業本部）	1960.11.	—	キヤノン、ソニー、オリンパス、ペンタックス、パナソニック、シグマ、ニコン、タムロン
	HOYA・オプティクス・タイランド	1991.02.	HOYA・ホールディングス・アジア100％	
	豪雅光電科技（蘇州）	2003.05.	HOYA100％	
オハラ	本社工場	1944.02.		キヤノン、ソニー、オリンパス、ペンタックス、パナソニック、シグマ、ニコン、タムロン、サムスン
	オービーシー	1987.05.		
	オービーシー山梨工場			
	足柄光学	1962.10.	オハラ100％	
	台湾オハラ・オプティカル	1987.02.	佳能工業と合弁（オハラ52％，現86％）	
	オハラ・オプティカル・マレーシア	1991.10.	オハラ100％出資	
	小原光学（中山）	2000.11.	オハラ100％出資	
住田光学	浦和工場	1953		パナソニック、富士フイルム、キヤノン、ニコン、ペンタックス、オリンパス
	田島田部原工場	1979		
	田島長野工場	1985		
	スミタフォトニクス南郷工場	1984	住田光学ガラスの100％	
光ガラス	本社・四街道工場	1962.09.	ニコンの100％子会社	ニコン、富士フイルム、リコー、タムロン
	秋田事業所・製造工場	1975.04.		
	秋田事業所・加工工場	1977.04.		
	光硝子（常州）	2002.10.		

出所：『海外進出企業総覧』各年度版、東洋経済新報社、『有価証券報告書』各社各年度、新聞各紙より作成。

メーカーのタムロン、シグマと万遍なく、供給していることで共通していた。ただ、光ガラスはニコンを除くと、下位メーカーの富士フイルム、リコー、レンズメーカーのタムロンに供給していた。生産体制は、1985年の第3次円高の影響でHOYAとオハラが台湾、マレーシア、タイに進出し、2000年代にHOYA、オハラ、光ガラスが中国に進出し、30-40％が海外拠点で生産されているとみられる（表3-12参照）。

2．光学レンズメーカー

光学レンズメーカーは光学ガラスを研磨やコーティングなどの加工を行って「レンズの玉」をつくるメーカーのことであるが、交換レンズ、レンズユニットのメーカーとの区別をつけにくい。デジタルカメラメーカーの交換レンズ、レンズユニット工場や交換レンズ、レンズユニットメーカーでも、レンズの玉を生産する工程をもっているところもあり、レンズの玉を生産するメーカーも交換レンズの組立を行っているところもある。レンズ製造の内、表3-13のメーカーは光学ガラスを研磨して芯取りしてコーティングを行い、レンズの玉を生産するメーカーである。デジタルカメラメーカー、レンズメーカーに玉を納め、場合によっては交換レンズやレンズユニットに組み立てて納入する。こうしたメーカーは日本のキヤノン、ニコン、コニカミノルタ、富士フイルム、ソニー、パナソニック、三洋電機、アメリカのコダック、台湾のアルテック、亜洲光学、シンガポールのフレクストロニクス（現AOFイメージング）などのデジタルカメラメーカー、シグマ、タムロンのレンズ専業メーカー、レンズユニットの日東光学、日本電産コパルにも納入している。

これらのメーカーは、光学ガラスやレンズユニット、交換レンズメーカーより資本規模が小さく、1990年代カメラ産業が海外に生産拠点を移した際も国内に留まり、他のカメラ部品メーカーが転廃業や生産物の供給先を変更したりしたが、従前通りレンズを生産しつづけた。海外生産拠点も小堀製作所の「成富源小堀電光」（山東省威海市）河野光学の成都中和河野光電（四川省成都市）、聯一光學（広東省東莞市）を除いてすべて国内生産拠点である。

また、非球面レンズは、2001年489万個、2年4,580万個、3年7,100万個、4年1億560万個とデジタルカメラの生産が急拡大するのに従って急成長

表3-13 光学レンズの生産体制

企業名	工場・子会社	設立年	供給先	備考
三共光学	仙南工場	1967	オリンパス、キヤノン、栃木ニコン、ニコン、パナソニック、リコー光学	旧秋南光学、2002年吸収合併
	太田工場	1984		
	大森工場	1970		旧大森精器、2002年吸収合併
	仙北工場	1973		
小堀製作所	山形事業所 大江工場	1971.09.	コニカミノルタ、タムロン、ニコン、栃木ニコン他	
	山形事業所 西川工場	1977.10.		
	山形事業所 谷地工場	1979.03.		
	岩瀬工場	1961.09.		
	成富源小堀電光	2002.11.		中国山東省威海市栄成市
	丸敬産業			小堀製作所本社内、バングラデシュPrecision社へ委託加工
岩田光学工業	秋田工場	1973.03.	キヤノン、コニカミノルタ、リコー光学、タムロン、フジノン	
河野光学レンズ	秋田工場	1967.11.		海外生産拠点として合弁で「成都中和河野光電」（成都市）と「聯一光學」（東莞）がある。
タムロン	浪岡工場	1984.02.	タムロン弘前工場	
トーヨーオプトデバイス	本社工場（岸和田市）	1960	ソニー、コニカミノルタ、富士フイルム	
旭硝子	AGCマイクロガラス本社（諸岡工場）	2006		旧松島光コンポーネント買収、旭硝子100%
	AGCマイクロガラス仲畑工場	2006		
	AGCマイクロガラス・タイランド・ランプーン工場	2012		

出所：『海外進出企業総覧』各年度版、東洋経済新報社、新聞各紙より作成。

していった[17]。その生産工程はレンズをつくる前工程を光学ガラスのHOYA、オハラ、住田、光ガラスが行い、後工程を交換レンズ、レンズユニットメーカーのキヤノン、ニコン、オリンパス、ソニー、パナソニック、タムロン、シグマなどが行っている。後工程における実際の生産はここに挙げたレンズメーカーなどに外注していた。京セラオプテックは2005年京セラがデジタルカメラから撤退以後交換レンズ、レンズユニットから主力商品を非球面レンズに転換した。旭硝子の完全子会社AGCマイクロガラスやトーヨーオプトデバイスは非球面レンズの製造メーカーである。

3. レンズユニット、交換レンズメーカー

デジタルカメラ用レンズは、コンパクトでは、最終部品のレンズユニット、一眼レフでは、完成品の交換レンズに分けられる。まず、レンズユニットについてみると、世界生産量は2004年9,670万個、6年1億400万個、8年1億

表3-14 レンズユニットの各社生産量

	2004年		2006年		2008年		2010年	
	万個	%	万個	%	万個	%	万個	%
キヤノン	1,650	17.1	2,000	19.2	2,300	17.3	2,280	16.0
ソニー			710	6.8	800	6.0	1,700	11.9
オリンパス	770	8.0	1,300	12.5	1,700	12.8	960	6.7
ペンタックス			420	4.0	850	6.4	1,250	8.7
日東光学			600	5.8	1,600	12.0	1,000	7.0
パナソニック			750	7.2	950	7.1	750	5.2
タムロン	950	9.8	710	6.8	800	6.0	400	2.8
富士フイルム					250	1.9	530	3.7
コニカミノルタオプト							350	2.5
鴻海精密	750	7.8	1,000	9.6	1,000	7.5	150	1.0
サムスン			820	7.9	1,300	9.8	1,200	8.4
亜洲光学							401	2.8
その他	5,550	57.4	2,090	20.1	1,770	13.3	3,319	23.2
合計	9,670		10,400		13,320		14,290	

出所:『光産業予測便覧』2005、7年版、光学産業技術振興協会、『イメージングデバイス関連市場総調査』2009、11年版、富士キメラ総研。

注:1) 2004年の鴻海精密はプレミアである。
　　2) 2008年の富士フイルムはフジノンである。
　　3) その他の内訳:2004年ペンタックス、日本電産コパル、ソニー、コニカミノルタオプト、2008年コニカミノルタオプト、ニコン、フジノン、亜洲光学、チノンテック。

第3章　主要部品メーカーの供給関係とその生産体制

3,320万個、10年1億4,290万個と拡大しつづけている（表3-14参照）。デジタルコンパクトを自社生産している比率の高いキヤノン、ソニー、オリンパス、パナソニックはレンズユニットも自社用を中心に生産している。キヤノンは2,000万個程度生産し、17％前後を占有して世界トップの位置を占めていた。ソニーを中心に若干外販も行い、2010年には、コダック、サムスンにも供給し、そのため、2008年の800万個から2010年1,700万個に生産量が倍増した。オリンパスはニコン、カシオを中心にペンタックス、リコーにも外販して770-1,700万個を生産していた。ペンタックスは自社用部品として生産することよりレンズユニット供給メーカーとしてサムスン、富士フイルム、ニコン、カシオに販売する方が多かった。日東光学、コニカミノルタオプト、京セラオプテック、タムロンはレンズユニット（交換レンズ）メーカーで、タムロン以外の3社はフィルムカメラ時代はカメラ製造を行っていたが、現在はレンズメーカーに転換していた。日東光学はコダック子会社のチノンとの関係で、コダックを主取引にして富士フイルム、三洋電機にも供給し、コダックが自社生産撤退以後はサムスンを主取引としていた。タムロンはレンズメーカーであり、ソニーとの関係が強く、ソニーを中心に三洋にも外販していた。シャッターメーカーの日本電産コパルは、デジタルカメラと関係が深く、モーターの製造、デジタルカメラの組立なども行い、レンズユニットは部材を調達して組立のみを行っているとみられる。15％のシェアを占める外国メーカーは、サムスン、鴻海精密、亜洲光学があり、サムスンは自社用部品として使われ、鴻海精密と亜洲光学はデジタルカメラのODM生産の中で自社製レンズユニットとして使う。亜洲の場合、リコーのOEM製品に採用されていた（表3-15参照）。

次に、交換レンズをみると（表3-16参照）、デジタル一眼メーカーは自社製品で手一杯であり、レンズメーカーのタムロン、シグマ、トキナーがデジタルカメラメーカーと自社製品用に生産している。そして、タムロンがニコン、ソニー、サムスンに、トキナーがペンタックスに、シグマがオリンパスに各社ブランドの交換レンズを納入していた。コニカミノルタオプトはコニカミノルタがデジタルカメラ事業から撤退後、レンズユニットと共に交換レンズもニコン、ソニーから委託を受けてデジタル一眼ボディとセット販売されるキッドレンズを中心に生産していた。

表 3-15　レンズユニットの取引関係

	2007年		2008年		2009年		2010年	
	主取引	副取引	主取引	副取引	主取引	副取引	主取引	副取引
キヤノン	自社	ソニー	自社	ソニー	自社	ソニー、富士フイルム	自社	ソニー
ソニー	自社		自社		自社		自社、コダック	サムスン
パナソニック	自社		自社		自社		自社	
オリンパス	自社	ニコン	自社	ニコン	自社	ニコン、カシオ、ペンタックス	自社	カシオ、ペンタックス、リコー
ペンタックス						サムスン、富士フイルム、ニコン、カシオ	ニコン	自社、サムスン、富士フイルム、オリンパス、カシオ
ニコン	自社				自社、オリンパス		自社	
富士フイルム			自社	ニコン	自社	ニコン	自社	ニコン
日東光学	コダック		コダック		コダック	富士フイルム、三洋	サムスン	
タムロン		ソニー		ソニー		ソニー、三洋		ソニー
日本電産コパル						コダック、パナソニック、ニコン		コダック、カシオ
コニカミノルタオプト						コダック、オリンパス富士フイルム、カシオ		ニコン、コダック、サムスン、オリンパス富士フイルム、カシオ
サムスン	自社		自社		自社		自社	
鴻海精密	自社	ソニー、オリンパス	自社	ソニー、オリンパス	自社	ソニー、三洋	自社	パナソニック、オリンパス
亜洲光学						リコー	コダック	コダック、リコー

出所：『イメージングデバイス関連市場総調査』2008-11年版、富士キメラ総研。

表3-16　交換レンズの取引関係（2010年）

	主取引	副取引
キヤノン	自社	
ニコン	自社	
シグマ	自社	オリンパス
ソニー	自社	
パナソニック	自社	
ペンタックス	自社	
オリンパス	自社	
タムロン	自社	ニコン、ソニー、サムスン
サムスン	自社	
トキナー	自社	ペンタックス
コニカミノルタオプト	OEM	ニコン、ソニー
その他		キヤノン、ニコン、オリンパス、タムロン

出所：『イメージングデバイス関連市場総調査』2011年版、富士キメラ総研。

　レンズユニット、交換レンズの生産体制に移ると、デジタルカメラメーカーのレンズ生産はキヤノンが高級機種を宇都宮事業所、中級レンズを大分キヤノン、台湾キヤノン、レンズユニットをキヤノンオプト・マレーシアに加えて、国内外の部品供給メーカーから調達している。ニコンは交換レンズについて高級機種を栃木ニコン、その他をニコン・タイランド、コニカミノルタオプト、タムロンなど国内外のレンズメーカーに委託し、レンズユニットはオリンパス、富士フイルム、日本電産コパル、コニカミノルタなど部品供給メーカーから調達している。ソニーは、レンズユニット、交換レンズの国内拠点を従来ソニーEMCS小見川テックで組み立てていたが、その後2009年同工場閉鎖後、東海テック美濃加茂サイトに移し、さらに2013年美濃加茂サイトも閉鎖され、現在デジタルカメラ工場である幸田サイトに集約されている。海外生産拠点では、2000年代後半まで上海索広電子（Shanghai Suoguang Electronics）、索尼数字産品無錫（ソニー・デジタルプロダクツ無錫）の中国2ヵ所と旧コニカミノルタ・マレーシアで生産していたが、その後中国はソニー・デジタルプロダクツ無錫に絞り、東南アジアは2009年マレーシアからソニー・テクノロジー・タイランドアユタヤ工場に移した。しかし、2011年のタイ洪水でアユタヤ工場が浸水してチョンブリ工場に再度移転した。ソニーの場合、リストラとの関係で労働集約的なレンズ組立工程は国内外の生産拠点とも格好の対象となり、めまぐ

るしい移転をしていた。富士フイルムは従来レンズ関係を生産子会社富士写真光機（現フジノン）が受け持っていたが、2010年の構造改革の結果、デジタルカメラ関係がすべて事業が富士フイルムに移り、フジノンの子会社「フジノン水戸」と「フジノン佐野」を合併させ、「富士フイルム・オプティクス」とし、さらに、2011年富士フイルム光学デバイス事業部の生産機能を統合し、2014年富士フイルムデジタルテクノも吸収合併した。これによってデジタルカメラの生産機能を受け持つ生産子会社となった。富士フイルムの光学レンズ工場は、国内に富士フイルム・オプティクスの水戸工場、盛金工場、佐野工場の3拠点、中国で富士膠片（天津）光電（富士オプト・エレクトロニクス天津）、富士膠片（深圳）光電（富士オプト・エレクトロニクス深圳）の2ヵ所に生産拠点がある。注目すべきは、高級デジタルコンパクトやミラーレス一眼事業の展開との関係でレンズの新たな生産拠点をフィリピンに2012年に「富士フイルム・オプティクス・フィリピン」を設立し、2013年7月から操業を行っていることである。

　海外生産拠点に大半を移しているのがオリンパスとペンタックスである。オリンパスは、レンズユニットを一部辰野事業所で生産しているが、交換レンズは中国とベトナムで生産し、レンズユニットも主力は中国であった。ペンタックスは交換レンズを台湾ペンタックスとペンタックス・ベトナムで生産していたが、2004年台湾ペンタックスを台湾光学メーカーの「保勝光学（バタックス・プレシジョン・オプティクス）」に売却したため、ベトナム1ヵ所になった。レンズユニットの生産拠点を2005年バタックスと合弁で広東省広州市に「ペンタックス・バタックス・オプトメカトロニクス広州」を設立して携帯用、デジタルカメラ用を生産していたが、2008年HOYAに吸収合併されてペンタックス事業のリストラの一環として2009年解散した。

　次に、交換レンズ、レンズユニットメーカーについてみると、交換レンズは完成品であるため、ブランド名がつくが、レンズユニットは部品なので、ノーブランドである[18]。交換レンズメーカーはデジタルカメラメーカーとレンズ専業メーカーに分かれ、2011年の世界市場[19]はキヤノン38％とニコン26％の2社でほぼ3分の2を占め、残りのデジタルカメラメーカー5社（ソニー8％、ペンタックス5％、オリンパス3％、パナソニック2％、サムスン1％）で20％に

第3章　主要部品メーカーの供給関係とその生産体制

なった。他方、専業レンズメーカーはタムロン10%、シグマ6%と自社ブランドで16%を占めていた。専業メーカーの内、自社ブランドをもっているのはシグマ、タムロン、ケンコー・トキナー、コシナの4社で、コニカミノルタはOEMメーカーであった。デジタルカメラの交換レンズ市場は、撮像素子の高画素化がレンズへの性能要求を高め、モーターや手ぶれ補正など電子部品の装着といったことで参入障壁が拡がり、デジタルカメラメーカーの純正品が圧倒的位置を占め、とくに1%のサムスンを除けばすべて日本メーカーで、その存在感はフィルム時代より高まっていた。同様に専業メーカーでもタムロン、シグマが参入障壁を乗り越えてこの2社に集中していった。世界のレンズ業界では、マニュアルレンズメーカーはデジタル一眼に本格的に対応できず、他方台湾レンズメーカー大手8社のうち、亜洲光学、大根精密光学（ラーガン・オプティカル）、今国光学工業（キンコー・オプティカル）、佳凌科技（カラン・テクノロジー）、聯一光学（ユニーク・オプティカル・インダストリアル）、玉晶光電（ジーニアス・エレクトロニック・オプティカル）、揚明光学（ヤング・オプティクス）は携帯・スマートフォン用レンズやレンズユニットのメーカーである。交換レンズを造っているのはキンコー、カラン、ユニークの3社だけであり、3社とも台湾キヤノンへの納入品であってブランド品として市場参入できていなかった[20]。シグマは①1994-95年の第4次円高に際して海外進出を行わず、日本でのみ生産するという経営判断を行い、②OEM品を最低限にとどめて自社ブランドの交換レンズ中心にデジタルカメラも含めて「高付加価値、高性能の製品を軸に」した路線を展開しており[21]、そのため、レンズユニットを大規模に手がけておらず、海外生産を行うことなく、会津工場での自社一貫生産をしていた。それに対して、タムロンは交換レンズを青森県の弘前・浪岡両工場で生産し、海外拠点のタムロン光学仏山はレンズユニット中心である。2012年第2の海外生産拠点「タムロン・オプティカル・ベトナム」を設立した。ケンコー・トキナーはトキナー時代に町田、相模原、長野に生産拠点をもっていたが、現在同社HPには生産事業所の所在は記されていない。

また、日東光学、日本電産コパル、チノンテック（現SUWAオプトロニクス）はレンズユニット専業である。日東光学、チノンテック、日本電産コパルは表3-17のようにインドネシア、中国、タイの海外拠点で生産している。コ

表3-17 レンズユニット・交換レンズの生産体制

企業名	工場・子会社	操業年	資本形態	備考
キヤノン	宇都宮事業所		―	自社、旧栃木キヤノン、高級レンズ
	大分キヤノン		キヤノン100%	中級レンズ
	台湾キヤノン	1970.06.	キヤノン100%	2008年デジタルカメラ用レンズに特化した生産拠点、海外交換レンズ拠点
	キヤノン・オプト・マレーシア	1988.11.	キヤノン100%	レンズユニット、交換レンズ
ニコン	栃木ニコン	1963	ニコン100%	旧桜電子工業、高級交換レンズ
	ニコン・タイランド	1990.10.	ニコン100%	中級・低価格交換レンズ
パナソニック	山形工場	1986	―	自社
富士フイルム	富士フイルム・オプティクス水戸工場	1968.03.	富士フイルム100%	旧水戸富士光機、2004年フジノン水戸と改称、2010年フジノン佐野と合併して富士オプティクスとなる。
	富士フイルム・オプティクス盛金工場	1970.05.		
	富士フイルム・オプティクス佐野工場	1965		旧佐野光機、2004年フジノン佐野と改称
	富士オプト・エレクトロニクス天津	1994.11.	富士フイルム95%	旧富士能光学
	富士オプト・エレクトロニクス深圳	2001.09.	富士フイルム100%	
	富士フイルム・オプティクス・フィリピン	2013.07.	富士フイルム100%	マニラ南部ラグナ州カーメルレイ工業団地
コニカミノルタ	コニカミノルタオプトデバイス	1940.10.	コニカミノルタ100%	旧南海光学とミノルタ狭山事業所、2007年10月コニカミノルタオプトデバイスに変更
	コニカミノルタオプトプロダクト			旧山梨コニカ、2005年レンズユニットを大連に移管。
	コニカミノルタオプト（上海）	1994.04.		旧ミノルタ
	コニカミノルタオプト（大連）	1994.04.		旧コニカ大連
京セラオプテック	本社工場	1949		2005年交換レンズ部門から撤退
	千ヶ瀬工場	2001		
	中国石龍工場	2001		

企業名	工場・子会社	操業年	資本形態	備考
オリンパス	オリンパスオプトテクノロジー辰野事業所			
	オリンパス・ベトナム	2008.10.	オリンパス100%	
ソニー	ソニーEMCS小見川テック		ソニー100%	旧ソニーコンポーネント千葉、2009年12月末閉鎖
	ソニーEMCS東海テック美濃加茂サイト	1980		旧ソニー美濃加茂、2001年ソニーEMCSへ改組、13年閉鎖
	ソニー・デジタルプロダクツ無錫	2001.04.	ソニー中国100%	
	ソニー・テクノロジー・タイランドチョンブリ工場	2012	ソニー100%	
ペンタックス	ペンタックス・ベトナム	1995.05.		2013年リコーイメージング・プロダクツ・ベトナムと改称
	台湾旭光学	1975.07.	ペンタックス100%	2004年1月バタックス・プレシジョン・オプティクスに売却
	ペンタックス・バタックス・オプトメカトロニクス広州	2003.12.	ペンタックス60%、バタックス40%	2003年5月設立、09年3月解散
シグマ	会津工場	1973		
タムロン	弘前工場	1969.05.	—	
	タムロン光学仏山	1998.01.	タムロン100%	
	タムロン・オプティカル・ベトナム	2012.05.	タムロン100%	
ケンコー・トキナー	不明	1950		2011年6月ケンコーと合併し、現社名となる。
コシナ	七瀬事業所	1980.03.		旧飯山コシナ七瀬工場、ソニー・キヤノン・ニコン・ミノルタ・京セラ・三協へ納入、ツァイスレンズ製造
チノンテック	辰野工場	1997		2009年10月エルモ傘下入り、SUWAオプトロニクスと改称
	智能泰克塑膠（香港）（CPL）	2001.09.	台湾・新勤国際（20%）出資	
	蘇州チノンテック	2002.05.	チノンテック100%	
	東莞旭進電	2008.11.	チノンテック100%	

企業名	工場・子会社	操業年	資本形態	備考
日東光学	日東プレシジョン・インドネシア	1995	合弁、2002年現地企業撤退、08年完全子会社化	
	日東バタン	2012		
日本電産コパル	ニデック・コパル・タイランド	2000.04.	日本電産コパル100%	
	日本電産科宝（浙江）	2002.04.		

出所：表3-7と同じ。

シナは、硝材から光学ガラスを造り、光学レンズに加工して交換レンズに組み立てる一貫生産を行っている唯一のレンズメーカーで、ツァイスが発売する交換レンズの生産メーカーである。また、自社ブランドのマニュアル交換レンズも生産販売している。

　以上のようにレンズメーカーは交換レンズを国内で自社生産、場合によっては海外で自社生産している。カメラメーカーから交換レンズ、レンズユニットの委託を受けている。レンズユニットの生産は海外で自社生産したり、OEMに出したりしている。交換レンズの場合、組立は労働集約的であるため、各カメラメーカーは台湾、タイ、ベトナム、中国とフィルムカメラ時代に生産拠点を構築していた。デジタルコンパクト対応としてのレンズユニットは薄利多売なので、大規模な生産拠点が海外に設立された。

4．ローパスフィルターメーカー

　デジタルカメラは、フィルムの代わりにCCDやCMOSといった撮像素子を使うため、細かな模様を撮影すると、実際に存在しない模様（モアレ）や偽色が発生することがある。これらを処理するのに撮像素子の前面にローパスフィルターを取り付けて軽減するようにしている。反面、ローパスフィルターを装着することで解像度が落ちるという欠点がある。2010年代に入ると、デジタル一眼や高級デジタルコンパクトでローパスフィルターレスの製品が登場してきている。今後、ローパスフィルター市場の動向が注目される。

　ローパスフィルターは人工水晶を製造していたメーカーである日本電波工業、大真空、京セラキンセキ、エプソントヨコム、東京電波、ファインクリスタル

表3-18　ローパスフィルターの各社別生産量

	2003年		2004年		2005年		2006年		2007年		2008年	
	万枚	%	万枚	%	万枚	%	万枚	%	万枚	%	万枚	%
日本電波工業	1,530	14.0	4,160	32.0	3,600	26.1	1,900	24.6	1,900	24.7	1,750	27.8
大真空	2,620	24.0	2,860	22.0	2,900	21.0	1,800	23.3	1,600	20.8	1,400	22.3
京セラキンセキ	4,040	37.0	2,600	20.0	2,700	19.6	1,200	15.5	1,050	13.6	1,000	15.9
エプソントヨコム	1,310	12.0					1,100	14.2	1,050	13.6	900	14.3
浙江水晶光电科技							700	9.0				
その他	1,420	13.0	3,380	26.0	4,600	33.3	1,039	13.4	2,095	27.2	1,240	19.7
合計	10,920		13,000		13,800		7,739		7,695		6,290	

出所：『光産業予測便覧』2004-7年版、光学産業技術振興協会、『イメージングデバイス関連市場総調査』2009-11年版、富士キメラ総研。
注：1) その他の内訳は2004-5年がエプソントヨコム、台湾メーカー、2007年がファインクリスタル、Vactronics、ZQCOTである。
　　2) エプソントヨコムの2003年の名称はトヨコムデバイスである。

の6社が市場を分けあっている。日本電波工業、大真空、京セラキンセキ、エプソントヨコムの4社が20-25％のシェアを獲得して拮抗していた[22]（表3-18）。世界市場でみると、これらのメーカーの他に中国の浙江水晶光电科技（浙江クリスタル・オプテック：ZQCOT）が10％程度で加わり、デジタルカメラメーカーで自社生産しているパナソニック、鴻海精密がある。

次に、取引関係を表3-19でみると、最大手の日本電波工業はキヤノン、三

表3-19　ローパスフィルターの取引関係

	主取引	副取引
日本電波工業	キヤノン、三洋電機	ニコン、ソニー、オリンパス、ペンタックス、パナソニック
エプソントヨコム		キヤノン、ソニー、パナソニック
大真空	ニコン	キヤノン、ソニー、ペンタックス、パナソニック、サムスン、富士フイルム、カシオ
京セラキンセキ	富士フイルム、カシオ	キヤノン、ニコン、ペンタックス、ソニー
ファインクリスタル		キヤノン
浙江水晶光电科技（ZQCOT）		ニコン、ソニー、オリンパス、ペンタックス、パナソニック、サムスン
パナソニック	自社	
鴻海精密	自社	

出所：『イメージングデバイス関連市場総調査』2009-11年版、富士キメラ総研、に基づいて聞取調査によって補正した。

洋電機を主取引とし、ソニーへの納入量も多く、ニコン、オリンパス、ペンタックス、パナソニックとも取引があった。第2位の大真空はニコンを中心にしてキヤノン、ソニー、サムスンという上位メーカーに納入し、ペンタックス、パナソニック、富士フイルム、カシオにもに納入していた。京セラキンセキは富士フイルム、カシオへの供給量が多く、一眼レフ用が多いのはニコンとの取引による。エプソントヨコムはキヤノン、ソニー、パナソニックとの取引が多かった。

さらに、生産体制を表3-20でみると、各メーカーとも海外生産拠点を2、3ヵ所もっており、進出先はタイ2社、インドネシア1社、フィリピン1社、中国3社、台湾1社、マレーシア2社に海外生産子会社をもっており、これはデジタルカメラメーカーの立地に対応して分散していた。

村上開明堂は、静岡市に本社を置く自動車用バックミラーメーカーであるが、一事業部としてオプトロニクス事業部もあり、その実務を担っているのがムラカミ・コーポレーション香港（ムラカミ香港）である。扱い商品は映像機器、光学ミラー、フィルターであり、エプソントヨコム、京セラキンセキ、大真空、日本電波工業と列んでIRカットフィルター（赤外線除去）も取り扱っているメーカーである。

表3-20　ローパスフィルターの生産体制

企業名	工場・子会社	設立年	出資形態	備　考
エプソントヨコム	宮崎事業所	1984.06.	—	2005年10月エプソンが東洋通信機を経営統合、現社名に改称
	エプソントヨコム・タイランド	1988.05.	エプソントヨコム 100%	
	エプソントヨコム・無錫	2000.01.	エプソントヨコム・タイランド 100%	
京セラクリスタルデバイス	本社工場（山形県東根市）	1983	京セラ 100%	旧キンセキ、2003年京セラ子会社化、2012年京セラキンセキから社名変更
	京セラクリスタルデバイス・タイランド	1989.11.		
	京セラクリスタルデバイス・フィリピン	1997.10.		
大真空	鳥取事業所	1980	—	

企業名	工場・子会社	設立年	出資形態	備考
大真空	神崎工場	1974	—	2010年天津移管、工場閉鎖、研究開発事業所に転換
	徳島工場	1984	—	現徳島事業所
	KDSインドネシア	1989	大真空 100%	
	天津大真空	1993	大真空 100%	コンパクト用、2010年より一眼用生産開始
	加高電子	2003	大真空 50% 現地資本 49.6%	連結子会社化
東京電波	群馬工場		—	2009年村田製作所傘下、2013年完全子会社化
	北見東京電波本社・第一製造部	1974.04.	東京電波 100%	
	北見東京電波第二製造部		東京電波 100%	
	盛岡東京電波盛岡工場		東京電波 100%	
	盛岡東京電波久慈工場		東京電波 100%	
	盛岡東京電波一戸工場	2002	東京電波 100%	
	山東東京電波電子			
日本電波工業	狭山事業所	1962	—	
	古川エヌ・デー・ケー	1976		
	函館エヌ・デー・ケー	1989		
	新潟エヌ・デー・ケー	1970		旧ホーク電子
	蘇州日本電波工業	1994.01.	日本電波工業 100%	
	アジアンNDKクリスタル	1979.01.	日本電波工業 100%	
	NDKクワトロズ・マレーシア	1986.09.	日本電波工業 73.4% 古川エヌ・デー・ケー 13.3% アジアンNDKクリスタル 13.3%	旧マレーシアン・クワトロズ・クリスタル
ファインクリスタル	（北海道室蘭市）	1988.08.	日本製鋼所（新日鉄系） 100%	キヤノン、ニコン、パナソニックへ納入
村上開明堂	ムラカミ香港	2001.09.	村上開明堂 100%	オプトロニクス事業部

出所：表3-7と同じ。

第4節　シャッターメーカー

シャッター生産の占有率は2005年日本電産コパル66.7％、セイコープレシジョン25.0％、キヤノン電子8.3％という構成[23]で、各所の聞取でも同様な数字であり、2010年代に入ってもそれほど変化がなかった。主要取引先は、コパルがキヤノン、ソニー、オリンパス、ペンタックス、セイコーがニコン、ソニー、オリンパス、ペンタックスとほぼ同様である。キヤノンは自社向けがほとんどで、外販は僅かである。

シャッターは表3-21のようにほとんどが海外生産拠点で生産され、国内生産はキヤノン電子美里事業所とセイコープレシジョンの2ヵ所しかなく、日本電産コパルは試作程度でしかない。日本電産コパル浙江とキヤノン電子ベトナ

表3-21　シャッターの生産体制

企業名	工場・子会社	設立年	取引先	備考
キヤノン電子	美里事業所	1984	自社	
	キヤノン・エレクトロニクス・マレーシア	1989.10.		
	キヤノン・エレクトロニクス・ベトナム	2008		
セイコープレシジョン	本社工場	1996.04.	ニコン・オリンパス・ソニー・ペンタックス	旧精工舎、1996年現社名に改称
	セイコープレシジョン・タイランド第1工場	1989.05.		
	セイコープレシジョン・タイランド第2工場	2011.12.		タイ洪水対応
日本電産コパル	郡山技術開発センター・金型技術開発センター	1963.	キヤノン・ソニー・オリンパス・ペンタックス	
	ニデック・コパル・タイランド	2000.04.		2000年ナワナコン工業団地へ移転、高級機向けシャッター拠点
	日本電産コパル浙江	2002.04.		量産型低価格シャッター拠点
	富士通タイランド	1989.11.		富士通工場内の一部

出所：『海外進出企業総覧』各年度版、東洋経済新報社、『有価証券報告書』各社各年度、各社ホームページ、新聞各紙より作成。

ム以外の海外生産拠点は、デジタルカメラへの移行前の第3次円高による海外移転であった。最大手の日本電産コパルは1989年に初めての海外生産を始めたが、この時は富士通傘下に入っており、コパルは10%を出資した富士通タイランドの設立に参加して富士通工場団地内でシャッター生産を行っていた。1998年に日本電産傘下に移ると共に、2000年同じバンコク近郊のナワナコン工業団地内にニデック・コパル・タイランドを設立した。そして、2000年代に入ると、キヤノン、オリンパス、台湾OEMメーカーなど中国でのデジタルカメラ生産拠点の進出が急増したのに対応するため、日本電産コパル浙江を設立して2002年から操業を開始した。コパル・タイランドは、近郊にニコン・タイランドがあり、2010年にはソニーもタイでデジタル一眼の組立を開始したことからタイを高級機向けのシャッターの生産拠点、中国を量産型の低価格シャッターの生産拠点と位置付けていた。また、セイコープレシジョンも海外生産拠点をコパルと同じナワナコン工業団地内にセイコープレシジョン・タイランドを設立してニコン・タイランドと密接な供給関係にあった。したがって、世界のシャッターメーカーの生産拠点はタイに集中した。

そして、2011年10月メコン河が氾濫してコパル、セイコーの両社も浸水被害に遭い、操業が停止してしまった。コパルはこれまで在庫や中国のコパル浙江で増産して対応していたが、11月に入って洪水被害のなかったウタイタニ県で取引先の工場を借り受け、デジタルカメラ用シャッターなどの代替生産を始め、代替生産拠点を増やして供給能力を引き上げようとした[24]。セイコーは本格的対応策として2012年12月にタイ中部のパトゥムタニ県ナワナコン工業団地の水害の受けにくい高台の場所に第2工場建設し、操業を開始した[25]。

第5節　その他電子部品メーカー

1．小型モーターメーカー

デジタルカメラ用の小型モーターは、DCモーター、ステッピングモーター、コアレスモーターである。DCモーターはマブチモーター、三洋精密、東京マイクロが、ステッピングモーターは日本電産サンキョウ、東京マイクロ、日本

表3-22 デジタルカメラ用モーターの生産量

	2001年		2005年		2010年	
	万個	%	万個	%	万個	%
日本電産サンキョー			600	26.9	12,900	34.5
ミネベアモータ					6,800	18.2
トライコア					4,000	10.7
東京マイクロ			420	18.1	3,200	8.5
マブチモーター	1,860	50.7	410	17.7		
三洋精密	1,370	37.3				
日本電産コパル	350	9.5			3,900	10.4
その他	90	2.4	890	38.4	6,630	17.7
合計	3,670		2,320		37,430	

出所:『CAMERA関連市場の変貌と将来展望』富士経済、2002年、『カメラ総市場の現状と将来展望』富士経済、2006年、『イメージングデバイス関連市場総調査』2011年版、富士キメラ総研。

電産コパルが上位を占めていた。各メーカーの生産量は表3-22のように2000年代の10年間でかなり変化している。デジタルカメラメーカーとの取引関係が影響しているとみられる。デジタルカメラ産業の生成期の2001年には、マブチモーター、三洋精密[26]、日本電産コパルの3社でほぼ全量を供給していたが、発展期の2005年になると、日本電産サンキョー、東京マイクロが台頭し、マブチモーターも加えて6割以上を占めた。2010年には、日本電産サンキョーがさらに占有率を34.5%と伸ばし、ミネベアモータが中国とタイの生産拠点が稼働して18.2%を占めた。この他日本電産コパルと東京マイクロが10%前後を生産していた。また、日本メーカー以外では台湾メーカーのトライコア[27]が日本電産コパルと同水準の生産能力を獲得していた。

次に取引関係をみると、表3-23のようになる。日本電産サンキョーはほとんどのデジタルカメラメーカーとレンズユニットメーカーの日東光学に供給し、外国メーカーのサムスンや鴻海精密にも納入していた。ミネベアモータもキヤノン、ニコン、オリンパスと日東光学に納めていた。東京マイクロはソニー、日本電産コパルはパナソニックと特定メーカーとの取引であった。台湾メーカーのトライコアは同じ台湾メーカー鴻海精密とソニーと取引していた。

カメラ用モーターの生産体制を表3-24によってみてみよう。モーター製造は、マブチモーターが1964年に海外生産拠点をもったのに始まって、多いと

表3-23 デジタルカメラ用モーターの取引関係

	2005年	2010年
日本電産サンキョー	キヤノン、ソニー、オリンパス、ペンタックス、その他	キヤノン、ソニー、ニコン、オリンパス、サムスン、パナソニック、日東光学、鴻海精密
ミネベアモータ		キヤノン、ニコン、オリンパス、日東光学
東京マイクロ		ソニー
日本電産コパル		パナソニック
トライコア		ソニー、鴻海精密
マブチモーター	キヤノン、ソニー、オリンパス、ペンタックス、サムスン	
その他		ソニー、オリンパス、サムスン

出所:『カメラ総市場の現状と将来展望』2006年、富士経済、『イメージングデバイス関連市場総調査』2011年版、富士キメラ総研。

ころでも国内生産拠点が1ヵ所程度で、すべて海外生産拠点となっている。海外生産拠点が進出した時期がわかっている29拠点の内、1985年の第3次円高以前に進出した生産子会社が6.8%、第3次円高によって進出したものが34.5%と一番多く、次いで第4次円高を契機に進出したものが31.0%、デジタルカメラ時代になって進出したのが27.6%という結果から円高の影響が顕著である。進出先は中国が40.0%と一番多く、次いでベトナム17.1%、タイ14.3%、マレーシア11.4%と続いている。

2．フレキシブル基板メーカー

フレキシブル基板は1980年代後半から折り曲げても製品に収納できるため、小さな空間しかない電機製品で利用され、カメラにも電子制御が普及すると共に使われるようになった。現在では、デジタルカメラをはじめ、携帯、ハードディスクなど「液晶ディスプレイあるところにフレキ有り」といわれている。生産工程は①フレキ材を製造する素材生産、②-1 フレキ材に回路をプリントするフレキ基板の前工程、②-2 プリントされたフレキ材に半導体を取りつけるフレキ基板の後工程の流れをもってフレキ基板となる。フレキ材は東レ・デュポン、カネカの2社で生産されたポリイミドフィルムと銅箔を接着して完成品となり、接着とコーティングに各社の技術的特性がある。フレキ材は、世

表 3-24　カメラ用モーターの生産体制

企業名	工場・子会社	設立年	備　考
キヤノンプレシジョン	北和徳事業所	2004.01.	キヤノン精機と弘前精機合併
三洋精密	本社工場	1974	2010年12月日本電産へ売却、現日本電産セイミツ
	沙井三洋微馬達廠	1994.04.	
	三洋プレシジョン・バタン	1998	サンヨー・アジア 65.9％、現地資本 34.1％
	東莞華強三洋馬達	1996.11.	三洋精密 40％、三洋電機 35％、広東華強三洋集団 10％、深圳華強三洋集団 15％
シーアイ化成	上海希愛化成電子	1995.12.	シーアイ化成 85.5％
東京パーツ工業	本社工場	1959.12.	
	永州市三甲電子	2008.01.	
	三甲電子		
	東坑鎮三甲電子廠	1988.08.	台湾の三甲モータ香港委託工場
	サンワ・パーツ・シンガポール	1987.09.	
日本電産コパル	一関工場	1972	
	ニデック・コパル・タイランド	2000.04.	日本電産コパル 100％
	ニデック・コパル・フィリピン	1987.09.	日本電産コパル 51％、日本電産 32.6％、光陽興業 16.3％
	ニデック・コパル・ベトナム	1999.02.	日本電産コパル 51％、日本電産 49％
	ニデック・コパル・プレシジョン・ベトナム	2010	日本電産コパル 51％、日本電産 49％
日本電産サンキョー	日本電産三協電子（韶関）	1995.05.	ニデック・サンキョー香港
	日本電産三協電子（福州）	1995.12.	日本電産三協 100％
	ニデック・サンキョー香港	1973.03.	日本電産三協 100％
	ニデック・サンキョー・ベトナム	2005.03.	日本電産三協 100％
並木精密宝石	秋田湯沢工場	1967	
	青森黒石工場	1982	
	ナミキ・プレシジョン・タイランド	1990.09.	1993年3月操業開始
	ナミキ・プレシジョン上海	2004.03.	
マブチモーター	萬宝至実業	1964.02.	マブチモーター 100％
	マブチ・モーター・ベトナム	1997.05.	
	Mabuchi Motor Danang	2006.09.	

企業名	工場・子会社	設立年	備考
マブチモーター	萬宝至馬達大連	1988.02.	
	萬宝至馬達瓦房店	1995.10.	萬宝至馬達大連 100%
	華淵電機（江蘇）	1994.01.	マブチモーター 56.8%、萬宝至馬達 21.6%、華淵電機工業 21.6%
	マブチ・モーター・マレーシア	1990.05.	
ミネベアモータ	珠海美蓓亜精密馬達	2004.04.	松下電器と合弁でミネベア・松下モータとして設立。2013年2月合弁解消、ミネベア完全子会社。4月ミネベアに吸収合併
	ミネベア・エレクトロニクス・タイランド	2003.11	ミネベアモータ 100%
	ミネベア・エレクトロニクス・マレーシア		ミネベアモータ 100%
	ミネベア・エレクトロニクス・シンガポール		
東京マイクロ	美亜高技発展		
FDK	厦門富士電気化学	1994.03.	FDK100%、2001年富士電気化学より改称
	FDK Tatung（Thailand）	1991.07.	FDK50%、大同 50%
パナソニック	松下エレクトロニック・モーター・マレーシア	1990.12.	パナソニック 100%
セイコープレシジョン		1996.04.	
	セイコー P&C タイランド	1989.05.	セイコープレシジョン 100%
キヤノン電子	美里事業所	1984	
	キヤノン・エレクトロニクス・マレーシア	1989.10.	
	キヤノン・エレクトロニクス・ベトナム	2008	
ニスカ	本社工場	1960.01.	旧日本精密工業、キヤノンファインテック 100%子会社
	タイ・ニスカ	1996	2008年解散
日本ミニモーター	本社工場		ジョンソンエレクトリックワールドトレイドリミテッド 100%
	日本ミニモーター・大連		
日東造機			

出所：表 3-7 と同じ。

表 3-25　フレキシブル基板の生産体制

企業名		工場・子会社	設立年		備考	
フレキ材	東レ	東レ・デュポン東海事業場	1986.01.	銅張ポリイミドフィルム	東レ東海工場内	
	ニッカン工業	高萩ニッカン	1985.04.	フレキ材の前工程	フジクラが主要取引先	
		ニッカン・タイランド	2001.04.	フレキ材の後工程		
	有沢製作所	中田原工場		1987年参入	住友系へ納入	
	信越化学			1986年参入		
	京セラ	京セラケミカル川口工場				
フレキ基板	住友電工プリントサーキット	住友電工プリントサーキット水口事業所	2000	旧住電プリントサーキット		
		住友電工プリントサーキット石部事業所	1990	旧住電サーキット		
		松崗電子線製造廠	1994			
		ファースト・スミデン・サーキッツ	1996.04.	1997年4月操業	合弁（住電51％、住商9％、First Philippines Holding 40％）	
		住友電工（蘇州）電子線製品	2004			
		SUMITOMO ELECTRIC INTERCONNECT PRODUCTS（VIETNAM）	2007			
	フジクラ	PCTT	1988.02.	世界第2位のシェア	フジクラ30％、フジクラ・シンガポール21％、フジクラ・タイ19％	
		フジクラ・エレクトロニクス・タイランド	2010.04.		フジクラ75％	
	沖電線	沖電線群馬工場	1975.11.			
		沖電線フレキシブルサーキット	2010			
	ニッポン高度紙工業	本社工場		2000年参入		
		蘇州萬旭光電通信			合弁	
	住友ベークライト	SB Flex Philippines.	1998.01.			
		Sumitomo Bakelite Vietnam	2001.08.		住友ベークライト100％	
	日東電工	日東電工ベトナム	1999.01.	1973年参入	日東電工87.9％、日東電工系12.1％	
	ソニー	ソニーケミカル＆インフォーメーションデバイス鹿沼第一工場			ソニー100％	
		索尼凱美高電子（蘇州）	1995.04.		ソニーケミカル100％	
		ソニーケミカル・インドネシア	1997.12.		ソニーケミカル・シンガポール99％、ソニーケミカル1％	
		ソニーケミカル・シンガポール	1990.05.			

	企業名	工場・子会社	設立年	備考	
フレキ基板	NOK	日本メクトロン南茨城工場	1971.01.	世界最大のサプライヤー	NOK100%
		日本メクトロン鹿島工場	1978.11.		
		日本メクトロン奥原工場	2001.04.		
		日本メクトロン藤沢事業場	2001.07.		
		MEKTEC TAIWAN 高雄	1986.09.		NOK系85%
		MEKTEC TAIWAN 台南			
		MEKTEC MANUFACTURING THAILAND	1994.11.		NOK系75%
		MEKTEC MANUFACTURING ZHUHA 南屏工場	1997.08.		NOK系100%
		MEKTEC MANUFACTURING ZHUHA 龍山工場			
		MEKTEC MANUFACTURING SUZHOU	2002.08.		
		MEKTEC EUROPE	1989.11.		
	山下マテリアル	山下マテリアル・サーキテックカンパニー座間工場	2003.01.	2003年1月山下サーキテック、山下商事株式会社合併	山下電気100%

出所：表3-7と同じ。

界市場で10社あり、そのうち、台湾の1社と日本の5社（有沢製作所、東レデュポン、京セラケミカル、ニッカン工業、信越化学）が上位を占めている。有沢が住友電工、ニッカンがフジクラを主要取引先としている。他社については不明である。

フレキ基板の生産は自動車部品メーカーのNOK[28]が最大手で、実際は完全子会社日本メクトロンが行っている。生産拠点は、国内に4工場、海外に台湾2社、中国3社、タイ2社、ドイツ1社と計5社7工場で操業していた。国内シェアの40％を占めている。フジクラは銅線御三家のひとつで、フレキ基板の世界シェアで第2位を占め、生産拠点はPCTT社とタイ1社の海外生産であった。住友電工は1990年にフレキ基板部門を分離して住友電工プリントサーキットを設立した。生産拠点は滋賀県内に2工場、中国2社、フィリピン1社、ベトナムに1社の4つの海外生産拠点で操業している。ソニーはグループ内でフレキ基板を製造するのが完全子会社のソニーケミカル＆インフォー

メーションデバイスである。ソニーは1983年からフレキ基板の生産を開始し、グループ内に供給するだけでなく、外販も行う素材から基板までの一貫生産を行っている。鹿沼第1工場を中心にして中国、インドネシア、シンガポールにそれぞれ生産拠点をもっている。各社の生産拠点は31拠点で、国内11拠点、海外20拠点と技術集約的な前工程を国内で、労働集約的な組立が多い後工程を海外で行う形で海外展開が進んでいた。海外進出は1980年代から進み80年代3拠点、90年代7拠点、2000年代6拠点と継続的に続き、進出先は中国5拠点をはじめ、台湾3拠点、ベトナム3拠点、フィリピン2拠点、タイ2拠点などと東アジアに集中的に進出した（表3-25参照）。

3．液晶ディスプレイ、電子ビューメーカー

液晶ディスプレイは、一般に10㌅を基準にして大きいものが大型ディスプレイで、テレビ・パソコン用などが代表的製品である。基準より小さいものを中小型ディスプレイといい、中型がゲーム機や車載用に使われ、小型が携帯電話やデジタルカメラに利用される。中小型ディスプレイは顧客ごとに仕様が異なり、発注量もさまざまであり、開発と生産対応など総合的な技術力が問われるため、日本メーカーの得意分野だったが、2000年代後半になると、韓国や台湾メーカーが台頭してきている。

表3-26　中小液晶ディスプレイの占有率

	2012年	2013年	
	%	億㌦	%
ジャパンディスプレイ	25.9	56.7	16.2
シャープ		52.8	15.1
LGディスプレイ		49.7	14.2
群創光電	9.6	39.5	11.3
友達光電	13.2	25.5	7.3
凌巨科技	10.8		
中華映管	8.0		
勝華科技	7.3		
その他	25.2	124.9	35.7
合　計		350	

出所：2012年のデータはテクノ・システム・リサーチ調べ、13年はNPDディスプレイサーチ調べである。

デジタルカメラ用液晶ディスプレイは中小液晶ディスプレイで、この分野は2000年代前半にはデジタルカメラへの利用が中心であったが、スマートフォン、とくにiPhoneが2007年に登場すると主要な用途はデジタルカメラ用からスマートフォン用に移り、台湾・韓国の新興メーカーがこの分野に参入してきた。2000年代前半の液晶ディスプレイ供給メーカーは、エプソン、ソニー、カシオ、シャープの4社で市場を分

けあっていた。2000年代中頃の生産拠点はエプソンの製造が生産子会社エプソンイメージング、ソニーも生産子会社ソニーモバイルディスプレイ、カシオが生産子会社高知カシオ、シャープが生産子会社シャープ米子といずれも製造子会社を使って製造していた。

　2010年代初頭の中小液晶ディスプレイ市場（表3-26参照）をみると、日本メーカーではジャパンディスプレイ、シャープが第1-2位を占めているが、台湾メーカー群創光電（イノラックス）、友達光電（ヨウダ）、凌巨科技（ジャイアントプラス）、中華映管（CPT）、勝華科技（ウィンテック）がそれぞれ10％前後の占有率をもっていることから台湾勢で50％程度となり、韓国メーカーのLGディスプレイが加わって日本メーカーの劣勢は明らかであった。

　この間、中小液晶ディスプレイ分野では、2008年のリーマンショックによる世界同時不況に伴い先進国の携帯電話やデジタルカメラ、車載モニターなど主要搭載製品の需要が2009年になって激減し、中小液晶ディスプレイ市場縮小をもたらした。日本メーカーは、再編成を余儀なくされていた。三洋電機とエプソンが合弁で2004年に設立された三洋エプソンイメージングデバイスから2006年に三洋が撤退した頃から始まり、エプソンは2009年に岐阜事業所を閉鎖し、富士見事業所の生産ラインを閉鎖して開発拠点とし、2010年4月鳥取事業所をソニーに無償譲渡した。東芝の中小液晶ディスプレイ子会社「東芝モバイルディスプレイ」が2009年にパネル生産設備を中国メーカー「河源青雅電子」[29]に売却して魚津工場と子会社TFPD姫路工場を閉鎖し、TFPDを会社清算した。2010年には、シンガポールの生産子会社「アドバンスト・フラット・パネル・ディスプレイ（AFPD）」を台湾の友達光電に100億円で売却した。ソニーも2010年にソニーモバイルディスプレイ野洲事業所を京セラに売却した（現京セラ野洲工場）。シャープは2010年1月に三重工場と天理工場の旧世代中小液晶ディスプレイラインを閉鎖した。キヤノンはデジタルカメラの内製化を推進する戦略から液晶ディスプレイも企業買収によって内製化しようとし、2007年11月有機ELメーカー「トッキ」にTOBを開始し、その後増資引き受けを行って連結子会社化とした（現キヤノン・トッキ）が、有機ELの製品化は必ずしもうまくいっていない。また、2008年2月日立ディスプレイズに25％出資を行って将来的には子会社化する方針であったが、2010年

8月子会社化の方針を撤回してディスプレイ事業の戦略を再構築することにしたようにキヤノンの液晶ディスプレイ事業は迷走していた。再編成の切り札となったのは、2012年4月官民ファンドの産業革新機構の肝煎りで東芝、日立、ソニーの3社の中小液晶ディスプレイ事業を統合して「ジャパンディスプレイ」を設立したことであった。この新会社は東芝、日立、ソニーの3社と産業革新機構（2,000億円出資）が共同出資して2日に発足した。その後、スマートフォンの普及を追い風に、業績は堅調に推移してアップル「iPhone」にも採用されたことが業績の伸びに作用したとみられ、2014年3月期決算では、連結売上高が前期比36％増の6,234億円、当期純利益は9.4倍の366億円になり、4月には東京証券取引所第一部に上場を果たした。

　2008年にミラーレス一眼が登場してから電子ビュー・ファインダー（EVF）の市場が拡がり、2010年には678万台、105億円の市場となった[30]。電子ビュー・ファインダーは元々ビデオカメラ用EVFとして1970年代から微少市場として存在していた。シチズンファインテックミヨタが2006年米マイクロンとライセンス契約を結んで、デジタルカメラ用EVFを生産し、2009-10年にかけて競争関係にあるメーカーの撤退が相次いだこともあり、84.8％と圧倒的な占有率（表3-27参照）を誇っている。キヤノン、富士フイルム、ソニー、パナソニックなど主だったデジタルカメラメーカーに供給していた。次いで、アメリカのコーピン[31]が13.3％で、サムスン、オリンパスに納めていた。セイコーエプソンは1.3％と僅かであり、富士フイルムとオリンパスと取引していた。シチズンファインテックミヨタは、時計向けなどの水晶部品が売上高の

表3-27　電子ビュー・ファインダーの各社別販売量と供給先

	2010年	
	万個	供給先
シチズンファインテックミヨタ	575	キヤノン、富士フイルム、ソニー、パナソニック、その他
コーピン	90	サムスン、オリンパス
セイコーエプソン	9	富士フイルム、オリンパス
ソニー	4	自社
合計	678	

出所：『イメージングデバイス関連市場総調査』2011年版、富士キメラ総研。

半分程度を占める主力事業であるが、水晶部品に次ぐ事業の柱として力を入れ始めた。生産は、液晶パネルを生産する前工程を北御牧事業所（東御市）で行い、製品に組み立てる後工程を中国生産拠点「務冠電子（梧州）」の設備を増強して増強した。さらに、2012年7月マイクロンからディスプレイ事業を買収して電子ビュー・ファインダーの特許と研究・開発拠点を獲得し、ミヨタ開発センター・アメリカ（デラウエア州）を設立した。

第6節　アクセサリーメーカー

アクセサリーについては露出計、三脚、ストロボを取り上げていく（表3-28参照）。露出計は内蔵センサーとなり、露出計メーカーとしてはセコニックだけとなってしまった。露出計はセコニックの国内2工場で生産されているが、ここでも専用工場ではなく、コンピューター周辺機器と併存して製造されているに過ぎず、海外生産はない。

三脚は日本写真映像用品工業会に加盟している商社を除いたメーカーをリストアップした。ベルボン、平和精機工業、ビクセンの3社である。この他、ケンコー・トキナー傘下のスリックがある。ビクセンについては、自社生産の拠点を国内外に見つけることができず、海外での委託生産を行っているとみられる。ベルボン、平和精機は共に国内の生産拠点を閉鎖し、台湾の生産子会社を持ち、そこを拠点にして海外での生産委託も行っている。スリックは2001年ケンコーに買収され、現在ケンコー・トキナー傘下になり、国内には生産拠点がなく、1988年にバンコック近郊のナワナコン工業団地に生産子会社「スリック・タイランド」を持ち、2011年タイ洪水被害もあって2013年に第2工場（サラブリ工場）を増設した。

ストロボは、単体のものよりデジタルカメラに内蔵するストロボユニットの方が圧倒的な生産量となっている。ここでは、日本写真映像用品工業会に加盟するストロボを生産、販売する企業とストロボ生産の大手メーカーを表3-28に挙げた。工業会に加盟するのは自社ブランドでストロボを販売する企業で、単体のストロボの市場規模が狭まる中で、実態が公表されていない中小企業が多く、実態は掌握しにくい。国内外に生産拠点をもっているのは、LPLとサ

表 3-28 アクセサリーの生産体制

分類	企業名	工場・子会社	設立年	備考
露出計	セコニック	福島セコニック本社沢田工場	1988.04.	
		福島セコニック田島工場	1972.09.	
三脚	ベルボン	山梨工場	1970.04.	200年6月山梨工場生産終了
		偉如寶公司	1981.08.	旧日本ベルボン精機工業、1994年3月雙馬興企業公司へ統合。
		偉如寶公司第2工場	1984.11.	
		雙馬興企業公司	1987.02.	2003年7月台湾工場(雙馬興企業)清算
		中山偉如寶照相器材	1991.11.	
	平和精機工業	本社	1955.02.	ソニーへ納入
		Libec Technology Taiwan	2007	
		鷹宏企業有限公司	1997	委託契約
	ビクセン		1949.10.	
	スリック	スリック・タイランド	1989.08.	ナワナコン工業団地(第1工場)、サラブリ(第2工場)、スリック55%、ケンコー・トキナー45%
ストロボ	スタンレー電気	スタンレー宮城製作所	1970.05.	スタンレー電気100%
		上海斯坦雷電気	1996.11.	スタンレー電気100%
		Asian Stanley International	1989.05.	スタンレー電気67.5%、Thai Stanley Electric Public 15%、その他10%、Sittipolグループ7.5%
	パナソニック・フォト・ライティング	本社工場	1947.12.	旧ウエスト電気、パナソニック100%
		長田野工場	1972.12.	
		久美浜	1986.03.	旧久美浜ウエスト電気
		韓国ウエスト電気	1974.02.	2009年12月閉鎖
		香港	1996.10.	旧香港ウエスト電気
		シンガポール	1997.10.	旧シンガポールウエスト電気
		北京松下照明光源	2001.05.	
		インドネシア	1996.09.	
	芝川製作所	第一事業所	1967.03.	キヤノン協力工場、キヤノン、ニコン、ソニーへ納入
		中山芝川電子	2004.01.	
		日清工業(香港)	1975.03.	キヤノン協力工場、キヤノン、

	企業名	工場・子会社	設立年	備考
ストロボ	ニッシン・ジャパン	日清電子（深圳）		オリンパス、ペンタックス、リコーへ納入
		日清電子（厦門）		
	シーアンドシー・サンパック	不明	1972.08.	
	メッツ・メカブリッツ	不明		
	LPL	所沢工場		
	サンテック	不明		
	サンスターストロボ	本社・工場	1987.03.	

出所：表3-7と同じ。

ンスターストロボ、スタンレー電気などである。これらのメーカーは海外での生産委託で製品を調達しているとみられる。ストロボ大手4社パナソニック、スタンレー電気、芝川製作所、ニッシン・ジャパンの内、パナソニックとニッシン・ジャパンは自社ブランド製品を発売しているため、日本写真映像用品工業会に加盟している。パナソニックはストロボ生産をウエスト電気で行っており、パナソニックへの社名変更に従い、完全子会社のウエスト電気はパナソニック・フォト・ライティングと社名を変更してパナソニックのストロボ生産の中核を担っている。ただ、2000年代に入ると、パナソニックの照明関係の海外生産子会社北京松下照明光源、パナソニック・ライティング・インドネシアでも生産を開始した。スタンレー電気は自動車用照明の大手メーカーであるが、ストロボ生産も行っており、使い捨てカメラ（レンズ付きフィルム）のストロボでストロボ部門の業績を伸ばしたメーカーであった。芝川製作所とニッシン・ジャパンはキヤノン協力工場であり、デジタルカメラメーカー各社にストロボユニットを供給していた。各メーカーの生産体制は、最大手のパナソニック・フォト・ライティングをはじめ、スタンレー電気、芝川製作所、ニッシン・ジャパンも国内に生産拠点をもつものの、生産の大半は海外生産拠点で行っている。各社の海外生産拠点設立はデジタルカメラ生産の拡大期――1990年代末から2000年代にかけて――に行われた。パナソニックが韓国、香港、中国、シンガポール、インドネシアの5拠点、スタンレーが中国とタイの

2拠点、芝川が中国に1拠点、ニッシンが中国に2拠点と半分が中国となっていた。

おわりに

デジタルカメラの主要部品メーカーのうち、撮像素子は日本メーカーの力が強く、ソニー・パナソニックの2強時代が2000年代末にパナソニックが衰え、ソニーへの集中化が進んでいった反面、デジタルカメラメーカーの自社開発や生産拠点を持たない撮像素子メーカーが登場してきた。生産体制は後工程を一部海外拠点で行うが、基本的には国内生産拠点で生産している。

映像エンジンは2000年代前半には半導体メーカーへの開発、生産を委託されていたものが、2000年代後半にはデジタルカメラメーカーの自社開発が主流となり、半導体メーカーは生産委託を受けるだけとなった。手ぶれ補正センサーも国内生産拠点で製造している。

レンズの内、光学ガラスは開発・試作工場を国内に残しているものの、主力生産拠点は海外にあり、光学レンズはレンズの研磨が海外にも生産拠点があるものの国内生産拠点が主力となっている。これはキヤノンのデジタルカメラの生産拠点が国内にあるのが大きな要因となっている。交換レンズは高級品は国内で行い、中級以下の低価格品が海外拠点や生産委託でなされていた。レンズユニットは価格が安いこともあり、海外拠点での生産や外注品で賄っていた。

シャッターをはじめとして、上で挙げた部品以外は部品メーカーの海外生産拠点が主力となっており、完成品メーカー以上に海外進出が進行している。

注

1) オリンパス・カメディア C-1400L。
2) APSフィルムのHサイズ（ハイビジョン、縦横比9：16、30.2×16.7㍉）、Cサイズ（クラシック、縦横比2：3、23.4×16.7㍉）、Pサイズ（パノラマ、縦横比1：3）を基準にして撮像素子のサイズに援用した。撮像素子のサイズとしてはPサイズは使われず、APS-CサイズとAPS-Hサイズの2種類がある。APS-Cサイズはニコン、キヤノン、ソニー、ペンタックス、シグマが採用し、各メーカー、各機種によって微妙に異なるが、20.7-23.7×13.7-15.8㍉である。他方 APH-H は APS-C より若干大きく、キヤ

第 3 章　主要部品メーカーの供給関係とその生産体制

ノン、ソニーが採用し、28.1-28.8×18.7-19.2㍉となっている。
3）2010 年 9 月 27 日ライカカメラのソルムス本社でのシュテファン・ダニエル氏（プロダクトマネージャー）からの聴取によると、ライカ M9 の撮像素子採用についてはMライカのフィルムカメラ用レンズを無理なく利用できる撮像素子を特注できるのはコダックだけで、日本の量産メーカーでは特別なカスタマイズが難しく、コダック製を採用したとのことであった。
4）『EE Times Japan』2014 年 4 月 4 日によると、トゥルーセンス社は、事業としてはマシンビジョン、医療機器、スタジオ撮影、宇宙・防衛といった用途向けの高性能撮像素子を手掛け、2013 年の売上高は約 7,900 万㌦で、粗利益率は約 44％、営業利益率は約 23％という営業成績だった。
5）アプティナ・イメージングは 2001 年に米半導体メーカーマイクロンテクノロジーの撮像素子部門として始まり、CMOS メーカーのフォトビット、続いてアバゴ・テクノロジーの撮像素子事業を買収した。2008 年 3 月にマイクロンから撮像素子部門が分離されてアプティナが設立され、研究・開発だけ行い、生産はマイクロンに委託してマイクロンボイジ本社工場（米アイダホ州）で行われていた。2009 年マイクロンは大半の株式を米投資ファンドに売却し、事情上経営から撤退した。さらに 2014 年オン・セミコンダクターに約 4 億㌦で売却された。
6）「HOYA ペンタックス開発者インタビュー　撮像素子をサムスン製からソニー製へ変更した本当の理由」『アサヒカメラ』2010 年 12 月号、2011 年の「テストレポート」『日本カメラ』3 月号、「ニューフェース診断室」『アサヒカメラ』7 月号参照。
7）Live Mos はオリンパスとパナソニックがデジタルカメラに搭載し、パナソニックが生産しているが、商標権はオリンパスが持っている。
8）技術的には、AF 速度、連写速度に問題があったが、業界での聴取によると、パナソニックがオリンパスには最新の撮像素子を出し惜しみしたことで、業を煮やしたオリンパスがソニー製 Live Mos（撮像素子型番 IMX109）に切り替えたといわれている。その効果があってか、2013 年の OM-D E-M1（撮像素子型番 MN34231）ではパナソニック製に戻り、ソニー製と同様の性能が得られている。
9）『ロイター』2011 年 11 月 14 日。
10）同上、2014 年 1 月 29 日。
11）同上、2013 年 12 月 20 日、『北國新聞』2013 年 12 月 21 日。
12）ドンブ・ハイテックは韓国のドンブグループの一企業で、台湾積体電路製造（TSMC：台湾セミコンダクター・マニュファクチャリング）、聯華電子（UMC：台湾ユナイテッド・マイクロエレクトロニクス）、グローバルファウンドリーズと並ぶ半導体受託生産専門会社であり、NXP、三星電子、テキサス・インスツルメンツ、東芝などを顧客としている。
13）映像エンジンという用語はキヤノンが商標登録しており、画像処理エンジン、画像処理 LSI とも表記される。デジタルカメラ、デジタルビデオカメラ、テレビ受像機などの電子映像機器で、CCD、CMOS など撮像素子で得られた画像を①現像処理（ノイズ

除去、色・階調の補正、顔検出、歪み補正など）し、②記録メディアへ保存（画像の圧縮・表示・保存）するシステム LSI を画像処理エンジンと呼ぶ。
14) 2010 年 4 月に NEC エレクトロニクスとルネサステクノロジが合併し、ルネサスエレクトロニクスとなった。
15) 2013 年 4 月メガチップスに吸収経営統合された。
16) ニコンイメージングシステムズはニコン子会社ニコンシステムが 70％、富士通の子会社富士通 BSC が 30％という出資構成である。
17) 『光産業予測便覧』2002-5 年版、光産業技術振興協会。
18) レンズユニット自体にはブランド名はつかないが、レンズユニットに使用した光学レンズにツァイスやライカのブランド名がついたソニーやパナソニックの製品がある。
19) 高杉龍一「交換レンズやイメージセンサーで強みを発揮する日本メーカー」『週刊エコノミスト』2012 年 2 月 7 日号、毎日新聞社の著者業界取材推計。
20) 大槻智洋「台湾なしではもう生きられないカメラ業界が生む家電化の道」『週刊ダイヤモンド』2012 年 9 月 22 日号、ダイヤモンド社、『台湾通信 Taiwan News Web』2012 年 6 月 20 日。
21) 山木和人シグマ社長コメント『週刊ダイヤモンド』2012 年 9 月 22 日号、ダイヤモンド社、59 頁。
22) 聞取調査による。
23) 名古屋マーケティング本部編『カメラ総市場の現状と将来展望』2006 年、富士経済。
24) 『日経産業新聞』2011 年 11 月 16 日。
25) 『日本語総合情報サイト＠タイランド newsclip』2013 年 1 月 10 日。
26) 三洋精密は 2011 年 7 月日本電産グループへ売却され、日本電産セイミツに社名を変更した。
27) トライコアは、1985 年に設立された台湾モーターメーカーで、資本金 1 億 4,000 万台湾ドルである。ソニー・キヤノン・タムロン・ニコンなどのデジタルカメラメーカーの技術認証を受けている。
28) 旧日本オイルシール工業。
29) 青雅電子は 2005 年広東省河源市に設立で、薄型テレビやパソコン向けに液晶ディスプレイ（パネルは外部調達）を生産しているメーカーである。この売却は東芝の支援で、液晶パネルの新工場を立ち上げる一環である。
30) 『イメージングデバイス関連市場総調査』2011 年版、富士キメラ総研。
31) コーピン（Kopin Corporation, Inc）は、1984 年に設立された米マサチューセッツ州タートンに本社を置く EVF などの電子ファインダーメーカーである。

第4章　海外生産の全面展開と地域産業
―― 長野県諏訪地域を中心として

飯島正義

はじめに

　長野県諏訪地域は東京の大田区、大阪の東大阪市と並ぶ中小企業の集積地で、日本の「ものづくり」拠点の一つである。1980年代後半から諏訪地域の中核企業（親企業）は、海外生産の本格化に伴って国内工場の再編を図ると共に、工場の機能を開発・設計・試作や海外生産拠点の生産支援に変えてきた。そして、2000年代半ばから再び国内工場の見直し・再編を行っている。1990年代から諏訪地域の多くの中小企業は独自経営を模索し続けており、一部の精密部品・加工の中小企業が海外進出し活路を切り開こうとする動きが見られた。2000年代に入ってから諏訪地域では、地域の中小企業が受注に対して横断的に連携して取り組むようになっており、それを行政や中核企業が多面的に支援するようになってきている。さらに、産学官が一体となった地域的な取り組みも積極的に実施されており、地域が一体となった対応が展開されている。そうした中で、2000年代後半から再び中核企業の国内生産工場の見直し・再編の動きが見られ、中小部品メーカーの海外進出も増えているといわれる。諏訪地域は新たな局面に入ってきているのである。

　第4章では、国内でも有数のカメラ生産地域である諏訪地域を取り上げる。海外生産が本格化する以前において、カメラメーカーをはじめとする精密機械メーカーは、地域の中小・零細企業を垂直的な下請生産体制の中に組み込み発展してきたが、それは諏訪地域の発展でもあった。今日の状況はこうした地域の産業構造の崩壊から始まっており、それは中核企業の動向の結果でもある。

　そこで、本章ではカメラ産業に絞って、1980年代末から本格化するカメラ

メーカーの海外生産が下請組立企業にどのような影響をもたらしたのか、また1990年代後半から進行するデジタルカメラの普及は下請組立企業にどのような影響を及ぼしたのか、さらに諏訪地域におけるカメラの生産体制の変化は地域全体にどのような影響をもたらしたのかを明らかにしていく。

第1節　諏訪地域の経済的概況と現状

1．諏訪地域における産業の変遷

諏訪地域は、行政区域として諏訪湖に面した岡谷市、諏訪市、諏訪郡下諏訪町と八ヶ岳連峰の東麓をなす茅野市、諏訪郡富士見町、同原村の3市2町1村からなっている。

1970年代まで諏訪地域の工業の中心をなしてきたのは、諏訪湖北岸に位置する岡谷市、諏訪市、諏訪郡下諏訪町である。この諏訪湖北岸の地形は、扇状地でもともと農業生産には不向きな土地柄で、江戸時代の早い時期から商品経済が発展し、また中山道と甲州街道の交差する交通の要衝でもあったことから江戸時代後期には綿打や座繰製糸などの農村工業も発展していた。明治期に入ってから綿打は産地間競合によって廃れていったが、製糸業は横浜からの輸出と結びついて急速に発展し、その後日本を代表する生産地となっていく。さらに製糸業の発展は、諏訪地域に製糸機械の修理や部品供給のための金属加工業を生起させ、製糸機械を中心とする一般機械工業の発展をもたらした。しかし、製糸業は昭和恐慌を境に危機的状況に陥り、長野県は1937年地方工業化委員会を組織して工場誘致を推進していくこととなる。その後戦局の悪化も加わって、都市部から諏訪地域へ軍需工場の疎開が始まり、それらは遊休化していた製糸工場に立地していった。

終戦後、これらの疎開工場の多くは撤退あるいは解散していったが、第二精工舎（後の諏訪精工舎、現セイコーエプソン）や高千穂光学工業（後のオリンパス光学工業、現オリンパス）など一部の工場は、生産を時計やカメラなどの民需品に切り替えて残留し、精密機械工業の一大集積地を形成していくことになる[1]。しかし、諏訪地域では、1950年頃まで諏訪精工舎やオリンパス光学工

業など大手精密機械メーカーが望む技術レベルの部品生産や部品加工を行うことができなかった。そこで、大手精密機械メーカーは、地域の中小・零細企業に部品生産や加工技術、生産管理などを指導しながら垂直的な下請分業体制を作り上げていったのである。

　また、この時期に諏訪市においてヤシカ（現京セラ）と三協精機製作所（現日本電産サンキョー）が創業している。ヤシカは、バルブメーカー北澤工業（のち東洋バルブ、諏訪市）に勤務していた牛山善政が1949年12月に独立し、電気時計を製造する八洲精機を設立したのが始まりである。その後、写真用品を販売していたエンドー写真用品（東京都中央区）からカメラ生産を受託し、カメラ生産に携わっていった。1953年八洲光学精機に社名を改称し、折からの二眼レフブームにも乗って「ヤシマフレックス」、「ヤシカフレックス」を発売してカメラ事業を本格化させ、カメラメーカーとして成長していった。また、三協精機も同じく北澤工業に勤務していた山田正彦らが1946年に個人企業を設立、翌年三協精機製作所と改称して電気機械（積算電力計）の製造や時計部品加工の下請を行いながら1948年からオルゴールを試作し、その後オルゴールを中軸事業に据えて発展していった[2]。

　1950年代から70年代の高度経済成長期に諏訪地域の精密機械工業は、大手精密機械メーカーを頂点とするピラミッド型の生産構造のもとで発展を続けていったが、精密機械工業の急速な発展は、山と湖に挟まれて平坦な土地が少ない諏訪湖北岸地域の工場拡張を制約させると共に、地価の高騰や若年労働力の不足をもたらしたのであった。したがって、その後の新規の工場立地は、地価が安く、労働力が比較的確保しやすい諏訪地域に隣接する茅野市、富士見町、原村などの諏訪郡の地域、上伊那郡辰野町、同箕輪町、伊那市などの上伊那地域、さらに中央本線沿いの塩尻や松本地域へと拡大していったのである。

　1970年代から80年代は、製品や生産面においてME化が進展していったが、この時期はまた、大手精密機械メーカー各社が経営の多角化に本格的に取り組んだ時期でもあった。諏訪精工舎は時計からコンピューター周辺機器などの電気・電子機器へ、オリンパス光学工業はカメラから医療機器（内視鏡）へ、三協精機製作所はオルゴール・8㍉カメラから電子部品・システム機器関連へというように、各社は多角化を展開し、事業の重心を多角化分野に移していった。

その結果、諏訪地域における主要産業は、これまでのカメラ、時計、オルゴールなどの精密機械から電子機器・電子部品などの電気機械、一般機械を中心とするものへと変化していったのである。

1980年代に入り、諏訪精工舎、オリンパス、三協精機など地域の中核企業は海外進出を本格化させ、これまで諏訪地域で量産してきた製品の海外移管を進めていくと共に、国内工場の再編・縮小を行っていった。諏訪地域では、諏訪精工舎、オリンパス、三協精機の3社は地域を代表する企業といわれ、この3社の動向がそのまま諏訪地域の経済動向に反映するといわれてきた。この3社が1980年代から多角化事業に重心を移し、さらに海外進出を本格化させていったことは、地域として形成されてきた中核企業（親企業）を頂点とする垂直的な下請分業体制を崩壊させると共に、中小・零細企業にも大きな影響を及ぼしていったのである。

1990年代以降の諏訪地域をみると、地域の中核企業の本社機能は残っているものの生産の多くが海外に移転されており、中小・零細企業を中心とする「精密小物部品の量産加工」地域という特徴が浮き彫りになっているのである[3]。

2．諏訪・上伊那地域の経済的現況

諏訪・上伊那地域の1980年から2011年までの事業所数、従業者数、製造品出荷額等の統計を通して全般的な推移を確認していくこととする。表4-1では上伊那地域を諏訪地域と共に表記したが、これは上伊那地域が諏訪地域に隣接し、カメラ関連企業の進出が多くみられたことを考慮したものである。

諏訪地域で県全体の事業所数の15-17％、従業者数の13-14％、製造品出荷額等の10-13％を、上伊那地域で事業所数の10-11％、従業者数の10-13％、製造品出荷額等の10-15％を占め、両地域（合計）で県全体の3割弱が占められている。

諏訪地域では、事業所数は1990年、従業者数は85年、製造品出荷額等は90年がピークで、上伊那地域では、事業所数は90年、従業者数は90年、製造品出荷額等は2000年がピークとなっている。両地域にいえることは、1980

表 4-1 諏訪・上伊那地域における事業所数、従業者数、製品出荷額等の推移

(単位:所、人、億円、%)

	事業所数					
	長野県(A)	諏訪(B)	うち従業者3人以下	上伊那(C)	うち従業者3人以下	(B+C)/(A)
1980年	15,546	2,684	1,102	1,624	494	27.7
85年	16,637	2,861	1,190	1,878	670	28.5
90年	16,619	2,914	1,292	1,882	715	28.9
95年	15,649	2,695	1,252	1,800	759	28.7
2000年	14,435	2,472	1,160	1,714	757	29.0
03年	12,478	2,084	946	1,495	656	28.7
05年	11,585	1,961	864	1,380	580	28.8
11年	10.011	1,601	710	1,210	509	28.1
11年/85年	60.2	56.0	59.7	64.4	76.0	

	従業者数					
	長野県(D)	諏訪(E)	上伊那(F)	(E+F)/(D)		
1980年	264,396	43,675	28,264	27.2		
85年	294,266	44,883	33,945	26.8		
90年	298,202	43,702	34,741	26.3		
95年	274,653	38,666	33,055	26.1		
2000年	251,339	35,878	30,146	26.3		
03年	223,115	30,505	28,399	26.4		
05年	221,692	31,827	28,596	27.3		
11年	194,807	27,225	25,435	27.0		
11年/85年	66.2	60.7	74.9			

	製品出荷額等					
	長野県(G)	諏訪(H)	上伊那(I)	(H+I)/(G)		
1980年	33,703	6,023	3,558	28.4		
85年	52,477	8,706	6,452	28.9		
90年	66,216	9,865	8,095	27.1		
95年	66,400	8,373	8,802	25.9		
2000年	70,943	8,655	10,347	26.8		
03年	57,452	7,167	8,956	28.1		
05年	63,177	8,342	9,655	28.5		
11年	53,352	5,702	6,676	23.2		
11年/85年	101.7	65.5	103.5			

出所:長野県『工業統計調査結果報告書』(各年)、『平成24年経済センサス活動調査』より作成。
注: 1) 金額は億円以下は切り捨て。
 2) 諏訪地域:岡谷市、諏訪市、茅野市、諏訪郡の下諏訪町、富士見町、原村。
 3) 上伊那地域:伊那市(高遠町、長谷村含む)、駒ヶ根市、上伊那郡の辰野町、箕輪町、飯島町、南箕輪村、中川村、宮田村。

年代後半から1990年代前半の時期が1つの転換点をなしていたということである。注目されるのは、諏訪地域の事業所数、従業者数、製造品出荷額等の減少率が県平均や上伊那地域より大きいということである。これは、諏訪地域の中核企業が周辺地域や海外に生産拠点を移したことが大きな要因と思われるが、その後の地域の産業構造の転換が進んでいないことを反映したものでもある。

さらに、諏訪地域の特徴として多くの小規模・零細企業が存在していることが指摘できる。従業者3人以下の事業所の割合をみると、諏訪地域は41-46%で上伊那地域（30-42%）や県平均（35-42%）を上回る状況となっている。

次に、表4-2で諏訪・上伊那地域の製造品出荷額等の上位3業種と精密機械工業の推移をみると、諏訪地域では主要産業の精密機械工業は、前述したように諏訪市、諏訪郡下諏訪町、岡谷市に集中しており、その後周辺地域に拡散していったことを確認することができる。上伊那地域は、全体として電気機械工

表4-2-1　諏訪地域における製造品出荷額等の上位3業種

（単位：億円）

	1970年		1980年		1990年		2000年		2007年	
岡谷市	精密	205	精密	860	機械	1,098	電機	783	輸送	507
	機械	127	機械	237	電機	518	機械	729	電機	405
	繊維	107	電機	215	精密	429	精密	327	機械	385
									（精密）	140
諏訪市	精密	357	精密	1,576	精密	1,265	機械	395	電機	447
	機械	226	機械	276	機械	405	精密	307	金属	194
	電機	122	金属	91	電機	247	電機	294	機械	183
			食料	91					（精密）	142
茅野市	輸送	70	電機	265	電機	846	電機	1,090	電機	789
	食料	39	精密	188	機械	248	機械	342	機械	577
	電機	27	食料	116	非鉄	222	食料	167	非鉄	319
	（精密）	10			（精密）	129	（精密）	50	（精密）	70
諏訪郡	精密	121	電機	283	電機	1,331	電機	1,566	電機	1,006
	電機	56	精密	163	機械	333	機械	170	飲料	280
	繊維	30	食料	87	精密	300	金属	47	非鉄	28
							（精密）	26	（精密）	3

出所：長野県『長野県統計書』、『工業統計調査結果報告書』より作成。
注：1）2000年まで全事業所、2007年4人以上の事業所。
　　2）億円未満切り捨て。
　　3）2007年の電機は、電気機械、情報通信、電子部品の合計金額を示している。
　　4）2007年の諏訪郡は、数値の非公開な業種が多く、原村を除き公開されている数値を合計したもので参考として掲げている。

表 4-2-2　上伊那地域における製造品出荷額等の上位 3 業種

(単位：億円)

		1970 年		1980 年		1990 年		2000 年		2007 年	
伊那市		電機	69	**精密**	**312**	電機	951	電機	1,307	電機	564
		精密	**50**	電機	295	**精密**	**514**	機械	380	機械	470
		食料	35	機械	186	機械	417	**精密**	**333**	**精密**	**392**
駒ケ根市		電機	115	電機	355	電機	795	電機	829	電機	744
		繊維	26	食料	77	機械	187	機械	682	輸送	292
		木材	14	機械	68	輸送	125	飲料	72	機械	252
		(精密)	3	(精密)	28	(精密)	13	(精密)	8	(精密)	x
上伊那郡		電機	86	**精密**	**372**	電機	1,344	電機	3,453	電機	2,023
		精密	**66**	電機	322	**精密**	**1,106**	機械	661	機械	452
		金属	55	輸送	242	金属	381	**精密**	**374**	輸送	321
										(精密)	239

出所：長野県『長野県統計書』、『工業統計調査結果報告書』より作成。
注：1) 2000 年まで全事業所、2007 年 4 人以上の事業所。
　　2) 億円未満切り捨て。
　　3) 2007 年の電機は、電気機械、情報通信、電子部品の合計金額を示している。
　　4) 2007 年の上伊那郡は、数値の非公開な業種が多く、公開されている数値を合計したもので参考として掲げている。

業が中心をなしているが、伊那市にはオリンパスの顕微鏡生産の主管工場である伊那工場が存在し、精密機械工業の出荷額が多くなっている。さらに、この表 4-2 の上位業種を整理すると電気機械、一般機械、精密機械の 3 業種に集約でき、その推移を示したのが図 4-1 である。これをみると、この 20 年間に諏訪地域では主要産業が精密機械工業から電気機械工業に変化し、上伊那地域では電気機械工業がさらに伸長していっていることが看取される。

図 4-1-1　諏訪地域の上位産業の製造品出荷額の推移

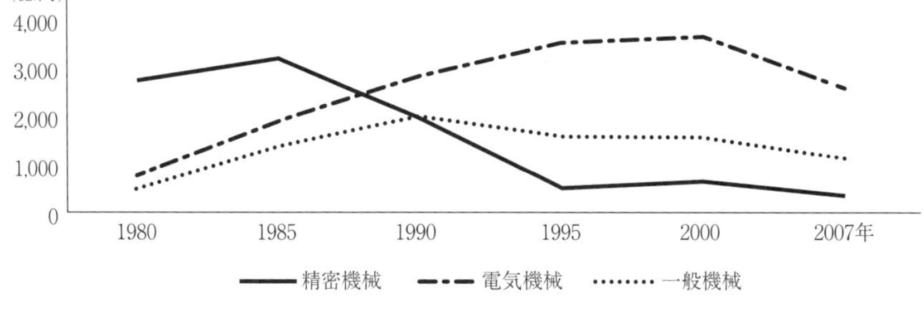

図4-1-2　上伊那地域の上位産業の製造品出荷額の推移

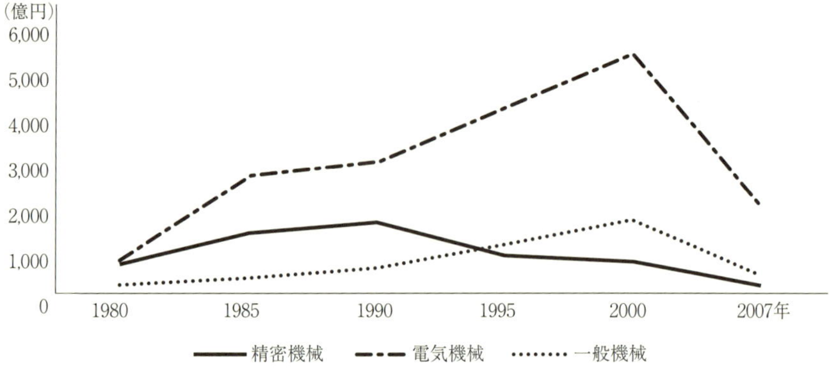

（億円）の縦軸、1980〜2007年の横軸。凡例：精密機械、電気機械、一般機械。

出所：長野県『長野県統計書』、『工業統計調査結果報告書』より作成。

近年の諏訪・上伊那地域は、電気機械を中心とする機械工業が主要産業となっているのである。

3．諏訪地域における光学機械工業の推移

2007年に産業分類が大きく変更・改定され、2008年から「精密機械器具製造業」（中分類）は「業務用機械器具製造業」と「その他の製造業」に分割され、「精密機械器具製造業」の項目は廃止されている。これまで「精密機械器具製造業」に含まれていた「顕微鏡・望遠鏡等」、「写真機・同付属品」、「映画用機械・同付属品」、「光学機械用レンズ・プリズム」の項目（細分類）は、新分類では「光学機械器具・レンズ製造業」（小分類）の中で再編・統合されている。さらにデジタルカメラは、旧産業分類では「電気機械器具製造業」（中分類）の中の「ビデオ機器製造業」（小分類）に含まれ、デジタルカメラはビデオカメラと混在化されてデジタルカメラだけを把握することはできなかった。しかし、新産業分類では「情報通信機械器具製造業」（中分類）の中の「映像・音響機械器具製造業」（小分類）に「デジタルカメラ製造業」（細分類）が設けられ、把握することができるようになった。しかしながら、市町村など地域別の統計は公表されておらず、旧産業分類の「写真機・同付属品」同様、全県レベルでの数値の公表にとどまっている。

本来、カメラ生産の地域的動向をみるにあたっては、「写真機・同付属品」

の動向とデジタルカメラの動向を重ね合わせて理解していかなければならないが、統計的な制約によってそれができないので、フィルムカメラ製造業とデジタルカメラ製造業の趨勢（傾向）だけを確認することにする。

　まず、長野県の「精密機械器具製造業」に対して、諏訪・上伊那地域（合計）がどのくらいの割合を占めていたのかを確認しておく。なお、「精密機械器具製造業」には先の光学関連機器だけでなく、時計や測定機なども含まれていることに留意する必要がある。表4-3をみると、両地域で長野県の「精密機械器具製造業」の事業所数の50-70%、従業員数の40-70%、製造品出荷額等の40-80%が占められ、特に諏訪地域における地域的集中には著しいものがある。2007年の時点においても両地域（合計）で事業所数の49.7%、従業員数の39.5%、製造品出荷額等の40.6%が占められており、依然として長野県の精密機械工業の中心地となっている。しかし、その推移をみると諏訪地域では1980-85年が、上伊那地域では1985-90年がピークで、その後は両地域とも減少傾向が続いている。

　次に、長野県の光学機器製造業の推移を表4-4でみていくと、「写真機・同付属品」が事業所数、従業者数、製品出荷額等、輸出額とも最も多く、次いで「光学用レンズ・プリズム」、「顕微鏡・望遠鏡等」の順となっている。こうした長野県の光学機器製造業の動向は、長野県における精密機械工業の地域的な集中、さらにオリンパス、ヤシカ、チノン（現AOFジャパン）、日東光学などのカメラメーカーの生産拠点が諏訪地域と上伊那地域に存在していることから判断して両地域の動向を反映していると推察する[4]。

　「写真機・同付属品」と「光学用レンズ・プリズム」の推移をみると、事業所数は1985年、従業員数は1980-85年、製造品出荷額等は1990年がピークとなっている。つまり、1985-90年の時点が転換点となっており、先の地域全体や精密機械工業の転換期と一致している。2003年以降は従業者規模が4人以上の事業所の動向となるが、2003年と2007年を比較してみると、「写真機・同付属品」、「光学用レンズ・プリズム」ともに激減している。「写真機・同付属品」では事業所数が40.4%減、従業者数が45.2%減、製造品出荷額等が69.5%減、「光学用レンズ・プリズム」でも事業所数が37.1%減、従業者数が15.0%減、製造品出荷額等が29.3%減と大幅減少となっているのである。

表 4-3 長野県の精密機械器具製造業における諏訪・上伊那地域の位置

(単位：事業所、人、億円、%)

	1965年	1970年	1975年	1980年	1985年	1990年
事業所数	472	762	1,056	1,313	1,344	1,176
うち諏訪	267	335	454	560	532	442
うち上伊那	78	183	262	338	364	308
従業員数	22,679	28,476	31,289	36,168	33,598	27,937
うち諏訪	13,957	14,865	15,074	16,401	12,770	9,500
うち上伊那	2,769	4,025	5,207	6,450	7,156	6,182
製造品出荷額等(A)	446	1,031	2,336	4,615	6,527	6,509
うち諏訪	329	693	1,519	2,787	3,267	2,123
うち上伊那	49	119	327	712	1,393	1,633
輸出額(B)	123	360	769	1,578	2,004	1,479
うち諏訪	101	289	606	1,173	1,022	
うち上伊那	10	37	71	194	742	
輸出比率(B/A)	27.6	34.9	32.9	34.2	30.7	22.7
諏訪	30.7	41.7	39.9	42.1	31.3	
上伊那	20.4	31.1	21.7	27.2	53.3	

	1995年	2000年	2003年	2005年	2007年
事業所数	956	866	381	331	288
うち諏訪	349	289	110	95	79
うち上伊那	243	222	79	70	64
従業員数	18,378	15,501	13,213	11,832	12,064
うち諏訪	4,730	3,489	2,446	2,286	2,057
うち上伊那	4,679	3,098	2,664	2,489	2,710
製造品出荷額等(A)	3,576	3,608	3,000	2,959	2,944
うち諏訪	627	736	591	620	355
うち上伊那	899	715	437	969	841
輸出額(B)	1,106	1,274	395	690	646
輸出比率(B/A)	30.9	35.3	13.2	23.3	21.9

出所：長野県企画部『工業統計調査結果報告書』、長野県総務部『長野県の工業』、長野県商工部『長野県の輸出産業』より作成。

注：1）事業所数は2000年まで全数、03年から4人以上の事業所数。2003年から諏訪・上伊那の製造品出荷額等は公表されている金額を集計。

2）億円未満切捨て。

3）精密機械器具の輸出額の諏訪地域、上伊那地域については85年までしか記載されていない。

4）諏訪地域：岡谷市、諏訪市、茅野市、諏訪郡下諏訪町、富士見町、原村。
上伊那地域：伊那市、駒ヶ根市、上伊那郡高遠町、辰野町、箕輪町、飯島町、南箕輪村、中川村、長谷村、宮田村。

表 4-4　長野県の光学機器関連製造業の推移

(単位：事業所、人、億円、％)

	1965年	1970年	1975年	1980年	1985年	1990年	1995年	2000年
顕微鏡・望遠鏡等								
事業所数	62	88	91	87	114	95	86	86
従業員数	1,820	2,197	1,208	1,688	2,084	1,724	1,432	1,336
製造品出荷額等(A)	37	78	75	250	456	420	300	428
写真機・同付属品								
事業所数	174	288	411	535	545	430	336	278
従業員数	6,241	7,149	8,434	9,182	9,206	6,846	4,785	2,981
製造品出荷額等(A)	146	257	591	1,183	1,320	1,561	772	576
輸出額(B)	68	109	191	516	660	862	636	745
輸出比率(B/A)	46.6	42.4	32.3	43.6	50.0	55.2	82.4	129.3
映画用機械・同付属品								
事業所数	21	33	82	69	13	6	1	3
従業員数	1,436	1,503	2,847	1,436	254	44	x	24
製造品出荷額等(A)	33	63	309	167	32	2	x	0.7
光学用レンズ・プリズム								
事業所数	59	116	166	203	250	232	173	156
従業員数	1,841	3,106	3,315	4,339	4,262	3,978	2,374	3,169
製造品出荷額等(A)	14	64	152	404	518	713	334	743

	2003年	2005年	2007年	2008年	2009年	2010年	2011年	2012年
顕微鏡・望遠鏡等								
事業所数	31	30	26	31	35	32	30	25
従業員数	1,392	1,304	1,340	1,460	1,495	1,400	1,792	1,752
製造品出荷額等(A)	388	452	517	537	494	533	343	279
写真機・同付属品								
事業所数	114	90	68	49	37	31	24	26
従業員数	1,881	1,523	1,031	798	767	694	655	664
製造品出荷額等(A)	505	444	154	135	111	110	91	106
輸出額(B)	69	36	12					
輸出比率(B/A)	13.7	8.1	7.8					
映画用機械・同付属品								
事業所数	3	2	＊					
従業員数	16	12	＊					
製造品出荷額等(A)	0.9	x	＊					
光学用レンズ・プリズム								
事業所数	70	46	44	52	42	39	43	35
従業員数	2,609	2,069	2,218	2,250	1,858	1,764	1,832	1,639
製造品出荷額等(A)	518	380	366	344	243	261	335	300
デジタルカメラ								
事業所数				51	44	39	42	42
従業員数				1,783	1,464	1,322	1,417	910
製造品出荷額等(A)				682	427	355	286	159

出所：長野県総務部『長野県の工業』、長野県商工部『長野県の輸出産業』より作成。
注：1）事業所数は2000年まで全数、03年から4人以上の事業所数。
　　2）億円未満切捨て。
　　3）＊は統計に記載がない。
　　4）精密機械器具の輸出額の諏訪地域、上伊那地域については85年までしか記載されていない。
　　5）xは未公表を示す。

デジタルカメラの総出荷金額と総出荷数量をカメラ映像機器工業会（CIPA）の統計でみると、デジタルカメラがフィルムカメラの総出荷金額を上回っていくのは2000年、総出荷数量で上回っていくのは2002年である[5]。長野県の「写真機・同付属品」は、1990年代後半から事業所数、従業員数、製造品出荷額等いずれも減少傾向を示し、特に2003年以降は急減する状況となっている。さらに、諏訪・上伊那地域に生産拠点をもつオリンパス、チノンのデジタルカメラ生産台数の推移をみると、2000年前後から増加傾向を示し、2003年から急増していっている（表4-5）[6]。こうしたことから諏訪・上伊那地域では、2000年前後の時期がフィルムカメラからデジタルカメラへの転換期であった。2008年以降の長野県の「デジタルカメラ製造業」の状況をみると、諏訪・上伊那地域のデジタルカメラの完成品生産がすでに海外に全面的に移管されていることもあり、「デジタルカメラ製造業」の事業所数、従業員数、製造品出荷額等は年を追うごとに少なくなっている。

　最後に、「写真機・同付属品」も含めて「精密機械器具製造業」の輸出についてみていくこととする（表4-3）。「精密機械器具製造業」として地域別の輸出額が統計上判明するのは1985年までである。これをみると、諏訪地域が圧倒的に多くなっている。円高による海外生産が本格化する前の1985年時点の

表4-5　諏訪地域のデジタルカメラメーカーの出荷台数

（単位：万台、億円）

年	1997	1998	1999	2000	2001	2002	2003	2004	2005
オリンパス	9	25	34	25	42	40	180	130	240
チノン（生産台数）	20	45	23	70	80	80	230		
（販売額）＊	145	218	318	339	273	298	742		
セイコーエプソン				36	30	30			
年	2006	2007	2008	2009	2010	2011	2012	2013	2014
オリンパス	400	400	345						
チノン（生産台数）									
（販売額）＊									
セイコーエプソン									

出所：『ワールドワイドエレクトロニクス市場総調査』1998-2014年版、富士キメラ総研による。
　1）＊の販売額は筆者が加筆。販売額はチノン『有価証券報告書』による。3月期決算。
　2）生産台数はデジタルコンパクト、デジタル一眼の合計台数。

輸出額は、諏訪地域51%、上伊那地域37%で、2地域で長野県の精密機械器具の90%弱が輸出されていた。「写真機・同付属品」の輸出額は、1970年代後半から急増し、1990年がピークとなっている。諏訪地域におけるデジタルカメラの生産は、2000年代半ば以降海外移管によって激減する状況にあり、それに伴って輸出額も激減している[7]。

第2節 諏訪地域におけるカメラメーカーと生産体制

1. フィルムカメラの生産体制

　諏訪地域でフィルムカメラの完成品メーカーとして頂点に立つ企業は、オリンパス、ヤシカ、日東光学、チノンの4社である。戦時中に疎開してきたオリンパスを先行企業として、1950年代にヤシカと日東光学、1960年代にチノンがカメラ生産を開始した[8]。特に、日東光学やチノンは、オリンパスやヤシカなど地元のカメラメーカーだけでなく、他の国内主要カメラメーカーとの取引を通じてカメラの生産技術を向上・蓄積させ、地域の有力企業に成長してきた。

　諏訪地域におけるフィルムカメラの生産体制を示したのが図4-2であるが、このようなカメラメーカーを頂点とする生産構造が形成されたのは、1950年代半ば以降の高度経済成長期で、カメラ生産の拡大に伴うものであった。それ以前の時期については、カメラメーカーは自社の生産組織の構築に取り組んでいた時期で、また諏訪地域の下請企業も十分育っていなかったこともあってカメラメーカーの内製化率は高く、積極的に下請企業を利用するという形にはなっていなかった。

　カメラメーカー（親企業）は、1次下請企業や2次下請企業の上位に位置し、自社で研究開発・試作を行い、自社あるいは関連子会社の工場で主要製品・部品の生産や組立（高度な技術が必要な部組工程なども含む）を行っていた。こうしたカメラの生産体制は、諏訪地域独自のものではなく京浜地域のカメラ生産でも見られたものであった。高度経済成長期の京浜地域の光学機械工業は、城南（カメラ）と城北（顕微鏡）の2地域に中核地域が形成され、それらは組立親工場─下請工場群─再下請群という形の生産組織を成して集団化していることが

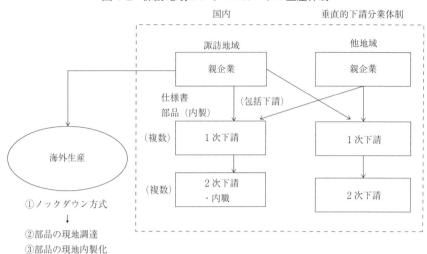

図 4-2 諏訪地域のフィルムカメラの生産体制

出所：関雅一『長野県諏訪地方における機械工業の発達と地域構造』1992年、諏訪市立図書館所蔵に筆者が加筆。

と、完成品メーカーは同一部品でも数社の下請企業から購入し、また部品下請企業も2社以上の完成品メーカーに納品していること、さらに、下請企業は生産組織の底辺に近づけば近づくほど光学機械企業だけでなく自動車など他部門とも結びついていたことなどが明らかにされている[9]。

図 4-3 は、1980年代前半におけるチノンのフィルムカメラの生産工程を示したものであるが、生産部門では機械加工（旋盤挽き加工、穴あけ、ネジ切りなど）、メッキ（塗装）、彫刻加工、レンズ加工の一部を、工作部門では生産部門で使用する治工具加工、木型、鋳造他旋盤加工の一部が外注に出されていた。筆者の聞き取りによれば、これはチノンと限らないが鏡枠やカメラの組立生産（一部を含む）なども外注に出されていた[10]。

フィルムカメラの生産工程の中で最も自動化しにくいのは組立工程で、カメラメーカーは1次下請の組立企業に仕様書と部品を渡してカメラの組立を委託していた[11]。だが、カメラメーカーは、下請組立企業によっては仕様書のみを渡して下請組立企業に部品調達も任せる場合があった（これを「包括下請」という、後述するC社の場合）。親企業であるカメラメーカーは、組立生産が軌道

図4-3 チノンのフィルムカメラ生産工程図

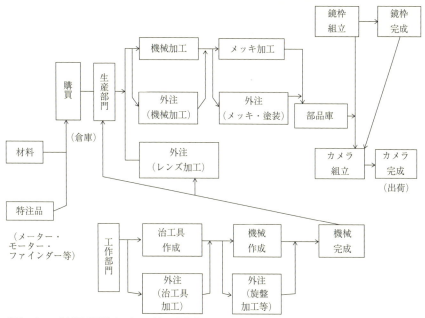

出所:チノン『有価証券報告書』(1980年)より作成。

に乗るまで下請組立企業を指導し、また軌道に乗った後でも工場を頻繁に訪れて品質チェックや生産指導などを行ったのである。1次下請組立企業の下にはさらに2次下請企業や内職が存在した[12]が、彼らは手数のかかる組立の前段階の部品組立や部品加工の一部などを担当していた(1次下請組立企業は、組立だけでなく部品加工の一部も請け負っていた(後述するA社))。1次下請組立企業は、自社内で部組したユニットと2次下請企業や内職から上がってきたユニットを組み立てて完成品としてカメラメーカーに納品していたのである。

　下請企業には小規模・零細企業が多く、その労働力は主に主婦や中高齢層に依存していた。1次、2次下請企業の賃金は、親企業であるカメラメーカーに比べ段階的に低くなっており[13]、若年労働力を採用・定着させることは難しかった。そのため、主婦や中高齢層の労働力に多くを依存せざるをえなかったのである。1980年代後半からは主婦などの労働力の確保も難しくなり、日系ブラジル人など外国人労働者が採用されるようになっていくのである[14]。

では、このような垂直的な下請分業体制はどうして形成されたのかであるが、それについては少なくとも次の２点を指摘することができる。第１に、これは諏訪地域に限定されるものではないが、フィルムカメラ自体の特性とその生産工程に起因するものである。フィルムカメラの場合、部品点数が多いだけでなく量産できない複雑な金属加工などを要する部品がかなり存在している。そのような部品をカメラメーカーがすべて内製化することは合理的でなく、さらに機種変更が頻繁に行われる場合や少量生産の場合にはなおさら自社の生産ラインには載せにくい。その場合に小回りがきく下請企業を利用する方が合理的であり、多品種少量生産が進めば進むほど下請企業をうまく利用する方が合理性を持ってくるのである[15]。また、カメラメーカー同士の競争の激化は、製品コストの引下げを必然化させたが、その場合、部品・加工・組立コストの引下げや賃金の抑制・引下げが必要となってくる。カメラメーカーは、コスト的に引き合わない部品生産や加工・組立については外注（下請）を利用して複数の下請企業同士を競争させ、コストの引下げを図ったのである。カメラメーカーにとって、自社の要望に常に応えられる下請企業を組織化し、それを機動的に利用していく方が合理的であったのである。

　1980年代半ばころまでのカメラ生産は、どちらかといえば少品種大量生産で、製品のライフサイクルも２-３年と長く、高度経済成長期後半から部品生産や部品加工には自動機械が導入されてきた。このことは、カメラメーカー（親企業）に限ったことではなく下請企業についても同様であった（ただし、下請企業の場合には台数が１台から数台と少ない場合が多かった）。カメラは構造が複雑で、組立工程に頻繁に調整・検査工程を組み込まなければならなかったこともあり、その面からも労働集約的とならざるを得なかった。そのため組立生産の自動化は工程の一部に限定されたのである。日東光学では、1990年に比較的部品点数が少なく低価格カメラ（普及機）の最終組立工程にロボットを導入し80％の自動化を達成したが、複雑な形状をした台座の取り付けやプリント基板とストロボなどを結ぶ配線作業などは依然として手作業のままであったといわれる[16]。しかし、カメラメーカーは、組立工程も含めて生産工程全体を見直し、自動化を推進しようとした。1980年代後半からカメラ製品のライフサイクルの短縮化、多品種少量生産が明らかになってくると、量産機種と少量

機種で生産方法を変えていく必要性が生じ、量産品生産では自動組立と人手による組立生産とが組み合わされ、少量品生産では人手を中心とした組立生産というようになっていくのである[17]。諏訪地域の他のカメラメーカーでもカメラの組立生産の自動化に取り組んだが、部品の位置決めや自動化による不良率の高まりなどによって組立の完全自動化は達成できなかったという[18]。また、諏訪地域全域でセル生産方式が一般化していくのは1993年頃からといわれている[19]。

　第2に、フィルムカメラの生産工程が、特に組立工程が労働集約的であるということは製造原価に占める人件費の割合を高くし、いかに賃金の上昇を抑制するかを重要な問題とさせたのである。その点で、初任給は比較的高いが昇給期間が長く賃金がなかなか上がっていかないという「諏訪型低賃金」は、カメラ生産など労働集約的生産にとって重要な要因となったのである。諏訪地域は、地域としてもともと「独立心が強い」という気風があるが、1950年代前半まで戦時中の疎開企業の撤退や閉鎖などが相次ぎ、長野県内でもとりわけ低賃金の地域であった（2割位安いといわれていた）。そして、その後の精密機械工業の発展と共に若年労働力の不足が著しくなり、「諏訪型低賃金」[20]が普及していったといわれている。長期間勤めても賃金が上がらないためにカメラメーカーなどに勤めていた技術者や技術を習得した労働者は、独立して自宅の一部（納屋・庭先など）で付近の主婦や中高齢層を労働力として、1-2台のプレス機や旋盤などを使って仕事をする小規模・零細な下請企業を設立していったのである（「納屋工場」といわれる）[21]。

　小規模・零細な下請企業（組立企業も含めて）は、カメラメーカーなど上位企業に大きく依存していた。そのため上位企業から価格（単価）の引下げや支払いの遅延などの要求に応じざるをえず、その経営は常に不安定で、複数の上位企業と関係を持たざるをえなかった。そして、生産工程の共通性などから電機や自動車などの他部門とも関係を持つようになっていったのである。さらに、小規模・零細な下請企業は、上位企業の景気の波のクッションとしての役割も果たしたのであり、上位企業の立場から言えば、コストの上昇を抑えながら景気の波を下へと転嫁することができたのである。

　賃金が上昇した1980年代においても諏訪地域では、小規模・零細の下請企

業がそれほど減少していない。このことは、淘汰されていく下請企業がある一方で、新規に設立されていく企業によって相殺されていることを示すものである。1-3人規模の零細な下請企業でもNC工作機などの自動機械を導入すれば他の下請企業とも対抗でき、労働力不足や賃金上昇にも対応できたからである。しかし、1990年代に入ると小規模・零細の下請企業の起業は減少していく。その理由は、技術レベルが高度になったこと、創業資金が高額になったことなどによるのである。

2. 諏訪地域におけるデジタルカメラ生産

諏訪地域におけるデジタルカメラの完成品メーカーは、前述したフィルムカメラメーカーのオリンパス、京セラ、チノン（米コダックの子会社）の3社である。日東光学は、部品調達の問題からデジタルカメラの完成品の生産を行っていない。レンズモジュール生産に特化して中国でデジタルカメラ生産を行っているカメラメーカーに納品する部品メーカーとなっている。

諏訪地域では、チノンが1995年に自社ブランドのデジタルカメラを販売したが、1997年に米コダックの子会社になってからは米コダックにデジタルカメラをOEM供給（相手先ブランドでの生産）し、コダックが中国で生産を本格化させるまで米コダックのデジタルカメラは大半がチノン製であった。オリンパスと京セラが一般消費者向けデジタルカメラに参入するのは1996、97年である。諏訪地域のカメラメーカーのデジタルカメラへの参入はAPSカメラとの関連があったと思われるが全体として遅れた。また、デジタルカメラ生産の海外生産拠点への移転は、デジタルカメラ生産が急増する2000年代前半の時期に集中して行われた。したがって、諏訪地域におけるデジタルカメラ生産は短期間で終了した。以下では、一般消費者向けのデジタルカメラへの参入時期が早い順で各社についてみていくこととする。

(1) チノン

チノンは、1990年代前半からコダックなどのデジタルカメラのOEM供給を行ってきたが、1995年に自社ブランド「チノンES-3000」というデジタルカメラを発売している。1997年米コダックの子会社[22]となってからはコダッ

クのデジタルカメラの中心的な生産拠点としてOEM供給の役割を果たしていくのである[23]。しかし、2001年米コダックが自社の上海工場でデジタルカメラ生産を始めることとなり[24]、チノンには生産（量産）機能ではなく開発・設計機能が求められていった。2006年米コダックはEMS（電子機器の生産受託サービス）大手のフレクストロニクス（本社：シンガポール）にデジタルカメラの生産部門を売却したことから旧チノンはフレクストロニクスの一部になった。フレクストロニクスは、2008年のリーマンショックを契機に自社のEMS事業の見直しを行い、2009年台湾の亜洲光学と合弁会社AOF（本社：香港）を設立した（持株割合：亜洲光学80.1％、フレクストロニクス19.9％）。AOFの実質的な経営は亜洲光学が主導しており、日本のデジタルカメラメーカーからの開発・製造を受託するためにAOFジャパン（本社：神奈川県横浜市、現在は岡谷事業所）を設立している。旧チノンの流れは、現在このAOFジャパン岡谷事業所に引き継がれている[25]。AOFジャパン岡谷事業所は、AOF台湾と共に、デジタルカメラの研究開発を行っており、生産はAOF中国（深圳）が担当している。

(2) オリンパス

　オリンパスは、1995年末から業務用のデジタルカメラの欧米向け輸出を決定し開始していくが、それを契機にデジタルカメラ生産をこれまでの八王子事業所から辰野事業場に移管し、本格量産していくこととなる。オリンパスが一般消費者向けのデジタルカメラ市場に参入するのは1996年「キャメディアC-800L」の発売からであった[26]。オリンパスは、デジタルカメラ事業で1993年10月から業務用（プロ用）機を発売していたが、他社との差別化を明確に打ち出すことができず、また一般消費者向けのデジタルカメラ市場への参入も市場動向を十分読み切れずに遅れをとっていた。そうした中で、高画質を追求したデジタルカメラの投入で一気に巻き返しを図ったのが「キャメディアシリーズ」であった。オリンパスは、当初デジタルカメラの全量を電気機器メーカーの三洋電機からOEM供給を受けたが、デジタルカメラの高画質化が進む中で、高級デジタルカメラなど戦略機種については自社生産、中級・普及機については三洋電機と共同開発し、OEM供給を受けるという体制を採っていっ

たのである[27]。

　オリンパスは、2001年デジタルカメラ生産を生産コストが安い中国で本格化させることを発表し[28]、2002年には後述する「奥林巴斯（深圳）工業」（オリンパス深圳）にデジタルカメラ用レンズを生産する施設を増設すると共に、「奥林巴斯番禺工廠」（オリンパス番禺）の近接地に組立工程を目的とする施設を新設してデジタルカメラの大幅な増産体制を整えていったのである[29]。さらに、2008年末からは「オリンパスベトナム」（Olympus Vietnam Co. Ltd、2007年10月設立）の工場も稼働し、デジタルカメラのレンズユニット・部品や内視鏡処置具の組立、生産が開始されていくのである[30]。

(3) 京セラ

　京セラが一般消費者向けのデジタルカメラに参入したのは1997年からで、京セラブランド、コンタックスブランドとして2005年夏まで長野岡谷工場と中国広東省石龍市の合弁会社「東莞石龍京瓷光学」で生産・販売してきた。

　京セラは、2000年に上海市と広東省石龍市に大型の生産拠点を新設することを発表したが（2002年稼働）、これは石龍市にもつ4ヵ所の生産拠点がいずれも小規模で生産能力に限界があったことを背景としている。京セラは新たに石龍市に大型の生産拠点を新設することによって生産能力を約6倍に引き上げようとしたのである（4つの生産拠点は閉鎖）。上海市の工場では携帯電話などに使われる各種コンデンサーやセラミック基板等の電子部品生産を、石龍市ではデジタルカメラなどの光学製品の組立を行い、中国市場だけでなく欧米や日本への輸出をにらんだ部品・製品生産基地として活用しようとしたのである[31]。京セラのデジタルカメラは独特のデザインや高級品で存在感を示したが、後発組で競争が激しく先行メーカーのシェアを大きく奪うことはできなかった（シェアは2－3％といわれる）。2004年10月京セラは、カメラ付き携帯電話の台頭で今後デジタルカメラ事業の市場環境は悪化していくと予想して事業からの撤退を表明した。そして、2005年3月にデジタルカメラ事業からの撤退と携帯電話向けカメラモジュール（複合部品）事業への転換を表明するのである。その結果、デジタルカメラの生産拠点として位置づけられていた石龍市の工場は携帯電話向けカメラモジュール（複合部品）の生産に切り替えられていった

のである[32]。

現在、京セラの長野岡谷工場は、サーマルヘッド部品やサファイヤ製品などを生産し、カメラ生産と全く関係がなくなっている。

3. デジタルカメラの生産体制

デジタルカメラの基幹部品の主要なものを大まかに列挙すると、画像を結像させるための「レンズ」、電子回路関係では光の情報を電子信号に変換する「撮像素子（CCD、CMOS）」、電気信号をデジタル信号に変換するための「アナログ・デジタル（AD）変換器」、デジタル信号を画像データにする「映像エンジン」、画像データを保存するための「外部記憶媒体（記録メディア）」、画像データを映す「液晶ディスプレイ」、画像データをコンピューターやプリンターに送るための「インターフェイス」、暗いところでも写せるようにする「ストロボ（フラッシュ）」、全体を制御する「演算装置（CPU）」などがあり[33]、「電子部品の固まり」といわれるように電子部品が大半を占めている。デジタルカメラの画質は、レンズとCCDの性能に大きく左右され、CCDの画素数が多いほど画質がよくなる。CCDの供給はソニーなど電気機器メーカーが主導しているが、レンズなどの光学技術は光学系のカメラメーカーの方が強いという特徴があり、これまで電気機器メーカーはレンズなどの光学技術の取り込みに積極的であったのに対して、光学系のデジタルカメラメーカーは電気機器メーカーの電子部品支配から脱しようとする構図があった。富士フイルムが1999年に独自のCCD（「スーパーCCDハニカム」）を開発したり、キヤノンが2000年に独自に映像エンジン（「DIGIC」）を開発したりしたのは、デジタルカメラの性能向上だけでなく最も重要な基幹部品を内製することでデジタルカメラの独自性が出せることやコストの引下げなどが可能となるからであった。つまり、光学系のデジタルカメラメーカーは、基幹部品を内製することによって開発設計や生産の自由度を大きく高めることができたのである。

図4-4はおおまかであるが、諏訪地域におけるデジタルカメラの生産体制を示した。光学系のデジタルカメラメーカーは、フィルムカメラ時代には関係子会社なども含めて自社で部品のかなりの部分の生産・加工・組立を行ったが、デジタルカメラ生産では部品の大半を自社生産するメーカーは存在せず[34]、そ

図 4-4 デジタルカメラの生産体制

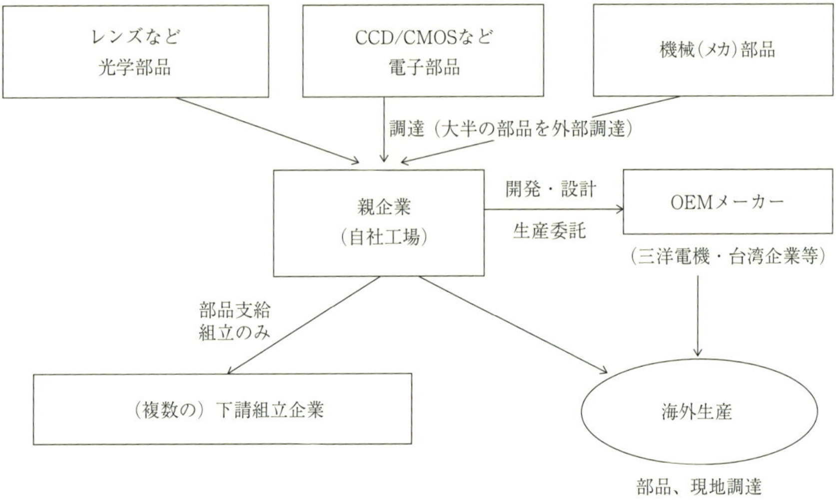

```
┌─────────────┐  ┌─────────────┐  ┌─────────────┐
│ レンズなど   │  │ CCD/CMOSなど │  │ 機械(メカ)部品│
│ 光学部品     │  │ 電子部品     │  │             │
└──────┬──────┘  └──────┬──────┘  └──────┬──────┘
       │    調達(大半の部品を外部調達)    │
       └─────────────┼─────────────────┘
                     ▼
              ┌─────────────┐  開発・設計   ┌─────────────┐
              │ 親企業       │ ──────────→ │ OEMメーカー  │
              │ (自社工場)   │  生産委託    │             │
              └──────┬──────┘              │(三洋電機・   │
          部品支給   │                      │ 台湾企業等)  │
          組立のみ   │                      └─────────────┘
         ┌─────────┘ └──────────┐
         ▼                       ▼
┌─────────────────┐        ╭─────────────╮
│(複数の)下請組立企業│        │  海外生産   │
└─────────────────┘        ╰─────────────╯
                              部品、現地調達
```

出所：筆者作成。

れらの部品にそれぞれ強みをもつ部品メーカーから調達するように変化していった。例えば、1990年代後半のオリンパスの場合にはレンズユニットは自社生産であるが、CCDはソニーやシャープなどから、LSI(大規模集積回路)も半導体メーカーから購入しており、デジタルカメラ部品の80％は外部調達であったといわれている[35]。さらに、フィルムカメラと比べ製品のライフサイクルが数ヵ月から長くて1年(普及品の場合は数ヵ月)と短いデジタルカメラ時代にはヒット商品に加え、この部品調達を含めた量産体制をいかに短期間に構築していくかがデジタルカメラメーカーにとって重要なポイントとなっていったのである[36]。そして、デジタルカメラ生産は、部品点数が減少しただけでなくユニット化されたことで組立部品点数も著しく減り、人件費よりも部材費をいかに引き下げるかが課題となったのである[37]。

第4章　海外生産の全面展開と地域産業

第3節　カメラメーカーの海外生産と国内工場の再編

1．カメラメーカーの海外生産

　主要カメラメーカーは、1980年代の国内カメラ市場の成熟化、製品開発における技術的到達、カメラの平均単価の引き下げ（収益性の低下）などを背景として経営多角化を推進していくが[38]、それによってカメラから多角化事業に重心を移していくこととなる。さらに、国内における人件費の高騰や1980年代後半と1990年代半ばの円高の進行はカメラメーカーの海外生産を本格化させていったのである。

　諏訪地域のカメラメーカーで海外生産が最も早かったのはヤシカで、1967年香港で生産を開始している。次いで、チノンが1973年台湾に生産拠点を構築した。この2社はカメラ生産では後発組で、早くから輸出中心の戦略をとっており、そのため輸出と生産コストの引き下げを考慮して海外へ進出した。これに対して、オリンパスは1988年から香港で、日東光学は1996年からインドネシアでカメラの海外生産を本格化させていった。この2社が海外生産に踏み切った理由は、1980年代後半からの急激な円高の進行に対して競争力を強化するためであった。海外生産に先行した京セラも1980年代末から中級機の生産を国内から香港に移管しており、チノンも1991年にカメラの生産機能を台湾に集約している。後述するように、日東光学も1990年代前半から実質的に海外生産に踏み切っていた。つまり、諏訪地域のカメラメーカーは1980年代末から1990年代前半の時期にカメラ生産を国内から海外に一斉に移管していくのである。そこでさらに、諏訪地域におけるカメラメーカーの海外生産について進出時期が早い順にみていくこととする。

(1)　ヤシカ（現京セラ）

　ヤシカは、1967年香港に製造販社ユニバーサル・オプティカル・インダストリーズ（UNIVERSAL OPTICAL INDUSTRIES LTD：UOI）を設立し、カメラの組立生産と輸出を開始した。また、1978年にはブラジルに製造販社ヤシカ・

ド・ブラジル・エクスポルタソン・エ・インダストリア（ヤシカ・ブラジル）を設立してコンパクトカメラの組立生産を行い、欧米や中南米に輸出していった。ヤシカが早い時期に海外生産拠点を構築した要因は、生産コストの低減と特に対米輸出を考慮したものであった。これらのヤシカの製造販社は、1983年にヤシカが京セラに吸収合併された後も京セラの海外生産拠点として引き継がれていく。

　京セラは、ヤシカがカメラ生産の拠点としてきた岡谷工場（岡谷市）を京セラ光学機器事業本部の京セラ長野岡谷工場としてコンタックスブランド、ヤシカ・京セラブランドでカメラ生産を継続していくと共にサーマル（感熱）プリンターの生産を行っていった。1984年末から北見工場でコンパクトカメラの生産を開始していくが[39]、1988年北見工場を電子部品の専門工場とすることが表明されてから国内のカメラ生産機能は再び岡谷工場に集約された。そして、日本で高級コンパクトと一眼レフを、香港とブラジルで低価格のコンパクトを生産するという国際分業体制を採っていくのである。しかし、1980年代後半の香港ドル安を背景に京セラは、香港の子会社UOIを欧米向けの中級カメラの生産基地にする方針を打ち出し、1987年末から欧米向けの一眼レフ（「FX107マルチプログラム」）の生産を行っていくのである。この一眼レフカメラは、焦点調整が手動式で当時日本ではほとんど販売されなくなった従来型のもので、UOIが基礎設計以外ほとんどを担当し、部品も集積回路（IC）など一部を除いてすべてを現地で調達し、生産したものであった[40]。さらに、UOIはオリンパスの低価格コンパクト「AM-100」をOEM供給することとなり、UOIはカメラの増産に対応するためにコンパクトの部品加工や組立の中間工程を中国広東省の「広東電動工具廠」に委託し、UOIが部品供給と最終組立を担当する体制を採っていくのである[41]。

　また、京セラは1987年から中国広東省東莞市の「東莞石龍粤龍実業」にコンパクトの生産委託を行ってきたが、中国国内向けのカメラ販売を実施していくことになり、1996年7月に東莞市で光学機器・電子部品などを生産していた「東莞市石龍ユーロン実業」と合弁会社「東莞石龍京瓷光学」（京セラが90％出資）を設立して10月から京セラブランドのコンパクトの生産販売を開始していくのである。

(2) チノン

　チノンの場合には、生産コストの低減と多角化製品の生産拡大を実現するために海外生産に踏み切っている。さらに、製品（当時のチノンは8㍉カメラ関連製品が主力）の性格から全量輸出戦略を採用していたことで早くから為替の影響を考慮したこともその要因となっていた。チノンが台湾で当初生産しようとしたのはカーステレオであったが、台湾政府が許可しなかったことからカメラ生産に変更して許可された経緯がある。1973年に台湾技能（台北市、以下台湾チノンと略す）を設立し、チノンの関係子会社のミスズ三信（長野県伊那市、1970年設立）で生産していたコンパクトカメラの生産を移管していった[42]。その後も台湾で輸出用の量産型のコンパクトを中心とする生産体制を採り、現地での部品調達率を高めながらコンパクトの増産を行っていった。また、チノンは1974年に韓国チノン（韓国馬山市）を設立している。カメラ部品メーカーのワコー（本社東京都）の系列会社韓国ワコーの工場を買収したもので、一眼レフ用交換レンズの生産を行ったが、管理体制、生産能力、品質、従業員の定着性などの問題により1979年閉鎖・撤退している[43]。

　チノンは、台湾チノンを設立してから日本と台湾でカメラ生産（OEMも含めて）を行い、大半を欧米に輸出していったが、1991年台湾を唯一のカメラ生産拠点とする方針を打ち出し、諏訪地域のカメラの生産機能を台湾に集約すると共に、台北郊外に新工場を増設して生産能力の増強を図っていった（1996年末閉鎖）[44]。しかし、カメラ販売の不振が続いたため1992年9月国内販売からの撤退を、1993年5月にはアメリカでのカメラ販売の撤退を表明したのである[45]。

(3) オリンパス

　輸出依存が強かったオリンパス[46]がカメラの海外生産拠点を構築するのは、1988年香港に「奥林巴斯（香港）」（オリンパス香港）を設立してからである。オリンパスは、1980年代後半の円高に対してコスト競争力を強化するために台湾において低価格のコンパクトを生産し輸出することを計画し、1987年末からリコーの台湾子会社（台湾リコー）と京セラの香港子会社（UOI）からOEM供給を受けることとなった。この背景には、高級コンパクトのズーム式

カメラ「AZ-1 ZOOM」、「IZM300」がヒット商品となり、これらを生産していた辰野事業場（上伊那郡辰野町）が手一杯となり、辰野事業場で生産していた低価格機を海外で委託生産せざるをえないという事情があった。オリンパス香港は、当初カメラ製品や部品の調達が主であったが、OEM製品を含めカメラ販売が好調であったことから委託生産量が増加し、1989年オリンパス香港でノックダウン方式によるカメラ生産（月産5万台）を開始していくのである。

1990年4月から中国で増産し全量を海外に輸出する方針を採用し、カメラ生産工場としてオリンパス番禺を設立し[47]、さらに1991年12月にオリンパス深圳を設立してコンパクトとマイクロカセットテープレコーダー、射出成型部品の一部の生産を行っていくのである（本格稼働は93年7月）。オリンパスは、1990年代前半の円高に対してそれが定着する状況ならばさらにカメラの海外生産能力を引き上げる方針を採り、1993年のカメラの海外生産比率35％（金額ベース）を1995年までに50％まで引き上げる目標値を設定した[48]。しかし、その後の一層の円高によってこの目標値は前倒しされて60％に引き上げられていった。こうした経緯から辰野事業場のコンパクト生産は1999年6月までに全面移管される方針が示され、1994年から中国の工場に順次移管されていった。それに伴い大町オリンパス（長野県大町市）や坂城オリンパス（長野県坂城町）で生産されていたカメラ部品や部品組立なども中国で調達・増産されることとなるのである[49]。そしてさらに、海外への生産移転による国内の空洞化対策として辰野事業場では情報関連機器、デジタルカメラの生産が検討されたのであった。

(4) 日東光学

1950年代からカメラのOEMメーカーに徹して主要メーカーと取引を行ってきた日東光学は、1990年代のコスト競争の激化に対応するために1992年インドネシアのフェデラル・アドウィラスラシ（FA）社とカメラの生産委託を締結してインドネシアでコンパクト生産を開始した。1990年時点で「同社の製品は月産30万台のうち8割が最終的に輸出され、さらに輸出の半分が米国向けになっている[50]」状況にあり、インドネシアで生産されたものは現地から輸出されていったのである。

第4章　海外生産の全面展開と地域産業

1996年カメラの生産体制の強化を図るために従来の生産委託方式を合弁方式に切り替え、日東光学は三井物産とフェデラル・アドウィラスラシ（FA）社の3社で合弁会社アドウィラ・プレシジ・インダストリ（PT. ADIWIRA PRESISI INDUSTRI）を設立した[51]。そして、上諏訪工場（諏訪市）で生産していたコンパクトの一部の生産をインドネシアに移管すると共に、日本の大手カメラメーカーのAPSカメラ（新写真システム対応カメラ）の一部（低価格機）も現地からOEM供給していくのである。こうした海外への生産移管の結果、諏訪市にある本社工場と上諏訪工場は、新機種の試作とレンズ加工に特化していくこととなったのである[52]。

日東光学は、2002年FA社の出資分の株式を、2008年三井物産の出資分の株式を取得してインドネシア工場を完全子会社化した。

さらに、日東光学はレンズユニットなどの部品をインドネシアの生産拠点から中国でデジタルカメラを生産するメーカーに供給してきたが、中国で生産し供給するという体制に転換している。そして、2011年シンガポールに現地法人日東シンガポール（nittoh [Singapore] Pte. Ltd）を設立、2012年にはインドネシアに新たに現地法人日東バタム（PT. nittoh Batam）を設立して海外販売・生産を強化してきているのである[53]。

2．カメラメーカーの国内工場の再編

諏訪地域のカメラメーカーの海外生産は、1980年代末から90年代前半の時期に量産機種で低価格のコンパクト生産から始まり中級機・高級機の一部が順次国内から海外に移管されていったが、コンパクトの移管数量は短期間に膨大な数にのぼった。以下では、国内工場の再編を含めてオリンパスを事例として述べていくこととする。

オリンパスは、オリンパス番禺でコンパクトの生産台数を初年度の1990年度46万台、1991年度96万台と倍増させており、オリンパス深圳でも第一期工場でコンパクト60万台、マイクロカセットテープレコーダー80万台、1995年の第二期工場の完成でコンパクト160万台、マイクロカセットテープレコーダー100万台と短期間に現地での増産体制を構築していっている。こうした背景には、国内生産は国内需要分だけに減らし、中国で増産してその全量を海外

（日本を除く）へ輸出していくという方針があった。

そして、海外での生産増加によって国内の生産量が減少していくことから1993年10月に社内に生産構造改革委員会を発足させて国内生産の見直しを行うと共に、1994年から工場再編を実施していったのである。コンパクト生産の中国移管を進めていた辰野事業場では、一眼レフの高級カメラを引き続き作ると共に、八王子の技術開発センターで商品化するデジタルカメラなどの情報関連機器の生産の検討に入った（デジタルカメラは1997年から生産開始）。また、マイクロカセットテープレコーダーを作っていたオリンパス光電子の青森工場（青森県黒石市）ではカメラ部品を中国に、情報関連機器を岡谷オリンパス（長野県岡谷市）[54]に移管して新たに内視鏡関連製品の生産拠点になっていった。さらに、静岡地区に分析機器生産を集中することになり、顕微鏡の主力工場である伊那工場（長野県伊那市）から血液分析機器生産を三島工場（静岡県長泉町）に移管し、三島工場で作っていた内視鏡関連製品をオリンパス光電子の青森工場に移す再編を行った[55]。

またオリンパスは、これまで辰野事業場で中国工場に生産移管する全機種について量産試作した上で移管していたが、1996年から機種によっては量産試作することなく中国工場で量産するようになっていく。

こうした生産の海外移管による国内工場の再編は、関係子会社や外注企業にまでその影響が及んだ。オリンパスの全額出資子会社で1974年に設立された大町オリンパスは、カメラのプラスチック部品の成型や組立を行ってきたが、辰野事業場のコンパクト生産の中国移管に伴う受注減によって1995年3月パート社員26人全員の契約を打ち切っている[56]。また、辰野事業場でも長野県の南信地方を中心とした外注先約10社に対して、コンパクト生産を海外に全面移管した後は部品生産などの発注を行わないことを伝えると共に、派遣社員の約半数にあたる80人に対して契約更新しない旨を通達している[57]。

オリンパスは、1996年にデジタルカメラに参入し1997年から辰野事業場で本格的に自社生産を開始したが、国内でのデジタルカメラ生産が軌道に乗り次第、中国の生産拠点へ移管していくことも検討されていた[58]。

オリンパスは、2001年デジタルカメラ生産を生産コストが安いオリンパス深圳で本格化させることを発表し、2002年辰野事業場、オリンパス光電子東

京事業場、坂城オリンパス、大町オリンパスを統合し「オリンパスオプトテクノロジー」を設立し[59]、国内の生産機能を辰野事業場に集約した（辰野事業場はオリンパスオプトテクノロジーの辰野事業所となる）。

辰野事業所では2004年までデジタルカメラ生産が行われたが、中国でデジタルカメラ生産が本格化したことによって中国工場に全面的に移管することになり、辰野事業所は開発・設計や海外生産拠点の生産支援を担っていく「生産技術開発センター」として位置づけられ、デジタル一眼や高級交換レンズ、中国で調達できないキーパーツの生産を担当していくこととなった。1991年に中国に生産拠点が設立されてから国内のカメラ関連の事業所では設備投資や人材採用が抑えられてきたが、中国でのデジタルカメラ生産が本格化したことで2005年に坂城事業所と大町事業所の両事業所は辰野事業所に集約され閉鎖された[60]。

2011年10月には辰野事業所内に「長野オリンパス」が設立され、辰野事業所内に所在するオリンパスオプトテクノロジーが担う映像関連製品の生産機能及び岡谷オリンパスが担う産業関連製品の生産機能、伊那事業所にあるライフ関連製品（顕微鏡）の生産機能が統合された[61]。そして、伊那事業所内には新たに「医療サービスオペレーションセンター長野」が設立されて、伊那事業場は中部・西日本地域を対象とする内視鏡の修理サービスセンターとして2013年12月より再スタートを切ることとなった[62]。

第4節　カメラ生産と下請関連企業

1．カメラメーカーの海外進出と下請関連企業

カメラメーカーの海外生産が本格化した時期は、1990年代後半以降のフィルムカメラからデジタルカメラへの移行期とも重なり、カメラ関連の下請企業には大きな影響が及んでいった。

以下では、比較的従業員規模の大きい1次下請の組立企業3社の聞き取り[63]を交え、カメラメーカーの海外生産とフィルムカメラからデジタルカメラへの移行がどのような影響をもたらしたのかをみていくこととする。そこでまず、

1次下請のカメラ組立企業3社の沿革・概略を簡単に紹介していく。

(1) A　　社

　A社は、1960年に日立の家電販売・修理を業務として設立され、1965年にオリンパス製品の加工を開始し、1968年にオリンパスの顕微鏡の組立、1974年からオリンパスのカメラ組立を開始してきた企業である。A社は、これまでカメラメーカー2社からフィルムカメラの完成品の組立・部品加工とカメラ以外（光ディスク関連、ビデオカメラ関連）の製品組立の一部を請け負ってきた。A社は、カメラメーカーの生産拡大に対応するために長野県の飯田市、駒ヶ根市、上伊那郡高遠町（現伊那市）に子会社の組立工場を設立してきたが、1990年代に入ってからカメラメーカーがフィルムカメラの生産を中国の生産拠点に移管したため、2001年に飯田市と高遠町の工場を閉鎖し、従業員の大量削減を行った（従業員のピークは1990年代半ば頃で約550人）。

　デジタルカメラの組立生産の受託については、1997年カメラメーカーから部品を供給してもらい組立を開始したが、2002年カメラメーカーがデジタルカメラの生産を中国で本格的に行うことになり、カメラ関連の完成品組立の仕事はなくなってしまった。A社は、それ以後、輸送機器、医療機器、大物の精密部品などの「機械加工」を事業の中心に据えて現在に至っている。

(2) B　　社

　B社は、1963年日本電信電話公社向け小型電子放電管受託メーカーとして設立された。1975年オリンパスの一眼レフ用のレンズ組立を開始し、1979年にはオリンパスの一眼レフの組立を受託するようになり、1983年上伊那郡箕輪町に「みのわ工場」を設立してカメラメーカーの生産拡大に対応してきた。1991年には日東光学と取引を開始し、同時に他のカメラメーカーのコンパクトのOEM供給を開始していった。1992年から地元の中核企業から部品供給を受けてカードリーダーの組立生産を開始し、1997年からはカメラメーカーから部品供給を受けてデジタルカメラの組立生産を行っていった。1999年本社工場（諏訪工場）のカメラ生産機能をすべて「みのわ工場」に集約し、諏訪工場はカードリーダーの生産に特化した。しかし、2002年からカメラメー

カー自身が中国でデジタルカメラの本格生産に入ることとなり、B社のカメラ関連の売上高は激減してしまい、カードリーダー事業がB社の中心事業となった。B社の従業員数はフィルムカメラの増産やカードリーダー生産が開始された1992-93年がピークで約200人いたという。現在、B社ではカメラ生産関連の仕事はほとんどなく、「みのわ工場」ではカメラ以外の製品や部品の生産が行われている。

(3) C 社

C社は、1940年東京蒲田で創業、機械彫刻を手掛けていたが、東京での取引先であった日本光学工業（現ニコン）が長野県南信地域に疎開する予定であったため1945年に諏訪郡富士見町に疎開してきた。戦後、C社はこの地に残り諏訪地域のカメラメーカーと機械彫刻の作業を請け負ってきたが、部品のモールド化に伴って機械彫刻の仕事が次第に減少し、1966年カメラの完成品組立に進出した。C社は、諏訪地域のカメラメーカーだけでなく国内の主要メーカーのカメラの完成品組立を請け負ったが、主要な取引先が変化していく中で1970年代末からカメラ以外の製品・部品組立を請け負うようになり、多角化に取り組みながらカメラの組立生産に2006年まで携わっていた（デジタルカメラの組立生産も1998年から受託)[64]。C社の従業員数は、1990年頃がピークで約200人いたといわれ、1990年の時点で富士見町に4工場（本社工場含む）、塩尻市に1工場（2000年閉鎖）、茅野市に1工場（1995年閉鎖）の計6工場を有し、工場は取引先ごとに分かれて製品組立を請け負っていた（現在は富士見町の本社工場のみ）。現在、C社ではデジタルカメラ関係の仕事は全くなく、監視カメラ用レンズ、ライフルスコープなどの光学機器、光ファイバーコネクタなどの通信機器の組立生産が事業の中心となっている。

以上、1次下請の組立企業3社の概略を述べたが、3社とも取引関係として諏訪地域にメインとするカメラメーカーはあったものの、複数のカメラメーカーや中核企業と取引していた。3社の従業員数のピークは1990-95年頃で、フィルムカメラの国内生産比率がまだ高かった時期であった。1995年以降カメラメーカーがフィルムカメラの生産を海外に本格的に移管していく中でデジタルカメラの組立生産にも携わったが、2000年以降デジタルカメラの生産が

海外に移管されたことによりその期間は短く、3社とも現在デジタルカメラ関連の仕事はなくなっている。

では、組立企業3社がカメラメーカーの海外生産の本格化によってどのような影響を受けたのかについてさらに言及していくこととするが、その前に円高が下請組立企業にどのような影響を及ぼしたのかをまず見ておきたい。

カメラメーカーの本格的な海外生産の引き金になった円高は、下請組立企業にも一層のコストダウンを迫るものであった。

カメラメーカーは、海外生産に伴って量産部品を海外で生産あるいは調達するようになり、国内で調達するのは少量の、特殊な部品やその加工、海外で技術的に生産・加工できない部品となっていった。そうした中でカメラメーカーからアジア並みの単価を求められたのである。C社によれば、1990年代半ば以降になるとこれまでの取引先のカメラメーカーとの人的関係も次第に希薄になっていき、担当者が変わるたびに単価の引下げ要求を受けたという[65]。また、地域としても「円高による親会社からのコストダウン要請で、単価はそれまでと比べ3～4割引き下げられた。その要請は現在も続いている」[66]という状況であったのである。

カメラメーカーの海外生産の本格化は、親企業であるカメラメーカーに依存しない独自の在り方を模索させていくこととなった。諏訪地域のカメラメーカーは、コンパクトを中心とするフィルムカメラ生産のアジアへの移管を1990年代末から2000年代初頭までに終了していくが、その過程は国内からフィルムカメラ（特にコンパクト）の量産機能が海外に移管されていく過程でもあった。例えば、A社の場合、フィルムカメラ生産のピークは90年代半ば頃であったとされるが、その時の生産量は一部の組立も含めて日産1,000台であったとされている。A社は、量産機能が移転されたことで[67]、その後工場を閉鎖すると共に、200人を超える人員の大幅削減を行っていくのである。

このように、1980年代後半以降カメラ関連の下請企業（組立企業を含めて）は、カメラメーカーに頼らない体制を構築せざるをえなくなっていくが、その影響はそれに止まらなかった。カメラ関連の下請企業は、地域の複数の中核企業とも関係をもっており、それらの企業の海外進出の影響も受けたのである。諏訪精工舎は1968年シンガポールに、三協精機は1975年に台湾に海外生産拠

点を構築していくが、1980年代後半以降両社はさらに海外生産を本格化させていった。それゆえ、下請企業でも親企業への依存度が強く、また技術力がなく競争力のある部品生産や加工・組立ができない企業は淘汰されざるをえなかったし、起業も簡単にできる状況ではなくなったのである。そうした中で早い時期から中核企業と一定の距離をとりながら技術を蓄積してきた企業（例えば、精密加工などの分野の企業）は、これを契機に新たな飛躍・発展を遂げていくこととなるのである[68]。

一般に、組立企業は加工企業に比べて技術蓄積がしにくいといわれる。したがって、カメラ以外の製品・部品の組立企業として残る場合にも厳しいものがあり、カメラの組立生産と共通する電気機器などの製品組立となることが多い。そうした中で、B社とC社はカメラ以外の製品・部品組立の組立企業として残っている。B社とC社をみていくと、諏訪地域のカメラの生産状況が比較的よかった時点で多角化（カメラ以外の製品・部品組立）に踏み切っているという共通性がある。B社は1992年から地元の中核企業から部品供給を受けてカードリーダーの組立生産を受託しているし、C社は1970年代末からカメラ以外の様々な製品・部品組立を請け負うようになっている。C社の場合には、国内の主要なカメラメーカーと取引関係をもっていたが、カメラメーカーがコンパクトの生産を海外に移転していったことで危機感を持ち、早い時期から多角化に取り組んだという。A社は、下請組立企業からカメラ以外の製品・部品の加工企業に転進していくが、下請組立企業としての技術蓄積の乏しさからその転進は遅れた。

2．デジタルカメラ生産と下請関連企業

次に、フィルムカメラからデジタルカメラへの移行が下請関連企業にもたらした影響についてみていくこととする。結論を先に言えば、デジタルカメラの生産は、フィルムカメラ時代に形成されてきた垂直的な下請分業体制の必要性を完全に喪失させるものであった。デジタルカメラ生産においては、電子部品が大半を占めるようになり、親企業から部品供給を受けた1次下請組立企業だけがその部品を組み立てれば完成品とすることができたのである。したがって、これまでの2次下請企業や内職の必要性はなくなってしまった。さらに、デジ

タルカメラの生産が海外に全面移管されていくと、1次下請組立企業自身もカメラ完成品生産から完全に転換せざるをえなくなっていくのである[69]。

デジタルカメラ生産では、親企業であるカメラ完成品メーカーがすべての部品を調達し、自社工場で組み立てるだけでなく複数の下請組立企業にも組立を委託していた。上記の下請組立企業3社も短期間であったが、親企業からすべての部品供給を受けてデジタルカメラの組立生産を行っていた。したがって、フィルムカメラ時代に行われていた下請組立企業の「包括下請」は完全になくなったのである。デジタルカメラ生産では、親企業である光学系のデジタルカメラメーカーさえ電気メーカーが主導する高価な基幹的電子部品の調達を簡単に行うことはできなかった[70]。そのため、オリンパスなど光学系のデジタルカメラメーカーの一部は電気機器メーカーの三洋電機などに部品調達と生産を委託したのである[71]。2000年以降のデジタルカメラの急激な需要拡大に対しては、さらに日系企業だけでなく台湾企業からのOEM供給も活用された。OEM供給を利用することで製品のライン数を増やすと共に、設備投資を抑制したのである。オリンパスの場合も、デジタルカメラでは「商品力とスピード」が大事と製品の内製化にこだわらなかったし、自社でレンズ生産を行っていたにもかかわらず部品単価を引き下げるために同業他社からレンズユニットを購入するということまで行っていた[72]。このようにデジタルカメラの普及は、部品だけでなく調達方法自体も大きく変化させたのであり、OEM供給を一般化させていったのである。

デジタルカメラの製品のライフサイクルの短さは、下請組立企業の納期を極端に短くすると共に、下請組立企業にすばやい対応を求めることとなった。B社によれば、フィルムカメラの納期は親企業から1週間くらいもらえたので下請組立企業の側でも生産（組立）の段取りを修正・調整することができたが、デジタルカメラの組立生産では納期は「半日」と短く、そのため生産調整は難しくなり生産の平準化ができなくなったという。下請組立企業は、デジタルカメラだけなく他社製品の組立生産などにも携わっていたので、デジタルカメラの納期の短縮は他社製品の組立にもその影響が及んだ。さらに、親企業からの部品供給が遅延した場合にはデジタルカメラの納期が遅延してしまうこともあったという。親企業であるデジタルカメラメーカーの部品調達の問題は、最

終的にはデジタルカメラメーカー自身の製品の販売計画に影響し、販売のタイミングを逸しかねない問題でもあったのである。

デジタルカメラの性能を決めるものにレンズとCCDがあるが、レンズ関連の下請企業もフィルムカメラ時代より高い技術力が要求された。デジタルカメラ時代になって下請部品企業の選別はさらに進んだのである[73]。デジタルカメラのレンズ加工・組立に一時期携わったレンズ関連の下請企業によれば、デジタルカメラは製品のライフサイクルが短く仕事の繁閑が激しく、さらにCCDの画素数が短期間に増加していくことからレンズに対する精度要求も短期間に厳しくなり、その上単価は低く抑えられたという。その後、この下請企業はデジタルカメラのレンズ加工・組立をやめ、自社の技術的な強みを活かせる特殊レンズ分野で生き残りを図っている。

おわりに

1980年代末から1990年代前半の時期に諏訪地域のカメラメーカーは一斉に海外生産を本格化させていった。1990年代を通じてフィルムカメラの海外移管が順次行われ、国内の空洞化対策として導入されたのがデジタルカメラ生産であったが、そのデジタルカメラ生産も2000年代前半に海外に移管されていった。その後、国内工場はマザー工場として開発・設計や海外生産拠点の生産支援を担っていくこととなるが、リーマンショック以降さらに国内生産拠点の見直し・再編が行われている。

フィルムカメラ生産の海外移管は、下請組立企業への発注量を大幅に減少させると同時に、下請企業にアジア並みの単価を要求していくこととなった。1990年代半ば以降の一般向けのデジタルカメラの普及は、下請組立企業を単なる組立企業と化し、高度経済成長期から基本的に維持されてきたカメラ生産の垂直的な下請分業体制は完全に崩壊していった。諏訪地域では、デジタルカメラの生産期間は短かったが、デジタルカメラの普及によって下請組立企業だけでなくカメラ関連の下請企業はカメラ事業から大きく転換していかざるを得なくなったのである。そしてさらに、同じ時期に地域の他の中核企業も海外生産を展開しており、中核企業の業績悪化や工場再編・閉鎖などの影響も受け

た。諏訪地域では、現在でも多くの下請中小企業の独自経営への模索が続いており、その中から一部ではあるが海外進出に踏み切る中小企業も出てきている。近年、海外進出する中小部品メーカーと取引関係にあったその下の小規模企業の工場閉鎖などが見られるようになったといわれる。地域全体として1990年代とは違った大きな転換点の中にあり、中小企業のあり方が諏訪地域を決定づけていくように思われる。

注
1) 宮川志一「長野県諏訪地方の精密工業——製糸より精密工業へ、地域的生産の展開」信濃史学会『信濃』、1960年（第2巻第9号）509頁。宮川氏は、諏訪地域における精密機械工業の発展要因について、①諏訪地方の気候・風土が精密機械工業に適していたこと、②東京・名古屋市場に近接し、交通の便に恵まれていたこと、③工場敷地や遊休工場が多く存在し、関係市町が積極的に工場誘致を行ったこと、④広汎な零細農家の過剰人口から析出される低賃金労働力を利用できたことの4つを挙げている。
2) ヤシカについては、酒井修一「ヤシカ概略史——諏訪の一部品工場から一大カメラメーカーへ」『カメラレビュー』朝日ソノラマ、1993年9月。三協精機については、三協精機製作所『オルゴールの詩』1981年を参照。
3) 関満博・辻田素子編『飛躍する中小企業都市——「岡谷モデル」の模索』新評論、2001年参照。
4) 長野県企画部情報統計課に提供していただいた資料によれば、2003年の「写真機・同付属品」の事業所数は、諏訪地域54事業所、上伊那地域16事業所、従業者数は諏訪地域883人、上伊那地域188人、製造品出荷額等は諏訪地域328億円、上伊那地域17億円で、長野県に占める割合は、それぞれ61.4％、56.9％、68.3％であった。
5) ㈳カメラ映像機器工業会HP（http://www.cipa.jp）の「統計」を参照。
6) 『ワールドワイドエレクトロニクス市場総調査』1998-2014年版、富士キメラ総研。
7) 長野県『工業統計調査結果報告書』、『長野県の輸出産業』。長野県におけるデジタルカメラ製造業の輸出額は、2008年201億円、2009年29億円、2010年16億円、2011年10億円、2012年13億円（速報値）となっている。
8) 諏訪地域におけるカメラ完成品メーカーの出自を見ていくと、次の3つのタイプに分類できる。第1のタイプは、戦時中に県外から疎開し戦後も残留した企業（オリンパス）、第2のタイプは、戦前から製糸業あるいは製糸機械関係の工場を経営し、戦中は協力工場として軍需品の生産に携わり、戦後、光学産業に転じていった企業（日東光学）、第3のタイプは、第1、第2のタイプの企業に勤務していた従業員が独立して創業した企業（ヤシカ、三協精機など）である。チノンは、第3のタイプに属するが、創業者は東京で技術を身につけ出身地の茅野市で創業している。
9) 竹内淳彦「精密機械工業の生産構造——写真機生産を中心として」『人文地理』1965

年（第17巻第5号）．
10）『有価証券報告書』で外注工場数が判明するヤシカとチノンをみると、1975年ヤシカは約350社、チノンは約60社、1980年ヤシカは約260社、チノンは約40社に外注していた。また、岡谷市『岡谷市史』下巻（1982年）によれば、岡谷・諏訪地方の精密工業は「下請依存率五割」（190頁）といわれ、多くの下請企業を擁していた。
11）B社によれば、製品は大抵1機種が1つの1次下請協力企業に任されることが多かったが、製品がヒットしたりして大量に生産しなければならない場合には同じ機種が何社かの1次下請協力企業に委託されたという。
12）1次下請組立企業もその下に2次下請や内職を抱えていた。B社の場合、下に家族だけあるいは内職レベルの小規模・零細な下請企業を約10社抱えており、またC社の場合も4社の下請企業を抱え、その下にさらに何社かの下請企業があったという。C社の下請4社の従業員規模は10-100人規模で、諏訪地域だけでなく県外企業もあったという。C社は内職も抱えており、主婦などに一定期間自社工場で作業内容（技術レベルの低い作業）を覚えてもらってから委託していたという。また、退職した女性社員が内職に転じる場合もあったという。
13）宮沢志一「前掲論文」512頁。下請工場の賃金は親企業の50％強であったといわれている。
14）現在諏訪地域の中小企業は、外国人労働力として日系外国人に代わって中国人などの「研修生」や派遣労働者が実質的な労働力として大きな役割を果たしている。
15）竹内淳彦「前掲論文」参照。
16）『日本経済新聞』地方経済面（長野）1990年10月2日。フィルムカメラは構造が複雑なことから組立の自動化は困難とされ、ほとんどの作業を手作業に頼らざるをえないといわれてきた。1990年時点において国内トップクラスのOEMメーカーである日東光学は、コンパクトを中心に月産30万台を生産しており、さらに生産能力を増強する一方で、部品点数が少なく低価格のカメラ（普及機）生産（月産10万台）に自動組立ラインを採用していった。
17）的場明彦「カメラ工業における自動組立の現状」『精密工学会誌』1991年、第57巻第2号。
18）諏訪地域では、機構が比較的単純で部品点数の少ないオルゴールが1950年代半ばから、次いで時計が1970年代前半から組立の自動化が行われている。
19）諏訪圏メッセ展示資料（2011年）による。
20）宮川志一「前掲論文」510-511頁。
21）江波戸昭・赤坂暢穂・樋口兼久「『納屋工場』の成立と変貌——岡谷市長地地区の場合」『駿台史学』駿台史学会、1975年（第36号）。
22）チノンは1985年米コダックと資本提携したが、その時点における米コダックの出資比率は15％であった。その後出資比率を上げて1997年に59％、2004年に完全子会社としている。1997年米コダックは、チノンを子会社化するにあたってチノンのカメラの生産技術と生産拠点のみを継承する方針を示したため、「チノンテック」が設立され

てそれ以外の事業はチノンテックに引き継がれた。チノンのカメラ部品はその後もチノンテックが供給した。
23)『日本経済新聞』2000年9月8日。2000年時点のチノンのデジタルカメラの生産能力は月産15万台であるが、米コダックはチノンだけでは急成長するデジタルカメラ市場に対応できないとしてシャープにOEM供給を仰いでいる。シャープは栃木工場（栃木県矢板市）で月産10万台生産するとしている。
24)『日経産業新聞』2000年10月11日、同12月15日。米コダックは、すでに2000年の時点で日本のデジタルカメラメーカーの動向をみて日本でのデジタルカメラのOEM生産を海外生産に切り替えていくことを示唆していた。
25)『日本経済新聞』地方経済面（長野）2010年1月28日。コダックのデジタルカメラは茅野事業所で生産されてきたが、コダックの中国工場に移管された後は茅野事業所で研究開発が行われていた。AOFジャパンは、2010年1月27日に岡谷市に研究開発拠点を移すことを発表している。この岡谷市の研究開発拠点は、2007年に撤退した富士フイルムグループのフジノン岡谷（ミニラボ生産）の生産拠点であった。
26) 青島矢一「〔ビジネス・ケース〕オリンパス光学工業——デジタルカメラの事業化プロセスと業績V字回復への改革」『一橋ビジネスレビュー』2003年、第51巻1号参照。
27)『日経産業新聞』2000年7月7日。オリンパスのデジタルカメラ販売額に対する自社生産比率は20％とされている。
28)『日本経済新聞』2001年8月21日。この時点でオリンパスは、辰野事業場で年産40万-50万台のデジタルカメラを生産しており、順次中国に移管していくとしている。
29) オリンパス「ニュースリリース」2002年5月20日。
30) 同上2007年11月15日、2008年12月9日。
31)『日本経済新聞』2000年11月24日。
32) 同上2005年3月10日、同2005年3月11日。
33) 津軽海渡・木村誠聡『図解雑学デジタルカメラ』ナツメ社、2002年、36-37頁。
34) 青島矢一「性能幻想がもたらす技術進歩の光と影——デジタルカメラ産業」青島矢一、武石彰、マイケル・A. クスマノ『メイド・イン・ジャパンは終わるか』東洋経済新報社、2010年、第3章参照。
35)『日経産業新聞』2000年7月7日。
36)「特集夏の陣！ デジタル家電Wars——『デジカメ』大ブレイク！ 白熱の首位争い」『週刊東洋経済』2000年7月29日。
37) B社によれば、フィルムカメラでは製造原価に占める人件費の割合は約30％であったが、デジタルカメラでは約8％であったといわれる。また、組立部品点数が減少したことで、1台の組立時間はフィルムカメラに比べ大幅に短縮されたという。
38) 拙稿「デジタルカメラメーカーの経営の多角化」矢部洋三・木暮雅夫編『日本カメラ産業の変貌とダイナミズム』日本経済評論社、2006年参照。
39)『日本経済新聞』地方経済面（北海道）1985年1月18日。
40) 同上1988年4月10日。

41)『日本経済新聞』1988年5月13日。
42) チノン『チノン40年のあゆみ』1989年、191-193頁。
43) 同上193-194頁。
44)『日本経済新聞』地方経済面（長野）1991年3月21日、同91年11月22日。『有価証券報告書』によれば、チノンは1996年末に海外生産拠点を閉鎖している。
45)『日本経済新聞』1992年8月18日、『日経産業新聞』1993年5月22日。
46) オリンパスのカメラ部門の輸出金額（輸出比率）を『有価証券報告書』でみると、1980年377億円（74.0%）、1990年397億円（76.4%）でカメラ部門の販売金額の4分の3が輸出されていた。
47) オリンパスの中国でのカメラ生産は、1988年広東省番禺市の中国企業に委託加工したことから始まる。オリンパス番禺では超小型コンパクト「μ（ミュー）」の生産も計画された。
48)『日経産業新聞』1993年6月15日。深圳工場の生産能力の増強し番禺工場と合わせて「年間約二百五十万台のコンパクトを海外で生産する」としている。
49)『日本経済新聞』地方経済面（長野）1995年1月12日。
50)『日経産業新聞』1991年2月8日。
51)『日本経済新聞』地方経済面（長野）1995年1月20日。
52) 同上1998年7月2日。
53) 日東光学HP（http://www.nittokogaku.co.jp）
54) 日本経済新聞』地方経済面（長野）2009年9月15日。オリンパスは、カメラ生産を行ってきた諏訪工場（岡谷市）が手狭になったことから1981年辰野事業場（上伊那郡辰野町）を設立してカメラ生産を全面移転させていった。諏訪工場には新たに「岡谷オリンパス」を設立して光学式ピックアップシステム、カメラの鏡枠組立、XPプリンターの生産などを行ってきた。1994年オリンパスの生産構造変革として情報機器分野の製品を岡谷に集結されることになり、岡谷オリンパスは情報機器事業部の製造主管工場として光磁気ディスクドライブやバーコードスキャナなどの生産を担当してきた。2002年本社を辰野事業場内に移転し、2003年から工業用ビデオスコープや高速インクジェットプリンターの生産を行っていた。
55)『日本経済新聞』1994年5月12日。
56) 同上、地方経済面（長野）1995年1月12日。
57)『信濃毎日新聞』1998年11月26日。
58)『日経産業新聞』1997年8月12日。
59) オリンパス「ニュースリリース」2002年2月6日。生産技術開発や製造開発機能を担い、映像事業生産体制のコスト競争力強化を目的として統合・設立され、国内拠点が「創」の機能を、中国拠点が「造」の機能を担うとされている。
60)『日本経済新聞』地方経済面（長野）2005年5月12日。
61) オリンパス「ニュースリリース」2011年5月20日。
62) 同上2013年12月16日。

63) 3社への聞き取りは、A社は2009年8月、B社は2010年8月、C社は2011年2月に実施している
64) C社は、国内主要メーカーと取引しつつも1970年代はヤシカ、その後はチノンが取引の中心であった。C社は、ヤシカが京セラと合併した時、チノンがフレクストロニクス傘下に入った時に、それぞれこれまでの人的関係が途切れて取引がなくなっている。
65) こうした状況はC社だけでなかった。光学レンズ加工・組立の下請企業への聞き取りによれば、親企業の工場長や調達担当者が代わると仕事がこなくなることがたびたび起こり、人的なつながりでは仕事ができなくなったという。また、親企業はコストダウンを図るためこれまで1次下請に出していた仕事を2次下請などに直接出すようになったという。
66) 『日本経済新聞』地方経済面（長野）1997年5月2日。
67) B社によれば、親企業であるカメラメーカーから下請企業に対して3年位前から生産を海外に移転する旨を通知されたという。
68) 中小企業基盤整備機構『技術とマーケットの相互作用が生み出す産業集積持続のダイナミズム』2010年参照。
69) 今日諏訪地域に比較的残っているカメラ関連の企業は、特殊な、少量の部品・レンズ関連の企業であるが、これらの企業も2000年以降減少が続いている。
70) 「ケーススタディー――『速さ』に目覚め新事業開花――組織改革で"おっとり体質"払拭　デジタルカメラ、一躍トップに」『日経ビジネス』1998年1月26日、『日本経済新聞』2000年7月7日。1997年当時CCDは「1画素1円」といわれるほど高価なものであった。そのためオリンパスやコニカは、CCDの調達のために電気機器メーカーと大量購入契約や長期購入契約などを結んで購入し、単価の引き下げを図った。
71) 『週刊東洋経済』（2000年7月29日）の「前掲記事」によれば、三洋電機は自社ブランドでの生産はわずかであるが、ニコン、セイコーエプソン、ミノルタ、オリンパスなどにOEM供給を行っており、オリンパスについては大半の機種の組立を行っていたといわれる。
72) 『日経産業新聞』1996年8月28日。同2000年9月13日。
73) 下請企業は、フィルムカメラ時代にもカメラ本体や部品の素材（例えば、金属からプラスチックへなど）の変化や電子化などの影響を受け、対応できない下請企業の淘汰が繰り返されてきた。しかし、デジタルカメラの普及によって下請企業への機械部品の生産・加工の発注はさらに減少していくが、部品（例えばレンズなど）の精度はフィルムカメラ時代よりも高いものが要求された。

第5章　台湾企業による受託製造の増大とその要因

沼田　郷

はじめに

　本章の課題は、デジタルカメラの受託製造における台湾企業の台頭要因を明らかにすることにある。この課題を明らかにするために、本章では以下の点に着目した考察を行う。第1に、1980年以降に本格化する台湾におけるフィルムカメラ生産がデジタルカメラの受託製造の前史と位置づけうることを明らかにする。第2に、デジタルカメラの受託製造に関わる台湾企業から主要台湾企業4社を抽出し、その類型化を行う。また、デジタルカメラ市場参入時のプロセスと技術基盤を明らかにする。第3に、デジタルカメラの完成品メーカーのみでなく、関連部品生産まで研究対象を拡大し、台湾デジタルカメラ産業の全体像を明示する。第4に、「日・台」企業における企業間ネットワークに着目し、技術補完的連携の実態を明らかにする。最後に、デジタルカメラ市場の縮小という近年の動向にフォーカスし、各社の対応について言及する。

　本章を要約すれば以下のようになろう。台湾企業はフィルムカメラの生産実績とその間に蓄積した技術基盤をもって、比較的早期にデジタルカメラの生産を開始した企業がみられた。また、受託製造に特化することで、日系、米系ブランド企業との共存関係を構築した。さらに、その過程で技術蓄積をすすめ、自らの活動領域を拡大した。このような台湾企業における活動領域の拡大を可能にした背景として、日系企業との技術補完的連携の事実を明らかにした。これらをデジタルカメラの受託製造における台湾企業の台頭要因として指摘した。

第1節　デジタルカメラにおける受託製造

1．デジタルカメラ市場の拡大と受託製造

　カメラの技術革新を扱った拙稿[1]において、日本のフィルムカメラメーカーは、「精密機械加工・組立技術」、「光学技術」に加えて、「電子工学技術」のカメラへの取り込み（電子化）に成功し、その点が競争優位に繋がったと指摘した。また、電子化が①新機能の付加、②生産性の向上と低価格化、③小型、軽量化を実現し、カメラ市場の拡大にも寄与したと指摘した。それになぞらえれば、デジタルカメラはフィルムカメラとビデオカメラで培われた技術が融合することによって誕生し、発展してきたと言える。この発展基軸（とりわけ電子化）を強調することの意義は、デジタルカメラへの電機メーカーへの参入と、フィルムカメラメーカーの苦戦、あるいは電子化への対応能力の程度が、デジタルカメラの開発、設計、生産に大きく影響する点を明確にしうる点にある。

　デジタルカメラ市場創出の契機は、1995年に発売されたカシオの「QV-10」である[2]。その後、デジタルカメラ市場は1990年代後半に急拡大を遂げた。1995年から1999年までの新機種投入数をみると、最多は富士フイルムで30機種、コダック（27機種）、オリンパス（21機種）、ソニー（18機種）、カシオ、キヤノン、リコー（16機種）と続いている。なかでも富士フイルムは、年間の新機種投入数が10機種を超えた最初の企業でもある（1998年）。こうした同社の動向は、デジタルコンパクトの市場シェアにも直結している。1997年における同社の市場シェアは15%（カシオに次いで第2位）であり、翌年には23.5%で第1位となっている（同社は2001年まで国内シェア第1位を維持している）[3]。

　先にみたように、オリンパスは比較的早い段階でデジタルカメラ市場に参入した企業であるが、当初は自社開発ではなく、レンズ設計など一部を除き、三洋電機（以下、三洋と略す）に製造を委ねていた[4]。また、デジタルカメラへの参入では後発に属するキヤノンも、市場参入を重要視し、当初は松下電器産業（以下、松下と略す）からのOEM（Original Equipment Manufacturing、以下

第5章　台湾企業による受託製造の増大とその要因

OEM と略す）供給を受けていた[5]。

　カシオに若干の遅れをとったものの、自社ブランドで市場参入を果たしたチノンのデジタルカメラ研究は、ソニーのマビカ発表（1981年）以降に本格化した。1986 年にはマビカ型のプロトタイプの試作品を完成させ、1989 年にはデジタル記録方式によるカメラの試作に成功する。1990 年にはこれまでの研究・開発の成果をフォトキナに出品し、これにアップル（米）が強い関心を示した。1993 年には、コダック（米）、アップル（米）、チノンによる共同開発の成果として、デジタルカメラ「Quick Time100」を発売している（CCD はコダック製）。1995 年には自社ブランドで市場参入を果たしつつ、コダックへのデジタルカメラの OEM 供給を継続し、同社との関係を深めていった[6]。チノンの事例は、日本企業と外資系企業によるデジタルカメラの受託製造関係の存在を示す重要なものと言えよう。このように、デジタルカメラ市場では、初期段階から受託製造が利用されていたが、なかでもその中心は三洋であった[7]。

　三洋がデジタルカメラ市場に参入した背景として、以下の点を抑えておくことは重要である。同社はビデオカメラ生産を行っていたが、同市場はソニー、松下、ビクターが強く、同社のビデオカメラ部門は赤字部門であった[8]。しかしながら、開発者を多く抱えているため、市場からの撤退も困難であった。こうした状況下でデジタルカメラ市場が急拡大を遂げたために、三洋のビデオカメラ技術を転用する外部環境が整ったといえよう。また、同社はデジタルカメラ関連部材である撮像素子をはじめとする半導体、液晶、小型モーター、電池を内製しているため、このような点もデジタルカメラ市場への参入を決意させる要因になったと考えられる[9]。さらに、こうした状況を裏付ける指摘がある。インドネシアの三洋ジャヤ電子部品（西ジャワ州）において、ビデオカメラ生産用の遊休生産ラインをデジタルカメラ生産用に組み替え、年産 200 万台の生産体制にするとしており、2000 年には試験的に 20 万台程度の生産を行う見込みであったことが指摘されている[10]。

　本章の直接の課題ではないが、カメラ生産における受託製造は、デジタルカメラから開始されたものではない。フィルムカメラにおける主要な受託製造企業は、日東光学と GOKO カメラである[11]。フィルムカメラの受託製造最大手であった GOKO カメラは、自社の電子技術の蓄積が十分でないことを理由と

表 5-1 OEM 生産のデジタルコンパクトカメラの部材費

デジタルカメラコスト構成	%
レンズモジュール	30
液晶ディスプレイ	20
撮像素子（センサー）	18
IC チップ	5
外装品	5
その他（シャッター、バッテリー等）	22

出所：『週刊東洋経済』2006年7月22日号より作成。

して、デジタルカメラへの参入を行っておらず、三洋の事例と並び、上述したデジタルカメラの発展機軸の正当性を裏付ける事例と言える。デジタルカメラは、レンズ機構を除けば、撮像素子、映像エンジン、液晶ディスプレイなどといった部材から構成されており、開発、製造には電子技術を必要とし、この点が参入障壁になっていた。本章では撮像素子、映像エンジン、レンズモジュールをデジタルカメラの基幹部品として考察を行う。表5-1はデジタルコンパクトの部材費であり、厳密さには欠けるものの、使用される電子部品のコスト比を確認できる。念のため付言しておくが、製造企業や機種によって、部材コストに多少の差はあるものの、デジタルカメラのおおまかな部材費を把握するという意味では十分なものであろう。こうしたカメラの「電子化」は、フィルムカメラの末期にもみられたが、デジタルカメラにおいては、さらに顕著になったと言えよう。なお、撮像素子の採用はデジタルカメラよりもビデオカメラが先行していた。デジタルカメラへの発展基軸としてフィルムカメラとビデオカメラの融合を強調する理由がここにある。

　前述したように、デジタルカメラでは初期段階から受託製造が利用されており、その中心は三洋であった。1997年から同社の生産台数を確認できる（表5-2）。1997年における生産台数は40万台であったが、2000年には340万台（97年比で8.5倍）へと急拡大を遂げている。なお、同期間のデジタルカメラの世界総生産台数は、250万台から1,340万台（97年比で約5.4倍）に増大しており、三洋の生産台数は市場拡大を上回るペースで増大した点が理解されよう。同表で総生産台数に占める三洋の割合を確認すれば、1999年の27.7%をピークに徐々に低下したことが理解できる。ただし、生産台数は拡大の一途を辿り、そのピークは2007年の1,450万台であった。

　このような三洋の果たした役割を確認する一方で、デジタルカメラの受託製造における主役の交代についても確認しておく必要があろう。三洋が徐々にシェアを落とすなか、生産台数とシェアを伸ばしたのが複数の台湾企業である。

表 5-2 主要受託製造企業によるデジタルカメラの
生産台数・金額とシェア

年	世界生産 万台	三洋電機 万台	%	台湾企業 万台	億ドル
1997	250	40	16.0	—	—
1998	312	55	17.6	—	—
1999	595	165	27.7	—	—
2000	1,340	340	25.4	573	5.79
2001	2,000	366	18.3	882	11.32
2002	2,785	470	16.9	980	16.43
2003	5,365	940	17.5	1,957	16.97
2004	7,434	1,127	15.2	2,120	18.68
2005	8,664	1,140	13.2	3,189	27.56
2006	9,905	785	8.3	4,037	33.86
2007	13,174	1,450	11.0	4,990	37.50
2008	13,120	1,430	10.9	4,882	33.96
2009	12,230	1,200	10.0	4,972	31.81
2010	13,710	1,360	10.3	6,138	37.81
2011	12,400	710	5.7	6,181	33.25
2012	9,960	380	3.8	4,262	—

出所:『ワールドワイドエレクトロニクス市場総調査』1998-2013年版、富士キメラ総研及び『台湾工業年鑑』各年版、台湾産業研究所より作成。

注:1) —は統計に記載がないことを示す。
2) 台湾企業によるデジタルカメラ生産台数、金額については、『台湾工業年鑑』の数値を利用した。なお、1999年以前の生産台数については記載がない。

2011年のデジタルカメラ総生産台数に占める台湾企業の割合は50%となっており、その存在感は圧倒的ともいえる。そこで、台湾企業による受託製造について確認しておきたい。

2. 台湾企業による受託製造

台湾企業によるデジタルカメラの受託製造は、1997年から確認可能であり、英業達、大立光電、亜洲光学が行っていた。2000年代初頭にはデジタルカメラを生産する台湾企業が24社ほど存在していた（表5-3）。この点は、台湾企業が比較的早い段階からデジタルカメラ生産に関わっていたことを示している。

表5-2に示したように、2000年における台湾企業のデジタルカメラ生産台数は573万台（生産金額：5.79億米ドル）となっており、台湾企業全体の数値で

表 5-3　台湾のデジタルカメラメーカー

業　種	企業数	企　業　名
PC 周辺機器	10 社	鴻友科技（Mustek）、全友電脳（Microtek）、力捷（Umax）、明碁電脳（ACM）、源興科技（Lite-On）、致伸実業（Primax）など
カメラ	6 社	普立爾科技（Premier：Prestec と合併）、矽峰光電科技（NuCam）、新虹、明騰（Minton）、大立光電（Largan）、亜洲光学
家電	4 社	東友（Teco）、新寶科技（Sampo）、大同（Tatung）など
その他	4 社	華晶科技（Altek）、詮訊科技、金寶（Kinpo）、佳能企業（Abilty）

出所：『台湾電子機器産業の展望』2001 年版、富士経済を基に著者が補足した。

はあるものの、三洋の生産量を上回っている点が確認されよう。以降、台湾企業によるデジタルカメラ生産量は顕著に増加した。とりわけ、2003 年の生産量は前年比で倍増した。その一方で、同年の生産金額を見ると、前年比で微増にとどまっている点には注意が必要である。

　企業別に見れば、普立爾科技（プレミア・イメージ・テクノロジー、以下プレミアと略す）の生産量は、2001 年時点で約 100 万台（03 年：450 万台、05 年：950 万台）であった。亜洲光学の生産量は、2001 年時点で 210 万台（03 年：300 万台、04 年 340 万台、05 年 460 万台）[12]であり、2005 年の華晶科技（以下、アルテックと略す）アルテックの生産量は 750 万台、佳能企業（以下、アビリティと略す）は 420 万台となっている。

　こうした台湾企業によるデジタルカメラ生産は、2012 年時点で 4,262 万台にまで増大している（ピークは 2011 年で 6,181 万台）。また、台湾企業による受注形態に関しては、2002 年時点で ODM 方式が 70％を超えており、ODM が主流を占めていた[13]。なお、2001 年時点での台湾企業の中国生産比率（生産台数ベース）は 54％であったが、以後急速に中国生産へと傾斜を強め、2004 年時点では、ほぼ全量が中国生産となった。こうした動向を中国の輸出統計で確認しておく。2002 年時点での中国のデジタルカメラ輸出は 1,770 万台であったが、翌年には 5,230 万台へと急増している[14]。主要企業によるデジタルカメラの中国生産開始年を確認すると、オリンパス、ニコン、亜洲光学が 2002 年、キヤノン、プレミアが 2003 年であった[15]。したがって、日本企業と台湾企業は、ほぼ同時期に中国での生産体制を整備しただけでなく、中国の輸出急増の時期とほぼ一致する。誤解のないように付け加えておくが、台湾企業の多くは、

第5章　台湾企業による受託製造の増大とその要因

デジタルカメラの生産以前に中国での生産実績を有しており、一定の経験を積んでいた[16]。また、デジタルカメラの製造拠点が中国に移転したことに付随して、同製品の製造に関わる台湾人技術者も大陸に渡り、台湾拠点は開発・設計機能、試作ラインを中心に再編された点も合わせて指摘しておく。

これまでデジタルカメラ生産における台湾企業の受託製造の歴史と実態を中心にみてきた。生産台数を基準として台湾企業を概観すると、前半の中心企業は、亜洲光学、アルテック、プレミアであり、2000年代の半ば過ぎには、アビリティがこれに加わり、主要なプレイヤーはここに出揃うことになる。本章では、特に断りの無い限り、これら企業を主要4社として考察を行う。

表5-4から表5-7は、近年の主要4社の企業別受託製造実績をまとめたものである。これを見ると、アビリティとニコン、アルテックと富士フイルムといった関係性の強い企業を確認できる一方で、複数のブランド企業からの受注がある点を確認できよう。また、ブランド企業側からの特徴として、発注を分散させている状況も確認できよう。受注量の変動には様々な要因があるものの、受託製造を行う企業間競争が展開されている点もあわせて指摘しておきたい。

表5-4　アビリティの企業別受託製造実績

企業名／年	2010		2011		2012		2013	
	万台	%	万台	%	万台	%	万台	%
ソニー	230	10.4	450	19.1	180	10.0	165	13.5
サムスン	300	13.6	190	8.1	210	11.7	88	7.2
ニコン	950	43.0	950	40.4	880	48.9	560	45.7
富士フイルム	120	4.5	180	7.7	100	5.6	130	10.6
カシオ計算機	510	23.1	300	12.8	300	16.7	228	18.6
ペンタックスリコーイメージング	—	—	—	—	80	4.4	45	3.7
その他	100	4.5	280	11.9	50	2.8	10	0.8
合　計	2,210		2,350		1,800		1,226	

出所：『ワールドワイドエレクトロニクス市場総調査』各年版、富士キメラ総研より作成。
注：—は統計に記載がないことを示す。

表 5-5　アルテックの企業別受託製造実績

企業名／年	2010		2011		2012		2013	
	万台	%	万台	%	万台	%	万台	%
サムスン	—	—	200	10.8	—	—	—	—
ニコン	—	—	150	8.1	460	34.8	170	40.8
富士フイルム	740	42.3	900	48.6	760	57.6	247	59.2
コダック	850	48.6	550	29.7	100	7.6	—	—
その他	160	9.1	50	2.7	—	—	—	—
合　計	1,750		1,850		1,320		417	

出所：表5-4に同じ。
注：—は統計に記載がないことを示す。

表 5-6　鴻海精密の企業別受託製造実績

企業名／年	2010		2011		2012		2013	
	万台	%	万台	%	万台	%	万台	%
ソニー	660	54.3	500	54.9	200	25.0	130	65.3
富士フイルム	—	—	—	—	70	8.8	—	—
パナソニック	—	—	100	11.0	20	2.5	—	—
オリンパス	350	28.8	250	27.5	400	50.0	65	32.7
その他	205	16.9	60	6.6	110	13.8	4	2.0
合　計	1,215		910		800		199	

出所：表5-4に同じ。
注：—は統計に記載がないことを示す。

表 5-7　AOFイメージングの企業別受託製造実績

企業名／年	2010		2011		2012		2013	
	万台	%	万台	%	万台	%	万台	%
コダック	220	45.8	100	22.7	30	21.4	—	—
オリンパス	—	—	50	11.4	—	—	—	—
リコーイメージング	—	—	50	11.4	—	—	—	—
その他	260	54.2	240	54.5	110	78.6	50	100.0
合　計	480		440		140		50	

出所：表5-4に同じ。
注：—は統計に記載がないことを示す。

第2節　前史としてのフィルムカメラ生産と主要台湾企業の類型化

1．台湾におけるフィルムカメラ生産のあゆみ

これまでみてきたように、台湾企業によるデジタルカメラの受託製造は、総生産台数に占める割合だけをみても、無視できない規模に達している。そこで、デジタルカメラの受託製造における前史と位置づけうる台湾のフィルムカメラ生産について言及しておきたい。

台湾におけるフィルムカメラ生産は、日系カメラメーカーの台湾進出に端を発していると言っても過言ではない。表5-8は年代別でみた台湾カメラ製造業の起業数を示したものである。カメラ製造に関わる起業は、1970年までわずか2社であり、台湾企業による起業が本格化するのは、1970年代以降のことである。一方、台湾に進出した日系カメラメーカーおよび関連企業は、リコー（1966年）、キヤノン（70年）、チノン（73年）、旭光学（75年）、オハラ（86年）、HOYA（87年）となっている。外資系企業の進出によって、新規産業が形成されたという意味では、台湾電子産業と同様の発展パターンと言える[17]。

表5-9および表5-10は、台湾におけるフィルムカメラの生産台数と輸出台数を示したものである。統計元が異なるため、数値に矛盾する点も見られるが、ここから言えることは、台湾におけるフィルムカメラ生産が本格化するのは、1980年代以降であり、80年代半ばには年間生

表5-8　台湾におけるカメラ製造業の起業数

年	起業数
～1970	2社
1971～80	10
1981～90	21
91～2000	24
2001～06	17
合計	74

出所：『95年工商及服務業普査製造業報告』行政院主計處、2008年。

表5-9　台湾におけるフィルムカメラ生産（台数、金額）

年	生産台数（万台）	金額（億台湾ドル）
1976	136.6	8.2
1980	257.4	24.3
1985	490.9	75.1
1990	1,176.1	77.8
1995	704.8	91.3
2000	244.3	70.6

出所：『台湾地区工業生産統計月報』各年（月）版、経済部統計處より作成。

表5-10 台湾のカメラ輸出

年	輸出台数(万台)	輸出金額(万ドル)
1983	447.3	9,327.2
1985	1,034.1	1億2,891.5
1990	1,884.7	2億9,564.7
1991	1,853.2	3億9,139.5
1992	1,396.2	3億6,144.7
1993	989.2	2億8,513.6

出所:『台湾工業年鑑』各年版より作成。

表5-11 世界のフィルムカメラ生産国のシェア

生産国	1984年(%)	1985年(%)
日本	31.4	33.9
台湾	13.7	20.8
米国	17.1	7.2
香港	12.2	12.2
その他	25.6	25.9

出所:『中華民国機械工業年鑑』台湾経済研究所、1986年。
注:1984年の全生産台数:5,106万台。
　　1985年の全生産台数:5,287万台。

産台数が1,000万台を超える規模になっていたということである。また、1990年頃より生産台数、金額ともに減少している点も理解されよう。この背景には、台湾企業の中国進出という問題があるのだが、ここでは指摘するにとどめる。

フィルムカメラ生産における台湾の国際的ポジションを明らかにするための資料が表5-11である。同表は世界のフィルムカメラ生産国(地域)のシェアを1984年と1985年でみたものである。台湾は1984年時点で世界第3位のフィルムカメラ生産地になっており、翌年には世界第2位になり、日本に次ぐカメラ生産拠点となっていた。また、表5-12は台湾の主要フィルムカメラメーカーのリストである。このリストは、明騰や亜洲光学が抜けているといった不備が見られるものの、台湾フィルムカメラメーカーの全体像を把握するという意味においては重要なものである。また、このリストにある企業の多くは、デジタルカメラへの参入を行っていないものとみられる[18]。

日本国内でのカメラ製造の特徴として、外注依存率の高さを指摘できる。写真機・同付属品製造業における下請企業の比重は約90%となっており、下請比重の高さを示す事例として挙げられる自動車・同部品工業よりも高率であった[19]。このような国内でのカメラ製造の特徴がある一方で、新たにカメラの一

表5-12 台湾の主要フィルムカメラメーカー(1993年)

企業数	主な企業名
台湾系 20社 日系　　4社	偉攝光学、隆昌光学、優能光学、東平企業、佳楽相機工業、普立爾照相工業、拓漢、栄達照相器材、台湾群昌工業、八航実業、来爾福実業、旭明佳工業、学師実業、新普精密工業

出所:『台湾工業年鑑』1993年版。

大生産拠点となった台湾の部品調達に関する実証研究を確認しておきたい。調査期間は1989年11月から1990年1月であり、台湾のフィルムカメラ生産のピーク時とほぼ重なっている。それによれば、日系カメラメーカーの台湾における外注企業は、平均で20-30社ほど存在したとされており、日本の外注先に比して規模は大きいとされている。また、カメラメーカーの専属下請ではないとされ、複数のカメラメーカーに納入する企業が多い点も指摘されている。さらに興味深い点は、日系企業がカメラ生産を開始するまで、台湾にカメラ部品および部品加工メーカーはほぼ存在せず、外注先は日系企業が共同で、少数の部品および部品加工メーカーを育成してきたという経緯があると指摘していることである。ただし、部品および部品加工コスト、品質はカメラメーカーの要求を十分に満たしていないという指摘もなされている[20]。

このような先行研究を受け、2004年に台湾カメラメーカーへの訪問調査を実施した[21]。調査対象企業は、プレミアと亜洲光学であった。とりわけ、亜洲光学は台湾リコーの下請けからスタートし、リコーからの人材派遣や、亜洲光学の人材をリコー側が受け入れて研修を行うなど、密接な関係を有していた点が明らかになった。また、台湾キヤノンでの就業経験を有する人材を雇用している点も確認された[22]。これと同様の事象として、大立光電や今国光学の幹部にも台湾キヤノンに在籍した経験を有する人材がいることも指摘されている（両社とも台湾を代表する光学メーカーである）。さらに、亜洲光学は1991年にフィルムカメラの生産拠点として、中国に泰聯光学を設立している（設立当時の持株比率：リコー40％、亜洲光学40％、三菱商事20％）。

亜洲光学の創業は1981年である。創業当時の事業は、カメラ関連のアクセサリーなどを製造していた。その後、日系企業との提携等により光学技術を習得し、光学メーカーとして成長してきた。調査時における、亜洲光学の製造品目は、フィルムカメラ（日系各社の受託製造を90年初頭から行っていた）、交換レンズ（日系企業の受託製造）などがあり、カメラ用レンズ以外では、顕微鏡[23]やライフルスコープ（日系光学企業の受託製造）、プロジェクター用レンズなどがあり、光学技術を中心とした生産を行ってきている。

プレミアは、1990年設立であり、当初はフィルムカメラの受託製造を行っていた[24]。また、2002年にはプロジェクターの受託製造を開始した。2003年

の実績は、フィルムカメラ（700万台）、デジタルカメラ（450万台）であった。また、売上に占める生産形態は、OEM（15%）、ODM（65%）、自社ブランド（20%）となっており、自社ブランド製品に関しては、中国とその他地域（欧州、北米、アジア以外）に販売していた。受託製造に関わる取引企業は、日・米・欧企業をあわせて10社程度とのことであった。同社は光学技術を有しているが、内製可能なカメラ用レンズは単焦点レンズに限定され、ズームレンズは日系企業から調達しているとのことであった。

　こうした調査結果をふまえ、日系企業と台湾企業の関係を整理すれば、以下のようになろう。日系企業は台湾企業をビジネスパートナーとしてだけでなく、人材教育や技術指導なども行い、台湾企業による現地での外注体制の構築に貢献した。また、台湾企業は日系企業での就業経験を有する人材を活用しながら、日系企業への理解を深め、取引関係をより強固なものとし、フィルムカメラの受託製造量を増加させた。さらに、受託製造というブランド企業との直接競争を避ける選択を行った点も注目されよう。これらより、台湾企業によるデジタルカメラ生産の前史として、フィルムカメラの受託製造を位置づけることができよう。

2．主要台湾企業の系譜と類型化

　ここでの課題は、デジタルカメラの受託製造を行う主要4社の諸特徴（とりわけ技術的側面）とデジタルカメラ市場への参入経路を明らかにし、その類型化を図ることにある。

　主要台湾企業4社の略歴をまとめたものが図5-1である。デジタルカメラの生産以前にフィルムカメラ生産を行った実績を有している企業は、プレミア、亜洲光学、アルテックであり、プレミアと亜洲光学に関しては、日系企業の受託製造を行った経験を有している（アルテックに関しては不明）。また、プレミア、亜洲光学、アビリティは、日本企業との取引実績を有していた（アルテックに関しては不明）。さらに、アビリティに関しては、硝材メーカーであるオハラとの合弁で、1986年に台湾小原光学を設立し、経営を継続している点も指摘しておきたい。

　このように、フィルムカメラの生産実績や日系企業との取引関係を有し、そ

こからデジタルカメラへの参入経路を指摘し得る。また、参入時にデジタルカメラにおける基幹部品の一つであるレンズ技術を有していた企業として、プレミアと亜洲光学を挙げることができよう。

アルテックに関しては、2000年代初頭に亜洲光学と提携し、レンズ設計・生産を委託していた時期があるが、2004年に解消している[25]。その後、同社は今国光学と合弁で今華光学[26]を設立し、デジタルカメラの基幹部品であるレンズ技術の習得に乗り出している。アルテックは創業が比較的最近であるほか、他社と大きく異なる特徴として、デジタルカメラにおける基幹部品である映像エンジンの設計能力を有している点を挙げられよう。

デジタルカメラの基幹部品に関わる技術という点では、光学技術を有している企業が2社、映像エンジンに関わる技術を有している企業が1社であり、主要4社のうち3社が基幹部品に関わる技術を有して参入した点が明らかとなった。これを類型化すれば、光学技術を中心としたプレミア、亜洲光学型と映像エンジンの設計能力を有するアルテック型に分類できよう[27]。さらに、鴻海精密とアビリティに関しては、デジタルカメラの一定の生産実績を有する企業の買収を通じて参入した点も確認しておきたい。

主要4社の参入時期、経緯、技術基盤をみてきたが、基幹部品に関わる3社の活動領域は、単純なアッセンブリー企業とは一線を画していたことは明白であろう。また、買収、合弁、提携などを積極的に活用し（このなかには、台湾企業のみならず日系企業も含まれている）、市場参入や技術蓄積を図るという特徴も浮き彫りになった。例えば、亜洲光学と台湾リコーの事例[28]、後述するように、旧チノンの一部が、信泰偉創影像科技（AOF Imaging Technology、以下AOFイメージングと略す）に吸収されていることなどは、その典型であると言えよう。

第3節　主要台湾企業4社の分析

デジタルカメラの受託製造を行う主要台湾企業とはいえ、その企業名や歴史については、鴻海精密を除けばほとんど知られていないであろう。そこで本節では、主要企業の歴史と概略を明らかにしておきたい。

図5-1　台湾デジタルカメラ

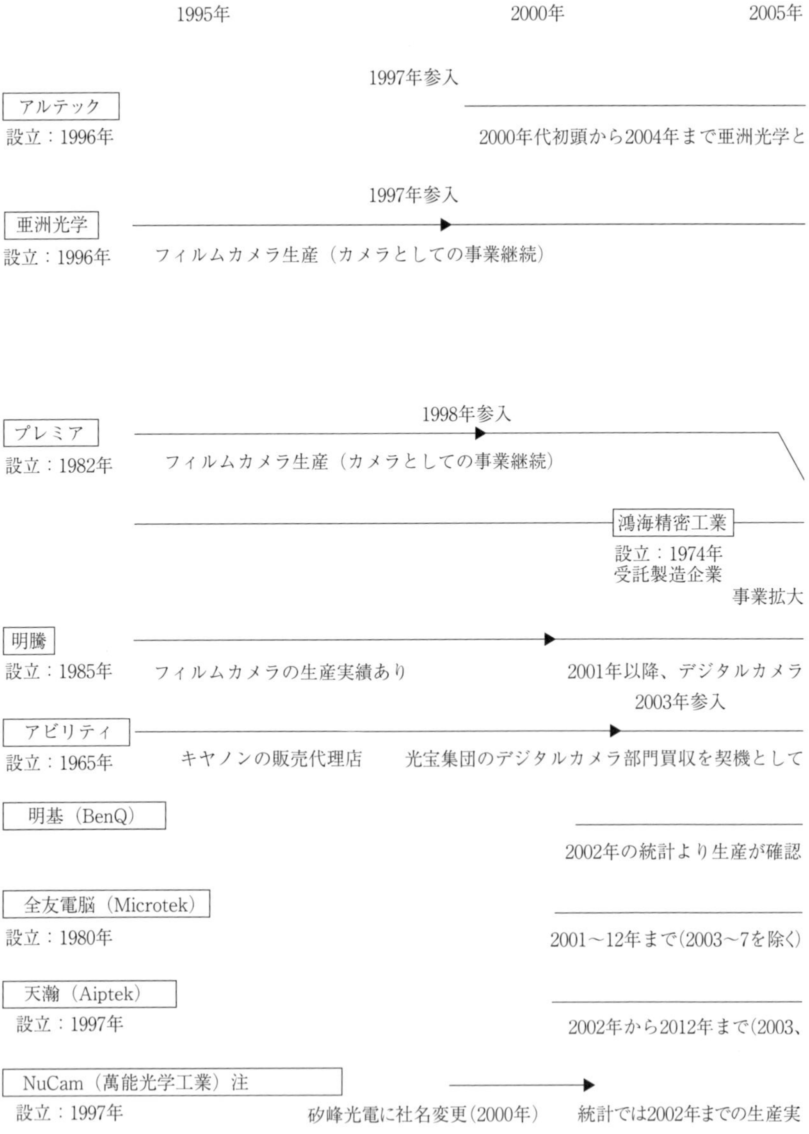

```
            1995年              2000年              2005年

┌─────────┐                   1997年参入
│ アルテック │                   ────────────────────────
└─────────┘
設立：1996年                    2000年代初頭から2004年まで亜洲光学と

┌─────────┐      1997年参入
│  亜洲光学  │      ────────────────────────────────────→
└─────────┘
設立：1996年    フィルムカメラ生産（カメラとしての事業継続）


┌─────────┐                 1998年参入
│  プレミア  │              ─────────────────────────────┐
└─────────┘                                              │
設立：1982年    フィルムカメラ生産（カメラとしての事業継続）
                                                  ┌──────────────┐
                                                  │ 鴻海精密工業  │─────
                                                  └──────────────┘
                                                   設立：1974年
                                                   受託製造企業
                                                              事業拡大

┌─────────┐
│   明騰   │   ────────────────────────→
└─────────┘
設立：1985年    フィルムカメラの生産実績あり    2001年以降、デジタルカメラ
                                                        2003年参入
┌─────────┐                                   ─────────────────────
│ アビリティ │
└─────────┘
設立：1965年    キヤノンの販売代理店    光宝集団のデジタルカメラ部門買収を契機として

┌─────────────┐                                ────────────────
│  明基（BenQ） │
└─────────────┘
                                        2002年の統計より生産が確認

┌────────────────────┐                          ────────────────
│ 全友電脳（Microtek）│
└────────────────────┘
設立：1980年                         2001～12年まで（2003～7を除く）

┌──────────────┐                                ────────────────
│ 天瀚（Aiptek） │
└──────────────┘
設立：1997年                         2002年から2012年まで（2003、

┌──────────────────────┐            ─────────→
│ NuCam（萬能光学工業）注│
└──────────────────────┘
設立：1997年         矽峰光電に社名変更（2000年）   統計では2002年までの生産実
```

出所：『ワールドワイドエレクトロニクス市場総調査』各年版、『台湾電子機器産業の展望』各年版、『台湾工業
注：NuCam社は1997年に光学カメラメーカーとして設立された。1998年にはデジタルカメラ市場に参入し、
　　ス、Palmなどからの出資を得て、社名を萬能光学から矽峰光電に変更した。

225

メーカーの変遷

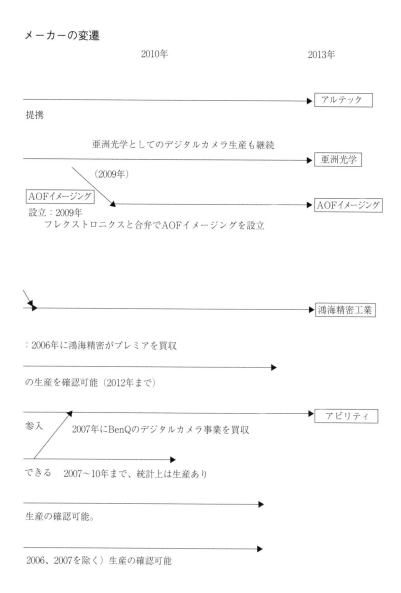

1. 普立爾科技（プレミア）・鴻海精密工業

　プレミアは、1982年に設立され、フィルムカメラのほか、レンズやAF（オートフォーカス）機構などを生産してきた実績を有する企業である[29]。同社のデジタルカメラ市場参入は1998年であり、主要台湾企業の中では早期参入組と言える。2004年時点では、携帯電話用カメラやプロジェクターなどの生産も手がけていた。同社の生産体制は、研究・開発および試作機の生産のみを台湾で行い、量産は全て中国で行っている（中国の生産拠点は佛山にあり、1990年に設立された）。

　表5-13は、プレミアと受託関係をもつ企業を年別（2001-09年）で示したものである。確認できる2001年当時から、ポラロイドやローライなどとならびミノルタとの受託関係があったことを確認できよう。

　2004年には同社への訪問調査を行っており、統計資料では明らかにできない同社の特徴を把握した。調査時点におけるデジタルカメラの部品調達は、中国（40%）、台湾（30%）、日本（30%）となっていた。また、台湾からは液晶とIC部品を、日本からは撮像素子を調達しているとのことであった。台湾企業から調達する液晶は、日系企業の製品と比較して約30%は安いとのことであった（ただし、ブランド企業から使用する部品、ユニットの指定を受けることもある）。部品調達における当時の課題は、品質と技術的側面を挙げていたが、納期は守られているとのことであった。前述したように、内製部品に関しては、

表5-13　プレミア（現鴻海精密）の受託製造関係

	発注メーカー
2001年	ポラロイド、ローライ、ミノルタ、コニカ
2002年	ポラロイド、アグファ、ミノルタ、HP、東芝、コニカ
2003年	ミノルタ、HP、東芝、富士フイルム、コニカ
2004年	ミノルタ、HP、東芝、富士フイルム、オリンパス
2005年	ミノルタ、HP、オリンパス、ソニー、ペンタックス
2006年	HP、オリンパス、ソニー、ニコン、ペンタックス
2007年	コニカミノルタ、HP、東芝、オリンパス、ソニー、ニコン、ペンタックス
2008年	コニカミノルタ、HP、東芝、三洋、オリンパス、ソニー、ニコン、ペンタックス
2009年	三洋、オリンパス、ソニー、ニコン、ペンタックス

出所：『台湾工業年鑑』各年版および『台湾電子機器産業の展望』各年版より作成。

単焦点レンズのみ自社生産を行い、ズームレンズは日系企業から調達しているとのことであった[30]。ここに同社の技術的な課題が存在したと言える。

このように、プレミアはデジタルカメラの受託製造を行う台湾企業のなかにあって中心に位置する企業であった。この企業を電子機器の受託製造を専門とする鴻海精密が2006年に買収した。鴻海精密は事業拡大の機会を狙っており、デジタルカメラ市場の急拡大を受け、参入の機会をうかがっていた。結果としてはプレミアの買収ということになったものの、同社の買収企業リストには日本企業が含まれており、実際に交渉が行われていたことが、関係者への聞き取りで明らかになっている。

鴻海精密の連結売上高は、約3.95兆台湾ドル（2013年）にのぼり、世界を代表する受託製造企業である。同社は会長兼CEOの郭台銘氏が1974年に社員10名で創業し、「iPod」、「Wii」、「PS3」、「iPhone」の生産を手がけ、各ブランド企業の代表的製品の生産を行っている。さらに、2009年11月にはグループ企業である群創光電（台）が奇美電子（台）の買収を発表するなど、買収による企業拡大は続いている。また、近年ではシャープとの提携問題が注目されている。創業当初は白黒テレビ用のプラスチック部品の生産からスタートしたが、1981年にコンピューター用のコネクター生産を開始するようになり、これを契機としてインテルとの取引が開始された。インテルとの取引開始は、鴻海精密にとって、最大のターニングポイントであったと言うことができよう。

同社は1993年に中国進出を果たし、90年代後半にはPCの受託製造を行うことにより急成長した。同社の中国の生産拠点は70ヵ所を数え、深圳市の生産拠点では20万人の従業員を雇用しているとされる[31]。

鴻海精密の急速な規模拡大の特徴としては、デジタルカメラがそうであったように、買収・合併という手法が採用されている[32]。また、同社は製造のみでなく、ドイツ流通大手メトロとの合弁会社を設立し、中国での小売事業（メディアマルクト：万得城）にも進出し、活動領域の拡大を図っていた[33]。

買収後のデジタルカメラ事業は、2007年に最多となる1,530万台を生産したものの、ライバル企業の台頭やデジタルカメラ市場およびデジタルカメラの受託製造市場の縮小により、急速に減少してきている。2013年の実績は199万台となっており、事業としての存続が危ぶまれている。

2．亜洲光学・AOF イメージング

　亜洲光学は 1981 年 10 月に設立された。当初は、カメラケースなどの生産を行っていたが、その後光学分野に進出し、1982 年よりカメラ用レンズ生産を行うようになった。前述したように、同社の成長に重要な役割を果たしたのが台湾リコーであった[34]。また、既に同地に進出していた台湾キヤノンでの就業経験をもつ技術者を積極的に雇用することで、亜洲光学の技術力向上を図った。光学技術に関しては、セコン社（日）からの技術導入を行ったことが社史に記されている。受注関係では、リコーをはじめオリンパス、ソニー、コニカなどにレンズ供給を行った実績を有している。その他の日系企業との関係では、1988 年にオリンパスから顕微鏡のレンズユニットを受注するなどしている。

　同社の中国進出は 1988 年であり、レンズ生産を主たる目的とする信泰光学を深圳市に設立し（92 年には東莞市にも増設）、91 年には合弁で泰聯光学を設立している[35]。基幹部品に関しては、撮像素子を日系企業から、液晶に関しては日系および台湾企業から調達している。さらに、OEM が中心であった際には、日系企業から部品供給を受けていたが、ODM が中心となってからは自社調達が増加した。

　2004 年 1 月には、台湾リコーから亜洲光学への株式譲渡が行われ、亜洲光学の出資比率は 85.5％ となった。この点に関して亜洲光学は、台湾リコーの金型・成形技術、デジタルカメラのレンズユニットに関する技術が必要不可欠と判断し、決定したと説明している。また、台湾リコーの技術者は、その後も継続雇用した点についても確認した。今回の株式譲渡によって、亜洲光学にどの程度の技術移転が行われたのかを明らかにすることはできなかった。しかしながら、リコーのデジタルカメラ生産は、参入当初（1995 年）から台湾リコーが担ってきたことを考慮すれば、一定程度の技術移転が行われた可能性を排除することはできないだろう[36]。

　同社の生産台数は、2000 年代半ばまでは主要企業と呼ぶにふさわしいものであったが、それ以降は伸び悩み、2013 年には 50 万台というレベルに落ち込んでいる。また、表 5-14 は亜洲光学の受託製造関係を年別で示したものである。当初は HP（ヒューレット・パッカード）やコダックとの取引関係が主で

表 5-14　亜洲光学の受託製造関係

	発注メーカー
2001 年	HP、コダック
2002 年	HP、コダック
2003 年	HP、コダック、オリンパス、リコー
2004 年	HP、コダック、オリンパス、リコー、LG
2005 年	コダック、オリンパス、ニコン、富士フイルム
2006 年	コダック、オリンパス、ニコン、富士フイルム
2007 年	コダック、オリンパス、リコー、ニコン、富士フイルム、GE
2008 年	コダック、オリンパス、リコー、三洋、ニコン、富士フイルム、GE
2009 年	コダック、オリンパス、三洋、ニコン、富士フイルム、GE

出所：表 5-13 に同じ。

あったが、2003 年を境として日系企業からのオーダーを確認できる。

　前述したプレミアは鴻海精密に買収されたが、亜洲光学は受託製造企業の大手であるフレクストロニクス（本社：シンガポール）とデジタルカメラの受託製造を主たる目的とする AOF イメージングを設立している[37]。出資比率は亜洲光学が 80.1％、フレクストロニクス側が 19.9％となっており、同社代表には、亜洲光学の頼以仁氏が就任した。同社の拠点は生産を主たる業務とする中国（深圳市）拠点（AOF China）、R&D および営業機能を有した日本拠点（AOF Japan）、R&D 機能をもつ台湾拠点（AOF Taiwan）である[38]。このうち日本拠点は茅野市にあり、台湾拠点は台中と新竹にある。

　同社の設立が注目されたのは、鴻海精密がデジタルカメラ市場への参入手段としてプレミアを買収し、一気に生産量を増大させ、世界シェアを高めたという過去の経験があったからである。ただし、AOF イメージングのケースは鴻海精密とプレミアのように単純に理解してはならない理由が存在する。なぜならば、フレクストロニクスでデジタルカメラ生産を行っていたのは、チノン（1962 年設立）の流れをくむ組織だからである。チノンの歴史に関しては、非常に複雑なので、詳細についてはここでは割愛せざるを得ないが、概略だけは示しておきたい。

　カメラ部品の生産からスタートしたチノンは、8 ミリカメラやフィルムカメラ用レンズの生産を行っており、一眼レフの生産経験を有する企業である。自社ブランドのカメラを生産する傍ら、ブランド企業からの受託製造も行っていた。

また、カメラ以外では、フロッピーディスクやプリンターの生産も行っていた（1980年代半ば以降）。チノンは台湾にも生産拠点を有していた時期があり、コンパクトカメラを中心とした生産を行っていた（設立：1973年)[39]。

チノンにとって大きな転機となったのは、コダックとの資本提携であった（1985年）。これ以降、チノンはコダック用カメラの受託製造を行うようになり、1997年にはデジタルカメラ専業となった[40]。これ以降は、日系企業への受託製造なども行い、2004年にはコダックの100％子会社となった（社名変更：コダック・デジタル・プロダクト・センター）。さらに、2006年には親会社であるコダックが開発・設計・生産を含む一連の事業をフレクストロニクスに売却したのである（フレクストロニクス・デジタル・デザイン）。その後、世界的な景気後退により同社の業績が落ち、デジタルカメラ部門を維持できなくなったことから、亜洲光学との合弁企業設立となった。

3. 佳能企業（アビリティ・エンタープライズ）

アビリティは董炯熙氏によって1965年に設立された。日本への留学経験を有し、29歳での起業であった。当初は台湾でキヤノンの電卓などの販売代理店業務を行い、後に複写機やプリンターなども扱うようになった。また、カメラのレザーケースを日系カメラメーカー（キヤノン、リコー、富士フイルム、オリンパス、ペンタックス）向けに製造した経験も有している。また、前述したように、1986年には台湾小原光学を合弁で設立している。つまり、主要日系カメラメーカーとの長期の取引実績を有しているということである。

2000年代初頭には、製造業を中心とした事業へのシフトを模索するようになり、光学製品（複写機）を扱っていた経験から、デジタルカメラ市場への参入を決定した。参入に際しては、既にデジタルカメラの設計・製造を行っていた光宝集団の銓訊社（ViewQuest Technologies）を2003年に買収するという方法をとった。買収時の出荷台数は170万台であり、プレミアや亜洲光学などの先発組と比較すれば、生産量が多いとは言えない状況であった。しかしながら、同社の生産台数は2000年代の後半から急増し、2013年の生産台数は、台湾企業随一となる1,226万台を記録するまでに成長した。また、三洋に対してカメラの筐体を低価格で納入したことが、日系企業の信頼を得るための技術力の証

表 5-15 アビリティの受託製造関係

	発注メーカー
2003 年	カシオ、レジェンド（中）、ファウンダ（中）
2005 年	カシオ、サムスン、パナソニック、ニコン、ソニー、オリンパス
2006 年	カシオ、サムスン、パナソニック、ニコン、ソニー、オリンパス
2007 年	カシオ、サムスン、パナソニック、ニコン
2008 年	カシオ、サムスン、ニコン、ソニー、富士フイルム
2009 年	カシオ、サムスン、ニコン、ソニー、富士フイルム

出所：表5-13に同じ。
注：2004年は資料に記載がない。

明となった。現在の主要顧客であるニコンへのデジタルカメラの初出荷は2006年のことであった。

2007年にはBenQ（2001年設立）のデジタルカメラ事業を買収し、開発に従事していた約70人の社員をアビリティに受け入れた。2006年におけるBenQのデジタルカメラ生産台数は約100万台であった[41]。同年にはASUSグループとの株式交換も行っている。さらに、2011年には一品光学（1979年設立）[42]の52.24％の株式を取得し、子会社化するなど積極的な投資を行っている。中国での生産拠点は東莞と深圳にある[43]。

表5-15は、アビリティの年別受託製造関係を示したものである。2003年にはカシオとの受託関係を確認できる。また、同年には中国企業であるレジェンドとファウンダとの間にも受託関係があり、日系、米系以外との受託関係が存在したことを示している。同社の受託製造量は2007年に急増するが、受託製造関係の多様化が確認できるのは2005年のことである。カシオの他にパナソニック、ニコン、ソニー、オリンパスといった日系企業とサムスン（韓）との関係が確認できる。2009年以降は、台湾随一の生産量を維持しているが、近年の生産量減少は、同社においても共通している。

4．華晶科技（アルテック・イメージ・テクノロジー）

アルテックは、1996年に台湾の裕隆グループや中華開発銀行などの出資で設立された[44]。設立当初はフィルムカメラの受託製造が中心であったが、翌年にはデジタルカメラ市場に参入している。

2000年頃から2004年にかけて、亜洲光学と提携関係にあり、レンズ設計・

表 5-16　アルテックの受託製造関係

	発注メーカー
2001 年	HP
2002 年	HP、コダック
2003 年	HP、コダック
2005 年	HP、コダック
2006 年	HP、コダック
2007 年	HP、コダック、ペンタックス、三洋
2008 年	コダック、三洋、
2009 年	コダック、三洋、富士フイルム

出所：表 5-13 に同じ。
注：2004 年は資料に記載がない。

生産を委託していた。また、2004年には表面実装、プラスチック筐体の製造を開始している。さらに、今国光学（台）と合弁で蘇州にレンズ工場を設立している。自社の生産拠点は昆山（中国）にある。

表 5-16 は同社の受託製造関係を示したものである。特徴として、主要な顧客が HP やコダックといった米系企業であった点が理解できよう。また、生産量の急増がみられる 2007 年には、米系企業の他に三洋やペンタックスという新たなパートナーの存在も確認できる。表 5-4 が示すように、台湾企業のなかではアビリティに次ぐ生産量を維持しているが、2013 年の生産量の落ち込みは非常に大きく、その動向が注目される企業の一つである。

前述したように、同社の特徴はデジタルカメラの基幹部品である映像エンジンの設計能力を有する点である。表 5-17-1 が示すように、2012 年のデジタルカメラ主要部品シェアでは、CSR（英）[45]、キヤノン、ソニーに次ぐ第 4 位（9.4％）となっている。2012 年のコンパクト型デジタルカメラの総生産台数は 9,960 万台であったことから、同社製の映像エンジンが約 936 万個使用された計算になる。統計元が異なるため、厳密さに問題があるものの、同社の 2012 年の生産実績（1,320 万台）を考慮すれば、生産する全てのデジタルカメラに同社の映像エンジンが採用されているわけではないことになる。業界関係者によれば、同社の映像エンジンはコンパクト型の入門機に位置づけられる機種に多く採用されているとのことであり、スマートフォンなどとの競争が最も激しいセグメントであると言える。したがって、デジタルカメラの市場縮小に伴って、最も影響を受ける可能性がある点も指摘しておきたい。

ここまで主要 4 社の分析を行ってきたが、主要 4 社の受託関係の特徴として、ブランド企業の専属ではなく、一定の継続性がみられ、受託関係企業数には増加傾向がみられることなどを指摘できよう。

表5-17 2012年における主要部品シェア

(単位：%)

表5-17-1 映像エンジン

CSR（英）	31.0
キヤノン	20.1
ソニー	14.5
アルテック（台）	9.4
パナソニック	6.5
富士通	6.0
その他	12.5

表5-17-2 コンパクト型撮像素子

ソニー	56
パナソニック	40
シャープ	2
富士フイルム	1
キヤノン	1

表5-17-3 レンズモジュール

キヤノン	20.1
HOYA	14.7
ソニー	14.5
サムスン（韓）	12.0
オリンパス	9.0
富士フイルム	7.4
その他	22.3

表5-17-4 デジタルカメラ用液晶ディスプレイ

ジャパンディスプレイ	25.9
友達光電（台）	13.2
ジャイアントプラス（台）	10.8
群創光電（台）	9.6
CPT（台）	8.0
ウィンテック（台）	7.3
その他	25.2

出所：『週刊東洋経済』2014年2月8日号。
注：1）CMOS、CCDの合算値。
　　2）カッコ内は、本社所在地を示している。

第4節　台湾デジタルカメラ産業と日本企業との連携

1．台湾デジタルカメラ産業の発展

　これまではデジタルカメラの受託製造を行う台湾企業を中心に考察してきたが、ここではデジタルカメラの部品製造にまで対象を広げて考察を加える。
　デジタルカメラの部品製造を含んだ台湾デジタルカメラ産業の全体像をある程度まとまった形で知ることができる資料としては『資訊工業年鑑』2009年版がある。青島矢一氏が指摘しているように、デジタルカメラの開発に必要とされるコア技術は、当初日本国内で閉じており、日本企業が同製品の誕生、普及において主導的な位置を維持し続けている理由であった[46]。しかしながら、一部ではあるが、日系以外の企業が、基幹部品の供給を開始している。映像エ

ンジンを例にとれば、以下の台湾企業が供給を行っている。前述したアルテックを除けば、サンプラス（Sunplus）、ノバテック（Novatek）、メディアテック（MediaTek）[47]である。撮像素子に関しては、現在でも日本企業が強く、ソニー、パナソニックが圧倒的であり（表5-17-2）、一部で米国企業製が採用されている程度である[48]。レンズモジュールに関しては、表5-17-3が示すように、キヤノン、HOYA、ソニー、サムスンなどのシェアが高い。台湾企業としては、亜洲光学、今国光学、佳凌などが挙げられる。また、基幹部品ではないものの、液晶に関しては、友達光電（台）が約13％のシェアを有しており、それ以外にもジャイアントプラスや群創光電などの台湾企業も一定のシェアを有していることがわかる（表5-17-4）。

　AOFイメージングは、日本と台湾のそれぞれに研究・開発拠点を有しており、拠点ごとの取引企業に若干の差はあるものの、以下のような取引関係が明らかになった[49]。映像エンジンは日本企業のほか、CSRやノバテックから供給を受けており、撮像素子については、日本企業のほか、米国企業であるアプティナ（Aptina）からの供給を受けていることが判明した[50]。また、液晶は友達光電（台）、統宝光電（台）[51]から供給を受けていることも明らかになった。レンズに関しては、亜洲光学から供給を受けているとのことであった。この調査で明らかになった点は、デジタルカメラ部品（基幹部品を含む）における供給企業の多様化である。上述したように、基幹部品供給に関しては、日本企業以外の参入が見られることから、コア技術が日本国内で閉じているという状態からの変化を指摘できよう。ただし、基幹部品供給の主流は、現在でも先進国企業あるいはブランド企業である点には注意が必要である。

　これまでみてきたように、台湾デジタルカメラ産業の形成が確認される一方で、デジタルカメラ生産企業に対する支援政策の存在も指摘しておきたい。同政策は、「産業高度化促進条例」として実行された（2009年12月31日終了）。同条例は様々な産業と製品とが含まれているが、デジタルカメラに限定すれば、2001年時点での条件は200万画素以上のデジタルカメラ生産を行う企業であった。その後、2006年には500万画素以上に対象が引き上げられた。同条例の意図は、民間資金が指定産業の条件をクリアしている企業に向かい、資金調達が行いやすい環境を作り出すことにあったと言えるだろう。台湾系企業に

よるデジタルカメラ生産の実情に鑑みれば、2006年時点で91.4％が500万画素以上であったことから、多くの企業がこの支援を受けられたと推定してよかろう。このように、重点産業に指定され、条件をクリアした企業は、支援政策を受けることができ、成長する環境が政府によって整備されていた点にも留意する必要があろう。

2．「日・台」企業の連携

デジタルカメラ生産を行う台湾企業は受託製造を主としており、これら企業の台頭要因を明らかにするための情報が限定されている。受託製造企業はブランド企業（委託側）との信頼関係を重視するため、その内容が秘匿されるケースが多い。これまで行ってきた調査、研究で得た断片的な情報をつなぎ合わせたところ、これまで指摘されたことの無い、台湾企業と日本企業との関係が明らかになった。本章で取り上げる企業は、主要4社に含まれる企業であるが、同社の特定を避けるため、企業名は明かさないこととし、以下Z社と略すことにしたい。また、取引企業であるA～D社（全て日系企業であり日本に拠点がある）に関しても同様の理由から、企業名を伏せることにした（図5-2）。

筆者はZ社に対して訪問調査（2004年）を行っており、同社の光学技術に関する課題を確認している。当時、同社は日本企業を含む複数企業の受託生産を行っていたが、光学技術に課題を抱えていたため、ズームレンズに関しては日本企業から供給を受けていた。また、青島氏は台湾企業の特徴として、光学機器の製造経験を有しているものの、電子設計能力が乏しいという課題も指摘している[52]。このような点を考慮して、Z社との関係を有する日本企業をその内容から図式化し、①光学設計、レンズ供給、②画像処理、ソフトウェア開発、のように分類した。以下、調査の概略をまとめることにしたい。

特徴的な点は、A社とD社が連携しつつZ社のデジタルカメラを開発したことである。なお、両社ともデジタルカメラを総合的に開発、生産する企業ではなく、各々の専門分野に特化した企業であることを付言しておく。A社は、Z社の技術的課題であるズームレンズの開発・設計を行い、D社は画像処理系のソフトウェア開発を行う関係にある。また、A社はZ社工場へのコンサルティング業務も行っており、現地（中国）工場へ人材を派遣することもあるとのこ

図 5-2　Z社に対する日本企業の支援体制

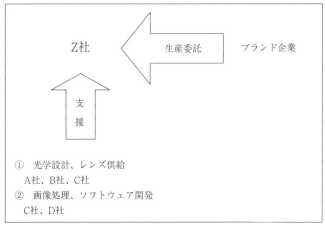

出所：企業へのインタビュー調査などをもとに筆者作成。
注：各社の概要は以下の通り。
　A社：支援は2001年から行われている。支援内容は、光学・レンズユニット設計、Z社へのコンサルタント業務（調査実施日：2012年12月）。
　B社：支援は1997年より行われている。支援内容はレンズ・レンズユニット生産（調査実施日：2010年4月）。
　C社：支援は1997年頃から行われている。支援内容はレンズ設計、ソフトウェア開発。2005年にはZ社以外の主要企業に対する技術支援を行っている（調査実施日：2011年4月）。
　D社：支援は2002年から行われている。Z社へのソフトウェア開発を主としたR&D拠点（調査実施日：2013年6月）。

とであった。さらに、Z社は台湾企業初となる500万画素クラスのデジタルカメラの生産に成功したが、その背景には両社によるサポートがあったのである。

　C社はA、D社とは異なり、デジタルカメラを総合的に開発可能な能力を有する企業である。撮像素子、映像エンジンは自社生産ではないが、レンズ設計、ソフトウェア開発を行う能力を有している。また、同社は2005年に他の主要台湾企業に対しても光学系に関する技術支援を行っている。

　このような「日・台」企業の連携は、台湾企業の技術的課題（電子技術、光学設計）を補完し、受注内容の高度化（典型的にはOEMからODM）を実現した。また、上述した関係は、1990年代後半から2000年代初頭にかけて行われたものであり、台湾企業による受託製造の急増に先行して行われていたものでもある点を強調しておきたい。これらの調査結果から、台湾企業の台頭要因として、「日・台」企業の連携と日本企業が果たした役割の重要性を指摘するこ

とができる。また、ここで明らかにした「日・台」企業の連携が台湾企業の台頭要因であることと、青島氏による映像エンジン供給企業の多様化が台湾企業の発展要因であるという指摘は何ら矛盾するものではなく、むしろ補完関係にあることを付言しておきたい。

　これまでみてきたように、デジタルカメラ生産を行う台湾企業の技術的課題とされていた電子技術、光学（設計）技術をいかにして補完したのかという点の一端が明らかになった。また同時に、ブランド企業との関係のみでなく、受託製造企業を中心とした「日・台」企業間の国際分業に関する考察が重要な意味を有していることも理解されよう。ただし、本節でみた技術補完的「日・台」分業は、企業規模やその関係性に注目すれば、台湾企業側による日系企業の活用という形態をとっている点には注意が必要である。デジタルカメラの開発、製造において、日系企業を中心としたブランド企業が、台湾受託製造企業を活用しているという側面と、台湾受託製造企業が技術的課題を補完する目的で日本企業を活用しているという側面である。

第5節　転換期を迎えたデジタルカメラの受託製造

1．デジタルカメラ市場の縮小

　デジタルカメラの世界生産台数（表5-2）をみると、それまで拡大を続けていたデジタルカメラ市場は、2011年に減少に転じた。また、台湾企業によるデジタルカメラ生産は、1年遅れて2012年に減少に転じている。ここにデジタルカメラ市場全体の縮小と受託製造の縮小という2重の縮小を確認できよう。

　2013年の企業別世界生産台数は5,398万台となっており、前年比マイナス46％となっている。これを日系企業と外資系企業とに分けてみてみると、それぞれマイナス40％とマイナス49％となっており、外資系企業の減少率がより大きくなっている[53]。こうした状況下で起こっていることは、主要企業の淘汰であり、直近の統計を見る限りにおいては、アビリティに集約される様相を呈している。さらに、日系企業と外資系企業の生産台数を見ると、近年は外資系企業が上回っていたものの、2013年には再び日系企業が上回る結果となった。

日系ブランド企業の多くは、アジア地域にデジタルカメラの生産拠点を有しており、市場の縮小過程では自社生産を優先させたとみることができよう。これまで市場拡大の一途を辿り、その受け皿となってきた台湾企業であるが、近年のデジタルカメラ市場の動向は、受託製造という事業の危うさを示していると見ることもできる。とりわけ、デジタルカメラにおける受託製造の中心的役割を担ってきた鴻海やAOFにおける生産台数の落ち込みは、事業の存続が危ぶまれるレベルとなっている。そこで、次項ではこれら企業の対応について見ていくことにする。

2．台湾デジタルカメラ産業における市場縮小への対応

　上述したような急激な市場縮小を受けて、主要4社の動向が注目される。主要4社は、コンパクト型デジタルカメラの市場縮小を受け、ミラーレス一眼レフカメラの受注獲得を模索している。同カメラは、デジタル一眼レフカメラと比較すれば、生産における難易度は低減したと言える。一方で、デジタルコンパクトの生産実績があるからといって、ブランド企業が台湾企業に生産を委ねるかどうかは定かではない。また、光学技術を有する企業は、ミラーレスを含むデジタル一眼用の交換レンズ生産の受注をターゲットにしている企業もある。主要4社のなかには、フィルム型一眼レフカメラにおける交換レンズ生産の実績を有している企業もあり、次なるターゲットとしては、順当なものと言えるであろう。これが、デジタルカメラ生産に従事してきた台湾企業の専門追求型の対応と言えよう。こうした対応以外の取組としては、アルテックが1,400万画素のカメラを搭載したアンドロイド型スマートフォンの生産を開始している。さらに、医療用、車載型カメラといったカメラで培ってきた技術とノウハウを活かす形での多角化を模索するといった動きも確認できる。また、アビリティもスマートフォン向けカメラモジュールの開発、生産を開始している。亜洲光学は、ハイエンド機種へのシフトを模索しており、高倍率化、高速連写機能、動画機能の充実を掲げ、対応を進めている。さらに、パイオニアと組んだ中国市場の開拓や合弁でブラジルに生産拠点を設けるなど、新たなビジネスパートナーと新たな市場を開拓するという対応策を実践するといった動きもある。

　さらに、市場縮小の影響は、関連部品を生産する企業にも及んでいる。映像

エンジンを供給し、一定のシェアを獲得しているCSRやアルテックなどである。映像エンジンの開発には、10億円程度の開発費用がかかると言われている。かつてのように、一定の販売数を得られる見込みが薄れる中で、こうした投資が行われるかどうか不透明である。こうした基幹部品に関わる企業が撤退することになれば、受託製造の継続性にも影響が及ぶことになろう（台湾企業の台頭と映像エンジンの外部供給には密接な関係があったことを想起していただきたい）。

　2014年5月には、図5-2のA社への聞き取り調査を行った（2012年に続き2度目）。同社は光学系の開発・設計を主たる業務とする企業である。再調査の目的は、同社への市場縮小の影響を明らかにするとともに、台湾デジタルカメラ産業全体の影響を探ることにあった。調査の結果、Z社を含めた台湾企業からの開発・設計業務の依頼は激減していることが明らかとなった。また、前述した映像エンジンのみでなく、レンズ供給企業や筐体製造企業などへの影響も深刻であり、他の事業へのシフトを模索する企業が多く見られるとのことであった。

おわりに

　本章の課題は、デジタルカメラの受託製造における台湾企業の台頭要因を明らかにすることであった。その要因として取り上げたのは、以下の4点である。第1に、台湾は1980年代半ばの時点で日本に次ぐ世界第2位のフィルムカメラ生産拠点に成長し、日系企業をはじめとした受託製造の実績を有していた。また、日本人および日系企業での就業経験を有する人材の雇用、日系企業の技術指導などを通じて技術蓄積をすすめた。こうした事実に立脚し、台湾におけるフィルムカメラ生産が、その後のデジタルカメラの受託製造における台湾企業台頭の前史となっていることを明らかにした。

　第2に、主要企業の類型化を行い、生産実績から主要4社を抽出した。主要4社のうち3社は、フィルムカメラの生産実績を有しており、前述した台湾のフィルムカメラ生産がデジタルカメラ生産の前史であることを裏付けていると言えよう。また、参入時の技術基盤をみると、デジタルカメラの基幹部品であ

る光学技術を有している企業が2社、映像エンジンの設計能力を有している企業（1社）が存在していたことを指摘し、参入時点で基幹部品に関わる技術を有していたことを根拠とし、活動領域が単純なアッセンブリーにとどまるものではなかった点を指摘した。

　第3に、デジタルカメラの受託製造を行う台湾企業の取引関係から、部品製造（映像エンジン、液晶、レンズ等）行う台湾企業の存在を確認し、関連企業を裾野に有する台湾デジタルカメラ産業の存在を指摘した。

　第4に、2000年代初頭（一部の関係は1990年代後半）における台湾企業の技術的課題（電子技術、光学および光学設計技術）を補完する役割を担った日系企業について言及し、「日・台」企業間の技術補完的国際分業の実態を企業調査から明らかにした。

　これらをデジタルカメラの受託製造における台湾企業の台頭要因とし、本章の結論とする。また、デジタルコンパクトの市場縮小および、受託製造市場の縮小を受けた主要4社の対応は、ミラーレス一眼や交換レンズ生産といった専門追求型と蓄積してきた技術をベースにスマホ搭載用のカメラや医療、車載型カメラの生産にシフトしていることを指摘した。

　今後の課題は以下の3点にまとめられよう。第1に、本章で言及しなかった他のフィルムカメラメーカーの動向を明らかにすること。第2に、主要4社以外の台湾企業の動向を明らかにすること。第3に、デジタルカメラに関する技術移転と技術蓄積の問題である。これらに関しては、今後の最重要検討課題としたい。

注

1）拙稿「カメラの技術革新」『研究紀要』青森大学・青森短期大学学術研究会、2011年（第33巻第3号）。
2）世界初のデジタル記録方式のデジタルカメラは、富士フイルム社製の「DS-1P」である。また、100万画素を越える撮像素子を搭載したデジタルカメラは、1997年に市場投入されたオリンパス社製の「キャメディア C1400-L」である。フィルムカメラの代替という観点を重視すれば、100万画素は最低限必要とするレベルであり、同機の市場投入を注目する向きもある。
3）『日経市場占有率98』日本経済新聞社、1999年。

第5章　台湾企業による受託製造の増大とその要因　　241

4）『日経産業新聞』1997年1月30日。
5）同上、1997年2月25日。
6）同上、1995年12月5日。
7）デジタルカメラにおける三洋電機の受託製造に関しては、中道一心『デジタルカメラ大競争』同文舘出版、2013年を参照。
8）92年の国内出荷台数156万台の企業別シェアは、ソニーが43％、松下電器が32％となっており、この2社の強さが際立っている。『日経市場占有率93』1994年。
9）『週刊ダイヤモンド』2003年7月19日号。
10）『ワールドワイドエレクトロニクス市場総調査』2001年版、富士キメラ総研。
11）詳細は、木暮雅夫「1990年代におけるカメラ産業」矢部洋三、木暮雅夫編著『日本カメラ産業の変貌とダイナミズム』日本経済評論社、2006年、291-294頁を参照。
12）カッコ内の数値は、調査時に企業側から提供されたものである。
13）『台湾工業年鑑』2005年版、台湾産業研究所。
14）『中国統計年鑑』2003年。
15）オリンパスの中国生産開始時期に関しては、2005年3月に深圳で行ったインタビュー調査で確認した。
16）プレミアは1990年代から中国での生産を行っている。
17）詳細は、劉進慶「電子産業」谷浦孝雄編著『台湾の工業化──国際加工基地の形成』アジア経済研究所、1988年を参照。
18）こうした企業の動向に関しては、今後の課題としたい。
19）『工業統計表』1983年版、通商産業省。
20）詳細は小池洋一「台湾における日系カメラメーカーの部品調達」北村かよ子編著『NIEs機械産業の現状と部品調達』アジア経済研究所、1991年を参照。
21）詳細は、拙稿「日系メーカーの海外生産と台湾光学産業の形成」矢部、木暮編『前掲書』を参照。台湾リコー、亜洲光学（台中本社）、大立光電への訪問調査は2004年に行った。また、亜洲光学の中国拠点への調査は2005年に行った。さらに、2006年には亜洲光学への東京事務所への聞き取りも行っている（現在は閉鎖）。
22）亜洲光学のトップである頼以仁氏も台湾キヤノンでの就業経験を有するとの指摘もある。詳細は、井上隆一郎「進化・成熟する日台企業アライアンス」井上隆一郎編著『日台企業アライアンス』交流協会、2007年を参照。
23）亜洲光学の顕微鏡は、1988年からオリンパスに供給されていたことが調査で明らかになっている。
24）プレミアは、大州光学の幹部によって設立された。大州光学は、1975年に米系カメラメーカーによって設立された（1985年に撤退）。
25）前掲『台湾工業年鑑』2002年版を参照。
26）2006年設立（蘇州）。
27）生産量は多くないものの、明騰もフィルムカメラの生産実績を有するメーカーであり、東莞（中国）に生産拠点を有している。

28) 台湾リコーは 1966 年に設立され、フィルムカメラやレンズなどの生産を行ってきた。リコーのデジタルカメラ生産は 1995 年から開始され、当初から台湾リコーで行われた。2004 年 1 月には、亜洲光学への株式譲渡により、同企業のグループ企業となった。
29) 同社へは 2004 年 6 月に訪問調査を行っている。同社に関する数字は、この調査の際に明らかになったものである。
30) 佛山にはタムロンが進出しており、プレミアとの取引がある。佛山工場では交換レンズ、コンパクト用のレンズ生産を行っている。
31) 『EMS in China』2010 年版、富士キメラ総研。
32) 鴻海精密は中国佛山の光学レンズメーカー「全億大科技」の買収を発表した。こうした動向は、鴻海精密の垂直統合化の流れと理解できる。詳細は『日経マーケットアクセス』2010 年 5 月 1 日号。
33) 『日本経済新聞』2011 年 3 月 14 日。
34) 台湾リコーは一眼レフカメラ、コンパクトカメラ、デジタルカメラを中心とする生産を行っていた。リコーにおけるカメラの国内生産拠点は、リコー光学(1973 年設立)であった。1995 年に複写機の生産拠点となってからは、カメラ生産は台湾リコーが中心になった。さらに、リコーは「ペンタックス」ブランドとして HOYA が展開するデジタルカメラ事業を 2011 年に買収した。
35) 泰聯光学では、台湾で行っていたストロボ、シャッター生産を移管し、フィルムカメラの組立は 93 年から開始された。
36) 2011 年 8 月 1 日の『日本経済新聞』によれば、亜洲光学とパイオニアが合弁でブラジルにデジタルカメラおよび部品などの生産を目的とした生産拠点を設けると報道された。同地には鴻海精密も進出している。亜洲光学がアジア地域以外にデジタルカメラの生産拠点を設けるのは初めてのことである。
37) フレクストロニクスは、2002 年にカシオの愛知工場を買収している。同工場はデジタルカメラや液晶テレビの生産を行っていた。
38) AOFT は亜洲光学の R&D 部門と World View 社の統合によって結成された。World View 社は、画像処理関連のソフト会社である。
39) 短期間ではあるが、韓国にも進出している(74 年設立、79 年閉鎖)。
40) チノンによるデジタルカメラ研究は、80 年代から行われていた。
41) 『日経産業新聞』2007 年 5 月 22 日。
42) 同社のホームページによれば、デジタルカメラ用レンズの開発、製造を行う受託製造企業であることが記されている。
43) アビリティの記述に際しては、『TMR 台北科技』2011 年 12 月 30 日号に依拠している。
44) 詳細は、『EMS in China』2012 年版、富士キメラ総研を参照。
45) Zoran 社は、2011 年に CSR(英)に買収された。
46) 青島矢一「性能幻想がもたらす技術革新の光と影」青島、武石彰、マイケル・A. クスマノ編著『メイド・イン・ジャパンは終わるのか――「奇跡」と「終焉」の先にある

もの』東洋経済新報社、2010年、105頁。
47) 同社は2007年にNuCORE（米）社を買収している。
48) 撮像素子の主流がCMOSに変わりつつあり、ソニーやパナソニックなどのほか、オムニビジョンやマイクロンテクノロジーなどが加わっている。コダックはCCDの生産を行っていた時期があり、日本企業のレンズ交換型一眼レフカメラにも採用実績がある。同社は、2012年1月に米連邦破産法第11章に基づき事業再建手続きの申し立てを行った。
49) 同社への訪問調査は、2011年4月と2012年11月に行った。
50) 旧Zoran（米）、アプティナが設計したものの多くは、台湾積体電路製造（TSMC）が生産を行っている。
51) 同社は2010年にInnolux（台）、Chi Mei（台）社と合併した。
52) 青島矢一「戦略転換の遅延——デジタルカメラ産業における『性能幻想』の役割」『研究技術計画』研究・技術計画学会、2009年（Vol.24-No.1）、122頁。
53) 『ワールドワイドエレクトロニクス市場総調査』2013年版。

第6章　デジタル化移行期におけるフィルムメーカーの活動
　　　──イーストマン・コダックを中心として

山下雄司

はじめに

　2000年代半ばより、コニカミノルタ、アグファ、イーストマン・コダック（以下、コダックと略記）といった名だたるフィルムメーカーは、フィルム[1]生産から順次撤退ないし破綻していった。とりわけ、1888年の乾板製造から始まり、世界で初めてロールフィルムを生産・販売したコダックの破綻（2012年）は、フィルムからデジタルへの移行を象徴する出来事として注目された。

　しかし、コダックはすでにフィルムのみに依存したメーカーではなかった。デジタル化への対応を進め、イメージング企業としての生き残りを模索してきたのである。では、130年近く感光材産業の巨人として君臨したコダックはなぜ破綻したのだろうか。

　当該時期は、デジタル化への対応に目を奪われがちであるが、並行してフィルム市場における価格競争と生産量の飽和、多角化など、メーカーは戦略や構造の再構築に直面しており、デジタル化への対応という視点のみでは実態を見誤る危険性がある。むしろ、コダックの合理的な判断がなぜ破綻という結末を迎えたのかという点について明らかにする必要があるだろう。

　以上のような問題関心に沿って、本章では1990年代から2010年代におけるフィルムメーカーの動向を、コダックを中心に振り返り、同社破綻の要因について再考することを目的としている。

第1節　感光材メーカーの前史——寡占構造の構築過程

　第2次世界大戦前、コダックとアグファは世界のフィルム市場を二分しており、日本の小西六や富士写真フイルムはこれら両企業のはるか後塵を拝していた。

　アグファはドイツ化学企業の中心的存在であったIGファルベンの一部を構成しており、1925年のIG設立以前にすでにバイエルとアグファ間の競争は停止され、全製品にアグファの商標を採用する合理化措置が採られていた[2]。そしてIG設立以後は各工場間で生産特化が進められ、レヴァークーゼン（印画紙）、ミュンヘン（カメラ）、ヴォルフェン（フィルム）という分業体制が成立した。

　ドイツ国内ではイーストマン・コダックが主たる競争相手であったが、アグファは輸出を中心に拡大し、その輸出依存度は55％（1928年）に、そしてIGの売上げの7％（1929年）を占めるまでに成長した[3]。

　しかし、第2次世界大戦の終結によって、化学産業の一翼を担っていたIGファルベンは再編され、ドイツの東西分割に合わせてアグファも分裂することとなった[4]。さらに、PBレポート（Publication Report）の公開によって技術面においてアグファの築いてきた優位は後退することとなった。PBレポートとは、アメリカおよびイギリスがドイツ、イタリア、日本など旧枢軸国の企業や研究所を調査し、実験報告や製造方法などの資料を取りまとめ、商務省出版委員会によって公刊された資料のことである。1952年時点で既刊12万件、未刊3万件が存在しており、レポートの大半がドイツ関連資料で構成され、日本関連は無線操縦機など一割弱に満たなかった。刊行対象とされた分野の内訳は化学30％、機械14％、冶金10％、電気9％、兵器9％、農林水産5％、繊維紡績5％、光学3％、医薬2％などであった[5]。

　わが国では1948年よりPBレポートが国立図書館三宅分室に届いていたにもかかわらず、「真価が判らぬまゝにイタズラにチリを浴び、たゞその重要さを心得た某社だけがひとり数ヵ月も借り切つていたという。やがて渡米技術者の手を通じてマイクロフィルムが入り出したが、いずれも競争相手に知れるの

を恐れて極秘にしていたらしい……ようやく本年二月（1952年）特許庁図書館にもGHQ経済科学局から譲られた抄録がそろい……外国書籍専門商による輸入も始つて、PBレポートは脚光を浴びだしたが、とたんに学会、技術界に大波乱が起きた」(……部引用者中略・カッコ内引用者注)[6]。

大波乱という表現はいささか誇張のように感じるかもしれないが、レポート内容はドイツ企業が秘匿してきた第一級の情報であったため、日本の医薬界、化繊染色界の従来の研究蓄積はレポート公開によって陳腐化する恐れがあったのである。

だが、他方でレポートの公開はメーカーにとって新たな研究を前進させる契機となった。開示された情報のなかでIGファルベンの実験報告は中心的存在であり、IGの一翼を担っていたアグファの持つフィルム技術情報が公刊され、世界のフィルムメーカーへと拡散した[7]。

例えば、富士写真フイルムでは第二次世界大戦後の研究の再出発にPBレポートが大きな影響を与えたことを公表している。その一例として、同社がカラーフィルム研究において乳剤に添加できる水溶性の内式カプラー方式を採用した理由として、PBレポートでアグファの詳細な技術情報がほぼ明らかにされていた点を紹介している[8]。また、富士フイルムの生産技術の進歩においても同レポートは有益であったようだ。

その後、世界市場の拡大とコダックの優位とともに、ヨーロッパ市場ではアグファが、日本市場ではコニカ、富士写真フイルムが生産体制を整備し、強固な流通網を確立し、1980年代までにこれら4社による世界市場の寡占構造が構築された。同時に、市場の飽和と価格競争の激化、多角化への模索が並行して進められることとなった。

第2節　デジタル化の進展と感光材メーカーの対応

1. フィルム事業からの撤退・縮小

新聞や報道では、2000年以降、デジタル化のスピードがフィルムメーカーの予想よりも速かったという言葉を目にすることが多い。たしかに、デジタル

化はフィルム利用、生産・販売の減少と対をなす現象であった。だが、感光材メーカーが1990-2000年代に直面していた問題はデジタル化だけではなかった。当該時期の感光材メーカーの意思決定を規定した条件には、①フィルム価格の低下と競争の激化、②中国をはじめとするアジアやロシア新興国市場の拡大、③多角化の進展があり、各メーカーのこれらの問題への対応とともに考察することが必要である。

そこで、以下、フィルム関連事業から撤退したメーカーを中心に感光材メーカーの動向を振り返ろう。

フィルムの世界需要は2000年の27億本をピークに、毎年10-20%ずつ減少していった。これは関係者の予想をはるかに超えるスピードであった。日本では1991年に販売額で最高値を示したが同時に価格競争が進んだこともあり、生産量で最高値を示した2000年を前に早くも減少を開始した。

フィルム使用量の減少はデジタルカメラやカメラ付携帯電話の急速な普及が主たる要因と推測され、販売額の減少は急速に進んでいった。そして、収益の低下とフィルムの将来性を不安視したフィルムメーカーは相次いで同分野からの撤退を決断した。

2005年5月27日、アグファ・ゲバルト（AgfaGevaert）がアグファ・フォト社（AgfaPhoto GmbH）の破産手続きを申請したと公表した。すでに2004年11月にアグファ・ゲバルトはMBOによってコンシューマー向けイメージング事業を売却しており、フィルム生産・販売事業はアグファフォト・ホールディングの下、アグファ・フォトによって管理されていた[9]。

アグファのカメラ・感光材生産からの撤退は、コダックとともに双璧をなした伝統企業が潰えたことを意味しており、フィルム時代の終わりを予感させた。

さらに2006年1月19日、コニカミノルタがカメラとフォト事業からの撤退を表明した。カメラ事業からの撤退理由として、「CCD等のイメージセンサー技術が中心となり、光学技術、メカトロ技術など当社の強みだけでは、競争力のある強い商品をタイムリーに提供することが困難な状況になっ」たと同社は述べた[10]。

一方、カラーフィルム・印画紙など銀塩写真用品を中心としたコニカのフォト事業は、六桜社（小西六写真工業）が1903年に国産初の印画紙を、1941年

に国産初のカラーフィルムを発売するなど、一世紀以上に渡って国内感光材メーカーの老舗としての矜持をもって富士写真フィルムに対抗し、1984年には世界初の無水洗処理方式を採用し、独自のラボ網の構築によって日本国内のシェアを確保してきた。

だが、フィルム市場は、「世界的なデジタル化の進展により、その市場規模が急速に縮小して」おり、収益の一層の悪化が予想されるとして、事業構造改革が検討された結果、2005年11月4日にフォト事業からの撤退が公表された[11]。

ただし、11月時点では、コニカミノルタ社長岩居文雄は「今後は複写機など企業向け事業に集中していきたい」と述べつつも、カメラ事業の縮小はソフトランディングする路線であったが、その後、一転して全面撤退を選択した。その背景には、社外取締役らの意向が強く働いたようだ。創業事業からの撤退という決断には社内取締役の説得に時間がかかり、またカメラ事業を他社に譲渡する交渉（ソニーからの回答）を待ったこともあり、結果として撤退発表は1月中旬にまで延びたのであった[12]。

その後、コニカミノルタはかねてより多角化を進めていたオフィス用複合機、カラーデジタル印刷機を軸に、液晶ディスプレイ用偏光板保護フィルム、光源色計測機器、デジタルX線撮影装置にて高いシェアを確保し、フィルム・カメラ事業からの転換を果たした。

そして、コニカミノルタの撤退によって、世界市場における伝統ある大企業はイーストマン・コダックと富士写真フイルムの2社が残されるのみとなった。

2．富士フイルムの決意表明

アグファやコニカミノルタが相次いでフィルム生産・販売から撤退する一方で、富士写真フイルムは2003年以降、古森重隆取締役社長の指揮の下、急速に事業再編を進め、フィルムへの依存から脱却し、医療・美容・LCD・IT・富士ゼロックス事業へと収益基盤をシフトさせることに成功した。

そして、フィルム製造から撤退しなかった唯一のメーカーでもあった。2006年、富士はフィルムによる写真文化について以下のような方針を表明した。

「……人間の喜びも悲しみも愛も感動も全てを表現する写真は、人間にとって無くてはならないものであり、長年のお客様のご愛顧にお応えするためにも、写真文化を守り育てることが弊社の使命である……銀塩写真は、その優れた表現力・長期保存性・低廉な価格・取扱いの手軽さと現像プリントインフラが整備されている点等でデジタルに勝る優位さもあり、写真の原点とも言えるものです。弊社はそのような銀塩写真を中心とした感材写真事業を継続し、更なる写真文化の発展を目指すとともに、写真をご愛顧いただけるお客様、ご販売店様の支援を今後とも続けてまいる所存です」[13]。

しかし、国内唯一のフィルムメーカーとなった富士の意気込みとは裏腹に、感光材料の需要減少はより一層進み、2012年のコダックの破綻以後、同社は段階的に製品の縮小を進め、撮影用・上映用映画フィルムは2013年4月に生産終了が告知され[14]、2014年2月には35ミリフィルム「ネオパン400 PRESTO」および120ミリフィルム「フジカラーPRO400」の販売終了が告知された[15]。

3．アグファブランドの再生

あいつぐフィルム生産からの撤退の一方で、新たな動きも見られた。2005年のアグファ・フォトの破産まもなく、同社とアグファ・ゲバルトに勤務した経歴を持つホルガー・ブッシュ（Holger Busch）は、マルクス・ルートヴィヒ（Markus Ludwig）とともにアグファ銘を冠したフィルムを販売するループス（Lupus Imaging & Media）を設立した[16]。2007年夏より同社製フィルム販売の日本総代理店となったパワーショベルは、旧アグファのフィルムについて、「その強烈な発色で多くのファンを持ちながら、デジタル化の波に押され倒産したAgfaPhotoでしたが、熱烈な要望に応え再スタートしました。私たちはフィルムパッケージを全く新しくデザインしただけでなく、110フィルムといった絶滅寸前のフィルムフォーマットも蘇らせました。フィルムはまだまだ終りません」と記している[17]。

パワーショベル公式ホームページに掲載された対談にて、ブッシュは会社創設に関して次のようにも語っている。

「アナログフィルムの暖かな描写を望む声は決してなくならないと私は信じていました。だから当初から、AgfaPhoto フィルムの再生産を考えていました。(AgfaPhoto 社の工場施設なども、そのまま引き継いだのですか?)そうできたら素晴らしかったのですが、そうはできませんでした。現在は、AgfaPhoto フィルムのレシピを元に、ヨーロッパのいくつかの工場を使ってフィルムの生産を行っています」[18]。

2014 年時点で同社が取り扱う製品は、カラー・モノクロネガフィルム (ISO100、400)、カラーポジフィルム、110 フィルムであり、ループスは趣味性の高いニッチ市場にて生き残りを模索している。

また、2008 年に創業したゼネラル・イメージング・ジャパンが、GE (ゼネラルエレクトリック) ブランド[19]のデジタルカメラを 2009 年から販売し、2012 年からはアグファ・フォト (AgfaPhoto) ブランドのデジタルカメラの販売を開始した。同社取締役社長小宮弘は、「ただ、AGFA というブランドで選んでもらうのが目的ではない。あくまでも製品の価値をしっかり表し、お客様に選んで頂けたものがたまたま AGFA であったり、GE であったりということを目指したい」[20]と述べ、アグファのブランド価値がいまだに損なわれていないと考えていることを示していよう。

第 3 節　イーストマン・コダックの分析

1. コダック破産申請までの経営状況

コダックは 2000 年代より業績の悪化、将来性への疑念について指摘され、株価下落の末、2012 年初頭にニューヨークの連邦地裁に米連邦破産法第 11 章の適用を申請した。

コダックの破綻については様々な記事や論稿が書かれたが[21]、その中心的部分は *The Economist* の記事に集約されている[22]。その要点を大別すると、①デジタル化、②多角化、③企業文化に分類されるカテゴリーでの戦略ミス、遅滞に集約することができる。以上の指摘を踏まえその妥当性について再考す

る前に、同社の破産申請までの約20年間を概観しておこう。

(1) 雇用総数

米国内および海外で雇用された総数は、1980年代の人員削減の後、1990年代も継続して削減された。各CEOによる事業売却や事業部の再編を理由に削減は続き、約16年を経て往時の15〜10％にまで縮小した（図6-1を参照）。また、賃金・給与の総額は雇用数とともに減少したが、2000年代初頭には一時的に上昇傾向が見られた後、2005年以降、急速に減少した。

(2) 販売総額と純益

コダックの販売総額は、1980年代末の低迷の後、2005年までは安定して推

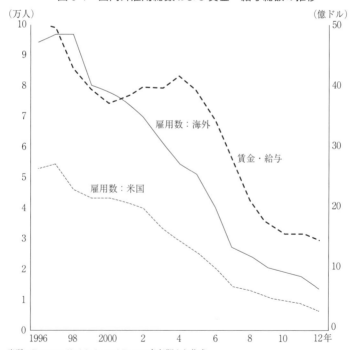

図6-1　国内外雇用総数および賃金・給与総額の推移

出所：Eastman Kodak Annual Report 各年版より作成。
注：左軸は雇用数、右軸は賃金・給与。

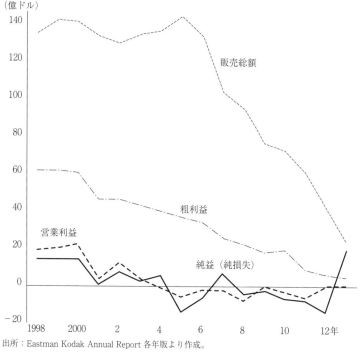

図 6-2 販売総額および収益の推移

出所：Eastman Kodak Annual Report 各年版より作成。

移し、その後、急速に減少していった（図 6-2 を参照）。一方、粗利益は販売総額よりもさらに 5 年早い 2000 年以降、減少に転じた。なお、純益・営業利益は 2004 年から 2012 年の破綻までほぼ継続してマイナスであった点に留意する必要があろう。

さらに、販売総額の内訳（図 6-3）を見ると、デジタルとフィルムに区分されていないため正確な判断は難しいが、フィルム分野が 2-30％ を占め、残りをデジタル分野等が占めていたことがわかる。また、営業利益の内訳（図 6-4）を見ると、年度により部門の再編成や事業譲渡があるため区分が異なるものの、各 CEO が注力しようとしたイメージング部門は全体として低迷しており、その一方で 2006 年まではヘルス事業が、そしてデジタルとフィルムに区分されていない場合もあるが、総じてフィルム関連事業と画像通信事業は利益を上げていたことがわかる。

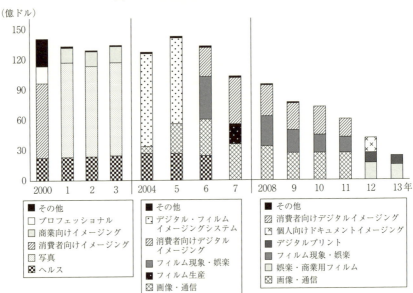

図 6-3 販売総額の内訳（2002-13 年）

出所：Eastman Kodak Annual Report 各年版より作成。
注：図 6-2 の販売総額の推移と比較すると全体の減少傾向は合致するが、合計数値で若干異なっている点に注意。

　ところで、2007 年以降の営業利益の減少は、カナダのオネックス社（Onex Co.）へのヘルス事業の譲渡が一因と考えられる。同事業の譲渡は業績不振が理由ではない。図 6-3 のように 2006 年まで同事業は営業利益の 20-30％ 近くを占めていたにもかかわらず、CEO アントニオ・ペレス（Antonio Manuel Pérez）の下で整理対象とされたのである[23]。

　コダックのヘルス事業は、情報技術、分子画像、歯科用 X 線製品、医療用 X 線フィルム、レーザーイメージャー、コンピューテッド・ラジオグラフィーなどの医療用画像機器を扱っていた。むしろ売却の狙いはキャッシュの確保にあったと言えよう。オネックス社への売却額約 25 億 5,000 万ドルのうち 23 億 5,000 万ドルをコダックは事業譲渡時に現金で受け取り[24]、これを約 11 億 5,000 万ドルの負債返済に充当することが目的であったからである[25]。

　ペレスは、「コダック社のヘルス事業は、医療用画像分野でゆるぎない地位と、知的財産を持っています」、「この事業売却は、ヘルス事業が期待した通り

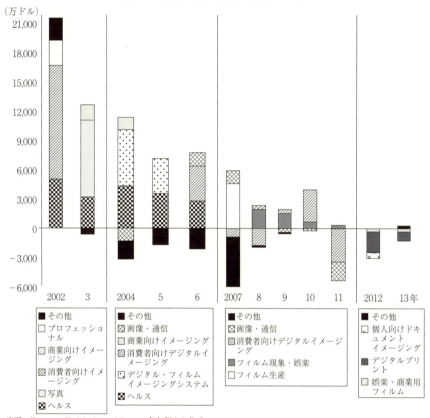

図6-4 営業利益の内訳 (2002-13年)

出所：Eastman Kodak Annual Report 各年版より作成。

の正当な評価を得たことで、コダック社の株主価値を最大限に拡大するばかりか、財政面における柔軟性を高めます」、「今後、コダック社は、コンシューマーおよびプロフェッショナル向けイメージング事業と、グラフィックス・コミュニケーション事業の、特にデジタル分野における成長戦略に焦点を絞った計画を遂行していきます」とさらなる整理を経て、イメージング分野へ集中することを表明していた。

　ヘルス事業の売却と時を同じくして、2007年、コダックは中国ラッキーとの資本提携も解消している。コダックは保有していたラッキーの株式20％を

広州誠信創業投資に3,700万ドルで売却すると発表した[26]。つまり、ペレスは「株主価値の拡大」と「財政面における柔軟性」を最優先したのであった。

(3) 販売市場の内訳

続いて市場ごとの販売額推移を見てみると、アメリカ国内市場は2000年以降、ゆるやかに減少傾向を示していたが、その他の市場（欧州・アジア・ラテンアメリカ）は微増や横ばいを経て2006年以降に減少傾向へと転じたことがわかる（図6-5参照）。

(4) キャッシュ・フローの推移

図6-6と図6-7を参照しつつ、コダック破産申請までの20数年間における現金・現金同等物の推移を見てみよう。コダックは1990年前後、2000年前後、2010年前後と10年ごとにキャッシュ不足に見舞われている。ただし、1990年と2000年のキャッシュ不足はコダックの破綻を引き起こすには至っていない。

図6-5 各市場における販売額の推移

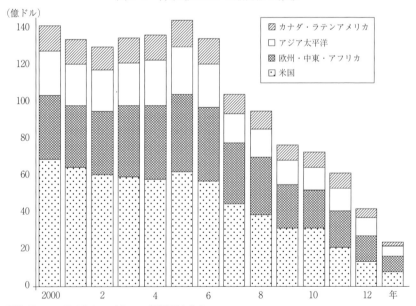

出所：Eastman Kodak Annual Report 各年版より作成。

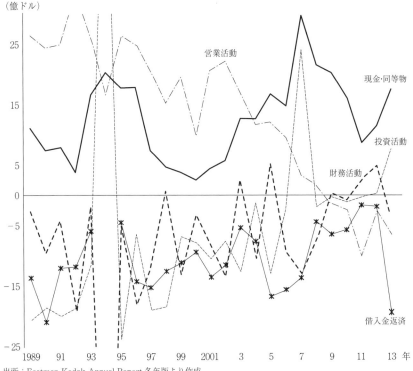

図 6-6 キャッシュ・フローの推移 (1989-2013 年)

出所：Eastman Kodak Annual Report 各年版より作成。
注：1994 年の投資活動は 674,200 万ドル、現金・同等物はマイナス 800,600 万ドル、借入金返済はマイナス 765,000 万ドル。

　その理由は同社がまだ利益剰余金を保有していたことが大きい。2007 年にはヘルス事業の譲渡によって一時的に現金および同等物の増加が見られたが、高収益分野を欠いたままでは減少に歯止めがかかるはずもなかった。

　そして、利益剰余金の急激な減少が 2003 年以降、顕著となった。その主たる要因は株主を優先した自己株式取得によるものであったと推測される。同数値の推移を見ると、CEO ジョージ・フィッシャー（George M. C. Fisher）時代の 1995 年から 2000 年にかけて急速に取得額が増加し、以後高止まりを続けた。自己株式取得額は 2008 年に最高額となり、2012 年度までほぼ同規模で取得は継続された。以上にくわえて、営業・投資・財務活動・借入金返済による

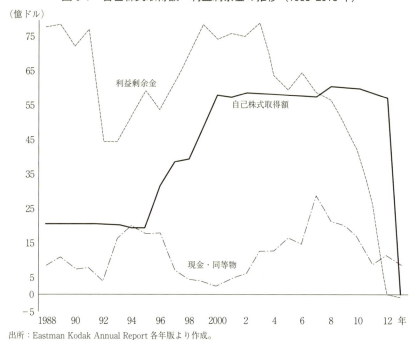

図6-7 自己株式取得額・利益剰余金の推移（1988-2013年）

出所：Eastman Kodak Annual Report 各年版より作成。

キャッシュ流出、先に見た恒常的な損失によって、現金および同等物と内部剰余金の急速な減少を引き起こし2012年に破産を申請したのである。

(5) 研究開発費

フィッシャー以後、各CEOによる事業の整理・集中を経て、イメージング分野への特化が進められた。1991-2013年を対象とした研究開発費の推移・内訳（図6-8・図6-9）を見ると、研究開発費は減少傾向にあり、その投入先はフィルムを除き、通信・デジタル分野が中心であった。そして、研究開発費の内訳（図6-9）からは、事業整理と集中に歩調を合わせてデジタル分野への研究費の集中配分を進めたことがわかる。

プリンターやスキャナー部門への資金の集中投入は、すでに研究蓄積もあり、多額な研究開発費が必要ではなかったのかもしれない。だが、そもそも研究開発費を増やそうにも、先述したようにそのような余力は2000年代半ば以降急

図 6-8　研究開発費・合理化費用の推移（1991-2013 年）

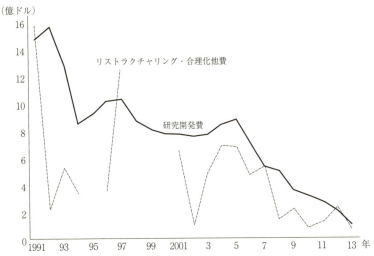

出所：Eastman Kodak Annual Report 各年版より作成。
注：1991 年の合理化費用は 16 億 500 万ドル、空欄はデータなし。

図 6-9　研究開発費の内訳（2003-12 年）

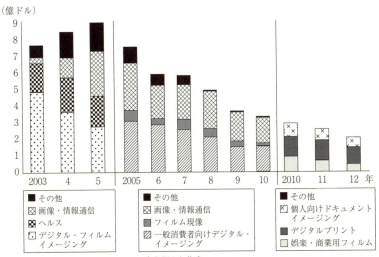

出所：Eastman Kodak Annual Report 各年版より作成。
注：レポートの年度により数値は再算定されているため、各年度の最も新しい数値を利用した。なお、部門編成の変更によって、2005、2010 年のデータは重複しているが、内訳ならびに合計額が異なっている。とくに、2005 年の両データでは「画像・情報通信」費はほぼ同じであるが合計金額にはかなりの開きがある。また 2010 年の両データでは「フィルム・現像」と「娯楽・商業用フィルム」費の整合性が見られない。さらに、ヘルス事業売却（2007 年）までの 2005、6、7 年分の研究開発費と合計金額にも疑問は残る。だが、図 6-8「研究開発費・合理化費用の推移」とほぼ同じ傾向を示しており、開発費の内訳のおおよその傾向をつかめるだろう。

速に失われていったと考えられる。先に見た自己株式取得額の高止まりを考慮すれば、CEOらが株主の利益を優先したコダック末期の特徴が顕著に表れていたと言えよう。

2．各CEOによる事業戦略の特徴

(1) チャンドラーの改革からホイットモアの迷走

まず、1980年代から1990年代初頭において、コダックの経営に影響を及ぼしたと考えられるいくつかの問題を示しておこう。

①長年係争中であったポラロイドのとの訴訟に1991年敗北し、約9億ドルの賠償金を抱え、インスタントカメラ市場から撤退した。②1980年代に新たなフォーマットであるディスクカメラを投入したが、技術面で評価は低く、市場でも業績が悪かった。③1983年以来、約2万5,000人が削減された。④フォトCDに関する技術者や幹部がコダックの官僚主義に不満を抱きコダックを去った。⑤多角化の一環として買収した医薬事業が新たな収益を生み出す基盤とならなかった[27]。

以上のように、1990年代初頭、コダックはまずフィルム関連の新たな市場開拓に失敗し、多角化の未来も暗く、フィルムを中心とした事業への依存度を軽減できず、デジタル化の過渡期を支える技術においても問題を抱えていたのである。

では、各CEO（表6-1を参照）の意思決定に注目してコダックの事業戦略を再考してみよう。まず、上述したトラブルに直面し、コダックの改革に取り組んだコルビー・チャンドラー（Colby H. Chandler）から見てみよう。

表6-1 歴代CEOの在任期間（1983-2014年）

名前	主たる前歴	在任期間
コルビー・チャンドラー	コダック	1983-1990年
ケイ・ホイットモア	コダック	1990-1993年
ジョージ・フィッシャー	モトローラ	1993-2000年
ダニエル・カープ	コダック	2000-2005年
アントニオ・ペレス	HP	2005-2014年
ジェフ・クラーク	HP・IT投資会社	2014年-

出所：Eastman Kodak Annual Reportおよび『日本経済新聞』から筆者作成。

コダックの弱点とされた新製品の市場への投入の遅さについて、「新製品の市場投入には石橋を叩いて渡るといった姿勢をとってきた。欠陥の無い商品を市場に送り出そうという考えからだ」と、チャンドラーはその理由を説明している[28]。また、このような姿勢について、「まず最新技術で作ってみて、直すというよりも完璧な製品を作るという考え」に経営陣はとらわれ、変化が遅かったと、コダックに助言していたハーバード・ビジネス・スクールのロサベス・モス（Rosabeth Moss）は指摘している[29]。

　チャンドラーは「企業のトップが製品化の過程をすべて管理していたこと」で、良いアイデアが出てもトップが握り潰してしまっていた点を批判し、「組織の下部で意思決定ができる企業構造に再編する必要があった。わたしたちは、企業構造を現在の事業単位を主軸に置いた編成に改造する決意をした」、「開発や製造の過程で浮かんだアイデアを、より効率的に市場に導入するという目標」を掲げたと述べている[30]。

　彼は、コダックが築き上げた企業文化・体質の悪弊を一掃することを目標とし、意思決定を各事業単位に任せることにし、事業グループを従来の2つから、①写真製品グループ、②商業・情報システムグループ、③多角的技術グループ、④イーストマン化学製品グループ、⑤ライフサイエンスグループの5つに増やした。

　さらにチャンドラーは、研究・開発機関を再編し、技術戦略と事業戦略を直結させるため、本社の研究所は企業の方針に沿って調査研究に取り組む体制を作り、さらに他の調査研究所の指揮は子会社や事業単位が執り、マーケティングの目標に合わせて技術開発を行うように変更した。開発段階で生まれてくる構想をすぐに製造に生かせる状況を作り、能率や費用効率を高めることを狙ったのである。さらに、チャンドラーは、経営陣が役割を分担し、それぞれの役員が企業の重要な活動に集中できるようにしたのである[31]。

　閉塞的な状況に陥っていたコダックは、次期事業として新たな分野への進出を企図していた。社内で企画を募った末、選択したのは臨床検査薬部門を拡大する目的で創設したライフサイエンス・ラボの提案した医薬事業への参入であり、スターリング・ウィンスロップ社（Sterling Winthrop Inc.）の買収であった。

　チャンドラーを継いだケイ・ホイットモア（Kay Whitmore）は、1988年に

コダックが買収したスターリング社がブロックバスターを生み出していないにもかかわらず医薬事業に固執していた。

「コダックの収益エンジンの中核であるアマチュア向け写真フィルム事業でさえ攻撃を受けている。低価格のジェネリックカラーネガフィルムはコダックの高価格製品と競合している。……ジェネリックはブランドネームを冠する医薬品への脅威となりつつある。化学的に同質な低価格品が入手できるのに、（消費者は）ブランドネームを冠した薬品に、さらに多くを支払おうとするか？ 自家商標を冠したより低価格のフィルムを入手できるのに、どうしてさらに多くを支払おうとするだろうか？ 基本的に同じ製品に対してより多くを支払うだろうか？」（点線部引用者中略、カッコ内引用者注[32]）と、低価格の代替品の登場によって収益基盤は安定しないことが指摘されている。

1993年1月11日、ステッフェン（Christopher J. Steffen）がCFOに任命された。彼はクライスラーやハネウェルの業績回復に成功した経験を持っており、彼の採用はコダックの業績改善を促す触媒になるとウォール街に高く評価され、株価は17％（30億ドルの価値を創出した）上昇した。しかし、4月28日、彼はコダックを突然辞めてしまった。市場はパニックに陥り、株価は値下がりした。

辞職の理由は「問題解決のアプローチについて、私は会社と合意することができなかった」[33]というものであった。さらに続いてフォトCDに関する人員と副社長が退社してしまった。人員削減の断行もあり、ホイットモアの打つ手はほぼなくなってしまった。さらに、スターリング・ドラッグの処理が先だという市場の大方の予想に反して、収益をあげていたイーストマン・ケミカルの分離を表明したのである。このような混乱の中、業績悪化に伴い、ホイットモアは約3年でその座を後にした。

(2) ローン・レンジャーか？ スケープゴートか？

華やかな経歴を持つCEOによる企業の再興譚は話題性も高く目を引く話題である。外部から来たCEOは社内のしがらみがなく、整理と集中に剛腕を振るい、人員を削減し、収益を回復する能力があると一般的には考えられている。

コダックでは、1990-2012年の破綻に至る約20年間で4人のCEOが同社の意思決定を担ってきた。なかでも、1993年、コダック史上初めて社外から登

第6章 デジタル化移行期におけるフィルムメーカーの活動

用されることとなったジョージ・フィッシャーは、まさに先述したような CEO 像そのものであったと言えよう。今日、彼の評価は分かれている。彼を高く評価する意見がある一方で[34]、そもそもリーダーシップと企業の業績との関係性について決定的な証拠はなく、むしろ内外の様々な要因からの制約を受けるという研究結果や、巨大なビジネス組織の業績すべてを CEO 一人の資質や行動に帰して考えることは根本的な帰属の誤りであり、企業の業績を属人性に依拠することに対する危険性も指摘されている[35]。

たしかに企業の業績を CEO の責任にすることは、「わかりやすい説明を求めるあまりに、現実をひどく単純化しているに過ぎない」、「カリスマ性は個人の資質よりも、むしろ社会の産物である要素の方が強い」という指摘には一理ある。

以上のような立場をとるラケシュ・クラナ（Rakesh Khurana）は、フィッシャーに対して 2003 年次のように指摘している。

まず、前任のモトローラ時代の業績はフィッシャー個人の手柄と言えるのかという疑問である。つまり、通信分野の規制緩和によって携帯電話市場での競争が進み、その結果、小売価格が低下し、モトローラ製品の販売増加に繋がったのであり、フィッシャーの采配というよりも当時の業界の大きな流れに過ぎなかったという理解である。

ところで、フィッシャーの改革の要点は、①事業の整理と集中とそれに伴う人員削減、②デジタル分野を含めたイメージング事業での競争力強化、③政治力を背景とした中国・日本市場の開放・確保に分類できる。

フィッシャーは就任当時の方針について、「製品に競争力をつけるためにコストと不良品率、そして開発の期間短縮を徹底してきた……もう1つはデジタル関連の投資だ。デジタル技術を使うことで、写真を撮ることがさらに面白くなり、その用途が広がる。4年前（1993年）には周囲がまだデジタルに懐疑的だったが、私はそのころから力を注いできた」（……線部引用者中略、カッコ内引用者注）[36]と語っている。

赤字転落したコダック再生のため、フィッシャーはイメージング分野に注力することを目標とし、整理と集中を推し進めた。フィッシャーは、「我々コダックはあまりにも多くのことに挑戦し続け過ぎた。だが、その結果、一つも

戦いに勝利することができていない。したがって、(整理と集中によって) 我々はイメージング戦争に最終的に勝利する」[37]（カッコ内引用者注）と述べている。

画像の「入力―出力」というプロセスを考えた場合、1990年代は従来の「カメラ―現像―焼き付け」というフィルム時代から、「デジタルカメラ―保存・プリント」への移行期であり、かつフォトCDのように現像したフィルムネガをデジタル化する過渡期でもあった。したがって、フィルムとデジタルは混在しており、これらを統合してイメージング（画像）事業に区分したのである。

なお、フォトCD分野はホイットモア時代に人員の流出を招いたが、フィッシャーはオープン・アーキテクチャーとしてライセンスを無償で提供した。その結果、消費者からの収益という点では失敗したが、利用数の面では成功を収める結果となった[38]。

フィッシャーはコダックの中心事業としてフィルムに依拠した専門的技術のみに傾倒するよりも、デジタル化を重視し、たとえばオンライン上にデータをアップし、保存・共有するシステムを消費者に供給しようとした[39]。

一方で、整理の対象とされたのが化学事業であった。フィッシャー就任当時、コダックの同事業は売上高もあり、純益も保っていたが、フィッシャーはイーストマン・ケミカル（Eastman Chemical）の分離を決定したのである（1993年）[40]。さらに、翌1994年には、スターリングなど医薬品事業や家庭用品や医療診断機器事業の売却も決定した（表6-2）。そして、事業売却から得た資金を借入金の返済に充て、イメージング事業への集中を図ろうとしたのである。その結果、懸念材料であった有利子負債は、1994年で20%にまで減少した[41]。

さらに、フィッシャーは生産工程の合理化をはじめとする工場改革を進めた。まず、品質管理を徹底し、日々の歩留まりとサイクルタイムを提示し生産時間の短縮を目指した[42]。さらに製造ラインで10人以上の従業員チームを監督するスーパーバイザーを廃止するなど、無駄な階層と役職を減らし、チームワークを重視した品質管理を強化することを目標とした[43]。もちろん、このような改革は人員削減と表裏一体で進められた。他方で、取締役の報酬額を株主の満足度（50%）、市場シェアの増加率（30%）、女性・マイノリティの雇用増加（20%）によって算定するよう変更した[44]。

表6-2 日本で報じられたコダック再上場までの動向

年　月	事　項
2001年1月	日本コダックは、10%以下であるデジタルカメラのシェア（世界市場では20%）の改善を目標に、日本法人の意向に沿った開発体制を整備するため、米本社直轄の開発会社としてデジタルカメラ・スキャナーを開発してきたイーストマン・コダックジャパンを吸収合併すると発表。
2001年4月	ロームがコダックから有機ELの基本特許の使用権利を得て、10月までに京都に量産設備を導入すると発表。
2001年5月	子会社チノンのOEMとシャープからの部品調達から、コダック初の自前のデジタルカメラ工場を上海に設立し、チノンから生産工程について技術指導ならびに主要部品供給を行うと発表。
2002年9月	コダックは1371万画素のCMOSセンサーを搭載したデジタル一眼レフカメラ「DCSプロ14n」を開発し、11月下旬に発売予定と発表。
	オリンパスとともにフォーサーズ・システムを採用したレンズ交換可能なデジタル一眼レフカメラの開発を発表。
2003年4月	米コダックデジタルカメラ（北米で15%のシェア）の全世界統括責任者に小島佑介（オリンパスでデジタルカメラを担当）が就任。
2003年6月	デジタルカメラ分野で、日本市場に再参入（2001年末に撤退）。
2003年8月	デジタルカメラの商品企画や開発業務を日本に集約すると発表。日本法人とチノンの開発部隊を合同する計画。
2003年11月	2006年までにデジカメ分野に30億ドルを投資すると表明。
	チノンは2004年3月をめどに家庭用監視カメラの量産を開始すると発表。大半は上海と東莞の委託生産先工場で製造、国内では2万5千台程度生産予定。
2004年1月	チノンの普通株式約40%のTOBを発表。発行済み株式の59.02%を保有済み。
	デジタルカメラ開発基盤をチノンに全て集約、商品・技術開発から生産までの一貫体制を敷くと発表。フィルム事業は中国等を除き徐々に縮小する予定。
2004年2月	フォーサーズ規格に三洋、松下、シグマの三社が参入。
	コダックジャパン・デジタルプロダクトディベロップメントを通じてチノンのTOBを終え、全発行株式の87.26%を保有したと発表。
2004年4月	チノンの上場を5月17日廃止すると発表。
2004年5月	船井電機がOEMでコダックにデジタルカメラを供給すると発表。
2004年9月	デジタルカメラ専用プリンターの規格をコニカミノルタ、ニコン、オリンパス、ペンタックス、リコー、三洋が採用したと発表。一部メーカーは同規格対応プリンターを自社生産するほかOEM供給を受ける可能性を示唆。
2005年7月	米国とブラジルでのモノクロ印画紙生産の順次休止、撤退を発表。同分野は営業黒字を確保していたが、事業構造改革の一環。
2006年2月	韓国LGフィリップスLCDと有機EL分野で技術協力すると発表。

年　月	事　項
2006 年 5 月	1-3月期決算が2億9,800万ドルの赤字と発表。X線撮影装置など医療関連部門の売却方針を発表。
2006 年 8 月	デジタルカメラ製造からの撤退を発表。EMS大手フレクストロニクスに製造部門を売却し、生産を委託する計画。コダックデジタルプロダクトセンター（旧チノン）の茅野事業所、横浜事業所の大部分、中国法人の資産・人材（約550人）などをフレクストロニクスが引き継ぐ計画。
2007 年 2 月	人員削減幅を最大3万人に拡大すると発表。07年末までの再建完了を目指す。
2007 年 5 月	写真フィルム、デジタル部門の不調により1-3月期最終損益は、1億5,100万ドルの赤字と発表。
2011 年 9 月	株価が1ドルを割り込む。
2011 年 11 月	赤字170億円に拡大。特許関連収入の減少。12ヵ月以内に新たな保有特許の売却やライセンス契約の締結、社債発行などを通じて資金調達ができなければ事業継続が難しいと判断。
2012 年 1 月	米コダックは19日米連邦破産法第11章の適用をニューヨークの連邦地裁に申請したと発表。米シティグループから9億5,000万ドルのつなぎ融資を受け、通常通り業務を行うと発表。
	フィルム部門からの撤退により、デジタル印刷機など法人向け部門、デジタルカメラなど消費者向け部門に集約すると発表。コダック株式上場廃止を発表。
2012 年 1 月	米シティグループから総額9億5,000万ドルのつなぎ融資を受け、業務を通常通り続けることを発表。
2012 年 2 月	デジタルカメラなど消費者向けキャプチャー製品の生産・販売から撤退を発表。
2012 年 8 月	消費者向け写真フィルムなど複数事業の売却方針を発表。
2013 年 8 月	米ニューヨーク連邦破産裁判所はコダックの再建計画を承認。9月初めに法的管理から脱却すると報道。
2013 年 11 月	破綻から1年9ヵ月後に再上場。公開価格26ドルを1％上回る26.25ドルで取引を終える。
2014 年 3 月	HP・IT投資会社等出身ジェフ・クラークがCEOに選ばれたと発表。

出所：『日本経済新聞』より作成。
注：フィッシャーの後任、ダニエル・カープのCEO就任から再上場後のジェフ・クラークCEO就任までを対象とする。

　また、旧態然とした人員への対策として他のデジタルやコンピューター企業から役員を採用した。そして、自社に欠けているデジタル技術分野を補強し、商品やイノベーション開発期間を短縮するために、IBMやマイクロソフトとの提携や協定を選択したのである[45]。

　1996年、コダックは電子写真が事業として確立するまでの繋ぎとして、新たにAPSカメラ（Advanced Photo System）を導入した。APSフィルムは技術

第6章 デジタル化移行期におけるフィルムメーカーの活動

面で電子化が進み、ネガ一枚ごとに番号を付し、焼き付けを簡易化し、カートリッジ自体も途中で交換できるようになった。さらにカメラ本体に LCD 画面をつけ、ネガの日付管理を容易にした[46]。だが、コダックの目論見と異なり、APS システムは次期 30 年間を担う最重要製品とはならなかった。

また、同年、コダックはプロフェッショナル用高画素数デジタルカメラと一般消費者向けコンパクトデジタルカメラの発売も開始した。これらを軸に、「もっと写真を撮ろう（Take Pictures. Further.）」をキャッチフレーズにテレビ CM を放映しキャンペーンを開始したのである。

しかし、翌 1997 年、フィッシャーの手腕にかげりが見え始めた。純利益は前年比 42％減となり、売上高も 9％減と再び低迷することとなった。その主たる要因は、皮肉にもデジタル関連事業の不振であった。規模を縮小した研究開発費のほとんどをデジタル分野に投入し（1994-96 年）、高画素数のデジタルカメラ、CD-R、光ディスク、医療用画像データのデジタル化装置、ネガや写真をデジタルデータ化しシールにする機械（イメージマジック）を開発し、専門分野から一般消費者向けまで幅広い新市場を開拓しようとしたが、良い結果をもたらすことにはならなかった。デジタル分野ではイメージマジックがわずかに利益をあげただけであった。

その理由として、「投資対象が多すぎて、研究開発の効果が出ていない」、「多くの製品をいきなり一般消費者市場に投入したことで、サービスの多くが現実の消費者の需要とは、離れたものになってしまった」との指摘や、「デジタル機器を利用して得られる面白さを具体的に示して、その楽しみを提供すること」がコダックには欠けていたとされる[47]。かつてチャンドラーが改革しようとした新製品導入への頑なな態度は改善されたかに見えたが、皮肉にも消費者のニーズからかけ離れた製品・サービスを投入するという新たな問題を生み出してしまったのである。

フィッシャーは再建策として、人員削減（約 1 万 7,000 人）、コスト・研究開発費の削減、生産体制の見直しを掲げた。とりわけデジタル事業の損失の 60％を占めていた CD-R や光ディスクから撤退し、デジタルカメラとスキャナー部門を強化する方針へと切り替えたのである。以後、コダックは自社で製品技術の開発をせずに、提携や合弁によって他社との協力を深めることで投資

額を減らす方針を積極的に採用することとなった。

　しかし、このようなコダックの方針は、画像出力部分で競合するデジタルの巨人であったHP（Hewlett-Packard）を強く刺激することとなった。HPは対抗としてデジタルカメラからプリンターまでのフルライン戦略を立ち上げ、フォトスマートシステムを打ち出したのである。HPはフォトスマートシステムとインターネットを利用することで、コダックと異なり既存のラボや業者を排除し、従来の時間のかかる郵便システムをバイパスさせ、ネットを通じて消費者に写真を授受させるシステムを提供しようとしたのである[48]。コダックはHPに先手を打たれたのである。

(3) フィッシャー路線の継承とイメージング事業への傾斜

　2000年にフィッシャー路線を継承したCEOダニエル・カープ（Daniel Allen Carp）は、「一瞬を共有し、人生を共有しよう（Share Moments. Share Life.）」をキャッチフレーズに、写真とIT技術を融合した「インフォ・イメージング」市場の開拓を提言し、60億ドル規模の資金を投じて、ネットを通じた写真プリント受注・デジタル画像・通信などの企業を立て続けに買収した（表6-3を参照）。

　そして、イメージング事業の全てがデジタルに変わるまでの期間は、「フィルム、デジタルカメラ、オンラインサービスなど複数の製品・サービスで事業のポートフォリオを組んでいく」[49]と述べ、画像分野（出力分野）での一般消費者市場を開拓する方針を打ち出した。

　また、カープはCEO就任直後、キャッシュ・フロー、マーケットシェア、研究開発の3つを重視することを表明した[50]。このカープの発言を裏付けるように、利益剰余金と研究開発費用は2001-2005年にかけて増大し（図6-7、6-8）、販売総額も当該時期に微増した（図6-3）。だが、営業利益・純益は減少を続けたのである。

　結局のところ、事業の中核に据えたイメージング事業では、デジタルカメラ部門の迷走によってコダックは入力よりも出力（印刷）を重視せざるを得ず、新製品開発はネットワークを利用したプリンターとスキャナーを軸にせざるを得なかった。さらに、コダックの整理と集中の結果は、先述したようにプリン

表6-3 コダックによる主な事業売却・買収一覧（1993-2011年）

年	事　項
1993年	イーストマン・ケミカル社を分離
1994年	アクタヴァ・グループ社（Actava Group Inc.：国際通信）の株式50%を取得
	スターリング・ウィンスロップ社（Sterling Winthrop Inc.：医薬品製造）を売却
1995年	L&Fプロダクツ（家庭用品）を英系企業に売却
1997年	ワン研究所（Wang Laboratory：ソフトウェア開発）を買収
	ピクチャー・ネットワーク・インターナショナル社（Picture Network International Ltd.：電子写真ライブラリー・販売）を買収
	チノン株式会社の株式を取得
1998年	ピクチャー・ヴィジョン社（Picture Vision Inc.：デジタルイメージング）の株式51%を取得
	フォックス・フォト（Fox Photo：カメラ・写真関連品小売・現像チェーン）をウルフ・カメラ（Wolf Camera）に売却
	ナノシステム社（Nanosystems LLC：医薬）をエラン（Elan Corp.）に売却
	イメーションの医療用画像事業を買収
2000年	ピクチャー・ヴィジョン社（Picture Vision Inc.：ネットワーク）を買収
2001年	ベル＆ハウエル（Bell & Howell Co.）のイメージング部門を買収
	オーフォト社（Ofoto Inc.：ネットでのプリント受注）を買収
2002年	エンキャド社（Encad Inc.：大判インクジェット印刷）を買収
2003年	プラクティス社（Practice Works Inc.：歯科用ソフトウェア）を買収
	ラッキー・フィルム社（Lucky Film Co. Ltd.）の株式20%を取得
	レーザー・パシフィック・メディア社（Laser-Pacific Media Corporation：ポストプロダクション）を買収
	アルゴテック・システム社（Algotec System Ltd.：画像のアーカイブ・通信）を買収
	アプライド・サイエンス・フィクション社のデジタル・ピクチャー（Applied Science Fiction's Digital Picture：高速フィルム現像システム）を買収
	バレル社（Burrell Company：プロ用ラボチェーン）を買収
2004年	サイテックス・デジタル・プリンティング社（Scitex Digital Printing Inc.：高速インクジェットプリント製造）を買収
	チノン株式会社の株式41%を取得
	ハイデルベルガー・ドゥリュックマシーネン社（Heidelberger Druckmaschinen AG：印刷機器製造）とともに50%を出資し合弁事業 NexPress を設立
	ナショナル・セミコンダクター社のイメージング部門買収を断念
2005年	オレックス・コンピューテッド・レディオグラフィー社（OREX Computed Radiography Ltd.：医療用X線デジタル画像）を買収

年	事　項
2007年	コダック・ポリクローム・グラフィックス（Kodak Polychrome Graphics）を買収
	クレオ社（Creo Inc.：商用印刷システム）を買収
	ヘルス部門をオネックス社（Onex Corporation）に売却
	コダック（豪）所有のエルメス社（Hermes Precisa Pty. Ltd.）株式をサルマト社（Salmat Ltd.）に売却
2008年	インターメイト社（Intermate A/S）を買収
2009年	ベーヴェ・ベル＆ハウエル社（Böwe Bell & Howell）のスキャナー部門を買収
2011年	東京応化工業の印刷材料部門を買収

出所：Eastman Kodak Annual Report 各年版より作成。

ター部門でコンピューター業界の巨人 HP との競争を招き、自らを隘路へと追い込んでいった。

では、画像の入力部分となるデジタルカメラ分野でコダックが競争力を保持しえなかったのは何故だったのか、以下、同社のデジタルカメラ開発について見てみよう。

3．各種製品・技術開発の顛末

(1) 世界初のデジタルカメラ開発

1975年、コダックのエンジニアであったサッソン（Steven J. Sasson）は同社初のデジタルカメラを開発した。「私の試作機はトースターのように大きかったが、技術部門の人々はそれを気に入ってくれた」とサッソンは語っている[51]。初のデジタルカメラの解像度は低く、白黒画像をテレビに転送するものであり、保存方法はカセットテープであった。もちろんフィルム写真と比べればモニターに映し出された画像の粗さは否めなかった。その後、コダックがデジタルカメラの商品化を進めず、早期に市場に投入しなかった理由とは何であったのか。

会議の出席者に「自分の姿が写った写真をテレビで見たい人なんて、どこにいるんだ？　画像はどうやって保存するんだ？　アルバムはどんなふうになるんだ？」と次々と疑問をぶつけられた結果[52]、「おもしろいとは思う――だが、この件は誰にも言うなよ」というのが上層部の反応だったとサッソンは記している[53]。

また、コダック最高技術責任者であったビル・ロイド（Bill Lloyd）は「フィルムと競合する可能性のあるものを片っ端からはじき出す抗体が存在するかのようだった」と当時の社内の状況を回顧している[54]。

　コダック上層部に先見の明が無かったという責任論に説得力はあるが、開発の成功がすなわち商品化ではあるまい。1975年という早期の段階でコダックがデジタルカメラを開発したことは特筆すべき出来事であった。ただし、当時、デジタルカメラを市場に投入するためには、価格もさることながらそれを支えるシステムの構築が必要となる（翻って2000年以降のアジアや東欧でのデジタルカメラの急速な普及は、プリントをしないユーザーの登場やパソコンやプリンターの普及によって消費者の銀塩カメラ購入意欲は減退した）。データを処理するコンピューター、保存方法、プリンターをはじめデジタル画像を取り巻く文化やインフラがまだ普及かつ進歩していなかった点を考慮すれば、サッソンの開発を契機にデジタルカメラが市場に投入されなかったことは当時の経営陣にとって合理的選択の一つに過ぎなかったと考えられる[55]。

　サッソンの失敗は、開発したデジタルカメラを「フィルム不要の写真」と会社の上層部に紹介したことであった。

　何よりも当時のコダックの収益はフィルム事業が中心であり、それを根本的に否定するデジタルカメラが経営陣に快く思われなかったことは想像に難くない（そもそもデジタルカメラがフィルムカメラを将来的に完全代替する製品であるという見通しが当時の経営陣にあったとは思えないが……）。

　とはいえ、コダックの役員を経たのち、ロチェスター・サイモン・スクール・オブ・ビジネスで教鞭を取るラリー・マテソン（Larry Matteson）は早期より将来を見極めていた珍しい一人であった。彼はデジタル化の流れを1979年時点で、まず、政府機関の偵察分野からプロの写真家へ、そして一般大衆へとフィルムからデジタルへと市場が切り替わり、2010年までに完全にデジタル化されると予想し、レポートを作成していたのである[56]。このような将来予想が役員全体の前提条件となるには時期尚早であったと言えよう。

　また、デジタル化からどのように収益を生み出すのかという問題も解決されねばならなかった。コダックでは「賢い経営陣は1㌦のフィルムで70㌣を生み出すことからせいぜい5㌣を生み出す程度のデジタルへの切り替えを急がな

いことが最良であると結論していた」と、マテソンは当時を振り返る[57]。そして、結局、デジタル化を採用したものの、コダックは遅きに失したのだと断じている。

　フィルム販売と現像・焼き付けというコアビジネスが軌道に乗っている時期には誰もが既存のビジネスモデルに忠実に行動し、その結果、新規事業の芽が摘まれてしまうという典型例をサッソンのデジタルカメラは示していた[58]。

　ところで、サッソンのデジタルカメラ開発やマテソンのレポートから十数年を経た1990年代初頭、コダック社内では2010年までに電子画像（Electronic Imaging）が30％を占めると予想をしていた。逆を言えば、70％が従来の化学製品であるフィルムを用いた写真が並存すると信じられていたのである[59]。この将来像はコダックがデジタル化の進展速度を見誤った最たる例であったと言えよう。

(2) 開発・生産での誤算

　コダックによる大衆市場向けデジタルカメラ販売は、1995年のDC-40、1996年のDC-20（コンパクトデジタルカメラ）から始まった。

　2000年代、コダックはデジタルカメラ市場において世界市場の20％前後を占め、メーカー順位では3-5位を維持していた。アメリカの大手量販店ウォルマートでは5万画素のコダック製デジカメが100ドル程度で大量に売られていたが、画質は同クラスの日本製品には及ばず、ボディは大きく、日本人の目には型落ちモデルとしか見えないレベルであり、日本市場では、コダック製品は「機能はそこそこながら、安いデジカメ」に過ぎなかった[60]。

　2003年4月、オリンパスのデジタルカメラ事業を育てた小島佑介が、コダックのデジタルカメラ事業部長に就任した。小島はデジカメ生産の一部を委託してきた旧チノンの完全子会社化を目指し、設計開発機能を子会社のコダックデジタルプロダクトセンター（KDPC）に集中させた。

　日本市場では従来のカメラメーカーにくわえて、家電や電機メーカーがデジタルカメラ市場に参入し、画素数・機能は急速に発展し、製品ライフサイクルは従来のフィルムカメラに比べ短く、競争は激化した。このような条件の下で、コダック製品は日本メーカーとの競争に勝つことはできず、量販店での値下げ

に伴うロス補填といった商慣行も相まってデジタルカメラ販売から利益を確保することは難しいと判断し、2001年に日本市場から撤退した。そして、小島の提案により、2003年6月、日本市場へ再参入を表明し[61]、2004年に再参入したものの、2006年にあらためて撤退することとなった。

　日本市場の特殊性はさておき、コダックは、技術革新が速く競争の激しい日本市場を避け、自社製品の販売が可能な市場を選択したのである。この選択はすみ分けと言うよりも安易な退路と見られても仕方あるまい。コダックは競争を通じてユーザーに魅力的な製品を生み出せず、イメージング分野での入力機器であるデジタルカメラの独自開発・生産能力の育成といった点で競合他社に及ばなかったのである。

(3)　合従への道——フォーサーズ規格とプリンタードック

　2002年、オリンパスの提唱によって、コダック製イメージセンサー4/3型（フォーサーズ）規格を用いた同一レンズマウント連合が誕生した。カメラやレンズが最適な大きさと性能、拡張性を保持できる設計思想を元に、標準化されたレンズマウントを採用することでメーカーの枠を超えて交換レンズとカメラ本体とを自由に組み合わせることが可能となった[62]。この規格は、コダックをはじめオリンパス、パナソニック、交換レンズメーカーであるシグマが採用した。

　後発で出力分野に参入するコダックは、フォーサーズと同様、複数の企業連合によって一定のシェアを確保することを目指したのである。

　「ボタンを押すだけ、あとはコダックにお任せ（You press the button, we do the rest.）」とは、コダックの創業初期のキャッチフレーズであったが、類似した「撮って、乗せたら、すぐ写真」という新たなキャッチフレーズの下でデジタルカメラ充電器と家庭用写真プリンター機能を持ちプリンター上部にカメラを置き、ボタンを押すと印刷ができるプリンタードックが販売された。

　このプリンタードックはイメージリンクというプリント規格による製品であり、2004年、コダックをはじめ、コニカミノルタ、ニコン、オリンパス、ペンタックス、リコー、三洋電機といった日本企業が規格に賛同した[63]。コダックは提携各社から特許料をとらず[64]、イメージリンク規格に準じたプリンター

ドックの販売権を認めることで、規格参加企業も消耗品ビジネスが展開できるように配慮したのである[65]。規格参加企業が増加すれば、利用可能なデジタルカメラ数も増え、印画紙やインクカートリッジなど利益率が高い消耗品ビジネスも合わせて拡大するという目論見であった。

同様の商品はすでに「ピクトブリッジ」が存在したが、プリンターとカメラをコードでつなぐ必要があり、イメージリンクの方が容易にカメラとプリンターを接続することが可能であり、その点が優位と考えられた。

以上、コダックは他社との連携によって市場での生き残りを模索したのである。

(4) 特許侵害訴訟の乱発

コダックは有機ELに関する基本的特許を保有しており、関連特許を他社に供与し、ライセンス料を得る方針を採ってきた。しかし、2001年、コダックは三洋電機との合弁会社を設立する方針を打ち出した。「有機EL市場を一気に拡大する積極策に転じた」のである。その背景には、液晶に代わって有機ELの市場が拡大するとの予想があった[66]。

一方、2000年代半ば以降、CEOペレスの下でコダックは数多くの企業との間で特許に関する訴訟を引き起こし、2012年の破産申請前まで訴訟件数は増加した。これには、特許権収入が投資額に比べて収益が上がりやすく、研究開発・設備投資・生産分野に多額の投資費用が必要となる製品販売よりも収益を上げやすかったという背景がある。

コダックは特許権収入を2010年より公表しており、その額は9億400万㌦（2010年）、12億8,000万㌦（2011年）、マイナス4億8,000万㌦（2012年）、4億4,000万㌦（2013年）を生み出していた。

特許権収入の会計上の取り扱いは国によって異なり、一概に同様の基準で比較することはできないが一例として日本の状況を示しておこう。特許権による利益は企業の経営成績に大きな影響を及ぼしており、日本では営業外収益の10％を超えた場合、区分記載が必要とされているものの、記載内容はメーカーによって異なっており、その一部のみが明らかにされている[67]。たとえばシャープでは特許権収入27億3,400万円は営業利益483億3,300万円の

表 6-4 特許を巡る主な訴訟：2001-12 年

年　月	事　項
2001 年 2 月	オリンパスとデジタルカメラ分野の特許のクロスライセンス契約締結に合意。両社がそれぞれ約 1,000 件保有する特許を無償で利用すると発表。
2001 年 4 月	デジタルカメラに関する特許侵害で三洋電機を提訴していたが、特許のクロスライセンスを締結して和解と発表。有機 EL の共同開発促進か。
2001 年 12 月	三洋電機と有機 EL 製造合弁会社設立を発表。有機 EL 関連特許を他社に供与しライセンス料を得る方法から自ら製造・販売する方針に転換。
2004 年 4 月	ソニー、特許侵害でコダックを逆提訴。
2007 年 1 月	ソニーと画像処理をはじめとする特許相互利用に関するクロスライセンス契約を締結したと発表。訴訟合戦は和解。
2007 年 12 月	デジタルカメラ特許侵害の疑いで松下電器産業と日本ビクターに対する損害賠償を求めていた訴訟について和解、提訴を取り下げた。
2011 年 8 月	映像機器に関する特許の売却に乗り出すと報道。
2011 年 10 月	富士フイルムがデジタルカメラに関する特許を侵害されたとしてコダックを提訴。
2012 年 1 月	アップル・HTC・富士フイルム・サムスンが特許を侵害しているとして提訴。
2012 年 12 月	特許 1100 件をインテレクチュアル・ベンチャーズ、企業連合（富士・サムスン・マイクロソフト・アマゾン・フェイスブック・華為技術・HTC・RIM）らに 5 億 2,500 万ドルで売却。つなぎ融資への返済に充当。

出所：『日本経済新聞』より作成。

5.7％に相当するが、これと同額の営業利益を創出するためには売上高を 781 億 1,400 万円増加させる必要がある。そして、資産価額として計上される額は工業所有権 1 億 4,000 万円の一部に含まれるに過ぎず、特許権は貸借対照表価額の 62.5 倍の収益を生み出していた。また、キヤノンの場合、特許権は資産価額の 212.6 倍もの収入をもたらし、営業利益の 12.5％に相当した[68]。

以上の例からも明らかなように、コダックは大量に保有していた特許権を利用して利益を生み出そうと考えたのである。

さらに、訴訟相手との交渉を通じてクロスライセンシングによって双方の特許を利用可能とする有利な条件を引き出すことも目的としており、訴訟は硬軟織り交ぜた技術戦略の一環であったと言える（表 6-4 を参照）[69]。

(5) 医薬品事業への多角化に関して

歴史にイフは禁物ではあるが、コダックが医薬・ケミカル事業を手放さずに

いたらどうなっていたのか誰もが想像するだろう。ただし、そのような疑問は、富士フイルムの多角化成功という前提から生まれる発想であり、両社の相違を無視した考えに過ぎない。医薬事業への参入に対する両社の置かれた立場や条件は大きく異なる。コダックは多角化を決定してから最初の買収までに費やした期間が長く[70]、その理由も事業選定を熟慮したというよりも場当たり的であったことは否めなかった。そもそも「ケミカルからケミカルへ」という選択がコダックに可能だったのかという問題を明らかにする必要があろう。

コダックは1988年に買収したスターリング・ウィンスロップ社の医薬販売ビジネスで年率5％近い利益を得ていた。にもかかわらず、フィッシャーは医薬事業をさらに育成せずに整理の対象とした。8年をかけて絞り込んだポートフォリオが花開く前に全てを摘んでしまったと批判されるのも致し方ない[71]。

ところで、新薬開発の流れとは、まず医薬品の出発点となる物質を見つけ出し、その後、最終的な医薬品（リード化合物）を作成する。そして、このリード化合物を安全な医薬品として利用できるまでに長期間の研究や実験がさらに必要とされる。つまり、新薬の開発はフィルムとは正反対の典型的なハイリスク・ハイリターン事業であり、そのリスクを軽減するためには、多くのプロジェクトを同時に進行させなければならなかった。つまり、医薬事業は収益を生み出すまでに大量の研究費・人材・時間を必要とした[72]。

そもそも、チャンドラーが同案を選択した背景には、コダックが保有する25万件近い写真用有機化合物の社内ライブラリーの存在があった。フィルムとは異なる領域ながらも、技術的に共通点があるというのが同事業への参入を企画したライフサイエンス・ラボの担当者による理由であった[73]。

まず、写真用感材にはコストダウンと厳格な納期という制約がある一方で、医薬品は自由な発想で分子をデザインすることが求められた。ライブラリーは医薬用素材として限定され、欠点も多かった。フィルムと医薬品が類似しているように見えるのは、既存医薬品が写真の色合いや鮮鋭度改善を促進する添加剤として使用されており、それらが素材ライブラリーに含まれていたからであった。つまり、写真用素材をそのまま医薬品候補と理解することは誤りであった[74]。

元コダック副社長ローレンス・クルーズ博士によれば、コダックの化合物ラ

イブラリーは、「体系立てて整理されてはいなかった。倉庫に長期間、室温のまま保存され分解してしまっていたり、実験室の机の上にラベルも張らずに無造作に置かれて」おり、「少なくとも半分は分解しているか、構造が不確かか、間違っているものが含まれていた」と指摘する[75]。

医薬事業への参入を企図したライフサイエンス・ラボは発足以来5年間近く予算を食いつぶしており、チャンドラーは予算管理を含め、同ラボが製薬部門を自前で作ることに対して違和感を抱いており、買収という手段で速やかに医薬研究・開発機能を獲得する道を選択したのである[76]。しかし、買収したスターリングはどちらかと言えば処方薬メーカーと言うよりも、バイエルのアスピリンなどの販売を手掛ける店頭医薬品販売企業であった[77]。なぜこのような買収の意志決定がなされたのか、今後一次資料にもとづく考察が必要であろう。

(6) ぬか喜びに終わった双方便宜──画餅の中国フィルム市場

1990-2000年代にかけて、フィルム市場ではデジタル化の進展と並行して2つの変化があった。1点目は、ロシアや中国など新興国市場の拡大とその継続の可能性であり、2点目は、アメリカのみならず世界市場における富士フイルム製品のシェアの増大である。

中国・アメリカ市場へのシェアを拡大しつつあった富士フイルムへの対抗も含め、コダックは早期の対策が必要であった。この点を強く意識していたフィッシャーは1993年12月のCEO就任直後より、最優先目標を中国と日本とし、カール・コート副社長を対中交渉の責任者に任命し、中国プロジェクトをダニエル・カープ社長（当時）と財務担当役員を含む4人の専管事項とした。そして、古巣のモトローラ時代に築いた対中コネクションを活かし、フィッシャーは朱鎔基副首相（1994年当時）との北京での会談を実現させた。その際、国有企業の改革と世界水準への引き上げを要請する中国側に対して、コダックは経営の安定、変革への協力、過剰投資による中国国内市場の混乱を防ぐ条件を提示し、両者に秘密合意が計られたと報道されている[78]。

その後、コダックは中国国有フィルムメーカー7社に取って代わり、ラッキー・グループ（楽凱膠巻集団：以下、ラッキーと略記）とともに中国市場を二分することを目標に、交渉を開始した。1995年には中華圏事業本部が新たに

設置され、コダックの中国への投資は順調に増加し、1997年には香港を含めた中華圏地域全体で3,000人を雇用するまでに成長した。コダックによる中国国有企業買収交渉は長期化の様相を深めたが、1997年に、パトリック・シーワート副社長（中華圏事業本部長）は最終交渉に入ったことを明らかにした。シーワートによれば、中国国有フィルムメーカーの買収交渉は進展しており、その目的は「輸出基地としての低価格生産拠点の確立のためではなく、現地生産することで消費者ニーズへの対応速度を早めるため」と主張している[79]。そして、1年を経た1998年3月、コダックと中国は4年におよぶ交渉の末、契約を調印した。その内容は、コダックが新たに設立する新会社に国有企業3社を統合し、新会社は2000年までに10億ドルを投資することでフィルムの現地生産を開始すること、中国政府はラッキーだけを残し、他の国有企業の存廃をコダックに委ねるという大規模な業界再編計画であった。

当時、中国はすでに世界のフィルム消費の7％近くを占めていたが、国民一人当たりのフィルムの年間使用本数は日米の6－7本に対して中国は0.4本に過ぎず、中国市場はさらなる成長の機会があるとフィッシャーは判断していた[80]。

米中の契約につづいて、コート副社長は「富士写真フイルムなどが合弁相手を探すのは自由だが、朱鎔基・フィッシャー合意からみても中国側は過剰な投資と生産に注意するはずだ」と他メーカーの対中投資を牽制する発言を漏らしている[81]。

コートの指摘する朱鎔基・フィッシャー合意とは、コダックが中国フィルム産業を世界水準へ引き上げる見返りに、2001年まで他の外国メーカーの中国国内生産を認可しない、買収する国有企業の債務をコダックが継承しないという内容であったとされる[82]。

この情報が事実であれば、約60％の関税が輸入フィルムに課されていた中国市場では、他のメーカーは価格競争で大きく後退するという衝撃的な内容であった。したがって、契約の調印によって、10年以内にアメリカに次ぐ世界第二のフィルム市場になると考えられていた中国市場でコダックが独占的な地位を得たとフィッシャーは確信したであろう。一方で日本のフィルムメーカーは、コダックの独占を危惧し、対中市場へのアプローチを再考せねばならなく

なった。

なお、朱・フィッシャー合意は2000年代に入っても失効しておらず、フィルムを巡る米中の蜜月関係は半ば政治問題として継続していた。2002年4月、中国政府は対中投資認可の新基準を導入したが、フィルム分野は出資比率と投資可能地域が限定される制限品目にとどまった。そして、この発表と時を同じくして、コダックは1998年の交渉に臨んだ葉鶯を本社副社長に抜擢したのである[83]。

2003年10月、コダックはラッキー株20％を取得し、約1億ドルの現金のほか生産設備や技術をラッキーに提供すると発表し、両社の提携期間は20年間と報道された。その2ヵ月後、ラッキー株の13％（楽凱膠片集団が所有していた4,446万株）がコダック（中国）投資に売却された。

では、米中の蜜月関係はその後も続いたのだろうか。経済発展に支えられ中国国内市場は年々拡大したが、消費者はフィルムカメラではなくデジタルカメラを選択した。2006年3月、ラッキーは2005年12月期純利益が前期に比べ71％減少したと発表し、フィルム事業の不振が顕著となった。これを受けて、20年の提携期間はわずか3年を経て破綻することとなったのである。そして、2007年1月、コダックは所有するラッキーの株式20％を広州誠信創業投資に3700万ドルで売却し、資本提携の解消を発表したのである（表6-5参照）[84]。

コダックは、いまだ収益の上がる既存製品として新興市場でのフィルム需要に期待した。それがデジタル化への繋ぎであっても、中国はフィルムの生産・

表6-5　ラッキーを巡る対中関係

年　月	事　項
2001年2月	中国楽凱膠片集団公司（以下、ラッキー）への出資交渉を開始したと発表。
2003年10月	ラッキー株20％を取得し、約1億ドルの現金のほか生産設備や技術をラッキーに提供すると発表。提携期間は20年間を予定。29日正式に提携合意。
2003年12月	ラッキー株の13％を取得したと発表。楽凱膠片集団は所有していた4,446万株をコダック（中国）投資に売却。
2006年3月	ラッキーは2005年12月期純利益が前期に比べ71％減少したと発表。
2007年11月	ラッキーの株式20％を広州誠信創業投資に3,700万ドルで売却し、資本提携を解消すると発表。

出所：『日本経済新聞』より作成。

販売・現像によって収益の見込める巨大市場と考えられていた。フィッシャーをはじめとする中華圏事業本部は契約調印によって巨大市場を掌中に収めたと確信しただろうが、それはぬか喜びに過ぎなかった。

第4節　コダックの町、ロチェスターの新たな挑戦

　イーストマン・コダックはロチェスターという一つの町に研究を集中させたため、自社への批判を多く耳にする機会がなかったことが、変革への危機感を失わせたとの指摘がある[85]。その一方で、研究に適した人材・設備の同地への集積が再評価され、注目されつつある。

　かつて、ロチェスターの経済の半分はコダックが担ってきた（他にはボシュロムの本社がある）。コダックは長期にわたる人員削減と破綻により失業者を生み出した張本人であったが、コダックの代わりに町の雇用を創出したのは主としてサービス産業であった。その中心的存在がスーパーマーケットのウェグマンズ（Wegmans）であった[86]。ウェグマンズは2012年、すでにロチェスターの雇用の中心的存在であり、「製造業からサービス産業にシフトしたアメリカ経済の縮図」を示していた[87]。

　とはいえ、コダックの破綻とともにロチェスターから製造業が消滅したわけではなかった。従業員1,000人以下の中小企業がロチェスターの雇用に占める比率は57%（1987年）から80%（2008年）に増加しており、1990年代以来の整理と集中を経た結果、元社員による起業やコダックから分離・独立した事業が増えつつある。例えば、コダックの化学者であったジョー・プリングリーらは、2008年にトランスペアレント・マテリアルズ（Transparent Materials）を設立し、歯科向けインプラント材料や整形外科向けの副作用の少ない材料を手掛けている。

　トランスペアレント社をはじめバイオ燃料や太陽電池などのベンチャー7社がロチェスターに居を構える背景には、コダックが空き家となった建物の一部を改修し、2009年に「イーストマン・ビジネスパーク」として安い賃料でベンチャー企業に物件の提供を始めたことによる。ビジネスパークには実験設備から廃棄物処理まで、材料化学事業に必要な施設が揃っており、さらにはコ

ダックOBの人脈や技術系の人材の厚みに強みがある[88]。

　2013年、ビジネスパークでは約6,000名のコダック従業員が働いている他、40社近いテナントが入っており、同地のインフラ、革新性、高度な技能者に着目し、エネルギー貯蔵、高機能フィルム、医用生体材料などを取り扱う企業が同地への移転を検討しつつあると報じられている[89]。さらに同年、6月には、イーストマン・ビジネスパークは、ニューヨーク州と地域経済開発プロジェクトに基づくパートナーシップの提携を結ぶことを表明した[90]。

　イーストマン・コダック社本体は、破産申請後、つなぎ融資を受けつつ、フィルム製造・販売、消費者向けデジタルカメラから撤退・売却し[91]、さらに消費者向けプリンター事業からも撤退し、売上高は90年代の数分の一にまで縮小した[92]。さらに、デジタル関連特許約1,100件の売却益によって[93]、収益性の高い組織へとスリム化を進めつつ再建計画を準備してきた。その甲斐あって、2013年8月、ニューヨーク州南部地区連邦破産裁判所はイーストマン・コダック社の再建計画を承認したと報じられた[94]。

　再建計画の内容は、商業印刷、パッケージ印刷、ファンクショナル・プリンティング、プロフェッショナル・サービスといったコマーシャル・イメージング市場におけるテクノロジーリーダーとして、コダックが幅広いサービスを提供するというものであり、この再建計画が承認されることで同社が米連邦破産法第11章の適用から脱却する第一歩を踏み出すことを意味していた。そして、破綻から1年9ヵ月後の2013年11月、イーストマン・コダックは再上場を果たしたのである[95]。

　また、コダック本体からの事業継承によって新たな活動も開始された。2013年9月、英国コダックの拠出確定年金運営ファンドであるコダック・ペンション・プラン社（Kodak Pension Plans Trustees Ltd.）は、イーストマン・コダックのパーソナライズド・イメージング事業とドキュメント・イメージング事業（業務用高速スキャナー、マイクロフィルム、ソフトウェア）を買収し、コダック・アラリス社（Kodak Alaris）を設立した[96]。イーストマン・コダック社から事業を継承したパーソナライズド・イメージング部門では、写真のプリントなどを行うサービス端末「写真キオスク」とドライラボを中心としたリテール・システムズ・ソリューション、写真店や大規模ラボ、写真家向けに印画紙

など従来型の商品を提供するペーパー&アウトプットシステム、一般消費者やプロ写真家にフィルムを提供するフィルムキャプチャー、テーマパークや観光地、リゾート地などでの記念写真サービスを提供するイベント・イメージング・ソリューションの4部門で構成され、全世界30ヵ国で事業を展開すると発表され[97]、日本ではコダック・アラリス・ジャパンが設立された。

おわりに

　整理と集中を旗印に、事業売却による資金調達とそれによる借入金の返済を行い、イメージング分野へ特化するというフィッシャーの改革は、コダックの直面していた問題に対しては短期的に合理性を有していた。負債を軽減させることが彼の目的であったとすれば、彼は短期間にそれをやってのけた。だが、集中したはずのイメージング分野での収益性や競争力を保持できなければ、彼の采配はピンぼけ（out of focus）であった。

　彼の跡を継いだカープは、イメージング分野のデジタル化を他企業や部門の買収や合併によって推し進めると同時に、さらなる整理と集中を進めた。

　ヘルス事業はいまだ競争力があり、収益を上げていたからこそ高額かつ現金での譲渡が可能であった。このように、かつてフィッシャーがイーストマン・ケミカル、スターリングなどを売却した手法が繰り返されたのである。そして、カープの下でも異なる技術要素を持つ分野への多角化が選択されることは無く、イメージング戦略が追求された。

　イメージング分野への集中の結果は、残念ながら収益の上がる分野を創造することの失敗でもあった。研究開発費は削減され、自社に欠けている技術は他社から購入するか、保有する企業と提携するという戦略へと転換した。そのような戦略の行きつく先は、皮肉にも消費者ニーズとかけ離れた製品の市場への投入という結果であった。

　フィッシャー以後、各CEOの目標が「イメージングの世界銀行化」[98]という枠組みを出なかったことが、選択肢の狭さを象徴していた。これにはCEOペレスがHPというイメージング分野の出身者であったことも影響していると考えられるが、資金・資源・技術者を手放した結果であった。

デジタルカメラの開発競争から距離を取ったイメージング部門の中心的事業はプリンターへとシフトした。だが、インクと印画紙をフィルムに変わる収益源とするには、消耗品市場は競争が激しく、新規参入するには遅すぎた。

そして、コダックの戦略はますます短期的視野に陥り、消費者ではなく株主の顔色をうかがうようになった。財務状況で明らかにしたように、自社株式の購入費用は内部留保を急速に食い潰していった。

コダックはデジタル化に遅れたというよりも、デジタル化を進めたが他社に優越する製品戦略や研究開発能力に欠けていた。多角化にも先鞭をつけたが、収益を生み出す前に事業は整理対象とされてしまった。ただし、それはコダックがフィルムを中心とした現像・紙焼きという従来の収益基盤に固執したからではなかった。たしかに既存のラボやフィルムの存在が出力分野での革新的なビジネスモデルを提案する際の足かせになったかもしれないが、すでにフィッシャー時代に中国市場以外でのフィルム縮小は明言されており、段階的に旧商品は縮小されていった。

デジタル化へ移行する過渡期とはいえ、中国をはじめとする新興国でのフィルム市場の拡大や収益性の見込みはコダックだけの誤りではなく、他社にも見られた。

例えば2001年、コニカ会長植松富司は、「皆さんが言うように『明日はデジタルカメラになる』とは思いません。デジカメはある一定のポジションを確保できるけれど、銀塩カメラとは棲み分けになると思います」と語り、その理由として「アジアには三十数億人もいて、まだ年間1-2本しかフィルムを使っていません。ロシアやアフリカを入れたら40億人を超えます。ここで40-50%のシェアを取れば、もう左うちわです」とフィルム市場拡大への期待を露わにしていた[99]。

いまだ収益を見込めた新興国市場でのフィルム生産と販売の継続・拡大は、フィルムメーカーらにとって短期的には合理的な解であった。しかし、デジタルカメラの普及と要素技術の革新は速かった。デジタルカメラはフィルムカメラを完全互換し、それ以上の便益をユーザーが享受することができる新たな製品へと急速に発展していった。

フィルムメーカー自身がデジタル化の担い手でありながら、このような事態

を予想できなかったのは何故だろうか。興味深いことに、フィルムメーカーの思考の硬直性はフィルムとデジタルはすみ分けができると考えていた点や、新興市場のユーザーはまずフィルムカメラを購入し、その後デジタルカメラへと段階を経るような購買パターンを描くことが所与の条件であるかのように考えていた点に表れていよう。

さらに、コダックにとって政治力を利用した中国フィルム市場での独占的地位の確保は収益への楽観論を生み出し、新たな収益基盤を確保・構築するための新事業への迅速かつ大胆な対応を鈍化させる一因となったのではないだろうか。

以上、イーストマン・コダックを中心にフィルムメーカーの衰退局面を再考してきた。コダックの破綻はデジタル化の波に乗り遅れた、もしくはフィルムを中心とした旧部門に依存し続けたという単純な理由ではなく、様々な要因が複合して引き起こされた。本業であるフィルム事業の飽和と競争への対応として1980年代に多角化にいち早く取り組んだコダックは選択と集中においていち早く失敗を重ね、その回復とフィルムに代わる収益基盤を創出できぬままデジタル化の波に飲まれ、自滅の道を歩んでいったと見るのが現実に近いのではないだろうか[100]。

注
1）フィルムメーカーは通常、感光材産業に区分される。また製品はフィルムをはじめとする写真用の様々な材料を含んでおり、フィルム、乾板、印画紙に大別される。本章では主としてフィルム（ロールフィルム）を生産していたメーカーを中心に取り扱う。
2）アグファについては、Kadlubeck, Günther, *AGFA: Geschichte eines deutshen Weltunternehmens von 1867 bis 1997*, 1997 を参照。
3）工藤章『現代ドイツ化学企業史——IGファルベンの成立・展開・解体』ミネルヴァ書房、1999年、173頁。
4）東ドイツ側のORWOについては、Karlsch, Rainer・Wagner, P. Werner, *Die AGFA-ORWO-Story: Geschichte der Filmfabrik Wolfen und ihrer Nachfolger*, 2010 を参照。
5）「旧枢軸国の技術の粋——米英でまとめて公刊」『日本経済新聞』1952年5月27日、3頁。
6）同上。
7）三位信夫「アグファが残したフィルム技術」『写真工業』2006年（Vol.64-No.683）、

第6章　デジタル化移行期におけるフィルムメーカーの活動

56-59頁。東京工業試験所の中鉢栄二は「IG社グリースハイム中央図書館へ乗込んだ米英調査団は膨大な研究報告を発見して歓声を挙げたが、次の瞬間驚いたことにはその大半が失敗の記録だったという。キチンと製本、整理された五十万ページの染料研究のうち実になる商品製法の部はわずか四万ページ。92％までは失敗というわけだ。一つの結果を出すためには十年でも研究を続けるという正攻法には頭が下がるが、一方失敗は失敗と自認してちゃんとその記録を整とん保存しておいたところにいかにもドイツ人らしいきちょうめんさがある。……どれだけ多くの他人のムダがはぶけたかもしれぬし、またいつどんなキッカケでこの失敗が成功に変わらぬものでもない。……日本の研究者にはまさに頂門の一針、成功の花は失敗で肥えた土壌からのみ咲くものだ」（……部引用者中略）と感想を述べている（前掲『日本経済新聞』1952年5月27日、3頁）。

8）『富士フイルム50年のあゆみ』富士写真フイルム、1984年、83-85頁。

9）http://www.agfa.com/co/global/en/internet/main/news_events/2005/CO20050527_agfaphoto.jsp：2014年8月1日閲覧。バイエルは1999年に子会社であったアグファを上場させ、連結対象から外した。その後、2001年3月にバイエル所有分のアグファ・ゲバルト株30％（アグファの所有株式は25％）を全て売却し、完全に分離独立させると公表した（『日本経済新聞』2001年3月19日）。

10）http://www.konicaminolta.jp/about/release/2006/0119_04_01.html：2014年8月1日閲覧。

11）同上。

12）「カメラ撤退のコニカミノルタ社外取締役が、社内の『未練』断ち切る」『日経ビジネス』2006年1月30日号、20頁。

13）http://fujifilm.jp/information/20060119/index.html：2014年8月1日閲覧。

14）http://fujifilm.jp/information/articlead_0204.html：2014年8月1日閲覧。映画撮影用フィルムと上映用フィルムの生産終了は2012年にはすでに発表されていた（『日本経済新聞』2012年9月13日）。同時に、長期保存に適したデジタルセパレーション用黒白レコーディングフィルム「ETERNA-RDS」、デジタル映像制作用色管理システム「IS-100」、およびデジタル撮影・上映用の高性能レンズなど、映画制作のデジタル化に合わせた製品・サービスを提供することが発表された。(http://www.fujifilm.co.jp/corporate/news/articleffnr_0344.html：2014年8月1日閲覧）。

15）http://ffis.fujifilm.co.jp/information/articlein_0032.html：2014年8月1日閲覧。同時に代替品として35mmフィルムではネオパン100ACROS、120mmサイズではカラーPRO400Hの使用を推奨している。

16）http://www1.lupus-imaging-media.com/：2014年8月1日閲覧。同社の沿革はhttp://www1.lupus-imaging-media.com/en/about_us/ueber-lupus-imaging-media.html：2014年8月1日閲覧を参照。

17）http://www.powershovel.co.jp/jp/works8.html：2014年8月1日閲覧。

18）http://www.superheadz.com/agfa/index.html：2014年8月1日閲覧。

19）http://www.general-imaging.co.jp/：2014年8月1日閲覧。2013年10月より日本市

場でのGEブランドのデジタルカメラ販売はAOFジャパンへと移行した。したがって同製品は亜洲光学製であると推測される（http://www.aof-imaging.com/index_jp.htm：2014年8月1日閲覧）。

20) http://dc.watch.impress.co.jp/docs/news/interview/20120425_528030.html：2014年8月1日閲覧。

21) 例えば、クリステンセンの主張する「イノベーションのジレンマ」のコダックへの適用はその最たるものであろう。コダックはフィルム技術を改善するという正しい行動を追及したがゆえ、デジタルカメラの波に乗り遅れ、破壊的イノベーションであったデジタルカメラに対抗できなかったという論旨である（『日本経済新聞』2012年5月15日）。しかし、実際の状況を見る限り、デジタルカメラの波に乗り遅れた理由は、コダックがフィルム技術に固執していたからではなかった。

22) 'Technological Change, The Last Kodak Moment?: Kodak is at death's door; Fujifilm, Its old rival, is thriving. Why?', *The Economist*, 14th January, 2012.

23) http://wwwjp.kodak.com/JP/ja/corp/news/0107/110107.shtml：2014年8月1日閲覧。

24) http://wwwjp.kodak.com/JP/ja/corp/news/0107/110107.shtml：2014年8月1日閲覧。ヘルス事業部がオネックス社の投資額に対して25％を超える内部収益率を達成した時点で、コダック社は超過分収益の25％に相当する配当を、2億ドルを上限として受け取ることも盛り込まれている。

25) http://wwwjp.kodak.com/JP/ja/corp/news/0107/110107.shtml　ヘルス事業に従事する約8100人の社員はそのままオネックス社に移行すること、譲渡対象には、ヘルス事業関連の全製造拠点、ロチェスターのオフィスを含んでいた。さらに、残金の使途については、2007年2月8日に予定されている投資家向け説明会で討議する予定と表明された。

26) 『日本経済新聞』2007年11月14日。

27) Snyder, Paul, *Is This Something George Eastman Would Have Done?*, 2013, pp. 13-22.

28) ローソー、ジェローム・M.（住友進訳）『最高経営責任者CEOの告白――'90年代、多国籍企業はこう変革する』経済界、1990年、90-91頁。

29) *The Economist*, 14th January, 2012.

30) ローソー『前掲書』88-89頁。

31) 同上、89-90頁。

32) Snyder, op. cit., p. 25.

33) Ibid., p. 27.

34) Sway, Alecia, *Changing Focus: Kodak and Battle to Save Great American Company*, RandomHouse, 1997.

35) ラケシュ・クラナ「カリスマCEOの呪縛」『ハーバード・ビジネス・レビュー』2003年3月号、172～175頁。

36) 「ジョージ・フィッシャー会長に聞く――『わかりやすさ』が勝ち残りの条件」『日経

ビジネス』1998 年 1 月 12 日号、47 頁。
37）Snyder, op. cit., p. 37.
38）Ibid., pp. 42-43.
39）*The Economist*, 14th January, 2012.
40）イーストマン・ケミカルは分離後、特殊化学品とアジア市場強化を打ち出し、自立に成功した。改革の内容については『日経ビジネス』1994 年 4 月 12 日号、99-100 頁を参照。
41）Snyder, op. cit., p. 39.
42）Ibid., p. 40.
43）前掲「ジョージ・フィッシャー会長に聞く」46 頁。
44）Snyder, op. cit., p. 40.
45）Ibid., pp. 40-41.
46）Ibid., pp. 45-46.
47）前掲「ジョージ・フィッシャー会長に聞く」44-46 頁。
48）Snyder, op. cit., p. 49.
49）『日本経済新聞』2001 年 6 月 25 日。
50）2001 年 11 月 2 日。
51）Deutsch, Claudia H., 'At Kodak, Some Old Things Are New Again', *The New York Times*, 2008, 2nd May.
52）ジョンソン、マーク（池村千秋訳）『ホワイトベース戦略——ビジネスモデルの〈空白〉をねらえ』阪急コミュニケーションズ、2011 年、233-234 頁（Johnson, Mark W., *Seizing the White Space: Business Model Innovation for Growth and Renewal*, Harvard Business School Press, 2010, pp. 157-159）.
53）Deutsch, op. cit., 2008, 2nd May. 以前は、'Kodak: A thousand nerds - We had no idea'（http://stevesasson.pluggedin.kodak.com/default.asp?item = 687843：2014 年 8 月 1 日閲覧）にてサッソンの作った初のデジタルカメラや撮影画像を見ることができたが、2014 年 7 月時点ではページが削除されており閲覧できない。
54）ジョンソン『前掲書』233-234 頁（Johnson, op. cit., pp. 157-159）.
55）カシオが 1995 年に投入した QV-10 は、25 万画素という低解像度ながらもパソコン（Windows95 の普及）やインターネット利用の拡大、6 万円台という条件によってヒットした。カシオはすでに 1987 年にフロッピーディスクに記録する電子スチルカメラ VS-101 を発売していたが、画像の記録がアナログ方式（FM 記録）であり、パソコン等に画像を直接取り込むことはできず、専用のキャプチャボードあるいはハードウェアが必要であった。また、動画と音声が記憶できるビデオムービーが普及しつつあり、静止画しか撮れず、画質も銀塩写真より劣ったため市場に定着できなかった経験が QV-10 に活かされた（http: //www. casio. co. jp/company/history/chapter02/contents16/：2014 年 8 月 1 日閲覧）。以上の点からも、デジタルカメラ本体もさることながら画像の出力先を含めたシステムや外部環境が重要であったことがわかる。

56) Deutsch, op. cit., 2008, 2nd May.
57) Ibid.
58) ジョンソン『前掲書』229-231 頁（Johnson, op. cit., pp. 157-159）。
59) Snyder, op. cit., p. 21.
60) 「小島佑介氏［米イーストマン・コダック日本法人社長］―新カメラで狙う名門復活」『日経ビジネス』2006 年 3 月 13 日号、178-180 頁。
61) 『日本経済新聞』2003 年 6 月 13 日。
62) http://www.four-thirds.org/jp/fourthirds/ :2014 年 8 月 1 日閲覧。
63) 『日経ビジネス』2004 年 10 月 25 日号、46 頁。
64) 同上、48 頁。
65) 前掲「小島佑介氏［米イーストマン・コダック日本法人社長］新カメラで狙う名門復活」178-180 頁。
66) 『日本経済新聞』2001 年 4 月 27 日。
67) 石津寿惠「特許権の資産価値に関する一考察」『経営論集』2003 年（50 巻第 4 号）、98 頁。
68) 同上、98 頁。
69) 『日本経済新聞』2004 年 11 月 9 日。
70) *The Economist*, 14th January, 2012.
71) 小野光則「富士フイルムはコダックの歴史から何を学ぶか 4」『医薬経済』2012 年 9 月 15 日 15 頁。
72) 小野「富士フイルムはコダックの歴史から何を学ぶか 3」2012 年 9 月 1 日、17 頁。
73) 同上、17 頁。
74) 小野、「富士フイルムはコダックの歴史から何を学ぶか 2」8 月 15 日、15-16 頁。
75) 小野「前掲論文 3」9 月 1 日、17 頁。
76) 同上、17-18 頁。
77) 小野「前掲論文 2」8 月 15 日、16 頁。
78) 『日本経済新聞』1998 年 4 月 14 日。フィッシャーは対中ビジネス協議会会長として江沢民を招いた晩餐会（1997 年 10 月 31、ニューヨーク）に参加した。
79) 同上、1997 年 2 月 24 日。また、シーワートは上海地区などでフィルム現像機、カメラ、レンズ付きフィルム用電子基板の現地生産に入ったことも明らかにしている。
80) 同上、1998 年 6 月 8 日。
81) 同上、1998 年 4 月 14 日。12 億ﾄﾞﾙとの指摘もある（『日本経済新聞』2002 年 6 月 10 日）。
82) 同上、1998 年 6 月 30 日。このような米中関係の背後には、クリントン政権の対中姿勢があり、人民元切り下げ回避を中国側が受け入れるという政治的な配慮があったものと推測される。
83) 同上、2002 年 6 月 10 日。
84) 同上、2007 年 11 月 14 日。

85) 'Technological Change, Op. cit.
86) http://www.wegmans.com/：2014 年 8 月 1 日閲覧。
87) 『日本経済新聞』2012 年 2 月 12 日。
88) 同上。
89) http://wwwjp.kodak.com/JP/ja/corp/news/2013/0626.shtml：2014 年 8 月 1 日閲覧。
90) 同上。
91) 『日本経済新聞』2012 年 2 月 9 日、8 月 24 日。
92) 同上、2013 年 8 月 21 日。
93) 同上、2012 年 12 月 20 日。
94) http://wwwjp.kodak.com/JP/ja/corp/news/2013/0821.shtml：2014 年 8 月 1 日閲覧。再建計画には従来の負債やインフラの整理、今後の中核ビジネスとならない事業と資産の売却、最も高収益の事業への集中、そして再建における重点目標を達成することなどが盛り込まれた。
95) 『日本経済新聞』11 月 2 日。かつての日本コダックは、2013 年 12 月 2 日にコダック合同会社へ商号変更をしている。(http://wwwjp.kodak.com/JP/ja/corp/7a110000.shtml：2014 年 8 月 1 日閲覧)。
96) http://www.scan-at-work.com/information/news-relaease-130904：2014 年 8 月 1 日閲覧。
97) 同上。
98) シティバンクグループの投資調査部門のアナリスト、マシュー・トロイ（Troy, Matthew）の談である（'At Kodak, Some Old Things are New Again', *The New York Times*, 2nd May, 2008）。
99) 植松富司「大切なのは『見えない力』弱いものにも明日はある」『日経ビジネス』2001 年 11 月 12 日号、1 頁。
100) 本章では、コダックの負債状況の詳細および撮像素子や有機 EL などの技術開発能力と製品化の関係について触れることができなかった。今後の課題としたい。

第7章　日本デジタルカメラの国際的品質評価

竹内淳一郎

はじめに

　本章の課題は、デジタルカメラのアメリカ市場において、日本カメラメーカーが日本家電メーカーをはじめ、各国のデジタルカメラメーカーに比べ、高品質品としてのブランド価値が競争優位にあることを明らかにすることにある。
　研究対象は、カメラ産業を持続的に担ってきた日本カメラメーカー（キヤノン、ニコン、オリンパス、ペンタックスなど）を軸にして新規参入してきた日本家電メーカー（ソニー、パナソニック、カシオなど）、アメリカメーカー（HP、GEなど）、韓国メーカー（サムスン）、かつてのフィルムカメラのブランドを利用したアメリカメーカー（コダック）、ドイツメーカー（ライカカメラ、アグファ）が対抗するデジタルカメラメーカーである。
　アメリカ市場におけるデジタルカメラの品質・ブランド価値を明らかにする方法として、世界の商品テスト誌の草分けであるアメリカ消費者同盟（CU：Consumers Union of U.S Inc.）が毎月発行する『コンシューマー・レポート』（CR：Consumer Reports）の商品テストを利用する。
　商品テスト誌とは、欧米の消費社会においてなじみの深い雑誌で、商品の品質、性能、経済性、安全性などについて、消費者の視点に立って中立的独立機関がテストを行い、その結果を雑誌に掲載して読者に客観的情報を提供するものである。そのため、メーカー各社が実施した製品検査を考慮せず、自らが行う検査結果のみ読者に提供し、当然企業からの賛助金や広告費を受け取らない。日本でも類似の商品テスト誌として1948年創刊された『暮らしの手帳』（暮らしの手帳社）をはじめ、『月刊消費者』（日本消費者協会）、『たしかな目』（国民

生活センター）などがある。これらの雑誌は残念なことに『暮らしの手帖』が2007年2-3月号（通巻376号）を最後に商品テストを中止、『たしかな目』が2008年3月号、『月刊消費者』が2011年4月号で廃刊されている[1]。日本の消費社会では、定着しなかったが、アメリカ市場では、『コンシューマー・レポート』が大きな影響力を持ち続けている。

本章では、デジタルカメラの品質評価を『コンシューマー・レポート』の商品テストを通じて明らかにすることであるが、同誌においてデジタルカメラのテストが始まった1998年から直近の2013年までの16年間を対象として考察する。

第1節 『コンシューマー・レポート』誌

1．アメリカ消費者同盟の活動

(1) アメリカ消費者同盟の歩み

アメリカ消費者同盟は、1936年に設立され、約80年にわたって消費者保護運動を行ってきた歴史を持つ消費者団体であり、『コンシューマー・レポート』を設立当初から発行している。

テストの対象となる商品は、その時々において消費者の関心が高い商品などを独自に調査して選んでいる。商品テストの対象も1936年5月創刊号には、飲料、たばこ、ミルク、配管工事、陶磁器、ストッキング、ストーブ、下着など8品目が取り上げられていた。

戦後の1950年には、自動車、タイヤ、ポータブルラジオ、カラーテレビ、35㍉カメラ、写真用引伸機、洗濯機、ナイロン製シャツ、抗ヒスタミン薬、ベビーパウダー、航空運賃、男性用スーツ、補聴器など50品目。

1970年には、ヨット、廃棄物処理業者、処方箋薬、リン酸系洗剤、パンティーストッキング、テレビジョン、自動車、ステレオレシーバー、エアコン、家庭用ディスポーザー、掃除機、暗室写真用品、ベンチバイス（万力）、タイル（陶磁器製とプラスチックタイルの比較）、ヘアドライヤー、ジュースミキサー、家庭用ペンキ、ベビーシャンプー、子供用シーツ、コードレス電動芝刈

器、電動式ドリル、ガスレンジなど 80 品目。

創刊 50 年の 1986 年には、ファイナンシャルプランナー（実際は何を売っているのだろう？）、資金（どこに行くのか解明、調査する）、クレジット・ユニオン（銀行よりよいのか？）、ビタミン剤（製薬会社、ドラッグストアへの押し売り）、スーツ（ラベルでスーツを判断することができますか）、エイズウィルス感染の脅威、生命保険、宅配便、ホテル・チェーン、パソコン、ガスコンロ、サラダドレッシング、人気映画など 120 品目。

2010 年には、大型量販店、大型ネット販売店、インターネット接続事業者、メガネチェーン店、全米医療プラン委員会の民間健康保険、最悪の自動車、液晶・プラズマテレビ、スマートフォン、パソコン、電子ブックリーダー、タブレット端末、インクジェットプリンター、デジタルカメラ、ベビーカー、空気清浄機、掃除機、血圧計、電動歯ブラシ、電子レンジ、冷蔵庫、浄水器、クリスマス限定ワイン、コーヒーメーカー、調理器具、包丁、ペンキの退色など多岐にわたるテストで 180 品目。このように時代に対応して調査項目は増加してきた。

その商品テストの内容も、対象商品が自動車や家電、雑貨など消費財のみならず、旅行、保健、金融などサービスにも拡がっており、その商品の機能だけでなく、関連した部品交換や修理の容易性などまで比較している。そして、アメリカ消費者連盟は、月刊の『コンシューマー・レポート』だけでなく、自動車だけを詳しく比較した特集『買い物ガイド』（"Buying guide"）なども毎年出版している。

アメリカ消費者同盟の 1936 年 5 月の創刊号は『コンシューマーユニオン・レポート』として 3,000 部が発行された。1942 年 1 月号（第 10 巻）から現在の『コンシューマー・レポート』と名称が変更され、日米開戦当時には約 9 万部に達した[2]。戦後においても発行部数は 1950 年に 40 万部、1960 年代に 80 万部、1970 年代に 200 万部、そして 2014 年には 700 万部にもなっている[3]。しかも、全米の雑誌ベストテンにも入り、図書館、学校など回覧による読者層も含め、読者は 2,000 万人に及んでいる。その人気の秘密は、客観的な品質評価と、読者に理解しやすい格付けにある。購読の形態は、ほとんどが年間購読契約によるもので、安定した経営基盤を保障している。また、『ジリオン』

(Zillion) と呼ばれる子供版も発行され、学校などに置かれて高く評価されている。

さらに、年末には商品テストの総集編ともいうべき『買い物ガイド』(Buying Guide、ペーパーバック版) も発行される。

2007年には、『コンシューマー・レポート』のウェブ版（www.//Consumer Reports Health.org) が送信され始め、アメリカでは、消費者組合法により健康保険証を持つ人が2014年に3,200万人を超すと推定されることからその中に健康評価センターからの健康情報が見られるようになった。そして、ウェブ版が2010年からスマートフォンで「いつでも、どこでも」即座に人気のある製品の品質評価点、価格、性能の比較が利用できるようになった。定期購読者は2008年にウェブ版受信者の300万人を加えると、約700万人を超えた。

アメリカ消費者同盟の活動において、商品テスト以外でもいくつかの見逃せないものがある。その一つは、連邦議会をはじめとした諸々の公聴会で消費者の代表として理事らが出席し、意見を述べることである。そして、各種の教育・調査団体に対して資金的な助成活動も行っている。財政援助している団体には、アメリカ消費者利益協議会（ACCI）、国際消費者機構（CI）、アメリカ消費者連合（CFA）、ネーダー自動車安全センターなどがある。さらに、アメリカ消費者同盟は付属機関として、教育センター、消費者教育研究所を持っている。こうした活動を裏付けるスタッフが約400人、財政規模が約1億ドル（1996年）にも及んでいた[4]。

(2) 商品テストの調査方法

『コンシューマー・レポート』の調査内容を見ると、まずテスト品目は、内外商品・サービスが全国的に流通している製品に限られている。

1936年5月創刊号では朝食用の穀物食品、アルカセルツァー（米国製頭痛・消化不良・胸焼けに効く発泡錠剤）、ストッキング、ミルク、石鹸、歯ブラシ、鉛入り玩具の7品目であった。同年6月号には、自動車、ガソリン、パン屋、防虫剤、野菜スープ、種の買い方・選び方、食肉、救急ばんそこうの8品目を行った。自動車は、最適品（Best Buy）に「フォードV-8スタンダード」（店頭価格580ドル）などを、不合格品（Not Acceptable）に「ポンティアックデラッ

クス6」(FOB.770㌦)などを掲載した5)。なお、カメラのテストは、1937年6月号からである。

　アメリカ消費者同盟は、テストする商品の購入を対象企業には一切秘密で、高額な自動車をはじめ、家電製品、電子機器のブランド品も自らの費用で、選ばれた匿名消費者がアメリカの販売店頭から購買している。テスト中に故障や不具合が生じた時は、再購入などをして公平性を保つようにしている。

　テスト商品の評価は、アメリカ消費者同盟が所有する自動車、電気機器などの試験設備でエンジニア、サポートスタッフがテストを行っている。なかでも自動車の商品テストは、自社の自動車テストコース（約132万㎡、東京ドーム28個分）の走行テスト、科学的テスト（実験室のテスト）、使用テストや専門家の意見を総合して評価している。商品テストの費用、人材などの運営費や設備投資などの財源は、同誌の購読料と出版物の収入で賄い自立している。

　評価方法は、まず、全般的な品質・性能が良いと判定されたものを合格品（Acceptable）、そうでないものを不合格品（Not Acceptable）とに分ける。そして、合格品の銘柄品のうちで評価点が高く、かつコストパフォーマンスが高い商品には、最も良いという最適品（Best Buy）にチェック・レイト（☑）が、推薦品（Recommended）にチェック・レイト☑が、格付け一覧表（Ratings）の最前列の目立つところに付される。

　一方では、機能・性能などが許容範囲を下回る商品には、「不合格品」と目立つ表示にしている。これら最適品、推奨品は、価格と考えあわせて消費者にとってお買い得であるという評価が与えられる。なお、総合品質評価点（Overall scores）には、価格については勘案されない6)。

　最適品と評価された商品は、毎年、11月号または12月号で、クリスマス贈答品用としてギフト最適品（Best Buy Gift's）として推薦している。

　評価のランク付けは、1973年から78年までは、5段階（等級）に分けられ、1979年から0～100点の評価点が採用された。1993年からは評価点の評価がなくなり、5段階の横棒線の長さで表示する方法に変更され、2006年以降は、評価点と5段階の横棒線を併記するというように時代と共に変化を遂げてきた。同誌の「2009年12月号・素晴らしい贈り物特集（Great gifts）」は、一例としてデジタルカメラの商品テスト一覧表（Ratings Point-and-shoot cameras）が掲

写真 7-1 『コンシューマー・レポート』の評価方法

A2 Canon

A7 Casio

Overview

All models produce good or very good image quality. Most have 2½ inches or so of LCD screen. For some, we note successors that we haven't yet tested.

☑ **CR Best Buy**

These models offer the best combination of performance and price. All are recommended.

☑ **Recommended**

These are models that stand out in our lab tests for the reasons below.

For a subcompact with extras:
A2 Canon $200
A5 Fujifilm $360
A7 Casio $250
A8 Sony $480
A10 Canon $230
A16 Sony $270

A2 and A10 have a face-detection self-timer and an optical viewfinder. A8 and A16 have large touch-screen LCDs. A5 has a sensor that can be adapted to a variety of shooting situations, plus manual controls and more zoom than most subcompacts. A7, one of the thinnest subcompacts in our Ratings, and A10 are two of the few point-and-shoots that can capture high-quality images in very low light without a flash. (Also available: the Canon PowerShot SD940, $300, with 28mm wide angle and HD-resolution video capability.) Though it's pricey, consider A8 if you need its ability to wirelessly upload stills and videos to online sites.

Best for $150 or less:
A17 Kodak $90 CR Best Buy
A18 Samsung $130
A23 Kodak $100 CR Best Buy
B2 Canon $150
B6 Kodak $150

All models have very good image quality, but all have a simulated image stabilizer except B2, which has the superior optical

Ratings Point-and-shoot cameras

In performance order, within types. (Types designated A, B, etc.)

● Excellent ◕ Very good ○ Good ◔ Fair ● Poor

A SUBCOMPACT For those who need a camera that fits in a purse or pocket.

	Rank	Brand & model	Price	Overall score	Megapixels	Weight (oz.)	Optical zoom	Battery life (shots)	Image quality	First-shot delay	Next-shot delay	Versatility	Dynamic range	Max. ISO w/best quality	Image stabilizer	Wide angle	Manual controls	Viewfinder
	1	Canon PowerShot SD880 IS ELPH	$300	72	10	6	4x	310	●	◕	●	◕	●	400	O			
☑	2	Canon PowerShot SD1200 IS ELPH	200	71	10	5	3x	260	◕	◕	●	◕	●	400	O			O
	3	Samsung TL320	300	71	12	7	5x	280	◕	◕	●	◕	●	100	O		●	
	4	Canon PowerShot SD990 IS ELPH	380	71	15	6	3.7x	280	●	◕	●	◕	●	400	O			O
☑	5	Fujifilm FinePix F200EXR	360	70	12	7	5x	230	●	◕	●	◕	●	400	M			
	6	Canon PowerShot SD970 IS ELPH	350	70	12	7	5x	270	◕	◕	●	◕	●	800	O			
☑	7	Casio Exilim Card EX-S12	250	69	12	5	3x	270	◕	◕	●	◕	○	1600	S			
☑	8	Sony Cyber-shot DSC-G3	480	68	10	7	4x	200	◕	◕	●	◕	●	200	O			
	9	Nikon Coolpix S710	280	68	15	6	3.6x	250	◕	◕	●	◕	●	400	O		●	
☑	10	Canon PowerShot SD780 IS ELPH	230	68	12	5	3x	210	◕	◕	●	◕	●	1600	O			O
	11	Panasonic Lumix DMC-FX150	340	68	15	6	3.6x	330	◕	◕	●	◕	●	200	O		●	
	12	Sony Cyber-shot DSC-T900	350	68	12	5	4x	200	◕	◕	●	◕	●	100	O			
	13	Panasonic Lumix DMC-FX580	400	67	12	6	5x	350	◕	◕	●	◕	●	400	O			
	14	Casio Exilim Card EX-S10	270	67	10	5	3x	270	◕	◕	●	◕	●	200	S			
	15	Nikon Coolpix S630	250	67	12	6	7x	220	◕	◕	●	◕	●	1600	O			
	16	Sony Cyber-shot DSC-T90	270	67	12	5	4x	220	◕	◕	●	◕	●	100	O			
☑	17	Kodak EasyShare C160	90	67	9	6	3x	500	◕	◕	●	◕	○	200	S			
☑	18	Samsung SL102	130	67	10	5	3x	280	◕	◕	●	◕	●	400	S			
	19	Casio Exilim Zoom EX-Z85	150	67	9	4	3x	240	◕	◕	●	◕	●	100	S			
	20	Pentax Optio P70	180	67	12	4	4x	200	◕	◕	●	◕	●	200	S			
	21	Casio High Speed Exilim EX-FS10	300	66	9	5	3x	160	◕	◕	●	◕	●	200	S			
	22	Kodak EasyShare M380	150	66	10	5	5x	310	◕	◕	●	◕	●	80	S			
☑	23	Kodak EasyShare M320	100	66	9	5	3x	330	◕	◕	●	◕	○	200	S			
	24	Kodak EasyShare C140	90	66	8	6	3x	500	◕	◕	●	◕	●	80	S			
	25	Sony Cyber-shot DSC-W230	190	66	12	6	4x	350	◕	○	●	◕	●	100	O			
	26	Leica C-LUX 3	460	66	10	5	5x	280	◕	◕	●	◕	●	400	O			
	27	Samsung TL100	200	65	12	5	3x	200	○	◕	●	◕	●	400	S			
	28	Sony Cyber-shot DSC-W220	180	65	12	5	4x	370	○	◕	●	◕	●	100	S			
	29	Canon PowerShot A1100 IS	190	65	12	7	4x	140	◕	◕	●	◕	●	400	O			O
	30	Panasonic Lumix DMC-FS25	230	64	12	5	5x	330	◕	◕	●	◕	●	400	O			
	31	Olympus Stylus 1010	200	64	10	5	7x	260	○	◕	●	◕	●	200	M			
	32	Nikon Coolpix L19	110	64	8	6	3.6x	440	◕	◕	●	◕	●	200	E			
	33	Olympus Stylus Tough-8000	350	64	12	7	3.6x	240	◕	◕	●	◕	●	100	S			
	34	Kodak EasyShare M1093 IS	140	64	10	5	3x	220	◕	◕	●	◕	○	800	S			
	35	Pentax Optio E70	130	64	10	5	3x	210	◕	◕	●	◕	●	100	S			

E: Has no stabilizer.

Ratings continued on next page.

出所：『コンシューマー・レポート』アメリカ消費者協会、2009 年 12 月号、43 頁。

第7章　日本デジタルカメラの国際的品質評価　　297

載されている。

　『コンシューマー・レポート』の評価方法を写真7-1によってデジタルコンパクトカメラ（以下、デジタルコンパクトと略す）の事例を示すと、ここでは、8項目について記載している。

　写真7-1の上段左から順に、①推薦品（Recommendation）のチェック・レイト（☑☑）、②順位（Rank）、③ブランド・モデル名（Brand & model）、④概算小売価格（Price）、⑤総合品質評価点（Overall scores）、⑥仕様（Specification）、⑦テスト結果（Test Results）、⑧特徴（features）の8項目が記載されている。その内訳は、推奨品欄には、最適品（Best Buy）と推奨品（Recommended）が表示されており、順位については総合品質評価点が5段階表示（◎：優秀品（Excellent）、◐：優良品（Very Good）、○：良品（Good）、◑：並品（Fair）、●：劣品（Poor））の高い順に番号で表示してある。

(3)　社会的評価

　1936年の創刊以来、『コンシューマー・レポート』は、①非営利で消費者利益のためにのみ客観的に格付けをする。②広告を掲載せず、営利団体からの献金を受けない。③テスト結果を商業的に利用させない。④購読料のみによる運営、テストする商品は全米的に流通している主要ブランドに限られるという方針を貫いている[7]。

　同誌は、商品の潜在的危険についての新製品や技術に警告をだして、過酷な安全性の問題にも取り組んできた。そのような問題には、①車の安全ベルト（1956-68年）、②タバコの潜在的リスク（1953-64年）、③核兵器のテストによるストロンチウム90の牛乳汚染（1958-63年）、④電子レンジのマイクロ波の危険性（1973-76年）、⑤給水の安全性（1974年）、⑥チャイルドシート（1972年から現在）、⑦芝刈り機の切断傷害（1974-83年）、⑧灯油ヒーター火災と室内空気汚染（1982年）、⑨車のドアロックの安全性（1990-98年）、⑩車の横転防止（1988年から現在）の10項目の代表的事例がある[8]。

　そのため、商品テスト結果は、消費者の購買動機や消費者保護などに大きな影響を与えている。国土が広いアメリカの消費者は、商品情報の入手が困難だったため、創刊当時から商品テストを、商品購入時など品質情報を参考に、

家電商品、携帯品、生活用品はじめクリスマス贈答品、自動車購入などを購入する習慣がある。特に、毎年4月号に掲載される自動車特集号（The Annual Consumer Reports new car issue）は、人気があり年間販売で最多の発行部数になっている。各メーカーの自動車の評価点、安全性、再販価値などのランキング結果は、アメリカの新車・中古車販売に多大な影響を及ぼしている。コストパフォーマンスが良いと、消費者や販売店は信頼して購入や仕入れをする。一方、不合格品や買わない（Not Buy）に評価されたときは、1990、2000年代の日本車などのように大規模リコールの発端になることもある。

2．各国の商品テスト誌

アメリカの『コンシューマー・レポート』と同様にヨーロッパ諸国では、商品比較テスト誌を消費者の視点からの「お買い得」情報誌として、高価な物を買うときだけでなく、日々の買い物のときにも目を通して、「良いものを、お買得な価格」で買う習慣が根付いている。

消費者情報誌の最大の特徴は、消費者の立場から商品の性能、使い勝手など独自に商品テストをして、消費者にベストの商品を推薦する点である。

フランスでは、全国消費研究所（INC）発行の月刊誌『6000万人の消費者』（創刊1961年、発行部数約35万部）や消費者同盟（UFC）発行の月刊誌『何を選ぶか』（同1961年、同約35万部）があり、ドイツでは、商品テスト財団（Tests Z. B）発行の月刊誌『テスト』（同1964年、同約60万部）があり、英国では、英国消費者協会（CA）発行の月刊誌『フイッチ？』（同1957年、同約64万部）がある。

欧米の消費者情報誌は、消費者保護および購入時の商品選択など購買動機に大きな影響を与えている。メーカーは、テストで悪評を受けると販売上不利になるため、他社に劣らない製品を作るよう努力する。その結果、商品全体の水準を上げることにも貢献している[9]。

また、商品テストは、「好きか、嫌いか」ではなく、非営利で中立性を担保された第三者評価機関が消費者の立場で「良いか、悪いか」を品質対価格の側面から判断し、「お買得なブランド」を推薦している。「一番のお買得なブランド」（最適品）の推薦の多さは、そのブランドや社名が各国のディーラー、量

第7章 日本デジタルカメラの国際的品質評価

販店、小売店、消費者に認知され、ディーラー、量販・小売店は仕入れや顧客に薦め、消費者の選好順位が上がる。

　消費者は、買って使ってみると、品質（初期品質、耐久性の良さを含む）や使い勝手がよく、その出来栄えに満足感が何度も続くと、その製品に愛着がわいてくる。その結果、使っているメーカーブランドにも信頼性が増し次の購入につながることになる。

　日本では、さきに見たように3誌があったが、消費者に生活情報誌が充分に根付かなかった。それは①日本カメラメーカーのブランドに対する信頼が高いこと、②輸入品は、高級ブランドや生産国をみて買うという習慣があること、③百貨店や量販店で商品を調べ、買うときは、ネットによる価格・売れ筋・レビュー評価、口コミなどの情報を見て購入する層が増えていることなど国民性と購買環境変化の違いなどが考えられる。

　日本には、内外の商品（発展途上国からの輸入品も含む）の比較テストをする非営利団体（第三者機関）による「消費者視点に立った」消費者情報誌が必要である。ただ、その仕組みを維持していくという面で、消費者一人ひとりの認識と支援が必要であることも忘れてはならない。商品の選択時は、「マスコミ」、「売れ筋商品」、「口コミ」、「安売り広告」などに迷わされず、「1単位当たりの単価」や「品質対コスト」を考慮して購入することを、商品比較テストは勧めている。

第2節　アメリカ市場におけるデジタルカメラの動向

1．アメリカ市場の状況

　『コンシューマー・レポート』によるデジタルカメラに対する評価を考察する前に、アメリカ市場における状況を簡単にみておこう。デジタルカメラのアメリカ市場における動向[10]（図7-1参照）をみると、1999年350万台からIT革命が先行した結果、2003年1,580万台、4年2,220万台、8年には3,932万台と急増していったが、9年リーマンショックよる不況で3,570万台と一時減少して10年に4,347万台に達して最盛期を迎えた。しかし、11年から下降

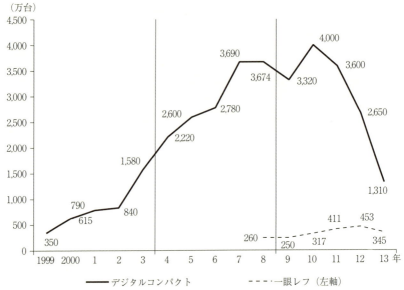

図 7-1　北アメリカ市場のデジタルカメラの需要動向

出所：『ワールドワイドエレクトロニクス市場総調査』2000-14 年、富士キメラ総研、『コンシューマー・レポート』1999-2013 年より作成。

に転じて 3,110 万台に、12 年 3,103 万台と 3,000 万台を保ったが、13 年には 1,655 万台と半減するほど、デジタルカメラ市場が急激に縮小した。

デジタルコンパクトは、1999 年 350 万台から 2010 年に 4,000 万台までデジタルカメラ全体とほぼ同様の傾向を示した。しかし、11 年 3,600 万台から下降に転じる過程は 12 年 2,650 万台と約 1,000 万台も減少し、さらに 13 年には 1,310 万台と 2003 年の 1,580 万台をも下回る急激な市場縮小となる若干異なった傾向をとった。

デジタル一眼カメラ（以下、デジタル一眼と略す）は、2008 年に 260 万台であったが、10 年に 317 万台、12 年は 453 万台に達した。デジタル一眼が 10 年ごろから急増したのは、低価格帯の製品が充実したことがあげられる。しかし、13 年には 345 万台と減少に転じた。

2. 日本メーカーのアメリカ輸出

(1) 輸出市場としての規模

　日本メーカーの輸出というと、日本で生産したデジタルカメラを海外市場に向けて出荷することであるが、ここでは、日本メーカーが世界各地で生産した製品を海外市場に出荷することをいう[11]。日本メーカーの輸出は、デジタルカメラのカメラ映像機器工業会（CIPA）統計が始まった1999年には359万台で、輸出に占める構成比が70.5%、2000年71.5%、1年67.3%と減少した。2年73.3%（1,800万台）から一貫して拡大し続け、3年には80.6%（3,429万台）、4年に85.7%を、8年に90.0%を超えて輸出台数が10,021万台、11年には輸出構成比が91.9%とピークに達した。その後減少に転じ、12年90.6%（7,066万台）、13年87.8%（4,011万台）に減少した。このように日本カメラメーカーにとって海外市場の存在が圧倒的に大きかった。その中でも、大きなウエイトを占めたのがアメリカ市場（カナダを含む）である。まず、デジタルコンパクトについてみると、デジタルカメラの創世記の1999-2001年には53.6-59.7%と輸出の半分以上を確立した。その後も34.3-45.7%で推移して3分の1以上の輸出占有率を持つ市場として位置を占めた（表7-1参照）。

　また、デジタル一眼では、アメリカ輸出は、2003年には36万台であり、輸出に占める構成比が52.7%、2004年には台数が91万台に増加するものの同45.2%に減少したが、デジタル一眼でも創生期には世界最大市場であった。その後、2005年から2013年現在もヨーロッパに世界最大市場の地位を譲って

表7-1　アメリカ市場向けデジタルコンパクトの輸出

	海外市場向け		アメリカ市場向け	
	万台	%	万台	%
1999年	359	70.5	214	59.7
2000年	739	71.5	435	58.9
2001年	992	67.3	529	53.3
2002年	1,800	73.3	822	45.7
2003年	3,429	80.6	1,365	39.8
2004年	4,912	85.7	1,728	35.2
2005年	5,308	87.1	1,822	34.3
2006年	6,501	88.2	2,312	37.1
2007年	8,298	89.3	3,040	36.6
2008年	10,021	91.0	3,602	35.9
2009年	8,728	91.0	3,156	36.2
2010年	9,950	91.6	4,088	41.0
2011年	9,179	91.9	3,443	37.5
2012年	7,066	90.6	2,426	34.3
2013年	4,011	87.8	1,439	35.9

出所：CIPA統計より作成。

表 7-2 アメリカ市場向けデジタル一眼の輸出

	海外市場向け		アメリカ市場向け	
	万台	%	万台	%
2003年	68	80.5	36	52.7
2004年	210	84.9	91	45.2
2005年	324	85.5	131	44.1
2006年	455	86.4	177	38.9
2007年	640	85.7	234	36.5
2008年	844	87.1	287	34.0
2009年	884	89.2	260	29.4
2010年	1,139	88.4	322	29.2
2011年	1,423	90.6	385	27.0
2012年	1,833	90.9	480	26.2
2013年	1,480	86.4	403	27.2

出所:表7-1と同じ。

いるのがデジタルコンパクトとの違いであった。それでも、輸出市場に占める構成比が2004-5年が約45％、2006-8年が30％台後半、2009-13年20％台後半と減少傾向にあるが、4分の1以上を一貫して占め、日本市場の2倍以上の規模を持つ大市場であることには間違いない。輸出市場の構成比約30％台を維持していたが、2010年に同25.8％とアジア向け同26.6％に追い抜かれた。しかし、台数は2010年322万台、12年480万台、13年403万台と400万台の大市場である（表7-2参照）。

(2) 市場の嗜好性

日本メーカーがアメリカをはじめ、ヨーロッパ、アジア市場に向けて輸出する場合、デジタル一眼よりデジタルコンパクトの方が圧倒的に多くの台数を出荷し、一眼もコンパクトも共に価格が安くなるほど出荷台数が多いという点では共通している。しかし、その中でもそれぞれの市場で特性が存在する。アメリカ市場は、他の市場と異なってデジタルコンパクトが好まれる市場であることがわかる。一眼レフを1としたコンパクト指数値（2003-13年平均）を表7-3

表 7-3 地域市場の特性

	台数ベース	金額ベース	デジタルコンパクト（円）	デジタル一眼（円）
アメリカ	10.1	3.1	20,933	54,045
日本	7.4	2.9	24,740	58,845
ヨーロッパ	7.6	2.6	21,740	54,472
アジア	5.9	1.9	17,809	61,166

出所:表7-1と同じ。
注:デジタル一眼を1としたデジタルコンパクトの指数。

の台数ベースで見ると、日本、ヨーロッパ市場が7.4、7.6と同水準にあるのに対してアメリカ市場はアジア市場の約2倍の10.1と他市場に比べてコンパクトの割合が高い。金額ベースでは、日本、ヨーロッパ市場とはそれほどの違いは生じていないが、台数が10倍、金額が3倍というギャップはアメリカ市場で販売されるコンパクトが低価格帯へシフトしていることを意味していた。このことを裏付ける統計としてデジタルカメラの1台あたりの平均価格統計がある。コンパクトでは、アメリカ市場は、日本市場より15.4％も低い2万933円で、低価格帯のコンパクトが好まれる市場であることがいえる。また、一眼でも一番高いアジア市場より7,121円安い5万4,045円で、最下位であり、低価格帯がここでも好まれていた。

アメリカ市場は、デジタル一眼より価格の安いデジタルコンパクトが、デジタルコンパクト、デジタル一眼の中でも高級機種より低価格機種がよく売れる市場であることがわかる。

(3) 市場の変化

アメリカ市場は、高級機種より低価格機種が好まれる仕様であることを前項で述べたが、2008年のリーマンショック後、2010年頃から新しい傾向が出はじめたことを指摘しておきたい。表7-4は1台あたりの平均価格をコンパクト、一眼、交換レンズについてアメリカ市場とヨーロッパ市場を比較したものである。平均価格は、2010年頃からアメリカ市場がヨーロッパ市場を上回っている。すなわち、コンパクトでは、ヨーロッパ市場の統計が始まった1999年から2009年まで一貫して平均価格が高かったが、2010年に逆転してアメリカ市場の方が高くなった。一眼レフも2012年から、交換レンズも2010年からアメリカ市場が上回り、価格も上昇傾向にあることを考えると、従来の低価格志向の消費者がスマートフォンのカメラ機能に流れたことでアメリカ市場の変化が生じたとも考えられる。

3．アメリカ市場の特徴

アメリカ市場は、ヨーロッパ、アジア、日本と違い、人口が多く、カメラ好きでありフィルムカメラ時代からカメラの最大の市場であった。また、アメリ

表7-4 アメリカ市場とヨーロッパ市場における平均価格

(単位：万円)

	アメリカ市場			ヨーロッパ市場		
	コンパクト	一眼	交換レンズ	コンパクト	一眼	交換レンズ
1999年	4.3			4.4		
2000年	4.0			4.3		
2001年	3.6			3.8		
2002年	3.2			3.2		
2003年	2.6	9.6	1.2	2.6	10.5	1.4
2004年	2.2	7.3	1.9	2.3	7.5	1.7
2005年	2.0	7.0	1.9	2.0	6.7	1.7
2006年	1.8	6.4	2.1	1.9	6.3	2.1
2007年	1.5	5.7	2.2	1.8	6.0	2.3
2008年	1.3	5.2	2.2	1.5	5.2	2.1
2009年	1.1	4.2	1.8	1.2	4.3	1.8
2010年	1.0	3.7	1.7	0.9	3.5	1.6
2011年	0.9	3.1	1.5	0.8	3.2	1.4
2012年	0.9	3.6	1.5	0.8	3.2	1.3
2013年	1.0	3.7	1.8	1.0	3.5	1.6

出所：表7-1と同じ。

カには、一般的に「1㌦でも安いもの」、「1,000㌦の高級コンパクトより500㌦の中級機種2台」を購入する気風がある。

　こうしたフィルムカメラ時代からのアメリカ市場の特徴がデジタルカメラ時代になっても反映されていた。すなわち、アメリカ市場はヨーロッパ、日本、アジアなど他の地域と比べると、市場規模が大きく、1999-2002年には世界の最大市場となり、2003-6年にはヨーロッパ市場の急成長についていけず、一時最大市場を譲ったものの3分の1程度の規模を保ち、2008年以降最大市場に復帰した。

　アメリカ市場は、ヨーロッパ市場が高級機種志向の強い市場であるのに対し、普及機種にシフトする市場であった。デジタル一眼よりデジタルコンパクトがよく売れ、デジタル一眼、デジタルコンパクトの中でも低価格帯にシフトされていた。それは、アメリカ市場がデジタルコンパクトの比重が高く、その中でも低価格機種の割合が高いため、スマートフォンの写真撮影機能の向上の影響を受け、スペックの差別化ができなかったことやデジタルコンパクトからデジタル一眼カメラへ需要がシフトしなかったことが挙げられる。

第3節　デジタルカメラの国別評価（1998-2013年）

1．商品テストの評価方法

『コンシューマー・レポート』がデジタルカメラの商品テストを始めたのは、デジタルコンパクトが1998年から、デジタル一眼が2005年から、交換レンズが2007年からである。

　デジタルカメラの品質は、商品テスト（以下、テストと略す）の評価点を使った。テストの評価は、時期によって表記方法が異なり、概して評価点（100-0点）と5段階表が使われていた。つまり、1998年から2005年は、点数表示がなく5段階の横棒グラフ表示のため、その長さを基に100点から0点に換算した。テストの主な評価項目は、光学性能・構造・機能や使い勝手などである。

　商品テストでは、第1段階（80点以上）、第2段階（79-60点）、第3段階（59-40点）、第4段階（39-20点）、第5段階（19-0点）の5段階に区分がなされ、ここでは上位2段階の商品を高品質品と呼ぶことにする。価格では、同誌に記載されているアメリカ概算小売価格（単位：㌦、Approximate retail price）を使った。

　商品テストは、1998年から2013年までの16年間に1,664機種が行われた。テスト数では、日本カメラメーカーはテスト総数の62.6％に相当する1,042機種が対象になり、ついで日本家電メーカーの450機種（27.0％）、アメリカメーカーの145機種（8.7％）、韓国メーカーの55機種（3.3％）ドイツメーカーの27機種（1.6％）の順であった。

　評価点では、テストされた全機種で66.4点、うち評価点が60点以上の高品質品が1,414機種で、85.0％を占めた。グループ別では、日本カメラメーカーが70.2点で、全機種に占める高品質品の割合が54.4％であった。アメリカメーカーは67.1点と評価点が比較的高いが、高品質の割合が6.9％と低く、同様な傾向が韓国メーカーは63.5点（2.9％）ドイツメーカーは62.7点（1.6％）にもいえる。これに反して、日本家電メーカーは65.6点で評価点がアメリカ製品より若干低いが、高品質品の割合は23.0％とアメリカ製品の3

倍以上であった。とくに日本カメラメーカーの高品質品の割合は、各国メーカーに比べ極めて高い。

　価格では、全機種が495.6ドルで、一番高価なドイツメーカーの724.8ドルを100とすると、日本カメラメーカーが74.9（543.2ドル）、日本家電メーカーが69.0（500.4ドル）、韓国メーカーが59.7（432.5ドル）、アメリカメーカーが45.7（331.4ドル）の順であった。このことは、アメリカに輸出しているデジタルカメラの高級機種・中級機種・低価格機種の違いを示すものである。

　以下では、1998-2002年、2003-7年、2008-13年の3期に分け、テスト結果を分析する。

2．1998-2002年のテスト結果

　ここでは、デジタルカメラ産業の生成期の1998-2002年の『コンシューマー・レポート』のテストの結果を見ていこう。テスト数では、日本カメラメーカーはテスト総数の47.3％に相当する53機種が対象となり、ついで日本家電メーカーの38機種（33.9％）、アメリカメーカーの19機種（17.0％）、ドイツメーカーの2機種（1.8％）の順であった。韓国メーカーはテスト対象にならなかった。

　評価点では、テストされた全機種71.5点のうち、高品質品が96機種で71.5％を占めた。グループ別では、日本カメラメーカーが77.8点で、全機種に占める高品質品の割合が44.6％と高く、アメリカメーカーは69.6点と比較的高いが、高品質品の割合は14.3％と低い、日本家電メーカーは63.8点と比較的低いが、高品質品の割合は25.9％と日本カメラメーカーに次いで高い、ドイツメーカーは50.0点と低く、高品質品の割合も0.9％と低かった。

　価格では、全機種は643.7ドル、日本カメラメーカーの価格704ドルを100とすると、日本家電メーカーは93.6（656ドル）、ドイツメーカーは74.6（525ドル）、アメリカメーカーは66.9（471ドル）の順であった（表7-5参照）。

　まず、日本カメラメーカーを検討していくと、テスト数では、1998年は5機種、99年は2機種、2000年は10機種、1年は4機種、2年は30機種に増加した。評価点では、1998年は66.6点、99年は88.5点、2000年は73.9点、1年は84.5点、2年は75.3点と73～88点の間を微妙に変化していた。価格

表7-5 各国ブランド企業の商品テスト数と総合品質評価点（1998-2002年）

区分	年	評価					評価点	販売価格
		第1段階	第2段階	第3段階	第4,5段階	小計		
		機種	機種	機種	機種	機種	点	ドル
日本カメラ	1998年	2	1	2		5	66.6	590.0
	1999年	2				2	88.5	873.5
	2000年	1	9	0		10	73.9	631.0
	2001年	5	1	0		6	84.5	846.7
	2002年	8	21	1		30	75.3	578.2
日本家電	1998年	0	3	3	2	8	52.1	483.1
	1999年	0	0	1		1	48.0	748.0
	2000年	0	5	2		7	64.1	707.9
	2001年	3	1			4	82.5	700.0
	2002年	5	12	1		18	72.3	638.9
アメリカ	1998年	0	3	0	1	4	61.4	470.0
	1999年	1				1	81.0	764.0
	2000年	0	3	1	1	5	58.0	446.0
	2001年	0	2			2	74.1	350.0
	2002年	1	6			7	73.5	325.7
ドイツ	1998年	0	1			1	60.0	600.0
	1999年	0	0					
	2000年	0	0	1		1	40.0	450.0
	2001年							
	2002年							
合計	1998年	2	8	5	3	1	58.7	516.4
	1999年	3	0	1	0	0	76.5	814.8
	2000年	1	17	4	1	1	66.0	606.3
	2001年	8	4	0	0	0	82.1	715.0
	2002年	14	39	2	0	55	74.1	565.9
	計	28	68	12	4	112	71.5	643.7

出所：『コンシューマー・レポート』1998-2002年より作成。
注：1）デジタルカメラは、コンパクト、一眼レフ、交換レンズを含む。
　　2）品質総合評価点：E（80点以上）、VB（79～60点）、G（59～40点）、F・P（39～1点）、NA（0点、NotAcceptable、非推薦品）に区分した。
　　3）1998年から2005年の評価点は、5段階の横棒グラフの長さを基に100点から0点に換算した。
　　4）F・P、NAはなかった。

では、1998年590ドルを100とすると、99年は148（873.5ドル）、2000年は107（631.0ドル）、1年は144（846ドル）、2年は98（579ドル）とその年によって価格帯が異なる機種が対象となっていた。

次に、日本家電メーカーに移っていくと、テスト数は、1998年8機種、99

年1機種、2000年7機種、1年7機種、2年18機種と増加した。評価点では、1998年は52.1点、99年は48.0点で、各国メーカーの中で一番低かったが、2000年は64.1点、1年は82.5点に向上し、日本カメラメーカーの水準(84.5点)に近づいた。2年は72.3点であった。価格では、1998年は100(483.1㌦)、99年は155(748.0㌦)、2000年は147(707.9㌦)、1年は145(700.0㌦)、2年は132(638.9㌦)であった。

さらに、外国メーカーでは、アメリカメーカーが1998年4機種、99年1機種、2000年5機種、1年2機種、2年7機種とテスト対象が増加した。評価点では、1998年61.4点、99年81.0点、2000年58.0点、1年74.1点、2年73.5点と高評価が続き、5年間の平均評価点69.6点が日本家電メーカーの61.7点を上回り、77.8点の日本カメラメーカーに次ぐものであった。その理由は、日本OEMメーカーからの製品が多かったことにある。価格では、1998年の470.0㌦を100とすると、99年は162.6(764.0㌦)、2000年は94.9(446.0㌦)、1年は74.5(350.0㌦)、2年は69.3(325.7㌦)であった。また、ドイツメーカーは評価点で、1998年60.0点、2000年40.0点と低かった。いずれもアグファ製であった。1999年、2001、2年はテスト対象に挙げられなかった。価格では、1998年60.0㌦、2000年40㌦という低価格品であり、日本、アメリカメーカーとは比較の対象ではなかった。

3．2003-7年の評価結果

ここではデジタルカメラ産業の発展期のテスト結果を見ていこう。テスト数では、日本カメラメーカーはテスト総数の61.8％に相当する349機種が対象となり、日本家電メーカーは21.4％（121機種）、アメリカメーカーは14.2％（80機種）、韓国メーカーは2.1％（12機種）、ドイツメーカーは0.5％（3機種）の順であった。

評価点では、テストされた全機種は68.8点、うち高品質品が529機種で93.6％を占めた。グループ別では、日本家電メーカーは69.3点で高いが、高品質品が占める割合は21.2％で、日本カメラメーカーの57.3％に比べ低い。ドイツメーカーは69.3点で高いが高品質品が占める割合は0.5％に過ぎない。日本カメラメーカーは69.1点と前者に比べ若干低いが、高品質品が占める割

第7章 日本デジタルカメラの国際的品質評価

合は57.3%を占めている。アメリカメーカーは68.7点と日本カメラメーカーに比べ若干低いが、高品質が占める割合は12.4%と少ない。韓国メーカーは64.8点と各国のなかで一番低く、高品質が占める割合も2.1%と低い。

表7-6 各国ブランド企業の商品テスト数と総合品質評価点(2003-07年)

区分	年	評価					評価点	販売価格
		第1段階	第2段階	第3段階	第4,5段階	小計		
		機種	機種	機種	機種	機種	点	ドル
日本カメラ	2003年	0	43			43	70.0	524.8
	2004年	2	83	1		86	69.2	380.1
	2005年	1	102			103	70.7	463.1
	2006年	2	29	4		35	68.3	409.1
	2007年	4	58	19	1	82	67.5	365.9
日本家電	2003年	0	9			9	70.9	491.1
	2004年	0	30	0		30	66.0	399.5
	2005年	1	38			39	67.9	373.1
	2006年	1	13	1		15	70.7	371.3
	2007年	2	26			28	71.3	315.4
アメリカ	2003年	0	8			8	70.4	376.3
	2004年	2	17	1	1	21	70.1	310.6
	2005年	0	21	2		23	69.5	244.3
	2006年	0	11	3		14	68.7	293.6
	2007年	0	11	3		14	64.9	222.9
韓国	2003年							
	2004年							
	2005年	0	2			2	64.3	305.0
	2006年	0	3			3	65.7	460.0
	2007年	0	7			7	64.3	257.1
ドイツ	2003年	0	0			0		
	2004年	0	0			0		
	2005年	0	0			0		
	2006年	0	2			2	64.5	625.0
	2007年	0	1			1	74.0	850.0
合計	2003年	0	60	0	0	60	69.2	494.9
	2004年	4	130	2	1	137	68.6	373.7
	2005年	2	163	2	0	167	69.8	410.0
	2006年	3	58	8	0	69	68.7	385.9
	2007年	6	103	22	1	132	67.9	337.9
	計	15	514	34	2	565	68.8	400.5

出所:『コンシューマー・レポート』2003-07年より作成。

発展期は、生成期(1998-2002年)に比べて、各国の品質水準が向上してきたといえる。

価格では、全機種は400.5^{ドル}、ドイツメーカーの価格737.5^{ドル}を100とすると、日本カメラメーカーは58.1(428.6^{ドル})、日本家電メーカーは52.9(390^{ドル})、韓国メーカーは46.2(340.7^{ドル})、アメリカメーカーは39.3(289.5^{ドル})であった。ドイツメーカーの価格が高いのは、2006年からライカカメラが高価格機種(高級デジタルコンパクト「ライカLUX」)を新規投入したからである。

なお、デジタル一眼のテストが始まったのは、2005年に日本カメラメーカー6社の7機種で、全機種とも高品質品であった。メーカー別では、キヤノンは2機種、コニカミノルタ、ニコン、オリンパス、ペンタックス、シグマはいずれも1機種であった。

交換レンズのテストは、2007年に7社の12機種で、日本カメラメーカーは上記6社の11機種で、全機種が高品質品であった。また日本家電メーカーはソニーの1機種で高品質品であった(表7-6参照)。

(1) 日本カメラメーカー

テストに取り上げられた機種数は、2003年43機種、4年86機種、5年103機種に急増した。しかし、6年には35機種に減少したが、7年は82機種に回復した。評価点は、2003年70.0点、4年69.2点、5年70.7点、6年68.3点、7年67.5点と70点前後で安定して推移した。価格は、2003年の524.8^{ドル}を100としてみると、4年72.4(380.1^{ドル})に急落しが、5年88.2(463.1^{ドル})に回復した。6年78.0(409.1^{ドル})、7年69.7(365.9^{ドル})に下落した。

2005年の機種の増加と価格の回復の理由は、日本カメラメーカーのデジタル一眼の14機種(1,228.6^{ドル})のテストが始まり、デジタルコンパクトの89機種(342.7^{ドル})に比べて、テスト機種が増え、価格が上がったことにある。

(2) 日本家電メーカー

テスト数は、2003年9機種、4年30機種、5年39機種と増加していった。6年には15機種と一時的に減少したが、7年28機種と回復した。評価点では、2003年が70.9点、4年が66.0点、5年が67.9点、6年が70.7点、7年が

71.3点と前期の4年、5年に比べ向上した。これは、ソニーが5年7月コニカミノルタとデジタル一眼の共同開発、6年にデジタル一眼関連の一部資産譲渡[12]がなされ、7年に日本家電メーカー初のデジタル一眼および交換レンズがテストに取り上げられ、デジタル一眼の評価点73点、交換レンズの評価点84点を獲得したことによった。交換レンズの価格は200ドルであった。価格では、2003年491.1ドルを100とすると、4年81.3（399.5ドル）、5年76.0（373.1ドル）、6年75.6（371.3ドル）に下落を続け、7年にはデジタル一眼790ドルが加わったにもかかわらず、64.2（315.4ドル）となり低下傾向を阻止できなかった。

(3) アメリカメーカー

この時期、アメリカメーカーでは、コダック、HPのほか、新たにベル・ハウエルとGEが対象となった。テスト数では、2003年8機種、4年21機種、5年23機種と急増したが、6年14機種、7年14機種に減少した。評価点では、2003年が70.4点、4年70.1点、5年69.5点、6年68.9点と70点前後を維持していたが、7年は64.9点に低下した。こうした傾向は価格にも反映されて2003年376.3ドルを100とすると、4年が81.6（310.6ドル）、5年が65.0（244.3ドル）、6年が78.0（293.6ドル）というように推移したものが、7年は59.2（222.9ドル）と大幅に下落した。

デジタルコンパクトの評価点と価格の低下の主な原因は、2005年にベル・ハウエルが初めてテストの対象となったことで評価が57点と低く、価格が300ドルと安くなり、さらに2007年にはGEのテストが加わって評価点が57点と低く、価格も105ドルと安かったことにある。

(4) 韓国メーカー

サムスンは2005年にデジタルコンパクト2機種がテスト対象として初めて取り上げられた。テスト数では、2005年は2機種、6年は3機種、7年は7機種に増加した。評価点では、2005年は64.3点、6年は65.7点、7年は64.3点であった。価格では、2005年は305.0ドルを100とすると、6年は150.8（460.0ドル）に上昇したが、7年は59.2（84.3ドル）に低下した。

その理由は、デジマックスシリーズの3機種からNVシリーズ3機種とL

シリーズ1機種へモデルチェンジして、200ドル台の低価格と小型化が実現したことにある。なお、L77という機種は価格が250ドル、重量が170g、7倍ズームのレンズユニットで、キヤノンパワーショットA630（価格200ドル、重量340g、4倍ズーム）、富士フイルムファインピックF31fd（220ドル、198g、3倍ズーム）と共に最適品3機種のうちの一つに選ばれた。

(5) ドイツメーカー

テストの対象となったドイツメーカーはライカカメラ製のデジタルカメラであった。テスト数では、2006年が2機種、7年が1機種の3機種に過ぎなかった。評価点では、2006年64.5点から7年が74.0点に向上した。価格では、2006年が625.0ドル、7年が850ドルと高級機種が取り上げられた。なお、この機種は、パナソニックLUMIX DMC-FZ50をベースにライカ仕様のデザインに仕上げた松下電器産業（現パナソニック）からのOEM製品であった[13]。

こうしたデジタルコンパクトを商品展開できるようになった背景には、ライカ社が2000年松下電器とデジタルAV機器用レンズに関する技術協力契約を締結したことによった。2001年にはデジタルカメラ分野において協業することにも合意し、ライカカメラは、認定した測定機器と品質保証システムによって松下電器に生産を委託している。「ライカ・ブランド」のレンズは、松下電器も開発に加わり、同社がライセンスを与えて生産を松下電器が行い、松下電器がOEM供給したライカ製品、松下電器LUMIXシリーズの一部高級機種、ライカブランドの松下製交換レンズという形で販売されている。

4．2008-13年の評価結果

ここではデジタルカメラ産業の成熟期の評価結果を見ていこう（表7-7参照）。テスト数では、日本カメラメーカーが60.8％に相当する640機種が対象となり、ついで日本家電メーカーの291機種（27.6％）、アメリカメーカーの46機種（4.4％）、韓国メーカーの43機種（4.1％）、ドイツメーカーの22機種（2.1％）の順であった。

評価点では、テストされた全製品で63.6点、うち高品質品と評価されたものが854機種で、全製品の81.1％に相当した。グループ別では、日本カメラ

表 7-7　各国ブランド企業の商品テスト数と総合品質評価点（2008-13 年）

区分	年	評価					評価点	販売価格
		第1段階	第2段階	第3段階	第4,5段階	小　計		
		機種	機種	機種	機種	機種	点	ドル
日本カメラ	2008年	0	70	6	0	76	66.0	519.7
	2009年	0	200	18	0	218	66.6	394.6
	2010年	0	26	39	0	65	57.0	356.3
	2011年	0	78	0	0	78	71.1	640.6
	2012年	0	93	10	0	103	65.5	543.5
	2013年	0	64	36	0	100	62.6	573.4
日本家電	2008年	0	27	2	0	29	66.8	493.8
	2009年	0	72	3	0	75	67.0	340.0
	2010年	0	10	24	0	34	56.3	323.5
	2011年	0	47	0	0	47	66.6	561.1
	2012年	0	43	5	0	48	64.5	526.6
	2013年	0	35	23	0	58	62.2	533.3
アメリカ	2008年	0	9	8	0	17	59.8	160.0
	2009年	0	19	0	0	19	66.2	165.3
	2010年	0	0	10	0	10	54.5	179.8
	2011年							
	2012年							
	2013年							
韓国	2008年	0	6	3	0	9	62.2	222.2
	2009年	0	14	0	0	14	67.0	233.6
	2010年	0	1	3	0	4	53.8	407.5
	2011年	0	3	0	0	3	64.3	423.3
	2012年	0	5	0	0	5	65.6	830.0
	2013年	0	7	1	0	8	64.3	753.8
ドイツ	2008年	0	2	0	0	2	72.0	850.0
	2009年	0	5	0	0	5	68.6	600.0
	2010年	0	1	0	0	1	63.0	700.0
	2011年	0	5	0	0	5	64.2	760.0
	2012年	0	3	0	0	3	62.0	733.3
	2013年	0	2	4	0	6	59.0	1080.0
合計	2008年	0	114	19	0	133	65.2	452.9
	2009年	0	310	21	0	331	66.7	365.4
	2010年	0	38	76	0	114	55.7	333.1
	2011年	0	133	0	0	133	66.6	588.9
	2012年	0	151	19	0	170	65.2	550.9
	2013年	0	108	64	0	172	62.4	585.3
	計	0	854	199	0	1,053	63.6	479.4

出所：『コンシューマー・レポート』2008-13 年より作成。

メーカーが64.8点で、全製品に占める高品質品の割合が50.5%と高く、ドイツメーカーは64.8点で日本カメラメーカーと同じだが、高品質品の割合が1.7%と低かった。日本家電メーカーは63.9点で前者に比べて評価点が低いが、高品質品の割合が22.2%と日本カメラメーカーについで高い。韓国メーカーは62.9点であるが、高品質品の割合が3.4%と低く、アメリカメーカーは60.2点で各国のなかで一番低く、高品質品の割合も2.7%と低かった。各国の評価点は、最高64.8点から最低60.2点との差が4.6点で、品質水準に差がなくなったといえる。これはデジタルコンパクト生産が台湾OEMメーカーによってなされ、各国ブランド企業の製品コンセプトによって多少の差が出ることによる。それに加えて評価点の差が生じるのは、デジタル一眼および交換レンズがデジタルコンパクトに比べ評価点が高く、典型的に日本メーカーとアメリカメーカーとの差として表れている。

　価格では、全製品が479.4ドルで、ドイツメーカーの価格787.2ドルを100とすると、日本カメラメーカーが64.8（504.7ドル）、日本家電メーカーが58.8（463.0ドル）、韓国メーカーが60.7（478.4ドル）、アメリカメーカーが21.4（168ドル）の順であった。アメリカメーカーの価格が低いのは、①一眼レフに参入していないこと、②デジタルコンパクト14機種の価格が223ドルとデジタルコンパクトの製品展開が低価格帯中心であることによった。

(1)　**日本カメラメーカー**

　日本カメラメーカーの製品でテストされた機種数は、2008年が76機種、9年が218機種と急増したが、その反動で10年には65機種と急減し、その後、11年78機種、12年103機種、13年100機種と再び増加基調に転じた。その評価であるが、11年の71.1点を除くと前期の70点前後の評価点に比べて8年66.0点、9年66.6点、10年57.0点、12年65.5点、12年62.6点とこの時期の評価点の低さが目につく。価格面でも、2008年519.7ドルを100とすると、評価点の低下傾向にリンクして9年75.9（394.6ドル）、10年68.3（356.3ドル）と下落した。その後、11年に123.3（640.6ドル）と回復し、12年は104.6（543.5ドル）、13年110.3（573ドル）と比較的安定して推移している。

　これはリーマンショックによる不況局面で需要の落ち込みに対応するため、

デジタルコンパクトの低価格機種の展開と関わりを持つ。2011 年に価格が回復した理由は、①デジタルコンパクトで低価格機種の需要が一巡したことやスマートフォンのカメラ機能が向上したことでデジタルコンパクトが極端な販売不振に陥り、日本カメラメーカーは高級機種にシフトしはじめたこと、②この時期、デジタル一眼レフが本格的に展開して機種数やテスト対象のウエイトが高まったこと、③2008 年から交換レンズのテストが開始されて 13 機種もテスト対象となったことが挙げられる。

(2) 日本家電メーカー

　この時期の家電メーカーは絶対値ではカメラメーカーと異なっていたが、傾向としては同じパターンをたどった。テスト数では、2008 年の 29 機種から 9 年 75 機種と急増したが、10 年には 34 機種と半減している。11 年 47 機種、12 年 48 機種、13 年 58 機種とやや増加していった。評価点では、2008 年 66.8 点、9 年 67.0 点と安定した評価を受けたが、10 年はソニー、パナソニック、カシオの 3 社がデジタルコンパクトの 200ドル以下の低価格機種を投入したことから 56.3 点に評価が低下した。メーカー別にみると、ソニーが 2009 年の 67.8 点から 10 年 53.4 点に、パナソニックが 67.6 点から 59.4 点に、カシオが 66.4 点から 55.0 点へと低下していた。その後は 11 年 66.6 点、12 年 64.5 点、13 年 62.2 点と 60 点以上を確保していた。価格では、2008 年 493.8ドルを 100 とすると、9 年 59.3（340.0ドル）、10 年 61.4（356.3ドル）と急落したが、11 年 106.6（561.1ドル）、12 年 100.0（526.6ドル）、13 年 101.3（533.3ドル）と安定して推移した。2011 年に価格が回復した理由は、デジタル一眼レフのテスト機種数の増加、デジタルコンパクトの高級機種へのシフトによる。カメラメーカーと同様な傾向であった。

(3) アメリカメーカー

　コダックが 2010 年を最後に『コンシューマー・レポート』の商品テストに取り上げられなくなり、2012 年 1 月に経営破綻した。コダックの破綻については第 6 章に詳しい叙述があるのでそちらを参照してもらいたい。
　テスト数は、2008 年 17 機種、9 年 19 機種、10 年 10 機種であり、評価点は、

2008年59.8点、9年66.2点、10年54.5点と低調に推移した。価格も2008年160.0ドル、9年165.3ドル、10年179.8ドルとデジタルコンパクトの低価格帯の展開であった。

(4) 韓国メーカー

この時期の韓国メーカーの特徴はサムスンが日本メーカーの中位メーカーに匹敵するようなデジタルカメラメーカーとして台頭したことである。テスト数では、2008年9機種から9年14機種に増加したが、13年は8機種に増えたものの、10年が4機種、11年3機種、12年5機種と減少傾向が続いた。評価点では、10年はサムスンのCL80（評価点49点）、HZ35W（52点）、TL210（54点）といった低価格機種の投入が作用して53.8点と評価を下げた。これは日本メーカーも同じ傾向であった。その他の年は2008年62.2点、9年67.0点、11年64.3点、12年は65.6点、12年は64.3点と安定して60点代を保っている。価格では、2008年222.2ドルを100として、9年は105.1（233.6ドル）、10年は183.4（407.5ドル）、11年は190.5（423.3ドル）、12年は373.5（830.0ドル）、13年は339.2（753.8ドル）と高価格機種にシフトしていくことが見て取れる。

こうした背景には、サムスンが2012年から高品質、高価格機種へのシフト、つまりデジタル一眼レフへの参入がある。2011年8月号で初めてサムスン製デジタル一眼NX210がテスト対象として取り上げられ、65.0点の評価を得ていた。これはカメラメーカー4社の平均評価66.8点と比べると低いが、ソニーの平均評価62.8点を上回っている。価格ではサムスンが550ドルであったのに対し、カメラメーカー4社の平均価格1,016ドル、ソニーの738ドルに比べると安価であった。

(5) ドイツメーカー

この時期のドイツメーカーの動向として、ライカはデジタルコンパクトについてはパナソニックからのOEM供給された機種以外に自社製機種が登場し、初めてテスト対象機種に取り上げられたことである。まず、テスト機種は、2008年2機種、9年5機種、10年1機種、11年5機種、12年3機種、13年6機種と毎年僅かな機種であり、他のグループとは異なっていた。13年の自

社製デジタルコンパクト「ライカXバリオ」が含まれていた。これはライカ特有のデザインと2,850ドルという高価格帯のカメラである。評価点は、何れも高級機種であり、相対的に高評価であることから2008年72.0点、9年68.6点と高評価を得ていたが、10年63.0点、11年64.2点、12年62.0点、13年は59.0点とライカV-LUXシリーズの大衆化が影響して評価を下げ続けた。ライカXバリオも64点と評価点を上げることには貢献しなかった。価格では、2008年850ドルを100とすると、9年600.0ドル（70.6）、10年は700.0ドル（82.4）、11年は60.0ドル（89.4）、12年は733.3ドル（86.5）となり高級機種の大衆化路線を歩んでいた。その一方で、13年にはライカXバリオ（2,850ドル）が加わったことから1,080ドル（127.1）と急上昇した。

第4節　デジタルカメラ評価の品目別分析

　ここでは、『コンシューマー・レポート』に掲載されているデジタルカメラをデジタルコンパクト、デジタル一眼、交換レンズの3品目に分けて、個別の評価を検討する。最新のデータである2013年から5年ごとに遡って創生期の1998年から2003年、2008年の4年を対象とする。ただ、製品の普及具合からすべての対象年に該当するのはデジタルコンパクトだけである。デジタル一眼のテストが始まったのは2005年、交換レンズは2007年からである。

1．デジタルコンパクト

(1) 調査対象機種数

　デジタルコンパクトが調査対象として取り上げられた件数は、1998年18機種、2003年34機種、2008年59機種と消費者の関心度に対応して順調に増加したが、リーマン・ショック後の不況で2013年54機種とやや減少した。諸々の商品の中でデジタルコンパクトのテスト件数が増えていったことは、年々消費者の注目度が上がっていったことを反映している。（表7-8参照）。

　ここで取り上げた4つの年の合計が165機種で、その内、57.6％に相当する95機種が日本カメラメーカー、27.3％（45機種）が日本家電メーカー、9.1％（15機種）がアメリカ、4.2％（6機種）がドイツ、2.4％（4機種）が韓国とい

表7-8 デジタルコンパクト

年	各国メーカー	テスト機種数	小売価格(ドル)	総合品質評価点	テスト結果				
					⑤画質	⑨ダイナミックレンジ	⑩フラッシュ撮影の画質	⑪動画の画質	⑫画像モニターの画質
1998	日本 カメラ	5	590	66.6	3.6	—	—	—	—
	家電	8	483	52.1	2.9	—	—	—	—
	アメリカ	4	470	61.4	3.8	—	—	—	—
	韓　国	0	—	—	—	—	—	—	—
	ドイツ	1	600	60.0	4.0	—	—	—	—
	小　計	18	516	58.7	3.3	—	—	—	—
2003	日本 カメラ	26	470	69.2	4.4	—	—	—	—
	家電	5	570	65.7	4.2	—	—	—	—
	アメリカ	3	370	68.6	4.3	—	—	—	—
	韓　国	0	—	—	—	—	—	—	—
	ドイツ	0	—	—	—	—	—	—	—
	小　計	34	459	68.5	4.4	—	—	—	—
2008	日本 カメラ	31	251	66.5	3.5	4.5	—	—	—
	家電	15	335	67.1	3.5	4.5	—	—	—
	アメリカ	8	156	62.4	3.4	4.0	—	—	—
	韓　国	4	188	65.3	3.8	4.8	—	—	—
	ドイツ	1	850	72.0	4.0	5.0	—	—	—
	小　計	59	266	66.1	3.5	4.4	—	—	—
2013	日本 カメラ	33	431	67.3	3.9	—	3.3	3.2	3.5
	家電	17	421	61.0	3.7	—	3.3	3.8	3.7
	アメリカ	0	—	—	—	—	—	—	—
	韓　国	0	—	—	—	—	—	—	—
	ドイツ	4	1,283	59.8	3.5	—	3.0	3.3	3.8
	小　計	54	463	60.4	3.8	—	3.3	3.4	3.6
	合　計	165	9,295	63.9	3.8	4.4	3.3	3.4	3.6

出所:『コンシューマー・レポート』1998年11月号、2003年11月号、2008年12月号、2013年12月号を基に筆者作成。

うような構成になっている。日本製品が85％を占め、カメラメーカー製品がその3分の2以上を占有していることはアメリカ消費者の注目度が日本製品に集中し、その中でもカメラメーカーの製品に集まっていることを意味していた。

　1998年は、18機種で、その内、27.8％（5機種）が日本カメラメーカー、44.4％（8機種）が家電メーカー、22.2％（4機種）がアメリカ、5.6％（1機種）がドイツという構成になっている。日本製品が71.2％を占め、カメラメーカー製品がその3割近くあった。

2003年は、34機種で、その内、76.5％（26機種）が日本カメラメーカー、14.7％（5機種）が家電メーカー、8.8％（3機種）がアメリカという構成になっている。日本製品が91.2％を占め、カメラメーカー製品がその4分の3以上を占有していた。

2008年は、59機種で、その内、52.5％（31機種）が日本カメラメーカー、25.4％（15機種）が家電メーカー、13.6％（8機種）がアメリカ、1.7％（1機種）がドイツ、6.8％（4機種）が韓国という構成になっている。日本製品が77.9％を占め、カメラメーカー製品がその2分の1以上を占有していた。

2013年は、54機種で、その内、61.4％（33機種）が日本カメラメーカー、31.5％（17機種）が家電メーカー、7.4％（4機種）がドイツという構成になっている。日本製品が92.6％を占め、カメラメーカー製品がその6割以上を占有していた。

日本カメラメーカーは、全機種に占める割合が57.6％、1998年は5機種、2003年は26機種（27.4％）、8年は31機種（32.6％）、13年は33機種（34.5％）、合計95機種であった。

日本家電メーカーは、45機種で全機種に占める割合が27.3％、1998年は8機種（17.8％）、2003年は5機種（8.8％）、8年は15機種（33.3％）、13年は17機種あった。

アメリカメーカーは、15機種で全機種に占める割合が9.1％、1998年は4機種（26.7％）、2003年は3機種（20.0％）、8年は8機種（53.3％）、13年はなかった。

韓国メーカーは、4機種で全機種に占める割合が2.4％、1998・2003・12年はなかった。8年に4機種（100％）であった。

ドイツメーカーは、6機種で全機種に占める割合が4.2％、1998年は1機種（14.2％）、2003年はなく、8年は1機種（14.2％）、13年は4機種（57.1％）であった。

(2) 評価について

1998年から2013年までのテスト評価がすべて揃っているのは総合評価点と画質の2項目だけである。まず、総合評価であるが、100点の評価で、1998年

には日本カメラメーカー66.6点でトップとなり、アメリカ61.4点、ドイツ60.0点、と続き、日本家電が52.1点と差が開き最下位であった。画質では、ドイツが600ドルと一番高額だけあって5段階評価のうち4.0を獲得してトップとなり、続いてアメリカの3.8、カメラメーカー3.6となり、家電メーカーは2.9と総合評価同様に最下位であった。2003年になると、ドイツと韓国メーカーの製品はテスト対象として取り上げられず、日本カメラ、日本家電、アメリカメーカーの3グループだけであった。日本カメラは価格で470ドルと日本家電570ドル、アメリカ370ドルの中間に位置しているにもかかわらず、総合品質評価点69.2点、画質4.4点でアメリカ（総合品質評価点68.6点、画質4.3点）、日本家電（総合品質評価点65.7点、画質4.2点）を上回っていた。2008年には、ドイツメーカーの製品が総合品質評価点72.0点、画質4.0点、ダイナミックレンジ5.0点と圧倒的に高い評価を得ているが、価格が850ドルとアメリカの5.4倍、韓国の4.5倍、日本カメラの3.4倍、日本家電の2.5倍に当たり、比較の対象にならない。ドイツを除いて考えると、日本カメラは総合品質評価で日本家電に0.6点、画質とダイナミックレンジで韓国に0.3点下回るものの画質3.5点、ダイナミックレンジ4.5点と安定的な評価を受けていた。2013年は、価格が431ドルの日本カメラは約3倍のドイツにモニターの画質で0.3点と動画の画質0.1点と劣るものの総合品質評価点で7.5点、画質0.3点、ダイナミックレンジ0.4点、フラッシュ撮影の画質0.3点で圧していた。日本家電との比較でも同様である。

　1998-2013年を通してみると、日本カメラメーカーのデジタルコンパクトは、1、2の項目で他のグループを下回ることもあったが、総合品質評価点や画質などカメラとしての基本的性能は他のグループを常に上回っていたことが判る。

2．デジタル一眼

(1) 調査対象機種数

　デジタル一眼は調査が始まったのが2005年なので、ここでは2005年、2008年、2013年という3つの年のみを取り上げた。デジタル一眼市場は、韓国メーカーがミラーレス一眼を発売し、アメリカ、ドイツメーカーは一般消費者が購入するようなデジタル一眼市場に参入しておらず、その意味で特殊な市場

であった。したがって、テスト対象も韓国メーカーの4機種以外は日本製品が94.2％と圧倒的多数を占めていた。ここで取り上げた3つの年の合計が70機種で、その内、67.1％に相当する47機種が日本カメラメーカー、27.1％（19機種）が日本家電メーカー、5.7％（4機種）が韓国という構成になっている。アメリカとドイツはなかった。日本製品が9割以上を占め、カメラメーカー製品がその6割以上を占有していることはデジタルコンパクト以上に、アメリカ消費者の注目度が日本製品に集中し、その中でもカメラメーカーの製品に注目が集まっていることを意味していた（表7-9参照）。

2005年は、ソニーも松下電器もまだデジタル一眼市場に参入しておらず、7機種すべてがカメラメーカーの製品であった。

2008年は、18機種で、その内、88.3％（15機種）が日本カメラメーカー、16.7％（3機種）が家電メーカーという構成になっている。日本製品が100％を占め、カメラメーカー製品がその8割以上を占有していた。2013年は、45機種で、その内、55.6％（25機種）が日本カメラメーカー、35.6％（16機種）が家電メーカー、8.9％（4機種）が韓国という構成になっている。日本製品が91.1％を占め、カメラメーカー製品がその5割以上を占有していた。

(2) 評価について

デジタル一眼については、上記でみたように2000年代は日本カメラメー

表7-9　デジタル一眼

	各国メーカー	テスト機種数	小売価格（ドル）	総合品質評価点	テスト結果			
					⑤画質	⑥ダイナミックレンジ	⑦動画の画質	⑧画像モニターの画質
2005年	日本カメラ	7	1,228	72.0	3.7	—	—	—
2008年	日本カメラ	15	946	65.9	4.1	4.8	—	—
	日本家電	3	966	66.0	4.0	4.7	—	—
2013年	日本カメラ	25	845	67.2	3.9	—	3.7	3.8
	日本家電	16	718	67.0	3.8	—	3.9	4.1
	韓　国	4	734	67.1	3.8	—	3.9	4.0

出所：『コンシューマー・レポート』2008年12月号、2013年12月号を基に筆者作成。
注：表7-5と同じ。ただし、2013年の質量は、記載がないため、同誌2013年12月号41頁のB項の18機種を筆者が各メーカーのサイトから調べた。

カーが他グループを機種数で圧倒し、比較の対象でなかったが、2010年代に入り、ミラーレス一眼の普及で日本家電（ソニー、パナソニック）、韓国（サムスン）が参入する余地が拡大して2013年の評価となっている。日本カメラメーカーは、総合品質評価点、画質などカメラの基本的機能で日本家電、韓国を上回っている。自社生産している液晶モニターや動画では電子部品メーカーでもある前記3社にやや優位を譲っていた。また、テスト機種数の多いカメラメーカーの製品は高級機種から低価格機種まで含まれており、とくに品質を問題にする場合、ミラーレス一眼より低価格の一眼レフが評価を下げていることを勘案しなければならない。

3．交換レンズ

(1) 調査対象機種数

　3つの年でテストされた交換レンズは、合計55本で、一番普及している標準ズームが29本で、52.7％を占め、望遠ズーム13本（23.6％）、超望遠レンズ4本（7.3％）、超望遠ズーム9本（16.4％）であった（表7-10参照）。

　3つの年のテスト件数は2007年が12本、2009年が33本、2012年10本という流れで推移した。2007年はコニカミノルタの一眼レフ事業を購入したソニーが標準ズームで1本取り上げられた以外カメラメーカー8本とレンズ専業メーカー3本で、フィルムカメラ時代から交換レンズを生産していた。2009年はデジタル一眼が普及したことで交換レンズの需要も拡大した。ここで取り上げられた交換レンズも33本と4.5倍になった。2012年は家電メーカーの製品が2009年以上に多数発売されているにもかかわらず、1本も取り上げられず、すべてカメラメーカーとレンズ専業メーカーの製品であった。

　グループ別構成をみると、2009年の標準ズームでドイツメーカーが2本（テスト比率3.6％）取り上げられた以外53本すべて日本製交換レンズであった。日本カメラメーカー純正品が56.4％に相当する31本、シグマ、タムロン、トキナー（現ケンコー・トキナー）の日本レンズ専業メーカーが16本（29.1％）、日本家電メーカーが6本（10.9％）となっている。日本カメラメーカーの競争相手はデジタルカメラとは異なって日本レンズ専業メーカーであった。

表7-10 交換レンズ

レンズの種類		各国メーカー	テスト機種別	小売価格(ドル)	総合品質評価点	テスト結果		備考
						①画質	②使い勝手	
2007年	標準ズーム	日本カメラ	5	262	65.2	—	—	
		レンズ	1	500	72.0	—	—	シグマ
		家電	1	200	84.0	—	—	ソニー
	望遠ズーム	日本カメラ	1	350	94.0	—	—	キヤノン
	超望遠レンズ	日本カメラ	2	700	56.0	—	—	
		レンズ	2	555	53.0	—	—	
2009年	標準ズーム	日本カメラ	10	308	67.4	3.8	4.3	
		レンズ	4	455	66.8	4.0	4.0	
		家電	2	275	73.0	4.0	4.5	
		ドイツ	2	775	72.5	4.0	4.5	ライカ
	望遠ズーム	日本カメラ	4	230	70.8	4.0	4.5	
		レンズ	2	170	64.0	3.5	4.0	
		家電	2	265	68.0	4.0	4.5	
	超望遠ズーム	日本カメラ	3	377	65.7	3.7	4.3	
		レンズ	3	383	65.8	3.8	4.0	
		家電	1	560	58.0	3.0	3.0	ソニー
2012年	標準ズーム	日本カメラ	2	1200	76.0	4.0	4.0	
		レンズ	2	767	70.4	4.0	3.4	
	望遠ズーム	日本カメラ	4	563	73.8	4.0	4.5	
	超望遠ズーム	日本レンズ	2	650	72.0	4.0	3.4	シグマ

出所:『コンシューマー・レポート』2007年7月号、2009年12月号、2012年12月号を基に筆者作成。

(2) 評価について

　2007年は標準ズームの総合品質評価点で、カメラメーカー65.2点、レンズメーカー72点に対して家電メーカーはソニーが84点と好評を得ていた。超望遠ズームが日本カメラメーカー製で94点と最高評価を得ていたが、超望遠レンズは標準ズームに比べてもカメラメーカー、レンズメーカー共に56点、53点と評価が低かった。

　2009年は標準ズームでは、総合品質評価点、画質、使い勝手について共に家電メーカーとドイツメーカーの評価がカメラメーカーより高かった。レンズメーカーは画質を除き、カメラメーカーよりも低かった。望遠ズームでは、家電メーカーもカメラメーカーもほぼ同様な評価であった。超望遠ズームや超望

遠ズームになると、カメラメーカーの方が家電メーカーより歴然と優位性を示した。家電メーカーとドイツメーカーの評価がカメラメーカーより高かったのは、選りすぐられた1、2本の交換レンズが取り上げられた家電メーカーと諸々のメーカーの製品が選ばれたカメラメーカーとの違いと理解する。

さらに、2012年は製品が2009年以上に多数発売されているにもかかわらず、テストに取り上げられた交換レンズは10本と少なかった。そのことがカメラメーカーも、レンズメーカーも選りすぐられた製品が取り上げられたこともあって総合品質評価点もすべて70点以上、画質4点、使い勝手3.6-4.5点と高い評価が与えられていた。

第5節　高品質品のメーカー別分析

第3節、第4節においてアメリカ市場におけるデジタルカメラの品質評価を『コンシューマー・レポート』の品質評価テストを通じて検討してきた結果、テスト対象となったのは日本製品が約90％を占め、その中でもカメラメーカーの製品が圧倒的多数となった。また、高い評価点を獲得した高品質品もアメリカ6.9％、韓国2.9％、ドイツ1.6％と比較すると、日本カメラメーカー54.4％、日本家電メーカー23.0％と桁違いの高比率となった。この高品質品をメーカー別に検討してみよう。まず、デジタルカメラ産業創生期の1998-2002年についてみると（表7-11-1参照）、オリンパス、ソニー、コダックというカメラ、家電、アメリカという異なったグループのメーカーがベスト3を占め、オリンパスはその中で高品質品の21.3％を占めて首位に立った。キヤノン、富士フイルム、

表7-11-1　メーカー別の高品質品数
（1998-2002年）

順位	メーカー名	グループ	機種数	
			機種	％
1	オリンパス	カメラ	19	21.3
2	ソニー	家電	14	15.7
3	コダック	アメリカ	11	12.4
4	キヤノン	カメラ	8	9.0
5	富士フイルム	カメラ	7	7.9
5	ニコン	カメラ	7	7.9
7	ミノルタ	カメラ	4	4.5
7	東芝	家電	4	4.5
7	カシオ	家電	4	4.5
10	エプソン	家電	3	3.4
10	HP	アメリカ	3	3.4
12	松下電器	家電	2	2.2
12	京セラ	カメラ	2	2.2
13	ペンタックス	カメラ	1	1.1
	13社		89	

ニコンというカメラメーカーは立ち後れて8-9%で、4-5位に留まっていた。ミノルタ、京セラ、ペンタックスはさらに後塵を拝していた。下位には新規参入した家電のメーカー東芝、カシオ、エプソン、松下電器が位置していた。外国メーカーとしては3位のコダック、10位のHPの2社だけであった。

次に、発展期の2003-7年になると（表7-11-2参照）、日本のカメラメーカーがデジタルカメラに本格的に取り組んできたために、高品質品に評価される機種が増加し、第1位（キヤノン）、2位（オリンパス）、4位（富士フイルム）、6位（ニコン）、7位（ペンタックス）、8位（コニカミノルタ）とベストテンに6社が入り、さらに、13位に京セラ、15位にシグマが入って高品質品の3分の2を占めた。家電メーカーの中では、ソニー（3位、13.0%）、松下電器（8位、4.6%）の2社が主要部品の内製を強みに抜け出した。アメリカメーカーでは前期同様コダックとHPが入ったが、コダックは前期の12.4%から8.9%に下落して低落下傾向がはじまり、HPはやや上昇した。この時期台頭したのが韓国のサムスンで12位にランクして2.3%を占めた。また、ドイツのライカも松下電器からのOEMである程度の量産品を市場に出すことができ、5機種が高品質品に取り上げられた。

さらに、2008-13年になると（表7-11-3参照）、キヤノン、ニコン、ソニーの上位3メーカーへの集中が初めて53%と半分を超え、パナソニック、オリンパスを加えた上位5メーカーだと73.5%にも達した。カメラメーカーは上位5メーカーで49.6%、中位のペンタックス（7.4%）、富士フイルム（4.2%）、下位のシグマ（1.1%）、タムロン（0.6%）を加えると高品質品の63.1%を占めたことになる。これに対抗したのが家電メーカーでソ

表7-11-2 メーカー別の高品質品数（2003-07年）

順位	メーカー名	グループ	機種数 機種	%
1	キヤノン	カメラ	86	17.0
2	オリンパス	カメラ	77	14.7
3	ソニー	家電	68	13.0
4	富士フイルム	カメラ	47	9.0
5	コダック	アメリカ	46	8.9
6	ニコン	カメラ	40	7.6
7	ペンタックス	カメラ	37	7.1
8	松下電器	家電	24	4.6
8	コニカミノルタ	カメラ	24	4.6
10	HP	アメリカ	23	4.4
11	カシオ	家電	19	3.6
12	サムスン	韓国	12	2.3
13	京セラ	カメラ	6	1.1
14	ライカ	ドイツ	5	1.0
15	東芝	家電	4	0.8
15	シグマ	カメラ	4	0.8
17	エプソン	家電	1	0.2
17社			523	

表 7-11-3　メーカー別の高品質品数
（2008-13 年）

順位	メーカー名	グループ	機種数 機種	%
1	キヤノン	カメラ	189	22.2
2	ニコン	カメラ	152	17.9
3	ソニー	家電	110	12.9
4	パナソニック	家電	94	11.0
5	オリンパス	カメラ	81	9.5
6	ペンタックス	カメラ	63	7.4
7	富士フイルム	カメラ	36	4.2
8	サムスン	韓国	36	4.2
9	カシオ	家電	30	3.5
10	コダック	アメリカ	22	2.6
11	ライカ	ドイツ	18	2.1
12	シグマ	カメラ	9	1.1
13	タムロン	カメラ	5	0.6
14	GE	アメリカ	4	0.5
15	HP	アメリカ	2	0.2
	15 社		851	

表 7-11-4　メーカー別の高品質品数
（1998-13 年）

順位	メーカー名	グループ	機種数 機種	%
1	キヤノン	カメラ	283	16.4
2	ニコン	カメラ	199	11.5
3	ソニー	家電	192	11.1
4	オリンパス	カメラ	177	10.2
5	パナソニック	家電	120	6.9
6	ペンタックス	カメラ	101	5.8
7	富士フイルム	カメラ	90	5.2
8	コダック	アメリカ	79	4.6
9	カシオ	家電	53	3.1
10	サムスン	韓国	48	2.8
11	コニカミノルタ	カメラ	28	1.6
12	HP	アメリカ	28	1.6
13	ライカ	ドイツ	23	1.3
14	シグマ	カメラ	13	0.8
15	東芝	家電	8	0.5
16	京セラ	カメラ	8	0.5
17	タムロン	カメラ	5	0.3
18	エプソン	家電	4	0.2
18	GE	アメリカ	4	0.2
	19 社		1,463	

ニー、パナソニックの二強にカシオを加え約 27.4％ となった。この時期、東芝、エプソンは事実上撤退していた。日本以外のメーカーでは、アメリカのコダック、HP に加えて GE の製品が取り上げられた。コダックは前期からさらに低下して 2.6％ までに下がってしまい、日本両グループの競争相手ではなくなった。この他、ドイツのライカ、韓国のサムスンがランクされており、このうちサムスンが日本の中位メーカーの競争相手となる力を持ってきた。

　1998-2013 年までの通期でみると（表 7-11-4 参照）、日本カメラメーカーの高品質品に占める強さがより明確になる。上位 7 社のうち 3 位のソニー、5 位のパナソニックの家電メーカーを除くと、第 1 位キヤノン、2 位ニコン、4 位オリンパス、6 位ペンタックス、7 位富士フイルムが占めていた。また外国メーカーは 4.6％ のコダックを最高にすべて 5 ％ 未満であった。

　以上のような結果から、なぜ、デジタルカメラでは日本カメラメーカーが高

品質なブランドを構築できたかを考えてみたい。第1に、日本カメラメーカーは1970年代から世界市場を日本メーカー同士で激しい競争を繰り広げて勝ち残ってきた経験や技術革新を通じて得たカメラ独自の技術を持っていたことが挙げられる。デジタルカメラの出発点でカシオに乗り遅れながら家電メーカーや他国メーカーにすぐには獲得できない技術障壁があるが故に2000年代初めには追い越した強さを持っていた。

第2に、フイルムカメラ時代にすでに『コンシューマー・レポート』を通じて高品質品が多数を占めていたという実績から、アメリカの消費者や流通業者にデジタルカメラも高品質品であることを認知されやすい側面を持っていた。こうした背景には、1950年代から日本のカメラブランドに対する認知→選好→愛着というプロセスで「ブランドの信頼性」を高めてきたことがあったといえる。

第3に、カメラメーカーと家電メーカーとの決定的な違いが、クレーム情報を製造・販売部門へ反映のさせ方であり、このことが高品質化の違いとなっていった。カメラメーカーも部品のユニット化により家電メーカー的製造方法に替わってきたとはいえ、クレーム箇所を家電メーカーは部品交換で簡単に済ませてしまうが、カメラメーカーは調整によって直す方法を採ってきた。そのため、クレーム情報など品質情報を迅速かつ正確に製造・販売部門に反映させる経験を持っていた。

第4に、カメラメーカーの多くは、カメラ生産を始めたときからライカ、ツァイス、ローライなどドイツメーカーのブランドを意識していたため、早くからブランドの重要性を認識していた。そうした意識を持っていたことから欧米市場に参入した時に、自社ブランドや海外販売会社名に自社ブランドを使っていた。第5に、1960年代以降、日本カメラメーカー高品質品はドイツカメラメーカーを大きく上回っていた。

おわりに

本章では、グローバル化競争における日本カメラメーカーが、日本家電メーカーをはじめ各国メーカーに対して、品質および高品質としてのブランドが

競争優位性であるとの仮説を『コンシューマー・レポート』の商品テストを基に、1998年から13年まで16年間を時系列、定量的に検証した。得られた結論は、下記のようにまとめることができる。

日本カメラメーカーは、1998年から2013年までのアメリカ市場において、日本家電メーカーをはじめ、各国メーカーに対して高品質品としてのブランドが競争優位にあることが確認できた。

その主な源泉は、①日本カメラメーカーは、フィルムカメラが品質・機能の向上やブランド価値として消費者へ浸透し、たゆまない新製品開発・生産技術や海外の直接販売・アフターサービス網の構築とあいまって、デジタルカメラの競争優位の構築に大いに貢献した。②光学産業は、資本にとって魅力ある市場規模でないため、新規参入が少なく、カメラメーカーが光学設計技術者の多さ、光学技術ノウハウの蓄積、非球面レンズなどの開発、小型化・高精度化・薄型化、ビデオカメラによる電子技術の導入など広範囲な技術蓄積を独占できた。③フィルムカメラからの長年にわたる交換レンズや付属品の豊富さがあることである。

しかし、後発のソニー、パナソニック、サムスンに急迫される可能性がある。それは、企業統合・事業撤退、早期定年制導入などにより、日本家電メーカーはじめ中国、台湾、韓国メーカーなどに人材が経営、開発、生産管理などあらゆる分野で流失しているためである。また、技術の分野でも、①ミラーレス一眼の登場がカメラメーカーが持っていた技術的優位性の中核であるミラー機構、ペンタプリズムやレンズ加工技術要素を少なくさせたこと、②金型、レンズ加工などのコア技術が日本カメラメーカーの海外生産や参入障壁がますます低くなることからデジタルカメラが市場に対して持っていた優位性が相対的に弱まってきている。

日本カメラメーカーは、スイス時計と同様に、高品質品ブランドが国際的な評価を得ているので、そのブランドと光学設計・精密加工技術を活用した新規の事業展開ができる。とくに、デジタルカメラは、各国で消費者に人気のある商品のため、新製品発表などが各国のマスコミの話題になりやすい。消費者へのブランドの露出頻度は、企業間取引（商品や部品など）より高いため、カメラメーカーのブランド活用が有効である。

第7章　日本デジタルカメラの国際的品質評価

注

1) 商品テスト誌の記述について岸洋子「商品テスト誌の日独比較と今後の課題」『千葉大学公共研究』2007年3月（第3巻第4号）を参照した。
2) 多田吉三「1930年代のアメリカにおける消費者テスト運動」『大阪市立大学生活科学部紀要』1987年（第34巻）40頁。
3) アメリカ消費者同盟ウェブページ。
4) 西村隆男『日本の消費者教育』有斐閣、1999年、117-118頁。
5) 『コンシューマー・レポート』1936年5月号、3-19頁。6月号、2-23頁。
6) 同上、10頁。
7) 前掲『日本の消費者教育』117頁。
8) アメリカ消費者同盟ウェブページ。
9) 「主役は消費者・商品比較で確かな『目』」『日本経済新聞』2004年7月2日夕刊。岸「前掲論文」234頁。
10) 『ワールドワイドエレクトロニクス市場総調査』2000-14年版、富士キメラ総研。
11) カメラ映像機器工業会統計（CIPA統計）。
12) ソニー、コニカミノルタホールディングス「ニュース・リリース」2006年1月19日。
13) 2010年9月、独ライカカメラ社にて筆者聞取による。ライカカメラ社は『年次報告書』2009年によると、資本金約11億円、売上高約137億円、従業員約1,500人である。

終　章　2010年代におけるデジタルカメラ産業の諸問題

矢部洋三

　本書の最後にあたって、グローバリゼーションが展開する中で1990年代後半から形成されてきたデジタルカメラ産業が今日抱えている諸問題について問題をいくつか提起したい。著者たちは、これらの問題解決が新たなるデジタルカメラ産業の発展に繋がると考えている。

1．成熟化するデジタルカメラ産業

　2011年は、デジタルカメラ産業にとって正念場の年であった。2011年3月の東日本大震災、10月のタイ洪水により組立工場や部品供給工場が被災して計画通りに製品を市場に出荷できず、他方、デジタルカメラメーカーが薄々感じていたスマートフォンがデジタルカメラ産業に与える影響を12月にアメリカNPD Group調査『Imaging Confluence Study』によりはっきり認識させられた。2012年は、スマートフォンに浸食された低価格デジタルコンパクトの減少傾向が続いたものの、デジタル一眼、交換レンズ、高級デジタルコンパクトが2011年度の反動増で好調に推移した。2013年は、ふたを開けてみると、表8-1のように2013年度決算において当初出荷数量・金額計画に対して各メーカーの実績が65.7％から101.9％で、大半のメーカーが80％台であった。相次いで世界市場への出荷台数を1年間に2-4回も下方修正した。とくに、デジタルコンパクトは減少傾向をある程度覚悟しつつも、キヤノン、ニコン、ソニーの上位3社は下位メーカーを浸食して減少をくい止めようとしたが、それができず、下方修正の回数が多かった。さらに、期待していたデジタル一眼が拡大するのではなく、十数％の減少に転じてしまった。

表 8-1 デジタルカメラメーカーの下方修正
(世界出荷台数、2013 年度)

	機種	当初計画	下方修正	計画達成率
		万台	回	%
キヤノン	コンパクト	1,700	3	77.6
	一眼レフ	920	3	83.2
ニコン	コンパクト	1,400	2	79.7
	一眼レフ	710	4	81.0
ソニー	デジタルカメラ	1,350	4	85.2
富士フイルム	デジタルカメラ	700	1	65.7
オリンパス	コンパクト	270	-	101.9
	一眼レフ	73	1	86.3
パナソニック	デジタルカメラ	400	2	81.0
カシオ	コンパクト	不明		

出所:各メーカー『決算報告説明会資料』、新聞各紙から作成。
注:キヤノンは 2013 年 4 月から 2014 年 3 月まで 2 つの決算期をまたいでの数字を採った。

デジタルカメラ産業は、2010 年代になると、世界出荷が台数ベースでも、金額ベースでも減少傾向に入った。表 8-2 のように出荷の頂点を 100 とすると、デジタルカメラは 2013 年には台数ベースで 51.7、金額ベースで 54.0 と半分程度に落ち込んでしまった。全製品の金額ベースとデジタルコンパクト(台数・金額の双方)が 2008 年と早く、全製品の台数ベースが 2010 年、デジタル一眼(台数・金額の双方)と交換レンズの台数ベースが 2012 年、交換レンズの金額ベースが 2013 年にピークを迎えている。機種ごとでは、二極分化が進み、

表 8-2 2010 年代のデジタルカメラ世界出荷台数

	全製品		コンパクト		一眼レフ		交換レンズ	
	台数	金額	台数	金額	台数	金額	台数	金額
ピーク年	2010 年	2008 年	2008 年	2008 年	2012 年	2012 年	2012 年	2013 年
2010 年	100.0	75.9	98.6	69.6	64.0	66.8	71.5	77.2
2011 年	95.1	67.1	90.7	56.0	77.9	71.0	85.7	82.8
2012 年	80.8	67.8	70.8	43.6	100.0	100.0	100.0	94.9
2013 年	51.7	54.0	41.5	29.9	85.0	90.1	87.9	100.0

出所:『CIPA REPORT』2014 年版より作成。
注:ピーク年を 100 とした数値。

終　章　2010年代におけるデジタルカメラ産業の諸問題

デジタルコンパクトは2013年には台数で41.5、金額で29.9と激減したのに対して、デジタル一眼と交換レンズは交換レンズの金額ベースが増加傾向にあり、落ち込みも10-15％なので一時的な現象とも考えられる。

次に、メーカー別の出荷動向をみていく。まず、デジタルコンパクトについてみると（表8-3-1）、2010年に1,000万台以上を出荷していたキヤノン、ニ

表8-3-1　デジタルカメラメーカー別出荷台数（コンパクト）

	キヤノン		ニコン		ソニー		富士フイルム	
	万台	指数	万台	指数	万台	指数	万台	指数
2010年	2,100	100.0	1,426	100.0	2,390	100.0	1,160	100.0
2011年	1,865	88.8	1,737	121.8	1,892	79.2	1,155	99.6
2012年	1,830	87.1	1,714	120.2	1,500	62.8	840	72.4
2013年	1,320	62.9	1,116	78.3	964	40.3	450	38.8

	パナソニック		オリンパス		リコー		カシオ	
	万台	指数	万台	指数	万台	指数	万台	指数
2010年	962	100.0	367	100.0	100	100.0	510	100.0
2011年	890	92.5	930	253.4	100	100.0	300	58.8
2012年	540	56.1	752	204.9	120	120.0	300	58.8
2013年	297	30.9	510	139.0	75	75.0	228	43.1

出所：リコーイメージング、カシオは『ワールドワイドエレクトロニクス市場総調査』2011-14年版、富士キメラ総研、その他は各社決算資料より作成。
注：2008年を100とした数値。

表8-3-2　デジタルカメラメーカー別出荷台数（一眼レフ）

	キヤノン		ニコン		ソニー		富士フイルム	
	万台	指数	万台	指数	万台	指数	万台	指数
2010年	590	100.0	429	100.0	180	100.0	-	
2011年	725	122.9	174	40.6	208	115.6	15	
2012年	820	139.0	698	162.7	200	111.1	20	
2013年	765	129.7	575	134.0	186	103.3	50	

	パナソニック		オリンパス		リコー	
	万台	指数	万台	指数	万台	指数
2010年	70	100.0	367	100.0	30	100.0
2011年	61	87.1	85	23.2	40	133.3
2012年	77	110.0	63	17.2	35	116.7
2013年	67	95.7	59	16.1	38	126.7

出所：表8-3-1と同じ。
注：2010年を100とした数値。

コン、ソニー、富士フイルム、パナソニック（962万台）の5社のうち、キヤノン、ニコンは下落率が低く、ニコンにおいては2011-12年は増加しており、ソニー（2013年マイナス59.9%）、富士フイルム（同マイナス61.2%）、パナソニック（同マイナス69.1%）は下落率が激しい。下位のオリンパス、リコー、カシオは2010年以前から出荷台数を絞り込んでおり、リコーは元々高級コンパクトに特化して出荷台数が100万台と少なく、吸収したペンタックスもデジタルコンパクト部門は規模が小さかったので、落ち込みが少ない。デジタル一眼については、表8-3-2をみると2012年に頂点があり、オリンパスを除いたメーカーが増加傾向にあり、富士フイルムとリコーを除いて2013年にやや減少した。メーカー別の出荷動向としては、①デジタル一眼の比率の高いキヤノン、ニコンが安定していること、②デジタル一眼でも主力がミラーレス一眼であり、デジタルコンパクトの出荷台数の多いソニー、パナソニック、富士フイルム、オリンパスはデジタルカメラ部門の再編成に苦慮していること、③リコーとカシオは規模が小さく、デジタルカメラ産業の一員として存続できるのかという問題があることが指摘できる。

また、市場の縮小によって競争がいっそう激化し、製品寿命の短期化、単価下落とも止まらない。表8-4によりデジタルカメラの平均出荷価格についてみ

表8-4　デジタルカメラの平均出荷価格

	デジタルカメラ		コンパクト		一眼レフ	
	円	指数	円	指数	円	指数
ピーク年	44,800	1999年	44,800	1999年	101,200	2003年
2003年	28,200	62.9	26,800	59.8	101,200	100.0
2004年	25,900	57.8	23,700	52.9	75,200	74.3
2005年	24,100	53.8	21,300	47.5	68,900	68.1
2006年	22,500	50.2	19,500	43.5	64,200	63.4
2007年	20,500	45.8	17,400	38.8	59,600	58.9
2008年	18,100	40.4	14,900	33.3	54,200	53.6
2009年	15,300	34.2	12,100	27.0	46,300	45.8
2010年	13,500	30.1	10,500	23.4	39,100	38.6
2011年	12,600	28.1	9,200	20.5	34,100	33.7
2012年	15,000	33.5	9,200	20.5	37,400	37.0
2013年	18,600	41.5	10,700	23.9	39,600	39.1

出所：表8-2と同じ。

終　章　2010年代におけるデジタルカメラ産業の諸問題　　335

ると、全製品とデジタルコンパクトのピークはCIPA統計の掲載が始まった1999年の4万4,800円であり、デジタル一眼は掲載が始まった2003年の10万1,200円で、それぞれの年を100とする。いずれも2011年まで上昇することなく下落し続け、全製品がピーク時の28.1%、デジタルコンパクトが5分の1、デジタル一眼が3分の1にまで下落した。2012-13年の上昇は市場規模が縮小したため低価格機種の製品展開の削減によった。

　2008年のリーマンショック以後、各中下位メーカーのデジタルカメラ部門の収益率が悪化してきた。各メーカーにおけるデジタルカメラ部門の営業損益率を示したのが表8-5である。ただ、比較するのに、メーカーごとにデジタルカメラが属する事業部門が異なり、事業部門におけるデジタルカメラの比重が低いメーカーもあるという問題がある。デジタルカメラ部門の営業損益が掌握しやすいメーカーは、キヤノン、ニコン、オリンパス、リコーである。逆に掌握しにくいメーカーは、ソニー、パナソニック、富士フイルム、カシオである。パナソニックと2008-10年までのソニーは事業部門において最大の薄型テレビ

表8-5　デジタルカメラメーカーの営業損益率

（単位：％）

年度	キヤノン	ニコン	ソニー	富士フイルム	パナソニック	オリンパス	リコー	カシオ
2008	18.0	6.7		-5.4	0.1	-2.3	-2.9	8.8
2009	14.1	9.1	-1.5	-4.4	2.6	1.9	-3.5	-12.3
2010	17.1	8.8	0.1	-3.9	-1.7	-11.4	-4.0	6.8
2011	16.1	9.2	2.4	-1.2	-4.0	-8.4	-4.4	12.2
2012	15.0	8.1	0.2	-0.2	1.4	-21.5	-4.4	11.7
2013	14.1	9.4	3.5	1.0	1.4	-9.6	0.2	13.4

出所：各メーカー『有価証券報告書』、『決算説明会資料』より作成。
注：1）各メーカーの決算部門に属する主な製品
　　キヤノン　　　イメージングシステム　　　　　　　デジタルカメラ、交換レンズ、シネマカメラ、インクジェットプリンター
　　ニコン　　　　映像カンパニー　　　　　　　　　　デジタルカメラ、交換レンズ
　　ソニー　　　　イメージング・プロダクツ＆ソリューション　デジタルカメラ、交換レンズ、ビデオカメラ、放送用・業務用機器
　　富士フイルム　イメージング・ソリューション　　　カラーフィルム、デジタルカメラ、光学デバイス、フォトフィニッシュイング機器、写真プリント用紙・薬品・サービス
　　パナソニック　AVネットワークス　　　　　　　　スマートフォン、テレビ、ノートパソコン、デジタルカメラ、音響機器
　　オリンパス　　映像　　　　　　　　　　　　　　　デジタルカメラ、交換レンズ
　　リコー　　　　その他分野　　　　　　　　　　　　デジタルカメラ、リース・ファイナンス
　　カシオ　　　　コンシューマー　　　　　　　　　　時計、楽器、デジタルカメラ
　2）ソニーは2008-10年度はコンシューマー・プロフェッショナル＆デバイスが決算部門である。

の大幅赤字があり、カシオはコンシューマー事業部門の中には稼ぎ頭の時計があってデジタルカメラの収益悪化を見えにくくしている。富士フイルムも非デジタルカメラ部門の存在が大きく、2014年にはインスタントカメラ「チェキ」が大ヒットして、その出荷台数がデジタルカメラの200万台より1.75倍も多い350万台になるという状況である[1]。表8-5をみると、上位メーカーと中下位メーカーとの間に収益上の乖離が起こっている。収益性のよいデジタル一眼を生産しているキヤノン14.1-18.0％、ニコン6.7-9.4％の営業損益率を、ソニーも2010年の事業部構成編成替えで大幅赤字部門が切り離され、2.4-3.5％（2012年は前年からのタイ洪水でデジタル一眼の主力工場が被害を受けたため、除いて考えた）と黒字を確保した。これに対して中下位メーカーのオリンパス、富士フイルム、パナソニック、リコー、カシオは、万年赤字体質に陥った。これらのメーカーはデジタルコンパクト中心で、頼みのミラーレス一眼も2010年代になると過当競争となって赤字解消の切り札にならず、シェア獲得のために無理な拡大路線を採り、在庫を抱えて値引き販売をし、収益を悪化させた。個別にみると、オリンパスが一番悪く、8.4-21.5％の赤字を続け、デジタルカメラ部門だけでは富士フイルム、パナソニック、リコーも赤字から脱却できずにいる。カシオは2008年度決算以来赤字を続けていたが、すべて委託生産に切り替えて出荷台数を大幅に減らすことで2013年度は黒字に転換させた。パナソニックも同様に出荷台数を自社製品の実需要に合わせてピーク時の2008年1,090万台から2012年770万台、13年280万台[2]と絞り込んで収益を改善しようとしているが、デジタルカメラが属するAVネットワークス社では、2012-13年度黒字回復しているものの、デジタルカメラ事業単体では、営業赤字が続いている[3]。

　デジタルカメラ産業は、市場が縮小傾向を見せ、上位メーカーを除く中下位メーカーの赤字決算が続くと、撤退メーカーが現れるかもしれない。

2．基本性能の上限到達

　デジタルカメラが2010年をピークに売れなくなった背景には、スマートフォンの登場で携帯電話のカメラ機能が向上し、デジタルコンパクト市場、と

終　章　2010年代におけるデジタルカメラ産業の諸問題　　337

くに低価格製品を侵食して2010年代の生産・販売台数が激減していった。プロカメラマンや業務用を別にすれば、デジタルカメラの機種によって異なるが、2010年代初頭に基本性能がほぼ上限に達し、新たな需要喚起が弱くなる現象が生じている。まず、デジタルコンパクトをみると、その基本性能は、圧倒的に焼付が多いサービス判プリント（12.5×9ｾﾝﾁ）をきれいに撮影できる否かが基準となる。画素数、オートフォーカス（AF）、光学ズーム、液晶ディスプレイ、手ぶれ補正、ホワイトバランス、動画撮影などがデジタルコンパクトの基本性能である。スマートフォンがデジタルコンパクトのこのような基本性能に到達したときに別にデジタルコンパクトをもつ必要がなくなったということである。スマートフォンにおける新製品の展開が明確な「iPhone」を事例（表8-6参照）としてデジタルコンパクトの基本性能に到達していったのかをみてみよう。液晶ディスプレイについては2007年1月の発売から一貫してデジタルコンパクトを優越していた。iPhone、iPhone 3G（2008年7月）の2機種まではAF、光学ズーム、ストロボ、手ぶれ補正、ホワイトバランス、動画撮影の機能は搭載されておらず、デジタルコンパクトとの差は歴然としていた。そして、2009年6月のiPhone 3Gsからデジタルカメラに必要な機能が着装されはじめ、順次性能も向上していった。iPhone 3Gsでは、撮像素子がオムニジョン製の300万画素が使われ、AF、5倍の光学ズーム、ビデオ・グラフィックス・アレイの動画が加わってデジタルカメラらしくなった。さらに、

表8-6　スマートフォンのカメラ機能（2007-2013年）

製品名	発売年月	撮像素子			カメラの新機能
iPhone	日本未発売	200万画素			
iPhone 3G	2008.07.	200万画素			
iPhone 3Gs	2009.06.	300万画素		オムニジョン	オートフォーカス、ズーム、動画
iPhone 4	2010.06.	500万画素	裏面照射型CMOS	オムニジョン	手ぶれ補正（動画）、ハイビジョン、フラッシュ
iPhone 4s	2011.10.	800万画素	裏面照射型CMOS	ソニー	顔検出（写真）、フルハイビジョン
iPhone 5	2012.09.	1,200万画素	裏面照射型CMOS	ソニー	顔検出（動画）
iPhone 5c	2013.09.	1,200万画素	裏面照射型CMOS	ソニー	
iPhone 5s	2013.09.	1,200万画素	裏面照射型CMOS	ソニー	手ぶれ補正（写真）

2010年6月発売のiPhone 4になると、カメラ機能がいっそうデジタルカメラらしくなり、撮像素子にはオムニジョン製500万画素の裏面照射型CMOSが搭載され、動画には3軸の手ぶれ補正が採用され、フルハイビジョンになった。2011年10月発売のiPhone 4sには、撮像素子がソニー製800万画素の裏面照射型CMOSに代わり、顔検出（写真）、フルハイビジョンが加わってデジタルカメラとして十分使えるようになった。その後、新機能としては2012年9月発売のiPhone 5で動画の顔検出、2013年9月発売のiPhone 5sで写真の手ぶれ補正が搭載された。

　以上のようにスマートフォンが低価格帯のデジタルコンパクトを浸食しているという指摘がなされた2011年頃には、撮影するのにも、サービス判プリントに焼き付けたり、パソコンに保存したりして楽しむのも十分な技術に到達しており、デジタルコンパクトはもちろん、スマートフォンでも可能になっていた。これ以上の新機能や新技術は、嗜好性が強く、デジタルカメラ産業の市場を拡大するようなものではなくなった。

　次に、デジタル一眼の基本性能をみていくわけであるが、ここでは、デジタル一眼としていちばん市場性のある入門機種、その中でも常にトップシェアを獲得しているキヤノンのイオス・キス・シリーズを取り上げて基本性能を検討していく（表8-7参照）。デジタル一眼の基本性能をみるとき、フィルム一眼の時代に一眼レフとしては完成の域に達しており、2003年9月発売のイオス・キス・シリーズ最初のイオス・キス・デジタルからシャッタースピード、連写枚数、焦点の測拠点、ファインダー視野率、大きさ、重量などのカメラ機能は2013年4月発売のX7iまで変わっていない。デジタル機能が撮像素子、映像エンジンなどの半導体をはじめとした電子部品の性能向上がデジタルカメラとして性能を高めていくことになる。撮像素子は一貫して自社製のAPS-CサイズのCMOSが使われ、変化がなかった。その上でまず、記録メディアが2008年6月発売のFからSDカード系となり、動画機能が2009年4月発売のX3からフルハイビジョンで加わり、2010年2月発売のX4では、デジタル機能が一挙に高まった。撮像素子が1,510万画素から1,800万画素に、映像エンジンで制御する常用感度がISO3,200からISO6,400に、液晶ディスプレイが92万ドットから104万ドットになって、X7iまでほぼ同様の仕様となっているこ

表8-7　デジタル一眼イオス・キスの基本性能

製品名	発売年月	画素数 万画素	測距点 点	常用感度 ISO	連写枚数 コマ/秒	記録メディア (カード)	ディスプレイ インチ/万ドット	動画	シャッタースピード 秒	ファインダー視野率 %	大きさ (横×縦×奥行き)ミリ	重量 グラム
デジタル	2003.09.	630	7		2.5	CF	1.8/11.5	—	1/4000〜30	95	142×99×72.4	560
デジタルN	2005.03.	800	7	100〜400	3.0	CF	1.8/11.5	—	1/4000〜30	95	126.5×94.2×64	485
デジタルX	2006.09.	1,010	9	100〜400	3.0	CF	2.5/23	—	1/4000〜30	95	126.5×94.2×65	510
F	2008.06.	1,010	7	100〜1600	3.0	SDHC SD	2.5/23	—	1/4000〜30	95	126.1×97.5×61.9	450
X2	2008.09.	1,220	9	100〜1600	3.5	SDHC SD	3.0/23	—	1/4000〜30	95	128.8×97.5×61.9	475
X3	2009.04.	1,510	9	100〜3200	3.4	SDHC SD	3.0/92	フルHD	1/4000〜30	95	128.8×97.5×61.9	480
X4	2010.02.	1,800	9	100〜6400	3.7	SDHC SD SDXC	3.0/104	フルHD	1/4000〜30	95	128.8×97.5×75.3	530
X5	2011.03.	1,800	9	100〜6400	3.7	SDHC SD SDXC	3.0/104	フルHD	1/4000〜30	95	133.1×99.5×79.7	570
X6i	2012.06.	1,800	9	100〜12800	5.0	SDHC SD SDXC	3.0/104	フルHD	1/4000〜30	95	133.1×99.8×78.8	520
X7i	2013.04.	1,800	9	100〜12800	5.0	SDHC SD SDXC	3.0/104	フルHD	1/4000〜30	95	133.1×99.8×78.8	525

出所：キヤノンHPより摘出。
注：撮像素子はAPS-CサイズのCMOSということで共通している。

とから2010年頃にデジタル一眼の基本性能が上限に達したといえるのではないか。

3．最適生産追求とリスク管理

　グローバリゼーションが展開してくると、多国籍企業は、地球規模での最適生産を推進させていく。最大限の効率追求が行われる最適生産は、生産拠点や部品供給メーカーをより集中化し、ジャスト・イン・タイムで部品在庫を極力減らすことなどで効率性を高めた生産である反面、カントリーリスク、自然災害などの非日常的な状況に対応できないというリスクが伴う。デジタルカメラ産業の場合、「チャイナリスク」、東日本大震災、タイ洪水と最適地生産の弊害が2000年代後半に顕在化していった。チャイナリスクは、デジタルカメラ

メーカーがフィルムカメラ生産の時代からの中国への一極集中を継承した一層の集中化と日中関係を背景にして起こった。まず、チャイナリスクが初めて認識されたのは2003年日系多国籍企業が多数進出する広東省、香港を中心とした中国での鳥インフルエンザ（SARS）の発生である。鳥インフルエンザで操業停止となったのは、デジタルカメラメーカーではなく、患者が直接発生した北京の松下電器生産子会社2社だけであった。ただ、鳥インフルエンザ対策として製造業だけでなく、流通・サービスなどあらゆる業種に影響が及び、中国進出した企業は、赴任者とその家族の帰国、出張の取りやめなど人的避難に膨大な労力と費用を費やした。そして、2005年4月今度は自然災害ではなく、小泉純一郎首相の靖国参拝問題に端を発した広東省における反日デモが起こり、北京、上海、大連など日系企業が進出している地域に広がり、企業内の労働問題にも波及した。デジタルカメラメーカーにどのような具体的影響が出たのかは明らかでない。しかし、デジタルカメラメーカーのその後の動向をみると、この反日デモを契機に中国一極集中の見直しが始まり、タイ、ベトナムなど海外生産の第二極を構築し、製品の高級化に対応して国内生産を模索している。OEM生産の台湾企業も低賃金労働力を求めてミャンマーなどへの展開が活発化している。

　さらに、2012年沖縄県の尖閣諸島の帰属をめぐって日中両国政府の対立が反日運動などカントリーリスクを増大させ、キヤノン珠海では、9月17-19日工場被害はないものの、従業員の安全のため、操業停止とし、20日操業再開すると、一部従業員が賃上げを要求してストライキに入り、21-24日再び操業停止とした。ニコンは9月18日に北京と上海のショールームを安全のため、閉鎖した。ソニーも17-18日具体的生産子会社名を公表していないが、中国8生産子会社のうち2社が操業停止した。2005、12年のチャイナリスクは、デジタルカメラメーカーの経営失敗が招いたものではなく、日中両国政府の外交的拙策によってもたらされものであり、海外生産することは、こうしたカントリーリスクを多分に内包している。また、中国経済の発展に伴い労働力不足と労働賃金の上昇、労働争議の頻発、為替レートの上昇などデジタルカメラメーカーにとって中国市場の魅力を増しつつも低賃金を武器にした生産拠点の意味合いが喪失しはじめ、海外生産拠点の第二極や国内生産拠点を増強させていっ

終　章　2010年代におけるデジタルカメラ産業の諸問題

た。

　2011年3月に起こった東日本大震災は、デジタルカメラ産業のみならず、日本経済全体にも多大な影響を与え、高度技術部品や素材の供給が滞って世界各地の製造業が操業停止する事態をもたらした。デジタルカメラ産業は、表8-8のように組立工場では、仙台ニコン、富士フイルムデジタルテクノ、パナソニック福島工場の3ヵ所、交換レンズ工場では、栃木ニコン、キヤノン宇都宮事業所、シグマ会津工場の3ヵ所、部品工場では、撮像素子の岩手東芝エレクトロニクスとルネサスエレクトロニクス那珂工場、ローパスフィルターのエプソントヨコム福島事業所と京セラキンセキ山形、コンデンサーのSMK茨城事業所・ひたち事業所、村田製作所小山工場、中小型液晶ディスプレイの日立ディスプレイズ茂原工場と東芝モバイルディスプレイ深谷工場、パナソニック茂原工場が建物や生産ラインの損傷、装置の点検・調整など直接被災して半月程度の全面的な操業停止に追い込まれた。なかでもエプソントヨコム福島事業

表8-8　デジタルカメラ産業の東日本大震災による影響

	企業名	所在地	生産品目	被害状況	操業再開	備考
デジタルカメラ	パナソニック福島工場	福島県福島市	組立	直接（生産ラインに軽微な被害、物流や部品調達もあり生産停止）	2011.04.01	
	仙台ニコン	宮城県名取市	組立	直接（建物にヒビ、従業員1名死亡。操業停止。デジタルコンパクト1機種の国内販売中止。部品調達難により6月までニコン・タイランドの操業率低下）	2011.03.30	
	大分キヤノン	大分県国東市	組立	間接（1．部品調達に影響が出て一時生産が滞る。2．小型コネクタの不足でコンパクトの生産が海外拠点でも滞った。3．物流に影響があり）	2011.04.01	3月16日から停止、5月16日完全操業。
	宮崎ダイシンキヤノン	宮崎県木城町	組立			3月18日から停止
	長崎キヤノン	長崎県波佐見町	組立		2011.03.30	3月22日から停止、5月9日ほぼ完全操業。

	企業名	所在地	生産品目	被害状況	操業再開	備考
デジタルカメラ	富士フイルムデジタルテクノ	宮城県大和町	組立	直接（建物損傷などの被害により生産停止）	2011.03.23	
	ソニーEMCS幸田テック	愛知県幸田町	組立	間接（部品調達状況精査のため、生産停止）	2011.04.01	
	オリンパス	海外生産のため、影響なし。		間接（物流に影響があり、一部発売を延期）		
	カシオ	海外委託生産のため、影響なし。		間接（部品調達が滞り、一部製品の発売延期）		
	HOYA（ペンタックス）	海外生産のため、影響なし。		間接（物流に影響があり、一部発売延期）		
	リコー	海外生産のため、影響なし。		不明		
レンズ	栃木ニコン	栃木県大田原市	交換レンズ	直接（比較的被害が小さかった）	2011.03.18	
	キヤノン宇都宮事業所	栃木県宇都宮市	交換レンズ	直接（建屋（一部天井が崩れ落ちるなどの損壊）や設備の損傷）	2011.04.11	
	ソニーEMCS美濃加茂テック	岐阜県美濃加茂市	交換レンズ	間接（部品調達状況を精査中のため、生産を停止）	2011.04.01	3月22日から停止
	パナソニック山形工場	山形県天童市	交換レンズ	間接（物流や部品調達が滞り操業停止）	2011.03.22	
	シグマ会津工場	福島県耶麻郡磐梯町	交換レンズ	直接（工場設備など一部に被害が出ている。）	2011.03.15	
修理	富士フイルムテクノサービス	宮城県栗原市	修理サービスセンター	直接（業務停止）	2011.03.28	
撮像素子	ルネサスエレクトロニクス那珂工場	茨城県ひたちなか市	撮像素子	直接（クリーンルームの装置被害、生産再開時期は7月をメド）		
	岩手東芝エレクトロニクス	岩手県北上市	撮像素子、マイコン	直接（4月7-11日に発生した強い余震で再び被害を受けた）	2011.04.18	

	企業名	所在地	生産品目	被害状況	操業再開	備考
ローパスフィルター	エプソントヨコム福島事業所	福島県南相馬市	人工水晶部品	直接（東電福島第一原発から直線で16kmの距離にあり、警戒区域に該当するため）	―	2011年11月26日事業所閉鎖決定
	京セラキンセキ山形	山形県東根市	人工水晶部品	直接（建屋・設備の一部が損傷、インフラ等の影響で生産停止）		
コンデンサー	SMK 茨城事業所	茨城県北茨城市	コネクター、タッチパネル	直接（一部の建物損壊）	2011.03.22	
	SMK ひたち事業所	茨城県日立市	コネクター、タッチパネル	直接（一部の建物損壊）	2011.03.22	
	村田製作所小山工場	栃木県小山市	コンデンサー	直接（工場操業停止）	2011.03.28	
ディスプレイ	日立ディスプレイズ茂原事業所	千葉県茂原市	ディスプレイ	直接（天井などの破損や装置の位置ずれによる操業停止）	2011.03.29	本格的再開4月5日
	パナソニック茂原工場	千葉県茂原市	ディスプレイ	直接（操業停止）		全面再開4月末日
	東芝モバイルディスプレイ深谷工場	埼玉県深谷市	中小ディスプレイ	直接（生産設備が損傷、復旧に1ヵ月程度を見込む）	2011.03.29	
電池	ソニーエナジー・デバイス郡山事業所	福島県郡山市	リチウムイオン電池	直接	2011.04.中旬	
	ソニーエナジー・デバイス本宮事業所	福島県本宮市	リチウムイオン電池	直接	2011.04.07	

出所：被災各社の「ニュースリリース」をもとに『ロイター』、『東洋経済オンライン』、『ダイヤモンドオンライン』、『デジカメWatch』などの記事で補って作成した。

所は東電福島第一原発爆発事故による警戒地域に工場があり、操業再開がかなわず、2011年11月工場自体が撤退せざるを得なかった。震災後数日すると、組立工場のキヤノン3生産子会社（大分キヤノン、長崎キヤノン、宮崎ダイシンキヤノン）、ソニーEMCS幸田テック、交換レンズ工場のパナソニック山形工場、ソニーEMCS美濃加茂テックが震災の直接被害がないにも拘わらず、部品供給メーカーが被災したり、物流が寸断されたりして部品調達が滞り、部品

在庫が底をついて操業停止となった。また、ニコン・タイランドでも仙台ニコンで生産する撮像素子などの部品調達難により6月まで操業率を低下させる影響が出た。震源地に近く直接被災した仙台ニコンが3月30日に操業再開したのに対し、被災しない大分キヤノンやソニー EMCS 幸田テックが4月1日と遅れて操業再開となったことはジャスト・イン・タイムのリスクであることを如実に示している。さらに、国内生産をしていないオリンパス、HOYA（ペンタックス）、生産を行っていないカシオも物流に影響があり、一部製品の発売を延期する影響が出た。

　2011年10月になると、デジタルカメラ産業の日系メーカーが集積するタイで、メコン川の氾濫によって生産子会社が立地するいくつかの工業団地が浸水して数ヵ月間操業停止となる事態が発生した（タイ洪水、表8-9参照）。デジタル一眼の大半を組み立てるニコン・タイランド、ソニー・テクノジー・タイランドは工場建物が浸水し、共に営業利益250億円を減益する被害を2011年度決算で計上した。ニコン・タイランドでは、10月初めから浸水が始まり、工場建物1階がすべて水につかり、操業を停止して排水に努め、11月末に排水を完了させた。他方で主力生産拠点であるため、タイ国内の協力工場でデジタル一眼と交換レンズの代替生産を開始した。2012年1月3日になって浸水した工場で生産を再開して3月にやっと通常生産に復帰した。ソニーは、デジタル一眼、とくにミラーレス一眼の全量をソニー・テクノジー・タイランドで組み立てており、アユタヤ県のハイテク工業団地の生産拠点での再開をあきらめ、11月からチョンブリ県にある工場にデジタルカメラ生産を移して再開し、2014年アユタヤ工場をミネベアに売却してしまった[4]。この他、デジタルカメラの主力部品生産では、シャッターの世界シェアの大半を占める日本電産コパル・タイランド、セイコープレシジョン・タイランド、レンズ・ユニットの鏡筒を作るマクセル・ファインテック・タイランド、デジタルカメラ用CMOSのソニーデバイステクノロジー・タイランド、三脚のスリック・タイランド、フレキシブル基板のフジクラ・エレクトロニクス・タイランドの2工場などが洪水の直接的被害を被った。そのため、デジタルカメラ関係の生産拠点がタイにはないキヤノン、リコー、カシオは、シャッターをはじめ、部品の調達難によって減産を余儀なくされ、キヤノンは、タイ洪水によって営業利益

表8-9 デジタルカメラ産業のタイ洪水による影響

企業名	所在地	生産品目	被害状況	操業停止期間	備考
ニコン・タイランド	ロジャナ工業団地（アユタヤ県）	デジタル一眼・レンズの主力工場	直接（すべての建物で1階部分が浸水被害）	2011.10.06-12.01.03	11月26日排水完了、2012年3月末通常生産へ復帰
ソニー・テクノロジー・タイランド	ハイテク工業団地（アユタヤ県）	ミラーレス一眼のほぼ全量生産、一眼レフ	直接（工場建屋の浸水）	2011.10.11-撤退	11月7日チョンブリ県にある工場で代替生産を始めた。2014年アユタヤ工場撤退、ミネベアに売却
ソニーデバイステクノロジー・タイランド	ハンガディ工業団地	デジタルカメラ用CMOSの後工程	直接（工場建屋の浸水）	2014.10.14-	熊本工場に追加投資して代替生産体制を整える
マクセル・ファインテック・タイランド	ハイテク工業団地	レンズの「鏡体」の高精度なプラスチック部品	直接（浸水による操業停止）		
日本電産コパル・タイランド	ナワナコン工業団地（パトンタニ県）	シャッター、レンズ部品、小型モーター	直接（浸水による操業停止）	2011.10.12-12.13	11月15日ウタイタニ県で取引先工場で、代替生産を始めた
スリック・タイランド	ナワナコン工業団地	三脚	直接（浸水による操業停止）	2011.10.21-	
フジクラ・エレクトロニクス・タイランド	ロジャナ工業団地	フレキシブルプリント基板	直接（浸水による操業停止）	2011.10.11-	アユタヤ県アユタヤ工場
	ナワナコン工業団地	フレキシブルプリント基板	直接（浸水による操業停止）	2011.10.11-	パトンタニ県ナワナコン工場
カシオ	委託生産のみ	デジタルカメラ	間接（部品の調達難）		
キヤノン	生産拠点なし	デジタルカメラ	間接（部品の調達難）		
リコー	生産拠点なし	デジタルカメラ	間接（部品の調達難）		

出所：被災各社の「ニュースリリース」をもとに『ロイター』、『東洋経済オンライン』、『ダイヤモンドオンライン』、『デジカメWatch』などの記事で補って作成した。
注：1）パナソニック、富士フイルム、HOYA（ペンタックス）、オリンパスは、タイ国内にデジタルカメラ関連の生産拠点がなく、被害報告の「ニュースリリース」がなされていない。
2）ニコンは、2012年3月期決算で売上高650億円、営業利益250億円の減額影響を算定、特別損失109億400万円計上（保険金5億円）を計上した。そして、生産設備入れ替えなどの設備投資総額300億円を行った。
3）ソニーは、2012年3月期決算で営業利益の250億円押下げを計上した。

が200億円減額となった。

2011年に発生した東日本大震災とタイ洪水という自然災害が最適生産追求の危険性を如実化させ、リスク管理の必要性を示しているのであるが、東電原発爆発以後の原発回帰同様に多国籍企業にとって最大効率追求は止められない。

4．年収200万円未満労働による国内生産維持

デジタルカメラ産業にとって派遣労働・請負労働など新たなる低賃金構造がなければ、国内生産が維持できなくなっているという問題である[5]。

先進資本主義国における新たなる低賃金構造は、一般的にはグローバリゼーションの展開の中で最適地生産（東アジア地域、とくに中国）の労働条件が強制されて創出される。日本では、1990年代に地方にあった主力工場、生産子会社、関連中小企業が海外移転して産業の空洞化が進行した。この空洞化を背景にして小泉純一郎自民党内閣が規制緩和の名目で2004年3月に労働者派遣法を改定して製造業にも派遣・請負労働[6]が拡大された。これはパート労働、臨時労働、季節労働などの直接雇用より下層に位置づけられる新しい低賃金労働形態であった。その後、製造業の派遣・請負労働の弊害が指摘され、2011年菅直人民主党内閣で製造業の単純業務における労働者派遣・受け入れ禁止が提案されたが、採決まで至らず、2013年自公政権の復活で派遣労働の年限制約をなくし、恒久化する法案が提案された。また、デジタルカメラ産業では、早くから三洋電機や台湾メーカーのOEM生産が浸透し、これらのメーカーでは、中国を中心にした安価で流動性のある出稼労働を使った大規模な生産を展開して低賃金の世界標準となり、これに規定されて国内生産において同様な低賃金労働を関係企業の経営者たちに強要した。

デジタルカメラ産業では、メーカーによって国内生産についての戦略が異なる。2008年リーマンショック以前には、国内生産を基本に海外生産も行うメーカーはキヤノン、ソニー、パナソニック、富士フイルムの4社があった。ニコンは、マザー工場を国内に残し、量産を海外生産としていた。カシオは、一部高級品を国内生産していたが、2011年国内生産を含めたすべての自社生産を止めて委託生産に切り替えた。オリンパス、ペンタックス、リコーの3社

は、国内生産から撤退し、海外生産となっていた。2008年リーマンショック以後に状況変化が進み、ソニーは、一部国内生産を残しながら海外生産を主力としていった。富士フイルムは、国内生産をやめて海外生産のみになったが、2011年高級コンパクトの発売を契機に国内生産を復活させた。したがって、新たなる低賃金構造である派遣・請負労働が必要なのは、キヤノン、ニコン、ソニー、パナソニック、富士フイルムであった。

また、フィルムカメラを継承したデジタルカメラ産業では、1970-80年代に部品のユニット化を通じて生産工程の自動化が部品生産の工程で進展したが、肝心の最終組立工程がフレキシブル基板などの部品の填装の困難さ、小ロットで商品点数が多く、季節による生産変動が大きく、商品のライフサイクルが短いといった諸々の理由から進まず、1990年代からセル生産に移り、労働集約的労働が続いている。各メーカーは、表8-10のように低賃金かつ流動性を持たせた派遣・請負労働を組立工程を中心に大量に導入していった。メーカーにとっては、①東アジアの出稼労働に匹敵する低賃金労働が得られ、②生産の季

表8-10 デジタルカメラメーカー向け派遣会社（2013年）

メーカー	派遣会社名	会社所在地	作業内容	給与
大分キヤノン	キヤノンスタッフサービス	東京都大田区	デジタルカメラの組立作業	
	日研総業	東京都大田区	デジタルカメラの組立作業	
	ワールドインテック	福岡市博多区	デジタルカメラの組立作業	
	テクノスマイル	福岡県宮若市	デジタルカメラの組立作業	
	フジワーク	大阪府高槻市	デジタルカメラの組立作業	
仙台ニコン	ニコンスタッフサービス	東京都千代田区	デジタルカメラの修理（契約社員）	時給900円～
	テクノ・Tービス	東京都千代田区	カメラ部品の組立作業	時給880円
	パナソニックエクセルプロダクツ	大阪市北区	デジタルカメラの組立・調整作業	時給1,050円
	日研総業	東京都大田区	カメラ部品の組立	時給820円
栃木ニコン	ニコンスタッフサービス	東京都千代田区	カメラ部品の組立調整	時給1,050～1,100円

メーカー	派遣会社名	会社所在地	作業内容	給与
ソニー EMCS 幸田テック	日研総業	東京都大田区	デジタルカメラの組立作業	
	アルテック幸田	愛知県幸田町	ビデオカメラ、デジカメ等の組立、検査、梱包	時給1,000円
	アムライト	静岡県湖西市	デジカメ等の修理	
	HIROSE	静岡県湖西市	デジカメ等の修理	
ソニー EMCS 美濃加茂テック	丸徳産業	愛知県稲沢市	カメラレンズの組立・検査	時給950円
パナソニック福島工場	日研総業	東京都大田区	デジタルカメラの組立・検査	時給850円
パナソニック山形工場	ATアクト	仙台市青葉区	デジタルカメラの鏡筒部分の組立作業	
	フルキャスト	東京都品川区	デジタルカメラの組立・検査	時給850~900円
富士フイルムデジタルテクノ	ATアクト	仙台市青葉区		
	テクノ・T―ビス	東京都千代田区	デジタルカメラの組立検査	時給1,050円（月払い）
	ニコンスタッフサービス	東京都千代田区		
	ニューマグネ	宮城県七ヶ浜町	デジタルカメラのレンズ組立・検査	時給950円
	ワールドインテック	福岡市博多区	望遠レンズの組立・調整・検査	時給950円、月収20.7万円程度
	フジ技研	相模原市中央区	デジタルカメラの組立・加工・検査・梱包作業	時給920円
	日総工産	横浜市港北区	デジタルカメラの組立・検査	時給850円
シグマ	セブンスタッフ	福島県会津若松市	カメラ・レンズ等の検査及びチェック（パート労働）	時給800円、皆勤手当5,000円（月）
派遣先不明	テクノ・T―ビス	東京都千代田区	カメラの組立・実装補助	時給750円~
	テクノ・T―ビス	東京都千代田区	カメラレンズの洗浄等	時給下限800円
	テクノ・T―ビス	東京都千代田区	カメラ部品の着脱・検査	時給770円
	日本マニュファクチャリングサービス	東京都新宿区	カメラの部品を組立・加工業務（正社員派遣）	時給900円＝基本時給790円＋精勤手当110円

注：1）給与は2013年の募集時のもの。
　　2）大分キヤノンは2007年末の1,100人の派遣切りと偽装請負問題で2008-9年に派遣、請負労働をゼロにして見直しを行ったといわれる。正社員29％、期間労働者25％、派遣労働者46％（2008年）
　　3）人材派遣会社「アムライト」と「HIROSE」の本社はソニーEMCS湖西テック内にあった。

節変動に応じて労働力を供給でき、③直接雇用する季節労働者のような寄宿舎を作ったり、用意したりする必要もなく、④全国各地を廻って季節労働者を確保する煩わしい業務を省略できるなど利点がある。

　デジタルカメラメーカーでの労働実態をみると、正規労働者と非正規労働者が混在する組立工程の作業は、主に生産管理や工具のメンテナンスなどの間接的な組立作業を正規労働者と季節労働者が受けもち、直接的な組立作業を派遣・請負労働者が行っている。賃金は、派遣先の地域、メーカー、派遣会社によって多少差があるものの、2013年において時給750円から1,100円で、大体900円程度であり、年収にすると200万円にも満たない。そして、派遣会社が住宅を有償で提供する場合が多く、派遣切りに遭うと、職場と住居を同時に失うという悲惨な事態となってしまう。2007年末景気後退により派遣切りが横行して社会問題となった。

　メーカーにとって利点ばかりでなく、問題点も存在する。ひとことで言えば、製品不良が多発して「高品質の日本製品」の労働力基盤が失われつつあることである。表8-11のように製品不良が国内生産拠点から生まれている。こうし

表8-11　一眼レフカメラの不良問題

	不良なし	不良品（理由）
2005年	キヤノン（1DMark ⅡN）、ニコン（D2x、D2Hs、D70s、D50、D200）、ペンタックス（イストDL、イストDS2）、オリンパス（E-500）、コニカミノルタ（α-スウィート・デジタル、α-7デジタル）	・キヤノン・イオス・キスN（画像消失） ・キヤノン5D（ミラーの着脱）
2006年	キヤノン（30D、kiss x）、ニコン（D2xs、D80、D40）、ペンタックス（イストDL2、K100D、K10D）、オリンパス（E-330）、ソニー（α100）、松下電器（DMC-L1K）	
2007年	キヤノン（40D）、ニコン（D40x、D3、D70s、D300）、オリンパス（E-410、E-510、E-3）、ソニー（α700）、松下電器（DMC-L10K、DMC-L10）、富士フイルム（ファイン・ピックスS5 Pro）	・キヤノン1D MarkⅢ（AFの不具合） ・キヤノン1D MarkⅢ（ミラーの不具合）
2008年	キヤノン（kiss x2、kiss F、50D）、ニコン（D3x、D700、D90、D3x）、ペンタックス（K200D、K20D、K-m）、オリンパス（E-420、E-520、E-30）、ソニー（α200、α350、α300、α900）、パナソニック（DMC-G1）	・キヤノン5D MarkⅡ（画像に黒点）

注：「キヤノンの一眼レフで不良事故が多発する理由」『週刊東洋経済』2009年4月25日号を基本にして作成した。

た問題が起こるのは、①派遣・請負労働者にとってメーカー（人材派遣会社）からの数量的ノルマが第一で、製品の品質に対する責任が二の次となっており[7]、②請負労働者がメーカーと請負会社との契約や請負会社からのマニュアルに書いてあること以外やらない、③請負労働を使うと、生産現場での意思疎通が難しくなり、多様な事態に対応しにくいなどがある。その上、④派遣・請負労働者は、「協力会費」という名目で派遣会社のピンハネが介在しており、手取り収入を押し下げて低賃金構造を一層切り下げている[8]。

　年収200万円未満労働によって高品質の日本製品を作る生産現場の技能継承や生産現場からの創意などが可能なのかが問題である。さらに、こうした低賃金労働者からは次世代の労働者を生み出す「生命の再生産」すらできなくなる深刻な問題が内包していることを忘れてはならない。

5．その他

　今後のデジタルカメラ産業で危惧される問題で以下の2点がよく言われるが、2010年代後半のデジタルカメラ産業は、デジタルカメラの新しい爆発的な使われ方が創出されない限り2000年代のような発展はなく、堅実な発展をしていくと考える。

　第1の問題は、ソニー・パナソニックを模倣して韓国のサムスンが日本ブランドに対抗する有力な地位を占めて、テレビや半導体などのように日本メーカーを凌駕しないかということである。

　第2の問題は、キヤノンなど一部企業を除いて世界のブランドメーカーが台湾OEMメーカーの存在なくして立ちゆかないほど台湾メーカーに依存しすぎていないかということである。

　第1のサムスンの脅威であるが、デジタルカメラ産業はテレビ・液晶ディスプレイ、半導体のように市場規模が大きくなく、今後爆発的な発展が見込まれないとすれば、脅威より撤退の可能性の方が高いように思われる。サムスンにとってデジタルカメラ製品は総合電機産業のひとつの事業分野でしかなく、そこから利益が挙がらなければ撤退することすらある。

　第2の台湾OEMメーカーについても亜洲光学（AOF）、アビリティ・アル

テックを除いて EMS であってサムスン同様に問題は他の事業分野を凌駕する利益を得られる市場規模があるかどうかに懸かっている。

したがって、上記の2点は終章で見てきた諸点から危惧にあたらないように思われる。

注

1）「デジカメを抜いた富士フイルムの"残存者利得"」『週刊ダイヤモンド』2014年11月22日号。
2）『ワールドワイドエレクトロニクス市場総調査』2009、13、14年版、富士キメラ総研。
3）『福島民報』2015年1月10日。
4）『Logistics Today』 2014年2月19日。
5）デジタルカメラ産業における派遣・請負労働に関する著作物として、「キヤノン一眼レフで不良事故が多発する理由　日本製キヤノンがタイ製ニコンに屈する日」『週刊東洋経済』東洋経済新報社、2009年4月25日号、朝日新聞特別報道チーム『偽装請負 格差社会の労働現場』朝日新聞社、2007年、岡清彦『ルポトヨタ・キヤノン"非正規切り"』新日本出版社、2009年などがある。
6）共に非正規の低賃金労働という点で共通しているが、製造業の場合、派遣労働はメーカーが人材派遣会社と労働者派遣契約を結び、人材派遣会社が雇用関係にある労働者をメーカーに派遣してメーカーの指揮命令の下に作業を行う。その際、労働者に対して人材派遣会社は労働契約、賃金支払い、時間外労働協定、労災補償等の責任を負い、派遣先メーカーは、労働者の危険・健康障害防止措置、労働時間等の責任を負う。また、請負労働は、メーカーが人材派遣会社と請負契約を結び、メーカーと労働者との直接的契約関係はない。したがって、請負労働は雇用契約のある人材派遣会社からすべての指揮命令を受け、労働者に対する労働関係の責任はメーカーになく、すべて人材派遣会社にある。2000年代後半に問題になった「偽装請負」は、メーカーが労働関係の責任を問われない請負労働の形態を取りながら、労働現場での直接指揮を行う派遣労働の形態を違法に行っていることである（「日本労働組合総連合会（連合）ホームページ」を参照した）。
7）グレーゾーンにある製品不良や見つかりそうもない作業の失敗を見逃し、作業個数を優先するという。
8）アイライン、グッドウィル、フルキャストなどでピンハネが明らかになり、労働基準監督署や厚生労働省の是正指導を受けている。

あとがき

　本書は、2006年に刊行された『日本カメラ産業の変貌とダイナミズム』以後のデジタルカメラ産業に関する共同研究の成果である。私たちの研究会は、個人研究の創意を尊重しつつ、共通認識をできるかぎりもつために基本的な統計や各人が行った聞取資料等を共有化し、月1回の研究会を通して各人の研究を積み重ねてきた。2006年10月から研究会の報告内容と次回の案内などを掲載する「ニュースレター」（～2014年4月41号）を発行したのもその一環であった。また研究会では、参加を希望する人は広く受け入れ、年齢の隔たりなく対等な議論を行ってきた。しかし、15年余の月日が経ち、参加者の研究環境が大きく変わってきたことから今回の出版を最後に研究会を閉じることとする。

　研究会15年の軌跡を振り返ってみると、日本大学経済学部の世代の異なる「日本経済史ゼミナール」出身の矢部洋三、渡辺広明、飯島正義、貝塚亨、矢部、渡辺と大学院時代を過ごした木暮雅夫、貝塚と同世代の駒澤大学大学院生の沼田郷（現青森大学）の6人で1999年12月に研究会を始めた。バブル崩壊と「失われた10年」という時代背景のもとに、研究を進めて高揚感を得られ、研究蓄積の少ない分野ということで国際的に圧倒的な競争力を持ったカメラ産業を研究対象に選んだ。その後、産業学会でカメラ産業の報告を意欲的に続けていた竹内淳一郎が2001年から加わった。竹内の参加によって多様な人脈と繋がり国内外の調査に弾みがついた。日本大学経済学部に勤務する木暮の尽力によって同学部経済科学研究所の研究助成金を2001-2年度に得て、研究が具体的成果（日本大学経済学部経済科学研究所『紀要』2003-4年第33-34号に7論文を掲載）となって進展した。この個人論文の成果をもとに改稿し、新たな論文を付け加えてまとめたのが『日本カメラ産業の変貌とダイナミズム』であった。出版と前後して、主要メンバーが相次いで留学し、その一方で、同志社大学大学院生の中道一心（現高知大学）、一橋大学に留学中のパトリシア・ネルソン（半年近く参加）が新しくメンバーに加わることとなった。中道の参加は従来扱ってこなかった新しい資料とバイタリティに富んだ研究姿勢が他のメンバー

に強い刺激を与えた。

　このように2007-8年の時期は、メンバーの環境が変わり、新たな参加者もあって研究会のあり方や今後の研究テーマが改めて論議された。その間、『日本カメラ産業の変貌とダイナミズム』の書評が『産業学会研究年報』（2006年第22号）、『日本写真学会誌』（2007年第69巻第6号）、『社会経済史学』（2007年第73巻第3号）、『経営史学』（2008年第43巻第2号）の4学会誌に掲載されたことからカメラ産業を引き続き研究対象としていくこととなった。しかし、研究テーマをめぐっては「1990年代の海外展開と国内的影響」という問題と、「2000年代のデジタルカメラ産業」のどちらにするかどうかで論議が続けられ、後者の「2000年代のデジタルカメラ産業」に絞っていくこととなった。こうした議論が深まる中で、再び木暮の努力で2009-10年度の経済科学研究所の研究助成金を得ることができた。木暮、矢部、渡辺、飯島、竹内、貝塚、沼田、中道の8人で取り組むこととなった。この頃、メンバーの居住地が青森、福島、群馬、兵庫、高知、首都圏と散在し、職場もすべて異なっていたが、研究助成金のおかげで月1回の研究会が確保され、2012年には研究会から離れた貝塚を除いた7人が成果（日本大学経済学部経済科学研究所『紀要』2012年第42号に7論文を掲載）を発表することができた。しかし、この研究成果を今回の出版に結びつけていくことは難産であった。一部メンバーの環境が変わったり、要職に就いたりして研究会への参加がままならなくなり、研究会の継続にも支障が出はじめるようになった。だが、2012年から新たに日本大学経済学部の山下雄司が参加することとなり、研究会の継続と出版の具体化が加速していった。

　今回の出版は、木暮と渡辺を除いた6人のメンバーで臨むこととなり、出稿予定のテーマを毎月順番に報告し、論議しながら、2013年3月の研究会で「出版の基本計画」を決め、日本経済評論社の了解を得て12月の研究会で各章の構成と編集・執筆担当者、出版スケジュールを決定した。このときの書名は、『デジタルカメラ産業の形成とグローバリゼーション』で、デジタルカメラが一般向け商品として登場した1995年から原稿締切期日との関係で2013年末（決算データについては2013年度末＝2014年3月）を対象とするデジタルカメラ産業の分析を行う予定であった。この時点での各章の構成は以下の通りである。

あとがき

序　章　問題の所在
第1章　生産・流通・サービスの統計的動向
第2章　組立メーカーの生産体制と海外展開
第3章　主要部品メーカーの生産体制と海外展開
第4章　海外生産の全面的展開と地域産業
第5章　台湾メーカーの台頭と受託生産
第6章　デジタルカメラ産業の急展開とフィルムメーカーの対応
第7章　デジタルカメラの国際的品質評価
第8章　スマートホンの普及に適応する中核企業の事業システム
終　章　リーマンショック後のデジタルカメラ産業

　ところが、一部の論文が提出されず、編者の判断で本書の構成を変更することとなった。第1章は全体の概説的意味合いもあり、欠かすことのできない章であることから飯島、沼田、矢部、山下の4人で急遽分担して執筆することとした。また、第8章については執筆担当者でないと書けないことと、時間的制約もあって省略せざるを得なかった（第1章の概説で簡単に触れる程度の補足にとどめる）。こうした事情によって刊行が遅れてしまった。
　私たちの実証研究に欠かせない工場見学、聞取調査に協力いただいた企業、官庁、業界団体、個人に感謝を申し上げる。これまでの研究に協力いただいた企業は、次の通りである。

デジタルカメラメーカー
　オリンパス（オリンパスオプトテクノロジー、オリンパス深圳、オリンパス広州）、キヤノン（台湾キヤノン、キヤノン珠海）、ニコン（水戸ニコン、仙台ニコン、栃木ニコン、ニコン・タイランド）、富士フイルム（富士フイルムデジタルテクノ、富士フイルムテクノサービス）、ミノルタ（堺工場）、台湾リコー
部品メーカー
　岩田光学工業秋田工場、コシナ（光学研究所、飯山事業所、七瀬事業所）、シグマ会津工場、タムロン（弘前工場、浪岡工場）、セイコープレシジョ

ン・タイランド、日本電産コパル・タイランド、京セラキンセキ（タイランド）、HOYA オプティクス・タイランド、オプティクス・タイランド、ニッカン・タイランド、諏訪機械製作所

海外メーカー

亜洲光学（本社、信泰光学深圳、東莞信泰光学）、AOF ジャパン、ショット（マインツ、イエナ）、ツァイス（本社、ツァイス・イエナ）、プレミア、ライカカメラ、ラーガン

その他

ノーリツ鋼機、ユニバース光学等

　紙数の関係ですべて掲載できないが、これ以外にも多くの企業や個人の方々からご協力いただいたことをここに記す。訪問させていただいた各企業や個人には貴重な時間を割いて私たちの調査・聞取に対応していただいた。調査にご協力いただいた企業は旧カメラメーカーとその部品メーカーが多く、新規参入した電気メーカーには残念ながらご協力いただけなかった。精密機械メーカーと電気メーカーの消費者や研究者など外部の人間に対する企業風土の違いを感じた次第である。

　最後に、研究会を 15 年余継続し、今回研究成果を結実できたのは、2 度にわたる研究助成金（2001-2 年度総合研究、2009-10 年度共同研究）と研究会の会場を提供していただいた日本大学経済学部にある。ここに謝意を述べたい。

　　2015 年 3 月　　　　　　　　　　　　　　　　編　　者

初出一覧

序　章　問題の所在　　　　　　　　　　　　　　　　　　　書き下ろし
第1章　デジタルカメラ産業の概況　1995-2013年　　　　　書き下ろし
第2章　デジタルカメラメーカーの国際的生産体制
　　　　「デジタルカメラ産業の生産体制と海外生産」『紀要』日本大学経済学部経済科学研究所、2012年3月（第42号）を分割して改稿した前半部分。
第3章　主要部品メーカーの供給関係とその生産体制
　　　　「デジタルカメラ産業の生産体制と海外生産」『紀要』日本大学経済学部経済科学研究所、2012年3月（第42号）を分割した後半部分を改稿した。
第4章　海外生産の全面展開と地域産業
　　　　「デジタルカメラメーカーの海外生産と下請組立企業」『紀要』日本大学経済学部経済科学研究所、2012年3月（第42号）を改稿した。
第5章　台湾企業による受託製造の増大とその要因
　　　　「受託製造における台湾企業の台頭」『研究紀要』青森大学学術研究会、2014年2月（第36巻第3号）を改稿した。
第6章　デジタル化移行期におけるフィルムメーカーの活動　　書き下ろし
第7章　日本デジタルカメラの国際的品質評価
　　　　「日本デジタルカメラの競争優位について」『紀要』日本大学経済学部経済科学研究所、2012年3月（第42号）を改稿した。
終　章　2010年代におけるデジタルカメラ産業の諸問題　　　書き下ろし

索　引

[あ行]

アグファ（アグファ・ゲバルト）　12, 245-9, **250-251**, 308
亜洲光学　5, 49, 55-6, 73, 80-1, 83, 85-8, 104, 110, 113, 140, 143, 147, 189, 215-7, 221-3, **228-30**, 231, 234, 350
アップル　54, 58, 69-70, 87, 164, 213
アナログ式電子カメラ　7, 17-8, 76
アビリティ（佳能企業）　5, 53, 55-6, 80, 83, 87, 95, 104, 106, 110-1, 113, 216-7, 222-3, **230-1**, 232, 237-8, 350
アプティナ　6, 127, 129
アメリカ市場　26, 277, 291-2, 299, 301, 303-4, 324, 328
アメリカ消費者同盟　**291-4**, 295
アメリカメーカー　3, 6, 46, 48, 291, 306, 308-12, 314-5, 319, 325
アルテック（華晶科研）　5, 53, 55-6, 73, 80, 88, 91, 95, 103-4, 106, 111, 140, 216-7, 222-3, **231-2**, 238-9
インターネット　4, 8, 10, 19, **20-1**, 57, 69, 71, 268, 293
インベンテック（英保達）　55-6, 75
請負労働　79, 91, 99, 102, 346-7, 349-50
映像エンジン　7-8, 77, 83, 92, 122-3, 129, **133-7**, 168, 191, 214, 223, 232, 234, 236-7, 239-40, 338
オハラ　139-40, 142
オリンパス（高千穂光学）　2, 7-8, 18, 26, 45-7, 49-50, 52, 54, 67, 69-73, 77-8, **82-3**, 87, 91, 99, 102, 106, **108-9**, 111, 116, 123, 126-30, 134, 136, 139, 142-3, 145-6, 152, 154-6, 164, 172-4, 177, 179, 182-3, 188, **189-90**, 192-4, **195-6**, 197-200, 204, 212, 216, 228, 231, 272-3, 291, 310, 324-6, 334-6, 344, 346

[か行]

海外生産拠点　11, 65, 67-8, 72, 77, 79, 91-7, 99, 102, 106-7, 109, 113, 116, 130, 132, 140, 145-7, 152, 154-7, 161, 167, 171, 188, 194-5, 199, 205, 340
海外生産子会社　5-6, 66-8, 113, 116, 152, 167
海外生産比率　51-2, 56, 65, 80, 100, 196
カシオ　5, 8, 17, 19, 21, 31, 45, 49-50, 69-72, 74, 76-7, 85, 91, **94-5**, 99, 108, **111**, 116-7, 127, 133, 138, 143, 152, 162-3, 212-3, 231, 291, 315, 325-7, 334-6, 344, 346
カメラ映像機器工業会　9, 16, 182, 301
カメラ付き携帯電話　28, 57-8, 190
カメラの電子化　11, 121-3
韓国メーカー　6-7, 49, 163, 291, 305-6, 308-12, 314, 316, 319, 321, 328
カントリーリスク　99, 109, 339-40
機械統計年報　15, 45
基本性能の上限到達　**336-9**
キヤノン　2, 5-9, 17-8, 24, 26, 45-7, 49-53, 66-7, 69, 72, 74-5, 77, **78-80**, 82-3, 86, 88, 91, **99-101**, 105-6, 109, 115-6, 121-3, 125-7, 132-4, 136, 140, 142-3, 145-7, 151-2, 154-5, 163-4, 167-8, 191, 212, 216, 219, 221, 228, 230, 232, 234, 275, 312, 324-6, 331, 333, 335-6, 340, 341, 343-4, 346-7, 350
京セラ（ヤシカ）　3, 5, 7-8, 18, 24, 59, 67, 75, 77, 116, 142-3, 150-2, 161, 163, 173, 179, 188, **190-1**, **193-4**, 195, 325, 341
偽装請負問題　11, 99
グローバリゼーション　1, 3-4, 6, 10-11, 13, 331, 339, 353
経営破綻　115, 126, 315
ケンコー・トキナー（トキナー）　143, 147,

165, 322
交換レンズ　13, 79, 100-1, 106-9, 113, 121,
　133, 139-40, 142-3, 145-7, 150, 168, 195,
　199, 238, 240, 273, 303, 305, 310-12, 315,
　317, 322, 324, 328, 331-3, 341, 343-4
光学デバイス　104, 146
高級コンパクト　9, 50, 104, 194-5, 304, 347
工業統計表　15, 39, 45
国内工場の再編　171, 174, 193, **197-9**
国内生産拠点　5, 67, 71, 73, 78, 82, 83, 91,
　94, 102, 104, 107-8, 129, 140, 157, 168, 205,
　340, 349
コダック（イーストマン・コダック）　5-8,
　12-3, 17-8, 24-6, 29, 45-6, 48, 53-6, 69-73,
　77, 86, **87-8**, 91, 102, 112, **114-5**, 117,
　126-7, 129, 132-3, 136, 140, 143, 188-9,
　212-3, 228, 230, 232, 245-9, **250-84**, 291,
　311, 315, 324-6
コニカ（小西六）　2, 7, 8, 12-3, 26, 69, 75,
　77, 88, 228, 247, 283
コニカミノルタ　5, 60, 77, **88-9**, 106-7, 116,
　140, 143, 145, 147, 245, 248-9, 273, 310,
　322, 325
コンシューマー・レポート　13, 291, **292-9**,
　305, 315, 317, 324, 327-8

[さ行]

撮像素子　5-9, 11, 18, 29, 48, 59, 61, 71-2,
　76, 83, 89, 92, 97, 102-4, 115, 121-2,
　123-33, 134, 138, 147, 150, 168, 191, 213-4,
　226, 228, 234, 337-8, 341, 344
サムスン　5, 45-6, 48, 54, 112-3, 127, 129,
　136, 143, 146-7, 152, 156, 164, 231, 234,
　291, 311, 316, 322, 325-6, 328, 350-1
参入障壁　147, 214, 328
三洋電機　5, 8, 53-4, 56, 69-8, 80-1, 83, 89,
　93-4, 112, **113-4**, 116, 122, 127, 132-3, 140,
　143, 163, 189, 204, 273-4, 346
シグマ　6, 133, 140, 143, 147, 273, 310, 322,
　325, 341

市場参入　46, 69, 71-2, 75, 147, 211-3,
　223, 226
市場の縮小　12, 227, **237-8**, 334
下請組立企業　12, 172, 184-5, 202-5
シャープ　60, 69, 73, 76, 126-7, 132-3, 162-
　3, 192, 227, 274
主管工場　72, 74, 106-7, 177
信泰光学　81, 86, 228
ジェイビル　39, 54, 101
自社開発　104, 125-6, 128, 132, 134-6,
　168, 212
自社生産　5, 9, 19, 26, 45, 48-51, 53, 69-78,
　80-82, 85-7, 89, 91, 93, 95, 101-3, 105-7,
　109-11, 113, 115-7, 122, 143, 150, 165, 189,
　191, 198, 227, 236, 238, 322
重層的下請制　8-9, 11, 121
受託製造　12, 101, 211-5, 217, 219, 221-3,
　227-33, 235-40
人材派遣会社　6, 350
垂直的分業　11, 121
水平的分業　11, 121
スケールメリット　75, 132
スマートフォン　33-4, 44, 48, 52-3, 57-8,
　60, 62-3, 98, 121, 126, 133, 147, 162, 232,
　238, 293-4, 303-4, 331, 337-8
生産委託　5, 16, 48-51, 53, 68, 72, 74, 80, 83,
　85-7, 95, 99, 101, 103, 105-6, 109-11, 113,
　116-7, 133, 136, 165, 167-8, 194, 196-7
生産子会社　5-6, 10, 66-8, 72, 75-6, 84-7,
　91, 93, 102, 105-7, 109-10, 113, 116, 130,
　136-7, 146, 152, 157, 163, 165, 167, 340,
　343-4
生産メーカー　10-1, 26, 45, **48-52**, 53, 96,
　124, 150
精密機械工業　172-3, 176-7, 179, 187
世界市場　2-3, 11, 13, 16, 27, 33, 42, 44, 46,
　48, 60-1, 68, 72, 109, 113-4, 130, 146, 151,
　247, 249, 272, 277, 327, 331
セル生産　13, 78, 91, 97, 99, 100, 187, 347
ソニー　5, 8-9, 17, 39, 45-6, 49-50, 52-3, 61,

76-7, 82-3, 86, 88, **89-91**, 99, 101-2, 105, **106-8**, 111, 115-6, 121-3, 125-30, 133-4, 136, 139-40, 142-3, 145-6, 152, 154-6, 161-4, 168, 191-2, 212-3, 228, 231-4, 249, 291, 310-1, 315-6, 321-6, 328, 334-6, 338, 340, 343-4, 346-7, 350

[**た行**]

タイ洪水　11, 57, 62, 99, 105, 107, 145, 165, 331, 336, 339, 344, 346
泰聯光学　74, 86, 221, 228
台湾メーカー　6, 39, 48-9, 51, 53, 55-7, 75, 80, 93, 117, 132-3, 135, 156, 162-3, 346, 350
多角化（経営の多角化、事業の多角化）　13, 173-4, 193, 195, 203, 238, 245, 247-9, 251, 260, 275-6, 282-4
多国籍企業　4-5, 339-40, 346
タムロン　76, 140, 142-3, 145, 147, 322, 325
第3次円高　65, 67-8, 140, 155, 157
第4次円高　65, 67-8, 147, 157
チノン　5, 48-9, 53-6, 66, 69, 73, 87, 113, 115, 143, 147, 179, 182-4, **188-9**, 193, **195-6**, 213, 223, 229-30, 272
中国市場　68, 91, 101, 190, 277-8, 283, 340
ツァイス　2-3, 150, 327
低賃金労働　6, 78-9, 81, 83, 99, 102, 340, 346-7
手ぶれ補正センサー　**137-8**
出稼労働　96, 98, 346-7
デジタル一眼　9, 13, 33-6, 39, 44-5, 48, 50-1, 53, 62, 69, 71, 74-5, 79-80, 83-5, 88, 100-2, 105-7, 109, 111-3, 124-30, 132-4, 143, 147, 155, 199, 238, 300-5, 310-1, 314-7, 320-2, 331, 333-6, 338-9
デジタルカメラ製造業　9-10, 39, 42, 178, 182
デジタルコンパクト　6, 33-6, 39, 43-4, 47-51, 53, 58, 61-3, 69, 71-2, 74-6, 79-81, 83-7, 91-3, 95, 98-106, 109-14, 116-7, 122,

125, 127, 132-3, 135, 146, 150, 212, 240, 297, 300, 302-5, 310-2, 314-7, 320-1, 331-8
取引関係　76, 126, 135, 151, 156, 201, 203, 206, 222, 228, 234, 240

[**な行**]

ニコン（日本光学）　2, 5-9, 17-8, 24-5, 45-7, 49-50, 52, 68-71, 74-5, 77-8, **80-1**, 83, 86, 88, 99, **105-6**, 109, 112, 116, 123, 127-30, 133-4, 136, 138-40, 142-3, 145-6, 152, 154-6, 201, 216-7, 231, 273, 291, 310, 325-6, 331, 334-6, 340-1, 344, 346-7
日東光学　74, 140, 143, 147, 156, 179, 183, 186, 188, 193, **196-7**, 200, 213
日本市場（国内市場）　3, 5, 26, 58, 61, 73, 88, 109, 247, 256, 263, 272-3, 277, 279, 303
日本写真機工業会　9, 16
ノックダウン　66-7, 196

[**は行**]

派遣労働　6, 78-80, 91, 99, 102, 107, 346
パナソニック（松下電器）　5-6, 8, 39, 45, 49, 52-4, 69, 74, 76-8, 81, 86, 89, **91-3**, 99, 101, **102-3**, 106, 111, 114, 116, 121-3, 125-7, 129-30, 132, 135-6, 138-40, 142-3, 146, 151-2, 156-7, 168, 212, 234, 273, 291, 312, 315-6, 321-2, 325-6, 328, 334-6, 340-1, 343, 346-7, 350
東日本大震災　11, 34, 57, 62, 65, 111, 331, 339, 341, 346
非球面レンズ　84, 138, 140, 142, 328
フォーサーズ　102, 126-7, 273
富士キメラ総研　16, 45
富士フイルム　5, 8, 12, 17-8, 25-6, 45, 49-50, 52, 54, 69-74, 77-8, **86-7**, 91, 99, **103-5**, 111, 116, 122, 126-8, 130, 132-3, 136, 138, 140, 143, 145-6, 152, 164, 212, 217, 230, 247, **249-50**, 276-7, 312, 324-6, 334-6, 341, 346-7

フルサイズ　9,80,105,126,128
フレクストロニクス　55,95,114-5,140,189,229,230
部品メーカー　5,8-9,11,76,121-2,140,161,168,171,188,192,195,206,322
ブランド　2-5,13,16,33,47,69,73-7,88,110,114,147,165,167,188,190,194,213,222,250-1,262,291,295,297-9,312,327-8,350
ブランドメーカー　5,10-1,**45-48**,49,53,56,65,70-1,114,116-7,124,350
鴻海精密（プレミア、普立爾科研）　5,53-4,56,75,80,83,85,87,103-4,106,109,114,143,151,156,216-7,221-3,**226-7**,229-30
ペンタックス（旭光学）　2,5,7,18,45,49-51,66-8,75,78,**82-5**,109-11,**112-3**,116,123,126,128-30,133-4,139,143,146,152,154,230,291,310,325-6,334,346
ポラロイド　69,226,260

[まや行]

マザー工場　67,72,74,80,96,99-100,105,113,116,205,346
マビカ　7,17-8,76,213
ミノルタ　3,7,17-8,24-5,66-70,74-5,88,226,325
ミラーレス一眼　50-2,99,102,104,106-7,109,116,126,128-9,146,164,238,240,320,322,334,344
ミントン（明騰）　56,74,220
有機EL　163,274
ヨーロッパ市場（欧州市場）　66,111,247,303-4

[ら行]

ライカ（ライツ）　2-3,18,69,76,91,126,291,310,312,316-7,326-7
ラーガン（大根精密光学）　147,355
リコー　2,5,45,48-9,66,69,73-4,77,82,

85-6,108,**109-11**,112-3,117,123,126-7,138,140,143,195,212,219,221,223,228,230,273,298,334-6,344,346
リーマンショック　11,27,31,34-5,42,44,47-8,53,57,62,65,98-9,105,115-6,163,189,205,299,303,314,335,346-7
ルネサス（ルネサスエレクトロニクス）　9,123,129-30,341
レンズ専業メーカー　140,322
レンズ付きフィルム　8,23,28,59,167
レンズユニット　76,85,103-4,107,112-3,121,140,142-3,145-7,150,156,190,192,197,204,228,312
労働者派遣法　6,78,346
労働集約的　6,66,99,150,162,186-7
ローライ　2-3,226-7

[アルファベット]

AOF　55,109,140,179,189,223,228-9,234,238,350
APSカメラ　17-8,22-6,74,188,197,266
APSサイズ　9,80,126,129
APSシステム（APS規格）　7,18,22,24,75,267
APSフィルム　18,25,28-9,266
CCD　9,60,72-3,76,83,92,103-5,115,122-3,126,129-30,132-3,150,191-2,205,213,248
CIPA統計　16,31,45,335
CMOS　9,59-61,92,104-5,122-3,126,129-30,132-3,150,191,338,344
EMS　49,55-6,80,95,101,114-5,124,189,351
HOYA　5,45,48,85,109,112-3,126,139-40,142,146,219,234,344
HP（ヒューレット・パッカード）　5,45,48,70,75,86,147,228,232,268,270,282,291,311,325-6
ODM　103,135,143,216,228
OEMメーカー　5,7,11,45,48-9,51,**52-7**,

72-6, 78, 80-1, 83, 85-6, 88, 93, 101, 103, 105-6, 113-7, 126, 147, 155, 196, 308, 314, 350

OEM　3, 16, 26, 33, 45, 47-9, 52, 54-7, 69-78, 80-2, 85, 87-8, 91, 93, 101, 103, 106, 116, 134, 143, 147, 150, 188-9, 194-7, 200, 204, 212-3, 222, 228, 236, 312, 316, 325, 340, 346,

QV-10　19, 21, 71-2, 74, 77

注：1．各章にまたがる用語を採録した。ただし、一つの章でも項目立てているものについては採録した。
　　2．ゴシック体の数字は項目立てされている箇所である。

執筆者紹介

飯島正義（いいじま まさよし）

 1955年生まれ
 最終学歴 日本大学大学院経済学研究科博士後期課程満期退学
 現職   日本大学経済学部 非常勤講師
 主要論文 「カメラメーカーの経営多角化」『日本カメラ産業の変貌とダイナミズム』日本経済評論社、2006年
 執筆分担 第1章（共同執筆）、第4章

沼田　郷（ぬまた さとし）

 1973年生まれ
 最終学歴 駒澤大学大学院経済学研究科博士後期課程満期退学
 現職   青森大学経営学部 准教授
 主要論文 「台湾デジタル・スチル・カメラ産業の台頭」『紀要』日本大学経済学部経済科学研究所、2012年3月（第42号）
 執筆分担 第1章（共同執筆）、第5章

山下雄司（やました ゆうじ）

 1975年生まれ
 最終学歴 明治大学大学院商学研究科博士後期課程修了　博士（商学）
 現職   日本大学経済学部 助教
 主要論文 「イギリスにおける標準化団体の活動――1901-1918年 Engineering Standards Committee を中心として」『経済集志』日本大学経済学部、2014年7月（第84巻第2号）
 執筆分担 第1章（共同執筆）、第6章

竹内淳一郎（たけうち じゅんいちろう）

 1937年生まれ
 最終学歴 大阪市立大学院経済学研究科博士前期課程修了
 現職   神戸大学凌霜会 代議員
 主要論文 「米国における日本製カメラの競争優位の構築――コスト・品質のフロンティアを基にして」『国際ビジネス研究学会年報』2006年9月（No.12）
 執筆分担 第7章

編者紹介

矢部洋三（やべ ようぞう）

1947年生まれ
最終学歴　日本大学大学院経済学研究科修士課程修了　博士（経済学）
現職　　　無職（2013年日本大学工学部を定年退職）
主要著書　『安積開墾政策史』日本経済評論社、1997年
　　　　　『安積開墾の展開過程』日本経済評論社、2010年
執筆分担　序章、第1章（共同執筆）、第2章、第3章、終章

日本デジタルカメラ産業の生成と発展
──グローバリゼーションの展開の中で

| 2015年5月15日　第1刷発行　　　定価（本体6000円＋税） |

編　者　矢　部　洋　三
発行者　栗　原　哲　也
発行所　㈱日本経済評論社
〒101-0051　東京都千代田区神田神保町3-2
電話 03-3230-1661　FAX 03-3265-2993
URL：http://www.nikkeihyo.co.jp
装幀＊德宮峻　　　印刷＊藤原印刷・製本＊高地製本所

乱丁落丁本はお取替えいたします。　　Printed in Japan
Ⓒ YABE Yozo, 2015　　　　　　　ISBN978-4-8188-2382-2

・本書の複製権・翻訳権・上映権・譲渡権・公衆送信権（送信可能化権を含む）は、
　㈱日本経済評論社が保有します。
・ JCOPY 〈㈳出版者著作権管理機構　委託出版物〉
本書の無断複写は著作権法上での例外を除き禁じられています。複写される場合は、
そのつど事前に、㈳出版者著作権管理機構（電話03-3513-6969、FAX03-3513-6979、
e-mail: info@jcopy.or.jp）の許諾を得てください。

日本カメラ産業の変貌とダイナミズム	矢部洋三・木暮雅夫 編	3500円
日韓台の対ASEAN企業進出と金融 ——パソコン用ディスプレイを中心とする競争と協調	齊藤壽彦・劉進慶 編著	3300円
北海学園／社会・経済を学ぶ 企業はなぜ海外へ出てゆくのか ——多国籍企業論への階梯	越後修	3400円
北海学園／社会・経済を学ぶ 貿易利益を得るのは誰か ——国際貿易論入門	笠嶋修次	3000円
セカンドブランド戦略 ——ボリュームゾーンを狙え	高橋大樹	2000円
シリコンバレーは死んだか	M.ケニー 著 加藤敏春 監訳・解説 小林一紀 訳	2200円
グローバルプレッシャー下の日本の産業集積	伊東維年・山本健兒・柳井雅也 編著	3500円
サービス経済化時代の地域構造	加藤幸治 著	3400円
東アジア工作機械工業の技術形成	廣田義人	5600円
戦後日本の技術形成 ——模倣か創造か	中岡哲郎 編著	3200円
労務管理の生成と終焉	榎一江・小野塚知二 編	5800円
戦後型企業集団の経営史 ——石油化学・石油からみた三菱の戦後	平井岳哉	6900円

表示価格は本体価（税別）です。

日本経済評論社